"十三五"国家重点出版物出版规划项目

增材制造技术丛书

增材制造与精密铸造技术

Additive Manufacturing and Precision Casting Technology

鲁中良　苗　恺　闫春泽　杨来侠　著
李军超　屈银虎　王　富

国防工业出版社

·北京·

内 容 简 介

本书针对目前航空、航天、汽车、舰船等领域复杂结构零部件快速研制的难点,分为6章介绍了三种基于增材制造技术的精密铸造方法:第一种是基于光固化成形的内外结构一体化成形方法,该方法与现有叶片铸造技术相结合可以提高空心涡轮叶片快速研制效率;第二种是基于选区激光烧结的陶瓷铸型制造方法,该方法适合较大尺寸复杂结构零部件的快速铸造;第三种是基于三维印刷成形的陶瓷铸型制造方法,该方法为中小批量复杂结构零部件低成本快速制造提供了新的工艺途径。本书相关研究为解决国家重大战略需求关键复杂结构零部件快速研制提供了新的技术路线,具有良好的工程应用前景。

本书主要为从事增材制造和精密铸造技术研究的工程技术人员和科研人员提供新技术参考。

图书在版编目(CIP)数据

增材制造与精密铸造技术/鲁中良等著. —北京:
国防工业出版社,2021.11
(增材制造技术丛书)
"十三五"国家重点出版项目
ISBN 978 – 7 – 118 – 12425 – 5

Ⅰ.①增… Ⅱ.①鲁… Ⅲ.①快速成型技术 ②精密铸造 Ⅳ.①TB4 ②TG249.5

中国版本图书馆 CIP 数据核字(2021)第 226187 号

※

国防工业出版社出版发行
(北京市海淀区紫竹院南路 23 号 邮政编码 100048)
雅迪云印(天津)科技有限公司印刷
新华书店经售

*

开本 710×1000 1/16 印张 35 字数 601 千字
2021 年 11 月第 1 版第 1 次印刷 印数 1—3000 册 定价 198.00 元

(本书如有印装错误,我社负责调换)

国防书店:(010)88540777 书店传真:(010)88540776
发行业务:(010)88540717 发行传真:(010)88540762

丛书编审委员会

主任委员

卢秉恒　李涤尘　许西安

副主任委员（按照姓氏笔画顺序）

史亦韦　巩水利　朱锟鹏

杜宇雷　李　祥　杨永强

林　峰　董世运　魏青松

委　员（按照姓氏笔画顺序）

王　迪　田小永　邢剑飞

朱伟军　闫世兴　闫春泽

严春阳　连　芩　宋长辉

郝敬宾　贺健康　鲁中良

总 序
Foreword

增材制造(additive manufacturing，AM)技术，又称为3D打印技术，是采用材料逐层累加的方法，直接将数字化模型制造为实体零件的一种新型制造技术。当前，随着新科技革命的兴起，世界各国都将增材制造作为未来产业发展的新动力进行培育，增材制造技术将引领制造技术的创新发展，加快转变经济发展方式，为产业升级提质增效。

推动增材制造技术进步，在各领域广泛应用，带动制造业发展，是我国实现强国梦的必由之路。当前，推动制造业高质量发展，实现传统制造业转型升级等，成为我国制造业发展的重中之重。在政府支持下，我国增材制造技术得到了迅速的发展，增材制造技术与世界先进水平基本同步，高性能复杂大型金属承力构件增材制造等部分技术领域已达到国际先进水平，已成功研制出光固化成形、激光选区烧结成形、激光选区熔化成形、激光净成形、熔融沉积成形、电子束选区熔化成形等工艺装备。增材制造技术及产品已经在航空航天、汽车、生物医疗等领域得到初步应用。随着我国增材制造技术蓬勃发展，增材制造技术在各领域方向的研究取得了重大突破。

增材制造技术发展日新月异，方兴未艾。为此，我国科技工作者应该注重原创工作，在运用增材制造技术促进产品创新设计、开发和应用方面做出更多的努力。

在此时代背景下，我们深刻感受到组织出版一套具有鲜明时代特色的增材制造领域学术著作的必要性。因此，我们邀请了领域内有突出成就的专家学者和科研团队共同打造了这套能够系统反映当前我国增材制造技术发展水平和应用水平的科技丛书。

"增材制造技术丛书"从工艺、材料、装备、应用等方面进行阐述，系统梳理行业技术发展脉络。丛书对增材制造理论、技术的创新发展和推动这些技术的转化应用具有重要意义，同时也将提升我国增材制造理论与技术的学术研究水平，引领增材制造技术应用的新方向。相信丛书的出版，将为我国增材制造技术的科学研究和工程应用提供有价值的参考。

卢秉恒，中国工程院院士，西安交通大学教授。

前言
Preface

增材制造是近40年快速发展的一种数字化制造技术,它采用离散-堆积的原理,将三维CAD模型降维成若干二维截面,根据二维数据将材料逐层叠加,实现零件快速制造。相对于传统的材料去除(机加工)技术,增材制造技术是一种"自下而上"材料累加的制造方法,也称为快速原型(rapid prototyping,RP)、3D打印(3D Printing)技术等,不需要传统的刀具、夹具,可快速精确地制造出任意复杂形状零件,实现"自由制造",解决许多过去难以制造的复杂结构零件成形,大大简化加工工序,缩短了加工周期。英国的《经济学人》杂志认为:增材制造技术是第三次工业革命的标志性技术之一。

中国作为制造业大国,铸造产能占全球产能一半左右,急需改变"铸造行业规模大,但整体水平不高"的现状。2017年工业和信息化部发布《增材制造产业发展行动计划(2017—2020年)》强调:加速推进增材制造技术与智能制造向铸造行业的融入,提高传统铸造企业产品研发能力,加快市场响应速度,以适应我国制造业结构调整和产业升级的新趋势。将增材制造技术与精密铸造结合,将为精密铸造工艺带来新的发展。通过直接或间接增材制造技术制备陶瓷铸型,将减小传统金属模具开发环节,简化铸造工艺流程,突破传统熔模铸造适用范围,促进精密铸造技术的进步,提升我国在重大装备关键功能零部件的制造能力和水平。

本书得到高档数控机床与基础制造装备(国家04专项)

"复杂零件快速精铸技术"(2009ZX04014-075)、先进重型燃气轮机制造基础研究(973计划)课题"大型变截面定向晶高温叶片的精确制造与缺陷形成机理"(2013CB035703)、燃气轮机定向/单晶涡轮叶片定向凝固成形控形控性技术基础(2017-Ⅶ-0008-0101)等项目的支持。在书中力图突破现有熔模铸造技术的局限,从增材制造新兴制造方法探索复杂零件快速铸造的新技术。现有金属零件熔模铸造工艺周期长,特别是陶瓷型壳/型芯的多步成形组合方法,极易产生装配误差,造成铸件穿孔,成品率低,无法满足航空、航天等领域关键复杂结构金属零件设计要求。针对目前航机、燃机和汽车关键零部件制造技术的难点和未来发展高冷却效率空心涡轮叶片制造的需求,介绍了以光固化成形和选区激光烧结为基础的快速铸造技术研究:第一种技术是基于光固化成形的一体化铸型制造方法,第二种技术是基于选区激光烧结的一体化铸型制造方法。基于国家04专项和国家重点基础研究发展计划课题研究成果形成了本书的主要内容,介绍了基于增材制造技术(3D打印技术)的快速铸造技术。

本书共6章。第1章绪论,介绍了增材制造技术的原理、分类及其在铸造领域的应用,由西安交通大学鲁中良教授撰写;第2章介绍了基于光固化树脂原型的氧化铝铸型成形技术,该部分阐述了一体化铸型成形原理及其工艺,研究了氧化铝铸型精度与力学性能调控方法,该技术与现有叶片铸造技术相结合可以提升涡轮叶片制造效率和复杂内腔结构制造能力,由西安交通大学苗恺博士、鲁中良教授撰写;第3章面向高性能铝合金、钛合金铸件的成形,介绍了基于光固化树脂原型的石膏/氧化钙基陶瓷铸型制备技术,主要包括原材料的制备,铸型高温性能及精度调控方法等,由西安交通大学鲁中良教授、苗恺博士撰写;第4章介绍了面向精密铸造的高分子材料选区激光烧结成形技术,主要包括聚苯乙烯粉末选区激光烧结成形,分析了铸型的制备工艺,由华中科技大学闫春泽教授、西安科技大学杨来侠教授撰写;第5章介绍了基于选区激光烧结/三维印刷砂型成形技术，实现了砂型的制备与精度控制，该方法为快速精密铸造提供了重要的工艺途径，由华中科技大学闫春泽教授，重庆大学李军超副教授撰写；第6章介绍了精密铸造工艺，主要包括常规铸造方法、定向凝固工艺及其相关模拟仿真，由西安工程大学屈银虎教授、西安交通大学王富教授与鲁中良教授撰写。研究工作表明，基于光固化成形和选区激光烧结的精密铸造技术，可以实现复杂结构零件的快速制造，尤其为航机/燃机空心涡轮叶片的快速研制提供了新的技术路线，在航空、航天、汽车领域具有良好的工程应用前景。

本书主要为基于增材制造的精密铸造技术研究的工程技术人员和科研人员提供技术参考。在相关研究和本书的成稿过程中，得到了西安交通大学卢秉恒院士和李涤尘教授的指导和帮助，课题相关合作单位及人员包括华中科技大学史玉升教授、机械科学研究总院集团有限公司娄延春副总经理、东方汽轮机有限公司杨功显副总工程师，沈阳铸造研究所有限公司于波副总工程师、苏贵桥研究员、刘孝福博士等给予了协助和支持。在相关研究中，科研团队的研究生陈义、徐文梁、廉媛媛、田国强、姜博、荆慧、杨强、刘哲峰、连伟波、万伟舰、王忠睿、李亦宁、刘飞等做了大量工作，在此一并感谢。

基于增材制造技术的精密铸造是一个多学科和多技术综合的难题，需要科研和工程技术人员不断探索和实践。本书内容只是对方法和新工艺的探索，尚有许多问题需要研究。书中尚有许多不足，诚恳期待读者和专家批评和指正。

作　者
2021年10月5日

目 录
Contents

第 1 章 绪论

1.1 增材制造技术背景 ... 001

1.2 基于光固化的铸型制备技术 ... 003
    1.2.1 陶瓷铸型 ... 004
    1.2.2 石膏铸型 ... 016

1.3 基于选区激光烧结的铸型制备技术 ... 019
    1.3.1 砂型 ... 020
    1.3.2 熔模 ... 023

1.4 三维印刷砂型技术 ... 026
    1.4.1 技术现状 ... 027
    1.4.2 技术应用 ... 029

1.5 铸造技术 ... 030
    1.5.1 砂型铸造 ... 030
    1.5.2 熔模铸造 ... 032
    1.5.3 定向凝固 ... 034

参考文献 ... 036

第 2 章 基于光固化树脂原型的氧化铝铸型成形技术

2.1 概述 ... 044

2.2 工艺原理 ... 047

2.3 铸型光固化树脂原型的设计与制造 ... 048
    2.3.1 树脂原型结构设计与成形 ... 048
    2.3.2 光固化树脂原型表面台阶效应改善 ... 051

2.4 陶瓷铸型坯体凝胶注模成形 ... 063
    2.4.1 高固相、低黏度陶瓷浆料制备 ... 064

2.4.2 陶瓷浆料真空注型技术 ... 077

2.5 陶瓷铸型冷冻干燥 ... 084
2.5.1 实验设备与方法 ... 085
2.5.2 铸型的共晶温度和共融温度测量 ... 086
2.5.3 裂纹形成及影响因素 ... 088
2.5.4 冷冻干燥裂纹控制 ... 095
2.5.5 铸型冷冻干燥工艺 ... 104

2.6 陶瓷铸型的烧结 ... 104
2.6.1 陶瓷铸型脱脂预烧结热应力计算 ... 104
2.6.2 陶瓷铸型脱脂过程中温强度控制 ... 111
2.6.3 陶瓷铸型高温强化处理 ... 118
2.6.4 铸型烧结精度调控 ... 132
2.6.5 型芯烧结蠕变变形控制方法 ... 142

2.7 基于光固化树脂原型的整体铸型应用实例 ... 150

2.8 小结 ... 153

参考文献 ... 155

第 3 章 基于光固化树脂原型的石膏/氧化钙基铸型成形技术

3.1 概述 ... 160

3.2 石膏铸型整体成形工艺 ... 163
3.2.1 制备工艺 ... 163
3.2.2 石膏基体材料的对比 ... 164
3.2.3 膏水比的影响分析 ... 168
3.2.4 注浆工艺的影响分析 ... 171
3.2.5 石膏铸型填料的影响分析 ... 174

3.3 石膏铸型高温性能 ... 179
3.3.1 纯石膏铸型高温性能分析 ... 180
3.3.2 含填料石膏铸型高温性能分析 ... 182

3.4 高强度低收缩石膏铸型的性能调控方法研究 ... 185

3.4.1 基于勃姆石填料的精度与强度调控 … 185
3.4.2 勃姆石填料的膨胀原理研究 … 192
3.4.3 石膏铸型高温性能增强方法研究 … 203

3.5 氧化钙基陶瓷铸型快速制造 … 216
3.5.1 氧化钙粉体预处理 … 216
3.5.2 叔丁醇基氧化钙陶瓷浆料的制备 … 220
3.5.3 可控固化凝胶工艺 … 226
3.5.4 铸型微细结构负压吸注成形工艺 … 233

3.6 小结 … 239

参考文献 … 240

第 4 章 基于选区激光烧结的铸造高分子材料成形技术

4.1 选区激光烧结成形过程及机理 … 244
4.1.1 选区激光烧结成形过程 … 244
4.1.2 选区激光烧结成形机理 … 245
4.1.3 选区激光烧结工艺粉末烧结驱动力 … 247
4.1.4 选区激光烧结热量的传递方式 … 248

4.2 选区激光烧结聚苯乙烯成形机理及基础烧结实验 … 249
4.2.1 聚苯乙烯基本性质 … 249
4.2.2 选区激光烧结聚苯乙烯成形机理 … 254
4.2.3 聚苯乙烯选区激光烧结实验研究 … 260

4.3 选区激光烧结聚苯乙烯工艺参数优化 … 271
4.3.1 工艺参数耦合与制件精度关系 … 271
4.3.2 工艺参数耦合与制件强度关系 … 279
4.3.3 工艺参数优化 … 283
4.3.4 支撑烧结研究 … 291

4.4 选区激光烧结聚苯乙烯/玻璃纤维复合材料成形工艺 … 295
4.4.1 聚苯乙烯/玻璃纤维复合材料的制备 … 295
4.4.2 聚苯乙烯/玻璃纤维选区激光烧结工艺 … 299
4.4.3 烧结实验 … 305

4.5 选区激光烧结聚苯乙烯/ABS 粉末复合材料成形工艺 ... 313
    4.5.1 PS/ABS 复合粉末的制备及性能测试 ... 313
    4.5.2 影响成形质量的因素 ... 323

4.6 聚苯乙烯与其他有机高分子材料共混改性 ... 339
    4.6.1 聚苯乙烯/尼龙共混改性研究 ... 339
    4.6.2 聚苯乙烯/蜡粉共混改性研究 ... 346

4.7 精密铸造蜡模的选区激光烧结及应用 ... 351
    4.7.1 蜡模高分子基体的选区激光烧结成形 ... 351
    4.7.2 蜡模高分子原型件的后处理工艺 ... 363
    4.7.3 选区激光烧结蜡模在精密铸造中的应用 ... 368

4.8 本章小结 ... 376

参考文献 ... 376

第 5 章 基于选区激光烧结/三维印刷工艺的砂型成形技术

5.1 覆膜砂选区激光烧结机理 ... 381
    5.1.1 覆膜砂激光烧结概述 ... 381
    5.1.2 覆膜砂床受热与传热的特点 ... 383
    5.1.3 大面过渡烧结 ... 386
    5.1.4 覆膜砂的固化机理 ... 388
    5.1.5 覆膜砂的固化动力学 ... 390
    5.1.6 覆膜砂的激光烧结固化特性分析 ... 392
    5.1.7 覆膜砂的激光烧结特征 ... 396

5.2 覆膜砂的选区激光烧结成形工艺 ... 399
    5.2.1 覆膜砂对原砂性能的要求 ... 399
    5.2.2 硬脂酸钙对覆膜砂热性能的影响 ... 400
    5.2.3 覆膜砂用固化剂 ... 401
    5.2.4 覆膜砂选区激光烧结工艺参数 ... 401
    5.2.5 覆膜砂选区激光烧结件力学性能 ... 402

5.3 选区激光烧结砂型(芯)在铸造中的应用 ... 407
    5.3.1 壳芯的铸造 ... 407
    5.3.2 铸造工艺的确定 ... 408

5.3.3 砂型精度 ... 409

5.4 三维印刷成形工艺 ... 413
5.4.1 三维印刷成形技术原理 ... 414
5.4.2 三维印刷成形设备 ... 414
5.4.3 三维印刷成形材料 ... 418
5.4.4 三维印刷成形工艺 ... 425
5.4.5 三氧化铝陶瓷三维印刷成形与烧结工艺 ... 430

参考文献 ... 438

第 6 章 精密铸造

6.1 精密铸造原理 ... 440
6.1.1 熔模的制造 ... 440
6.1.2 型壳的制造 ... 443
6.1.3 熔模铸件的浇注和清理 ... 446

6.2 凝固成形数值模拟 ... 446
6.2.1 概述 ... 446
6.2.2 金属液充型过程数值模拟 ... 450
6.2.3 凝固过程数值模拟 ... 458
6.2.4 凝固过程应力模拟 ... 473
6.2.5 铸件凝固过程微观组织模拟 ... 478

6.3 定向凝固原理 ... 488
6.3.1 定向凝固简介 ... 488
6.3.2 定向凝固技术的应用基础理论研究 ... 489

6.4 定向凝固技术 ... 493
6.4.1 传统的定向凝固技术 ... 493
6.4.2 新型定向凝固技术 ... 495
6.4.3 晶粒选择及取向控制工艺 ... 501

6.5 单晶高温合金的定向凝固 ... 508
6.5.1 单晶高温合金成分的发展 ... 508
6.5.2 单晶高温合金的定向凝固组织 ... 512
6.5.3 铸件中结晶缺陷的形成及控制方法 ... 518

小结 ... 537

参考文献 ... 538

第 1 章
绪论

铸造行业是国家航空、航天、汽车、能源、化工等支柱产业的基础，在国民经济发展中具有不可替代的地位。我国是铸造大国，自 2014 年开始，铸件年产量已超过 4500 万吨，并连续多年居世界首位，产能占据世界 50% 以上。但是，在先进铸造技术、关键零部件的铸造成形技术、绿色铸造技术等方面，我国仍与先进国家存在差距。随着制造技术的不断发展、融合，以及可持续发展理念在全球范围内的不断深化，未来铸造行业将向智能化、数字化、精确化、清洁化等方向发展。目前，我国铸造产业正处于结构调整升级的重要时期，发展"优质、高效、智能、绿色"的铸造技术已成为全行业的共识。增材制造技术是近 20 年来蓬勃发展的先进制造技术，为零件的成形制造带来了变革。将其应用于传统铸造工艺中，可实现复杂铸造模样/铸型的快速制造，显著缩短新产品的开发周期，提高产品的市场竞争力，并且在节能减排方面起到积极作用。因此，发展基于增材制造的新型铸造技术对提升我国铸造行业水平，突破关键零部件铸造技术瓶颈，推动我国从铸造大国走向铸造强国具有重要的战略意义。

1.1 增材制造技术背景

增材制造（additive manufacturing，AM），又称 3D 打印，是 20 世纪末发展起来的一项先进制造技术，是计算机、材料、精密机械、控制科学等多种现代学科交叉融合形成的新型加工技术。与传统的加工成形方法不同，增材制造技术应用分层制造的原理将复杂三维零件制造转化为二维轮廓的叠加成形，从而突破了零件结构复杂程度的限制。其基本工艺流程：首先将 CAD 系统设计的三维实体模型进行三角面片化处理，并对其进行分层切片，生成二维截面信息（包括内外轮廓和中间填充部分）；其次根据这些截面信息，生成相应的加工参数；再次通过 AM 设备的精确控制来实现材料的分层累加成形；最后获得实体零件。增材制造技术的主要成形工艺包括：光固化(stereo lithography，SL)、选区激光烧结(selective laser sintering，SLS)、熔融沉积成形(fused deposition modeling，FDM)、分层实体制造(laminated object manufacturing，LOM)、选区激光熔化(selective laser melting，SLM)、三维印刷成形(three dimensional printing，3DP)等。通过增材制造技术，可将数字化模型快速转化为实物原型，从而实现产品的快速评估、定制化制造以及小批量生产，是制造技术领域的革命性突破。目前，增材制造技术在高分子、金属、陶瓷材料的成形中展示出其他制造技术难以比拟的优势，可以实现制造的短流程化、快速化，并推动新型定制化制造模式的发展[1-2]。将增材制造技术引入传统制造工艺中，发挥其在复杂结构快速成形方面的优势，是当前先进制造技术领域的发展趋势。

铸造是将熔融金属浇注入与零件结构相适应的铸型后，通过冷却凝固获得金属零件坯体的成形技术，是获得机械产品的主要方法之一。作为一项传统的金属成形技术，铸造因批量制造成本低、工艺灵活性大、材料适用种类多等优点，一直以来都是复杂结构金属零件成形的有效手段[3]。在传统的铸造生产中，铸件的成形是一个多环节的复杂过程，其工艺流程中往往涉及金属模具。然而，金属模具的设计制造复杂、投资大、周期长，对于一些高质量要求的产品，特别是航天、航空、汽车行业中具有复杂结构特征的零部件，如叶片、叶轮、液压阀体、发动机缸体和缸盖等，稍有失误就可能导致全部返工。

新兴的增材制造技术为促进传统铸造行业的转型发展提供了有利条件。利用增材制造技术在成形复杂结构方面的巨大优势，可突破金属模具设计制造的制约，快速获得铸造所需的模样或铸型，大大缩短铸件的研制周期，降低试制成本，实现复杂结构件的快速铸造(rapid casting，RC)。快速铸造技术将新型增材制造与传统铸造相结合，各取所长，既发挥了增材制造技术在实体制造中无模、快速的特点，同时也利用了铸造的成形限制小、材料适用多，以及成本低等优势，非常适用于复杂结构金属零件的快速制造[4-5]。

目前，已有多种增材制造技术成功地用于铸造中，包括 SLS、FDM、LOM、SL、3DP 等。利用增材制造技术实现快速铸造的方法大致分为直接增材制造法和间接增材制造法两类，如图 1-1 所示。前者是采用增材制造技术直接制备出所需要的铸型，再通过浇注金属获得铸件，可用于此类铸型制备的技术主要有 SLS、3DP、SL 等。而后者有两种技术路线：一是通过增材制造技术快速成形出蜡模、树脂模、纸模等模样代替金属模具制造的模样，再按照常规的工艺方法制备铸型，最后得到铸件；二是以各种增材制造模样作为母模翻制模具（硅橡胶模具、金属模具等），或者以增材制造模型为模具生产铸造模样。无论采取直接或间接方法，都能够减少金属模具的准备时间，从而突破复杂零件制造的时间成本瓶颈，大大缩短新产品的开发周期，非常适合新产品开发和中小批量生产。

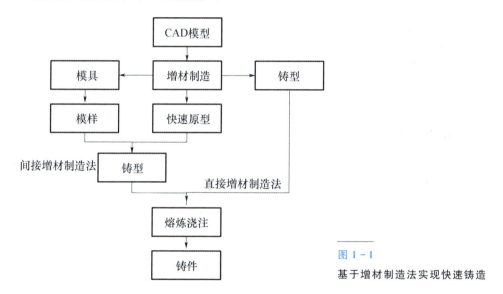

图 1-1
基于增材制造法实现快速铸造

综上所述，增材制造与传统铸造结合形成的快速铸造技术为铸造行业的创新发展提供了新的技术突破口，对加速生产企业对现代市场的响应，提升企业的市场竞争力具有促进作用，因此，开展相关研究具有重要意义。

1.2　基于光固化的铸型制备技术

熔模铸造是诸多铸造方法中精度较高的一种，其铸件具有较高的尺寸精度及良好的表面质量，可实现产品的净成形或近净成形，因此常被称为精密铸造。熔模铸造的铸型是通过将易熔材料（如蜡）作为模型，在其基础上涂覆耐火材料，经干燥、熔失熔模、焙烧等工艺获得。其工艺复杂冗长，涉及型芯和蜡模模具的制作。将增材制造技术与之相结合,利用增材制造技术高效成形的优点,对提高熔模铸造的生产效率具有积极作用。目前,SL、SLS、FDM 以及 3DP 等工艺均可以用于制作熔模铸造的模型或者直接成形铸型。相较于其他成形工艺,SL 工艺发展得最为成熟,是目前公认的成形精度最高的增材制造技术,其成形复杂结构零件,尤其是复杂微细结构零件能力强,因此适合用于各类中小型复杂结构零件的精密铸造。

1.2.1 陶瓷铸型

1. 陶瓷光固化制备铸型

传统的陶瓷成形方法如干压成形、注浆成形技术成熟,但是需要模具来制造陶瓷构件,导致复杂陶瓷件的制造周期长、成本高,无法满足产品研发阶段单件小批生产和零件原型快速制造的需求。增材制造技术的发展为复杂陶瓷件的制造提供了一种新途径,基于增材制造技术的陶瓷制造工艺摆脱了传统成形工艺对模具的依赖,能够快速制造复杂的陶瓷件,非常适合单件小批量和零件原型的制造,该技术为复杂陶瓷零件提供了新的成形方法,并为制备精密铸造用的陶瓷铸型提供了新的技术方法。

陶瓷光固化成形工艺(ceramic stereo lithography,CSL)技术是将光固化工艺用于高固相、低黏度的可光固化陶瓷浆料,经过激光层层扫描累加成形制作三维陶瓷零件素坯的方法,其光固化阶段工艺原理与传统树脂光固化类似。该工艺利用陶瓷浆料替代光敏树脂,在光固化成形机上使陶瓷浆料直接固化成形陶瓷件素坯,然后通过后处理工艺(包括干燥、脱脂和烧结等)获得满足一定性能需求的陶瓷零件[6]。图 1-2 为陶瓷光固化成形原理示意图。

美国密歇根大学安娜堡分校和普林斯顿大学、法国国立高等化学工业学院、意大利拉察大学、加拿大多伦多大学、日本大阪大学等单位从多方面对陶瓷光固化工艺开展了研究,同时,国内多家科研单位也对树脂基陶瓷浆料的光固化工艺开展了理论与应用研究。20 世纪 90 年代,M. L. Griffith 首先提出了将光固化技术应用于陶瓷零件制造的思想,提出满足光固化工艺陶瓷浆料需满足的三条要求:高固相体积分数(40%~60%)、低黏度(<3000mPa·s)、固化厚度(>200μm),讨论了树脂基和水基陶瓷浆料的制备工艺[7-8]。

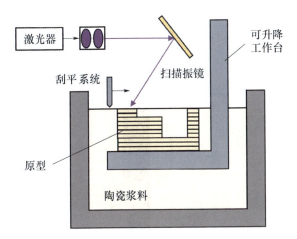

图 1-2 陶瓷光固化成形原理示意图

在本技术初始阶段，较多研究集中在成形机理方面。近年来，随着光固化技术的快速发展，陶瓷光固化技术也逐渐成熟。目前，陶瓷光固化技术的研究已从基本工艺问题（如陶瓷浆料的制备、固化特性等）和理论研究（包括陶瓷粉末的散射和陶瓷浆料的光固化机理）[9-15]转移到技术应用研究上，如光子晶体、电子陶瓷、生物支架、熔模铸造铸型等。

意大利莱切大学的 C. E. Corcione 等[16]采用有机硅丙烯酸酯和丙烯酸单体的混合物作为光敏树脂，并添加无定形二氧化硅粉末，研究陶瓷浆料的光敏参数、黏度，并测量了坯体的各种性能参数，制备了如图 1-3 所示的陶瓷铸型，并成功铸造出铝合金铸件。但是，在陶瓷铸型成形精度、成形效率等方面未见详细报道。

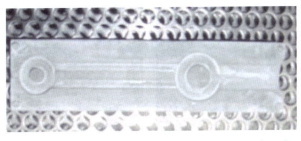 

图 1-3 基于 CSL 技术的陶瓷铸型及铝合金铸件

美国密歇根大学安娜堡分校和佐治亚理工大学采用陶瓷光固化技术制备了包含型芯的一体化涡轮叶片陶瓷铸型（integral cores ceramic mold，ICCM）[17]，如图 1-4 所示。整体式铸型高度为 104.7mm，铸型内部结构基本完整，但由于叶片尾缘部分的型芯结构过于细小,未能实现完整成形。此项研究中,陶瓷铸型烧结收缩极大,收缩率为10.7%,难以满足高精度零件的技术要求。

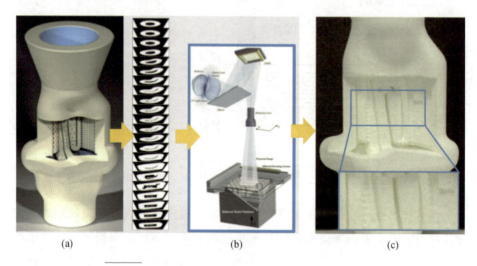

图1-4 基于陶瓷光固化技术成形涡轮叶片陶瓷铸型
(a)CAD模型;(b)分层切片;(c)光固化成形陶瓷铸型。

西安交通大学周伟召等[6]对基于硅溶胶的水基陶瓷浆料制备工艺、陶瓷浆料的光固化成形机理、复杂结构的成形工艺参数、陶瓷素坯的干燥和焙烧工艺进行了探索,并且对陶瓷零件制备开展了研究,快速制造了陶瓷铸型,并用于铸造,验证了陶瓷光固化工艺用于制备铸型的可行性(图1-5)。

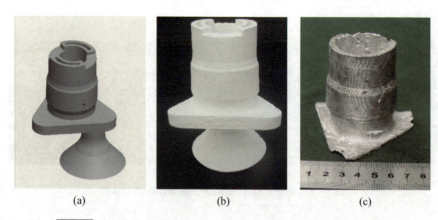

图1-5 陶瓷光固化铸型的CAD模型、烧结后铸型及铝合金铸件
(a)CAD模型;(b)陶瓷铸型;(c)铝合金铸件。

目前，陶瓷光固化技术直接用于铸型制备正在逐渐开展工程化应用。该方法是陶瓷铸型成形技术中的一大新方向，在一些带有复杂微细结构的型芯方面具有潜在的应用前景及巨大优势。但是，此工艺制备的陶瓷铸型相关力学性能及尺寸精度目前尚难以满足精密零件铸造的需求，因此仍需要在成形工艺及材料配方方面进行深入的研究。

2. 基于光固化树脂原型的陶瓷铸型制备

基于光固化树脂原型的熔模铸造铸型技术沿用了传统熔模铸造的制壳工艺，不同之处体现在熔模的制备阶段。此技术采用光固化树脂原型代替传统熔模铸造中的蜡模，可免去蜡模模具的限制，快速获得所需的铸造熔模。此外，该技术的另一种方案是采用光固化树脂原型翻制可多次使用的模具，如硅橡胶模具，用于蜡模的制作。无论是采用光固化树脂原型还是硅橡胶模具压制蜡模，后续仍是按照传统熔模铸造的制壳方法进行铸型制备。

西安交通大学快速制造国家工程研究中心利用在光固化成形方面的技术优势，在国内率先开展了光固化树脂原型在铸造方面的应用研究，开发了相关的设备、材料及工艺。图1-6为采用光固化树脂原型代替传统的蜡模成功铸造出的金属叶轮。由于经济性等问题，光固化树脂原型的工程应用研究主要面向航空、航天、能源等领域的复杂结构零件上。西安工程大学屈银虎等针对K418镍基高温合金涡轮壳开展了基于光固化树脂原型快速铸造的工艺研究，通过数值模拟对工艺参数与浇注方案进行优化，并通过对基于光固化技术的铸型制备方法研究获得了无明显铸造缺陷的涡轮壳铸件[18]。贵州安吉航空精密铸造有限公司的王巍采用光固化树脂原型制备了大型复杂结构的环形铸件（图1-7），验证了此方法用于新产品试制和单件、小批量研制中具有快速、低成本的优点[19]。

此外，得益于增材制造技术，铸造各类定制化产品成为可能，这一类应用主要体现在医用骨替代物方面。西安交通大学的刘亚雄、李涤尘等为解决普通人工骨替代物的形状匹配问题，提出了应用快速原型技术结合铸造工艺实现人工骨替代物的个体定制化制造的方法[20]。这种方法的优势在于它能够充分发挥增材制造技术高度的成形柔性，为患者提供形状准确的定制化骨替代物。该研究以钛合金下颌骨假体为研究对象，探索了将光固化技术与铸造结合用于骨替代物制造中的一系列科学问题和解决方法。最终，通过快速铸造的方法实现了假体的定制化制造。研究结果表明，通过这种方法定制的钛

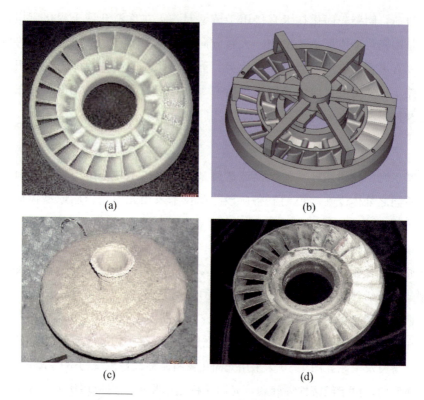

图1-6 基于光固化树脂原型的叶轮快速铸造

(a)光固化树脂原型；(b)浇注系统；(c)陶瓷铸型；(d)铸件。

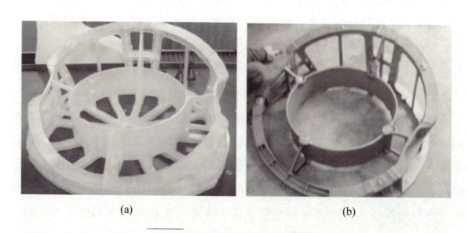

图1-7 复杂结构的航空环形铸件

(a)光固化树脂原型；(b)铸件。

合金骨替代物能够准确地反映患者的个体特征,所铸造的定制型植入物的化学成分、力学性能和精度均满足相应国家标准和医药行业标准,符合临床植入的要求,并已成功投入临床应用。对基于增材制造技术制造的下颌骨假体取代传统手术中人工弯制的钛网用于临床的研究认为,这种数字化制造方法更能实现个性化匹配,定位精度更高,可有效减少手术时间,降低手术对医生经验的依赖,大大提高手术的效果。

在可用于铸造的增材制造技术中,光固化技术所制备的模型精度最高[21]。与蜡模相比,光固化树脂模型耐热性更好,光固化树脂的玻璃化转变温度较高(如 DSM Somos@ ProtoCast AF 19120 达到 50~53℃),光固化树脂模型具有一定的刚度和弹性,便于储运,而蜡模在高于 30℃就会软化变形,且蜡模易脆,不便于储运。与选区激光烧结工艺所制备聚碳酸酯或聚苯乙烯模型相比,光固化树脂模型致密性好,强度高,便于清理以及进行抛光、打磨等后处理,而聚碳酸酯或聚苯乙烯模型疏松多孔(孔隙率达 25%以上),强度低,脆性大,细小结构特征易变形或折断,将选区激光烧结模型浸入 80℃蜡液中可以提高强度,填补模型表面孔洞,但对于内部细小结构处理困难。与分层实体制造纸质模型相比,光固化树脂模型更易烧失。因此,在快速成形模型中,光固化树脂模型作为含精细结构铸件的"熔模"较为合适。

基于光固化树脂原型的快速铸造技术可缩短复杂结构样件制作周期,提高新产品开发速度,增强企业对市场的快速响应能力和竞争力,为单件、小批量复杂铸件生产提供一种经济而快捷的方法。然而,陶瓷铸型的成形精度、表面质量、成形尺寸范围、与型壳材料匹配性等方面依然需要进行深入研究。西安科技大学的宗学文等[22]注意到采用光固化树脂原型制备熔模铸造型壳时,在型壳脱脂过程中容易出现型壳开裂的问题。为了解决快速熔模铸造中型壳开裂问题,对树脂模型与型壳材料在消失过程中的热变形机理和型壳开裂条件进行了有限元分析,建立了原型-型壳热变形数学模型,并对复杂零件的快速铸造制壳工艺进行了探讨。研究发现:当升温幅度较低时,涂挂厚度很小,型壳也不会破裂;当树脂模型在一个方向上的尺寸很小时,型壳也能保持完整而不破裂。四川大学的殷国富等[23]基于 SL 技术成形了树脂叶片用于铸造熔模,并探究了焙烧过程中型壳开裂的原因。通过开展模型材料的加温实验、型壳中的空气对型壳的影响、型壳厚度对型壳内应力的影响研究,发现了型壳产生破裂主要是由于型壳强度不足,以及型壳厚度、材料受热膨胀等因素影响。减少导致型壳破裂的热应力可从改善光固化树脂原型内结构入手[24-27],如采用前处理软件将厚大的光固化树脂原型内部设计成多层结构或者蜂窝结构。该种结构的设计既可保证光固化树脂原型外部轮廓,又能减小对铸型坯体的热应力作用,如图 1-8 所示。这种镂空结构在树脂烧失的过程中会向内塌陷,因而减小对铸型坯体的热应力作用。同时,该种结构可以减小树脂的使用量,降低制造成本。此外,相关研究结果表明树脂模型的精度、粗糙度对复杂铸件的传递特性也是该方法中需要考虑的一个重要前提条件。

图 1-8　光固化树脂原型内部填充的蜂窝结构

3. 陶瓷凝胶注模制备铸型

基于光固化树脂原型的快速铸造技术可用于解决陶瓷铸型制备周期长、成本高等难题,缩短样件制造周期,提高新产品的研发速度,增强企业对市场的快速响应能力。但对于外形复杂、具有复杂内腔结构,且对精度与表面粗糙度要求极高的零件,如航空发动机及燃气轮机空心涡轮叶片,依然存在工艺瓶颈。对于此类铸件,光固化树脂原型与传统熔模铸造制壳相结合方法难以实现铸型内部型芯的成形。同时,直接光固化成形陶瓷铸型的技术目前在铸型的精度及力学性能方面尚难以满足相关力学性能及精度的要求。将光固化树脂原型件用作精密铸造熔模,采用型芯和型壳一体化成形的方法,可在满足制造精度与表面质量的同时,大大提高铸型的可成形范围[28]。

陶瓷凝胶注模成形是继压力注射成形、注浆成形之后一种新型的近净尺寸成形技术。该技术由美国橡树岭国家实验室成功开发,主要用于制备各种复杂陶瓷结构件。其基本工艺过程包括陶瓷浆料制备、注模成形、陶瓷浆料原位固化、干燥、脱脂和烧结等。与其他成形工艺相比,凝胶注模成形工艺在成形工艺性、素坯组织、成形效率等方面具有明显优势[29-33],详见表1-1。

表1-1 陶瓷成形工艺对比

工艺	凝胶注模成形	注浆成形	压力注射成形	压注成形
固化时间	5~60min	1~10h	1~2min	0.5~5h
湿坯强度	适中	低	高	低
干坯强度	高	低	—	低
模具材料	金属、玻璃、塑料、蜡等	石膏	金属	塑料
排胶时间	2~3h	2~3h	可达7天	2~3h
成形缺陷	最少	较少	较多	较少
成形最大尺寸	>1m	>1m	约0.3m	约0.5m
成品变形	最少	较少	较多	较少
厚薄截面成形	均可成形	厚截面延长成形时间	厚截面排胶困难	厚截面延长成形时间
颗粒尺寸	随颗粒尺寸减小浆料黏度增大	随颗粒尺寸减小成形时间延长	随颗粒尺寸减小浆料黏度增大	随颗粒尺寸减小成形时间延长

作为一种先进的陶瓷坯体成形技术,凝胶注模成形工艺具有以下特点:

(1)具有制备复杂陶瓷结构件的能力,陶瓷结构件复杂程度由模具本身决定。

(2)凝胶注模成形工艺过程与注浆成形类似,操作简单,不需要昂贵的成形设备,投资小。

(3)对模具材料要求低,金属、玻璃、石蜡、塑料和高分子化合物等均可作为模具成形材料。

(4)素坯强度高,塑性好,经二次机械加工,可获得更复杂的陶瓷坯体。

(5)陶瓷坯体组织成分均匀,一致性好。

(6)对固相粉末没有特殊要求,适合单一或多种材料的陶瓷坯体成形。

(7)陶瓷坯体中有机物含量少,易脱脂。

(8)除固相颗粒和去离子水之外,其他如有机单体、交联剂和增塑剂均是有机物,烧结后陶瓷件纯净度高,易制备高性能的陶瓷件。

(9)适用于各种生产规模。

综上,将凝胶注模与光固化技术相结合用于陶瓷铸型的快速制备,在铸造成形具有复杂内腔的零件方面具有良好的可行性[34-37]。西安交通大学最先提出基于光固化技术与凝胶注模的空心涡轮叶片陶瓷铸型制造方法,用于涡轮叶片的快速制造,该技术流程如图 1-9 所示。图 1-10 为基于该方法所制备的叶片铸件。

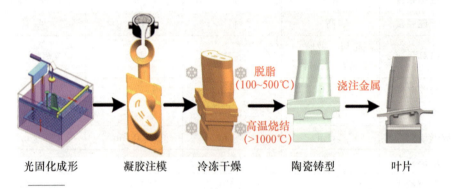

图 1-9 基于光固化树脂原型的型芯、型壳一体化陶瓷铸型快速制造技术流程

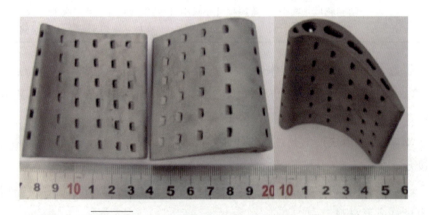

图 1-10 带有扩张-收缩气膜孔的涡轮叶片铸件

相较于传统熔模铸造铸型的制备工艺,该方法具有以下特点:

(1)成形效率高。凝胶注模技术一次性成形型芯、型壳,避免挂壳,提高了壳、芯的制造效率。

(2)成形复杂结构能力强。陶瓷型芯形状与结构受模具限制大幅减小,在铸造具有复杂结构的铸件方面具有很大的应用潜力。

对整体式陶瓷铸型制备工艺的前期研究表明，光固化技术可实现复杂结构的空心涡轮叶片样件的制备。但是，为满足高性能工程件的制造，该方法与上述陶瓷光固化铸型制备方法和基于光固化树脂原型的熔模铸造铸型制备方法皆具有成形完整性、铸型性能、尺寸精度等方面的共性问题，依然需要对以下内容进行深入研究[38]：

1) 铸型微细结构的完整成形

铸型微细结构在凝胶注模过程中能否成形主要取决于微细结构特征尺寸及陶瓷浆料黏度。一般而言，光固化树脂原型及凝胶注模的成形微细结构的能力可达到数百微米至毫米级。但是，当配制的陶瓷浆料黏度过大，凝胶注模光固化树脂原型时就难以满足微细结构的充型要求。因此，凝胶注模陶瓷浆料的制备是本方法的基础。

低黏度、高固相体积分数陶瓷浆料的制备一致以来是凝胶注模技术研究的重点，是成形结构复杂且性能优异的陶瓷制品的基础。为了获得低黏度、高固相的陶瓷浆料，首先可以从陶瓷浆料的分散稳定性出发。已有大量研究探索了不同分散剂、浆料pH、颗粒大小对陶瓷浆料稳定性的影响，但此类研究大多基于颗粒分散稳定性的浆料黏度控制方法，此方法能在一定程度上提高浆料流动性，但随着固相体积分数的增长，该方法在黏度控制上的作用将显著降低。采用颗粒级配的方式，实现浆料固相最大化是一种常见的浆料黏度调控方法。S. M. Olhero 等[39]利用三种不同粒径的二氧化硅颗粒制备了陶瓷浆料，发现颗粒粒径分布较宽时浆料流动性能好，但制备的陶瓷浆料固相较低，体积分数仅为46%。G. Tari 等[40]采用粒径分布较宽的氧化铝粗颗粒成功制备了固相体积分数为70%的陶瓷浆料，但是黏度较大，仅适用于注射成形。A. P. Silva 等[41]采用三级级配浆料黏度矩阵图的方法确定各粗细颗粒的最佳级配比，虽然浆料流动性能较好，但上述优化过程完全依靠实验来指导颗粒级配设计，工程量较大，缺乏一种较为普适的机理。同时，在浆料黏度优化过程中，大多都针对球形颗粒开展，这是由于不规则陶瓷颗粒缺乏定量的形貌描述方法，难以建立起准确的颗粒堆积模型。而在大规模工业化生产中，陶瓷粉末形貌大多不规则，如何准确定量地描述颗粒形貌，建立起颗粒堆积模型，利用不规则颗粒实现低黏度陶瓷浆料的制备，提升浆料的充型能力，是本技术重点研究的问题之一。

2)铸型脱脂后结构完整性的保持

与基于光固化树脂原型的熔模铸造铸型技术类似,凝胶注模后形成的铸型坯体需烧失内部光固化树脂原型形成空腔结构才能用于最终的金属浇注。在树脂烧失的过程中,铸型内部有机单体不断热解,强度持续下降。在光固化树脂原型热应力与重力的共同作用下,铸型可能出现结构开裂,完整性无法保证,这种现象随着铸件结构复杂程度的增加而加剧。为避免脱脂预烧结过程中铸型的开裂,可以从减小铸型所受外部应力作用与提高铸型强度两方面入手。外部应力包括:树脂对陶瓷铸型的挤压热应力与铸型自身重力的作用,其中重力难以调控,而热应力可以通过对树脂原型结构进行镂空来降低。但是,由于空心涡轮叶片是具有复杂内部结构的薄壁件,叶身处存在厚度小于 1.0mm 的薄壁,该部位无法使用三维造型软件在保证外轮廓完整的情况下将其内部结构完全镂空,树脂烧失过程中光固化树脂原型对坯体作用依旧很大,因此铸型的结构完整性将受到影响。究其原因,铸型在脱脂过程中,坯体内有机凝胶烧失,基体内陶瓷颗粒尚未烧结,颗粒间仅靠相互堆积摩擦力的作用维持铸型形状。通过提高铸型在树脂烧失过程中的强度可以削弱外力对铸型的破坏作用。英国伯明翰大学的 S. Jones 等[42-43]通过在铸型陶瓷浆料中添加少量的尼龙纤维制备了一种复合高强度陶瓷型壳,有效地减小了型壳开裂的可能性。但是,尼龙纤维的加入增加了陶瓷浆料制备难度,降低了浆料的充型能力。因此,仍需要探索新的工艺方法来满足铸型完整成形的要求。

3)铸型性能的综合调控

当前新型的涡轮叶片为定向晶/单晶组织,此类叶片一般采用定向凝固工艺进行铸造成形。在定向凝固过程中,铸型需长时间承受高温(约 1500℃),因而铸型的高温力学性能要求较普通铸造更高。本方法前期研究中采用多次浸渍的工艺,提升了铸型的耐火度,但高温强度仅有 4MPa,尚难以满足定向凝固铸造的需要。同时,定向晶及单晶叶片对制造精度的要求苛刻,叶身一般要求无余量成形。前期研究中缺乏行之有效的铸型精度控制方法,整体精度为 CT6,位置及型面精度偏差较大,与当前叶片精铸件尺寸要求尚存在较大的差距。参考航空标准 HB5352—2004 与 HB5353—2004 熔模铸造型壳及型芯性能实验方法作为评价铸型综合性能的标准,可将铸型性能划分为两部分：高温力学性能与精度。铸型的高温力学性能直接影响到最终铸件的浇注成功率，是陶瓷铸型最重要的性能指标之一，也是陶瓷铸型制备中的一大技术难点，更是实现定向晶/单晶叶片铸造的首要先决条件。目前，国内外一般通过两种方法提高铸型的高温强度：一是原材料配方优化，通过添加烧结助剂促进基体烧结，生成强化相；二是后处理浸渍强化，通过浸渍强化液，促使基体生成高温强化相，提升力学性能。莫来石相为最常见的熔模铸造氧化铝基陶瓷铸型高温强化相，其成分一般为$3Al_2O_3 \cdot 2SiO_2$，在基体中呈片状或柱状分布，在1400~1650℃范围内具有极强的抗蠕变能力，是一种性能优异的高温强化相。北京航空材料研究院研制的AC-1型及AC-2型氧化铝基型芯材料均以莫来石为强化相，并以CS-1型浸渍液强化处理，以促进莫来石的生成。薛明、曹腊梅等在莫来石含量与微观组织对铝基型芯高温抗变形能力的作用机理研究中认为：氧化铝基陶瓷型芯具有优良的高温性能归结于高温下莫来石柱状晶群的生成[44-45]。中国科学院金属研究所通过在氧化铝基体中添加纳米SiO_2改善了型芯的烧结性能，同时采用Si^{4+}浸渍液对型芯进行强化处理，高温挠度由7mm降低至1mm[46]。对于涡轮叶片一类的高端铸件，铸型的高温性能调控是铸型制备技术的关键所在。

铸型的尺寸精度除受SL原型精度的影响外，也受铸型材料特性的影响。陶瓷铸型烧结过程中，随着烧结温度的升高，坯体内发生颗粒间烧结、界面移动、颗粒重排、晶粒生长等一系列复杂的物理化学变化，宏观上表现为陶瓷坯体尺寸的变化，烧结后有较为明显的收缩变形，该变形将直接影响到叶片铸件的尺寸精度。通过烧结工艺、浆料固相体积分数的优化，能达到降低烧结收缩的目的，但要实现烧结收缩的完全抑制，仍存在困难。基于反应烧结原理，利用体积膨胀材料抵消收缩是一种切实有效的方法。N. Claussen[47]采用铝粉通过反应烧结的方法制备了氧化铝陶瓷。通过调整Al/Al_2O_3的比率，当烧结温度为1200~1550℃时，利用Al转化为Al_2O_3时的体积膨胀抵消了氧化铝基体的烧结收缩，制备了低收缩率、高性能的氧化铝陶瓷。D. Holz[48]通过实验研究了低收缩率莫来石陶瓷的制备方法。通过在Al/Al_2O_3粉末中添加SiC，烧结过程中Al粉氧化为Al_2O_3，SiC氧化为SiO_2，生成的SiO_2再与Al_2O_3反应生成莫来石。这三步反应中均存在一定的体积膨胀，因此可抵消烧结过程中的收缩。上述研究验证了基于反应烧结原理的烧结收缩抑制方案的可行性。

综上所述，采用光固化结合陶瓷凝胶注模技术可实现型芯与型壳一体化成形，简化了铸型制备工艺流程，在制造工艺中省略了精铸模具的设计与制造环节，并且无需进行型芯与型芯之间、型芯与型壳之间的装配。通过进一步开展铸型结构(整体和微细结构)的完整成形以及性能调控等研究，解决铸型制备工艺中的问题，可在具有复杂结构零件的铸造成形方面释放出巨大潜力。

1.2.2 石膏铸型

随着航空、航天、汽车等工业的发展，铝合金铸件得到了人们广泛的关注，高质量、高性能和高稳定性铸件成为人们不断研究和探索的目标。铸造方法的更新迭代，为生产性能优异的复杂结构铝合金铸件提供了有力支撑。石膏铸型精铸广泛应用于航空、航天、电子和卫星通信的铝合金零件制造，其工艺流程如图 1-11 所示。需要注意的是，该工艺中通常需要使用钢箍或砂箱作为外壳，防止石膏铸型在焙烧、搬运过程中由于强度不足而开裂。

图 1-11 传统石膏铸型制备工艺流程[49]

石膏铸型熔模精铸自问世以来已经有 50 余年的发展历史，国内外对其成形工艺已有较为广泛的研究，现有技术可实现尺寸公差范围为($\pm 0.05 \sim \pm 0.1$)mm/25mm 或($\pm 0.05 \sim \pm 0.08$)mm/25～50mm、表面粗糙度为 $Ra1.6\mu m$ 以下。我国在 20 世纪 80 年代初开始引进石膏铸型精密铸造技术，1982 年初，原三机部科技局组织部属厂、高校、研究所成立石膏铸型精铸攻关组，以复杂薄壁的军用铝铸件为研制对象进行技术攻关。在不到两年的时间里试制成功，填补了国内在石膏铸型精铸方面的空白。西北工业大学张立同团队在石膏铸型熔模精铸方面进行了深入研究，先后研制出高强石膏铸型、水溶性石膏芯等，并应用该技术实现了多种波导管及中小型复杂薄壁铝铸件的制造。随后，国内多家高校与研究院所对石膏铸型成形技术展开了广泛的研究[50-61]。

随着机械制造中各类零件的集成度、复杂度越来越高，传统铸造中模样制造方法已无法满足新型零件的制造要求。例如，美国 Tec‐Cast 公司运用传统石膏铸型实现波音 767 飞机航空发动机燃油增压泵壳体的铸造，该零件外形复杂，内部有多个变截面的弯曲油路歧管，对气密性要求极高，中心孔距需保持 ±0.25mm 的公差。其原型零件由多个加工件组合而成，采用 22 个分体蜡模组合成整体蜡模，在组合时需嵌入 12 个形状不同的型芯，因此制造工艺复杂且成本高昂[62]。

随着增材制造技术的发展，快速铸造技术在小批量铝合金复杂结构零件的制造中已有较多应用。作为最早兴起的增材制造方法之一，分层实体制造工艺法在快速原型中应用较早，合肥工业大学开展了基于分层实体制造原型的快速模具制造，用于制造锡铋合金，表面粗糙度达到 $Ra1.6\mu m$，抛光后可达 $Ra0.8\mu m$，尺寸精度为 $±0.128mm/100mm$[63]。但是受成形工艺局限，分层实体制造工艺在复杂零件成形能力和成形精度上均有明显的不足。选区激光烧结工艺制造的快速原型在石膏铸型精密铸造的应用较多，原型材料以聚苯乙烯(PS)粉末为主，该方法具有成本低廉、精度较高的优势，国内外针对该工艺均已有较为完善的研究和成熟的商业化应用。重庆大学、华中科技大学等高校分别基于选区激光烧结工艺进行了铝合金、镁合金零件的快速制造，对石膏铸型的尺寸精度、强度、脱除性能等进行了全面研究，设计了与选区激光烧结原型及铝合金相匹配的石膏铸型材料体系及工艺。然而，受限于成形工艺本身的局限性，选区激光烧结工艺成形复杂零件(尤其是含有内腔结构零件)时，表面成形质量仍显不足。因此，该技术目前仍主要用于制造毛坯原型、饰品及设备外壳、支架等对表面质量及尺寸精度要求不高的零件。图 1-12 所示为基于选区激光烧结工艺的石膏铸型铸件[53-54]。

图 1-12 基于选区激光烧结工艺的石膏铸型铸件

光固化树脂原型工艺具有精度高、成形复杂结构零件能力强的优势,在石膏铸型铸造工艺中主要用于直接翻制模具。由于树脂烧失温度较高,发气量大,目前较少用于直接制备石膏铸型。已有部分科研单位[64-66]开展了基于光固化树脂原型的石膏铸型铸造研究,但针对工艺流程、精度控制、冶金质量等方面仍需要深入研究。此外,现有的石膏铸型成形方法还存在铸型强度不足(尤其是高温强度较低),强度精度难以兼顾,对精细结构的复型能力不强等问题。因此,如何实现对复杂结构光固化树脂原型精确、完整地复型,是实现光固化树脂原型在石膏铸型制备中广泛应用的关键问题。

为了满足基于光固化树脂原型的复杂铝合金零件的精密铸造,需在整体式石膏铸型的成形工艺及石膏铸型性能方面展开研究,探索关键工艺参数及材料参数对石膏浆料性能、铸型性能的影响规律,研究石膏铸型性能在焙烧过程中的变化规律,寻求优化石膏铸型配方与制造工艺,提高石膏铸型高温性能的方法。在研究石膏铸型的性能调控方法及机理方面,为解决基于光固化树脂原型的石膏铸型铸造技术强度和精度难以兼顾等难题,提高工艺适应性,需使石膏铸型的性能满足以下技术指标:

(1)石膏铸型强度。为实现复杂零件原型整体成形,有效保证尺寸精度和表面质量,采用光固化树脂原型作为原型件,相较于聚苯乙烯、石蜡等材料,光固化树脂原型的光敏树脂分解温度高,热胀系数大,加热过程中热膨胀率达到4%,因此,本工艺对石膏铸型在树脂烧失温度段(150~400℃)的强度提出较高要求,通常至少需要2MPa强度以应对树脂膨胀、发气对铸型的冲击。

(2)石膏铸型精度。包括铸型的尺寸精度(包括关键特征尺寸的收缩)、形位精度(包括特征结构形尺寸及变形等)、表面质量等。本工艺旨在面向复杂结构近净成形,保证精度是本工艺的重要目标。该类铸件的尺寸精度要求通常为CT6等级,该等级精度要求的相关数据在表1-2中列出。在不考虑局部变形的前提下,铸型材料的尺寸精度一般可控制在±0.25%以内。此外,对于某些异型壳体类铸件,内部存在细长管结构,故其对应的石膏铸型存在悬臂、悬空结构,石膏铸型在要进行高温焙烧时,此类细长管结构在高温下(750℃)的断裂和弯曲变形将直接影响细管成形完整性与精度,细长管结构在高温下抵抗断裂与变形的能力是决定铸型制造能否成功的关键,因此,石膏铸型材料还需要具有较强的高温抗蠕变能力。

表 1-2　铸件 CT6 精度尺寸要求

尺寸范围/mm		CT6 精度容差/μm	
>	≤		
0	10	0.52	±0.26
10	16	0.54	±0.27
16	25	0.58	±0.29
25	40	0.64	±0.32
40	63	0.7	±0.35
63	100	0.78	±0.39
100	160	0.88	±0.44
160	250	1	±0.50
250	400	1.1	±0.55
400	630	1.2	±0.60

(3) 石膏铸型完整成形。完整成形主要体现在两个方面：一方面是石膏浆料能够复型完整；另一方面是浇注后浆料固化可控。良好的流动性是保证浆料对原型件复型完整的前提，根据实践经验一般选用表观黏度 1Pa·s 作为完整复型的表观黏度上限。通常，石膏浆料的凝固时间为 2~5min，复杂结构铸件的石膏铸型包括型壳和型芯，一般有较大尺寸，需一次性填充较多体积的浆料，因此凝固时间应适当延长。然而，凝固时间过长易导致石膏浆料沉降，因此需综合考虑凝固时间及石膏浆料的稳定性，以保证铸型的良好固化。

1.3　基于选区激光烧结的铸型制备技术

选区激光烧结工艺由美国得克萨斯大学奥斯汀分校的 C. R. Deckard 等于 1989 年研制成功。其基本方法是根据 CAD 模型切片的二维截面数据，在逐层铺展的粉末材料上选择性地用激光烧结加以固化，进而得到与目标截面数据相同的实体片层，通过层层累加最终成形实体。选区激光烧结技术可为铸造提供所需的模样或直接成形铸型。其优点是可成形材料广泛、成形中受支撑结构限制小、工艺适应性好、精度较高、可满足多数砂型及熔模铸造工艺的需求。它的出现为铸型制备提供了新的技术方案,并在实际铸造生产中得到了较为广泛的应用。

1.3.1 砂型

在铸造行业中,砂型铸造是应用最为广泛的一类铸造方法。砂型的质量直接决定了铸件质量。在传统砂型的造型中,一些大型复杂薄壁铸件的砂型常常需要多个砂型(芯)组合而成,其相互间嵌套尺寸稍有差错就会导致铸件无法精确成形,产生铸件缺肉或者多肉,影响铸件的成品率,并间接提高了后期机加工的成本。因此,降低成本及制造周期,提高砂型(芯)的成形质量,以较低的成本生产出优质铸件是目前砂型铸造的发展方向。

选区激光烧结技术的快速发展,对砂型铸造的技术转型升级起到了很好的支撑作用。基于选区激光烧结技术成形砂型砂芯的快速精密砂型铸造具有响应速度快、制造周期短、灵活性高、稳定性好、砂型与砂芯一体化制造等优点。

选区激光烧结工艺采用预先在表面包裹具有热塑性黏结剂的型砂作为造型材料[67](图1-13),通过层层铺粉烧结成形砂型。当激光扫描时,砂粒表面黏结剂熔化并重新凝固,在砂粒之间形成黏结剂的连接桥,连接桥将分散的砂粒连接,实现砂型的烧结。

图1-13 选区激光烧结砂型用砂
(a)原砂;(b)覆膜砂。

国内外开展了大量采用激光烧结覆膜砂来制造铸型的研究,并取得了良好的效果。通常,选区激光烧结时激光束扫描时间短,提供热量有限,用激光烧结出的覆膜砂型的强度较低,一般采用选择合理激光烧结工艺参数:激光功率、扫描速度、预热温度和铺粉层厚,或者选择较高导热系数的覆膜砂的方法提高覆膜砂选区激光烧结砂型抗拉强度。G. Casalino 等[68]研究了选区激光烧结工艺参数对覆膜硅砂烧结试件抗压强度、表面成形质量和成形精度的影响。S. Kolosov 等[69]对比了激光束中心的热扩散、能量沉积和光强变化对烧结砂型的质量差异,得出当能量密度为 0.25J/mm² 时,激光分布更均匀,烧结性能更好。Y. Chivel 等[70]针对选区激光烧结过程中的激光脉冲变化对粉体表面温度的变化影响进行实时测量,通过研究颗粒间接触点的黏结状态优化了粉体的最佳烧结温度。此外,美国 DTM 公司开发了一系列树脂覆膜砂材料,并用于砂型制备,成形后的砂型在 100℃ 的保温箱中保温固化 2h 后,其抗拉强度达到了 3.3MPa[71]。国内对选区激光烧结技术的研究工作始于 20 世纪 90 年代,华中科技大学、中北大学、南京航空航天大学、西安科技大学、南昌航空大学等单位对该技术进行了大量的应用基础研究。北京隆源自动成形系统有限公司研制开发出了国内第一台选区激光烧结快速成形设备,同时开发了常温抗拉强度经测试达到 5.0MPa 以上的覆膜砂,并优化了砂型的成形工艺。

在基于选区激光烧结砂型快速铸造的研究方面,已有较多的工程化应用研究。图 1-14 为选区激光烧结成形的柴油发动机缸盖砂型[72],其中砂芯形状精细复杂,对于传统工艺成形难度较大,而选区激光烧结技术则可快速实现砂型的制备。

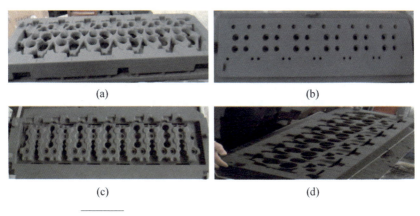

图 1-14 选区激光烧结成形的柴油发动机缸盖砂型

江苏徐州工程机械研究院的薄夫祥等[73]通过研究选区激光烧结技术在不同工艺参数下对原型件的烧结强度与尺寸精度的影响结果,最终获取了最优参数,并与传统铸造相结合,验证了全新高端工程机械液压多路阀的快速铸造工艺的可行性。华中科技大学材料成形与模具国家重点实验室的贺云峰等[74]通过对平台的二次开发,研制出了一种砂芯及芯盒自动提取的系统,结合选区激光烧结砂型成形工艺,克服了传统砂型铸造中砂芯设计工艺制造周期较长的缺点,并与生产企业合作针对铸件进行砂芯及芯盒的快速成形研究。

Z. F. Xu等[67]通过改变激光功率和扫描速度,研究了激光能量密度对覆膜砂烧结成形精度和抗拉强度的影响。实验结果表明,采用粒径 75~150μm,树脂质量分数 1.5%的覆膜宝珠砂,在恒定扫描速度下,烧结试样的拉伸强度随激光能量密度的增大而增大。当激光能量密度大于 $0.032J/mm^2$ 时,尺寸精度明显下降;当激光能量密度为 $0.024J/mm^2$ 时,抗拉强度无明显变化;但当激光能量密度大于 $0.024J/mm^2$ 时,随着激光功率和扫描速度的同时增大,样品抗拉强度呈现出先增大后减小的特征。研究确定了激光烧结的最佳能量密度范围为 $0.024~0.032J/mm^2$。此外,当激光功率为 30~40W,扫描速度在 1.5~2.0m/s 时,可获得最佳抗拉强度和尺寸精度的砂型试样。利用优化的激光能量密度、激光功率和扫描速度,可成功制备轮廓清晰、成形精度高的砂型。重庆激光快速原形及模具制造生产力促进中心有限公司的吴先哲等[75]以汽车发动机复杂箱体零件为研究对象,对选区激光烧结工艺的误差产生原因进行了分析,并对如何提高成形质量进行了探讨,确定了选区激光烧结技术生产该零件的工艺参数,总结出了减小选区激光烧结技术成形误差的措施:

(1)选择合适的烧结基面,并在基面轮廓出做支撑,保证零件的整体不变形和底面轮廓清晰。

(2)零件有厚大实体,则应减薄厚大处或者改为镂空实体。

(3)根据快速原型机的自身特性,选择合适的成形参数和温度曲线。

(4)复杂且精度要求高的零件,应进行分块,并用工装保证零件的尺寸精度。

目前,国内外选区激光烧结成形砂型(芯)已成功应用于铸铝、铸钢及铸铁等材质的铸件成形,而钛合金因具有很高的化学活性,铸造具有较大的技术难度。钛合金铸造时极易与铸型材料发生界面反应,导致铸件表面产生较厚的氧化层、黏砂、表面夹杂及气孔等铸造缺陷,限制了选区激光烧结覆膜砂型(芯)在钛合金铸造中的应用。南昌航空大学[76]结合选区激光烧结工艺和钛合金铸造的特点,选用高温稳定性、导热性好的锆砂为原砂材料,氧化钇、酚醛树脂及钇溶胶分别为填充材料和黏结剂,进行了覆膜锆砂的激光烧结成形、后固化及钇溶胶浸渗、Y_2O_3喷涂及焙烧处理的实验研究。实验结果表明:采用选区激光烧结锆砂砂型浇注的钛合金铸件轮廓清晰、表面光洁,无明显铸造缺陷,锆砂砂型与钛铸件界面反应厚度仅约3 μm,展示了选区激光烧结技术用于钛合金铸造的潜力。

综上所述,选区激光烧结技术用于砂型成形已发展得较为成熟,并走向实用阶段,可用于产品的快速开发,以及复杂铸件的小批量生产。对于复杂结构的铸件,选区激光烧结技术可以利用其成形优势解决传统铸造中复杂结构铸件开模难的问题。同时,砂型的整体成形也可避免传统铸造砂型砂芯组合中的装配误差,显著降低制造难度与成本周期。此外,除了通过优化原砂的覆膜工艺、激光烧结工艺、后处理工艺等提升砂型的性能外,还可以通过砂型材料设计等拓展该技术的应用范围,并可在低碳环保等方面发挥出巨大潜力。

1.3.2 熔模

得益于可加工材料多样性的优势,选区激光烧结技术也可用于制备铸造模样,用于代替熔模铸造的蜡模。常用于选区激光烧结成形的聚合物材料有尼龙(PA)、聚苯乙烯(PS)、聚碳酸酯(PC)、丙烯青丁二烯苯乙烯(ABS)、蜡等。然而,在面向熔模铸造应用方面,材料的选择除考虑成本、原型的强度、精度以外,还需要考虑铸造型壳制备中的适用性[77]。传统熔模铸造的制壳工艺需去除蜡模材料,因此,选区激光烧结成形熔模所用的材料必须能够有效脱除或烧失。蜡是熔模铸造目前广泛采用的优良模料,国内外都对蜡的选区激光烧结成形进行了大量的研究,但由于蜡的材料特性,在烧结过程中存在较大的变形,一直以来未得到大范围应用。PC具有烧结性能好、制件的强度较高等多种优良的性能,是最早被研究用于熔模铸造和功能件的聚合物材料。但PC的熔点较高,流动性不佳,需要较高的烧失温度,因而不适合应用于成形高精度熔模。在众多的高分子材料中,PS具有密度较小、吸湿率低、流动性好、熔化温度低、收缩变形小、成本低廉等优点;相比其他材料,PS在烧失时发气量少、灰分残留少,更符合熔模铸造的工艺要求。因此,目前基于选区激光烧结的快速熔模精密铸造技术的研究及应用多采用 PS 粉末作为烧结原材料。图 1-15 为北京隆源自动成形系统有限公司利用选区激光烧结技术制备的汽车发动机缸体熔模及铸件。

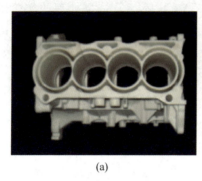

(a)   (b)

图 1-15　汽车发动机缸体选区激光烧结熔模及铸件

(a)选区激光烧结熔模；(b)铸件。

此外，选区激光烧结原型件还需特定的后处理工艺才能使用。由于在选区激光烧结成形过程中，激光扫描速度很快，粉末存在未充分融合现象，同时逐层成形的材料会产生翘曲变形等，因此通过选区激光烧结直接制出的模型存在致密度低、表面质量低的问题，需要采取后处理来进一步提高其强度及精度。对于此类问题，目前主要采用对选区激光烧结成形件进行浸蜡处理的方法来使之满足熔模铸造的要求。浸蜡处理在提高模样表面质量和模样强度的同时，还可以填补成形过程中原型的细小缺陷，并有利于型壳浆料的涂挂。

当前国内外针对选区激光烧结成形设备及工艺已有较为完善的研究和商业化应用，美国 3D Systems 公司、德国 EOS 公司、北京隆源自动成形系统有限公司、华科三维等单位已推出了较为成熟的产品及相应的解决方案。华中科技大学、西安科技大学、中北大学、南昌航空大学等单位对基于选区激光烧结快速原型的铸造工艺进行了广泛的研究。华中科技大学史玉升等[78]在研究过程中发现选区激光烧结技术发展中的难点包括：①商品化的选区激光烧结成形设备的成形腔尺寸小，无法直接成形大型原型，需将其分块制作再拼接成整体，而拼接既易导致原型的精度损失，又增加工艺的复杂程度和制作周期；②大型复杂选区激光烧结原型件在制作过程中容易产生翘曲变形，影响原型件的精度；③用于大型复杂选区激光烧结原型件的各种铸造工艺未得到深入研究，导致铸造过程中的废品率很高，甚至无法铸造出合格的金属件。

针对选区激光烧结技术的难点，该团队进行了大量的理论及实验研究，在成形材料、设备软件及硬件、成形工艺、基于复杂结构选区激光烧结成形件的铸造工艺等方面取得了大量成果。中北大学的白培康等[79]采用自主研制的选区激光烧结设备，对 PS 树脂原型后处理工序开展了研究，开发了快速熔模精密铸造工艺。西安科技大学的杨来侠等[80]研究了基于选区激光烧结的复杂曲面零件快速熔模铸造工艺，研究中采用选区激光烧结工艺制作 PS 树脂模型并用于型壳制备，结合 ProCAST 软件的铸造工艺分析，进行了铸造实验。实验通过合理的铸造工艺获得了质量良好的铸件，铸件平均尺寸相对误差范围 $0.17\% \sim 0.19\%$，表面粗糙度平均值为 $0.693\,\mu m$。

近年来，选区激光烧结工艺成形熔模的方法在航空制造领域取得了一定应用。随着航空零件结构的日渐复杂化，传统熔模铸造压蜡工艺成形熔模越来越困难。而采用选区激光烧结成形熔模，可快速得到传统压蜡工艺难以成形的复杂熔模。上海交通大学[81]开展了基于选区激光烧结熔模的航空发动机钛合金中介机匣快速铸造研究。该铸件是航空发动机中重要的承力结构件，其特点是尺寸大、薄壁面积大、结构复杂，轮廓尺寸为 $1200\,mm \times 324\,mm$，最小壁厚为 $3\,mm$，采用传统熔模铸造生产周期较长，无法满足研制进度。同时，钛合金具有熔点高、浇注过热度低、收缩倾向大等特点，在液态成形过程中易出现冷隔、浇不足、缩松等缺陷。一般铸造工艺需对中介机匣进行 $3 \sim 4$ 次的试制才能确定合适的铸造工艺，大大增加了研制周期和成本。该研究采用选区激光烧结技术制备中介机匣 PS 树脂熔模(图 1-16)，并对浇注工艺进行数字化仿真及优化，最后进行型壳的制备与中介机匣铸件的快速试制。经检测表明，采用基于选区激光烧结熔模的快速铸造工艺制备的铸件冶金品质优良，尺寸精度可达 CT7 级。研究表明，将选区激光烧结熔模应用到航空铸件的铸造过程中，可有效解决复杂铸件开发周期长、成本高等问题，且获得冶金质量和尺寸精度能够满足相关质量要求。

目前，国内外对基于选区激光烧结原型的熔模铸造工艺相关的原材料、成形工艺、原型件的尺寸精度、后处理、工业应用、数值模拟等方面已经有了较为全面研究，工业应用逐渐向汽车、航空等高新产业的核心零部件靠拢。在当前机械制造业智能化的发展趋势下，诸多零件的设计呈现出复杂化、整体化、精密化等特点，选区激光烧结熔模用于精密铸造的研究及应用仍需在熔模材料、铸件表面粗糙度及尺寸精度、工艺适用性、经济性、效率等方面进一步提高，以适应新型市场的需求。

图 1-16
SLS 成形的航空发动机机匣 PS 树脂熔模

1.4 三维印刷砂型技术

砂型铸造广泛应用于结构复杂的中大型铸件，如发动机缸体、各类泵体、液压阀体等，具有生产成本低、工艺简单的优点。随着科学技术的不断发展，近年来，应用于航空、航天、汽车、工程机械等领域的零部件结构逐渐向一体化、轻量化发展，通常用一体成形的铸件来代替多零件组合装配的组件，由此带来了铸造行业的发展，使铸件的生产转向智能化、自动化、数字化。由于铸件越来越复杂精密，模具的传统铸造方式已难以满足新的要求，因此，增材制造技术在砂型铸造方面得到了应用。目前，主要有两种增材制造技术应用于砂型铸造，分别是选区激光烧结和三维印刷。选区激光烧结技术采用激光作为热源烧结粉末材料从而达到固化成形的目的。其优点是成形材料广泛、工艺简单、精度高等；缺点是成形过程中需要预热且易在热应力的作用下发生收缩及翘曲变形，存在残余热应力；而且，采用选区激光烧结技术制作的砂芯溃散性差，脱芯困难；另外，激光器的使用导致成形尺寸小且设备维护成本高。

近年来，基于三维印刷技术的砂型制备技术得到了飞速发展。该技术由美国麻省理工学院（MIT）的 Emanual Sachs 等发明，于 1989 年申请了相关专利。三维印刷是一种利用喷头的移动，选择性地将黏结剂喷射到粉末材料表面，通过逐层累加的方式来获得制件的快速成形技术，也被称为黏结剂喷射

(binder jetting)或喷墨粉末打印(inkjet powder printing)技术。其具有成形材料种类广泛、设备运行和维护成本低、成形效率高快、工艺简单等优点，在铸造砂型成形方面展现出巨大优势。

1.4.1 技术现状

与选区激光烧结技术相比，三维印刷成形技术具有成形速度快、可整体成形较大零件、无热应力残余以及无激光、设备成本，运行成本低等优点（表1-3）。同时，三维印刷成形技术与传统砂型技术相比，由于人工干涉少，对复杂结构的砂型无需手工组合、定位等工序，可提高砂型的合格率及生产效率，因此在砂型的成形方面具有良好的应用前景。图1-17所示为基于三维印刷成形技术的铸造工艺流程。

表1-3 选区激光烧结与三维印刷成形技术比较

项目	选区激光烧结技术	三维印刷成形技术
优点	材料种类广泛、利用率高、无需支撑、成形速度快、力学性能好	材料种类广泛、无需支撑、设备成本低、制件易清理
缺点	制件表面粗糙、易发生翘曲变形、设备成本高、溃散性差、易对环境造成污染	制件表面粗糙、强度低、需要后处理工艺
对比	效率低、成形强度高、铸件力学性能好	效率高、成形强度满足使用要求、铸件力学性能好

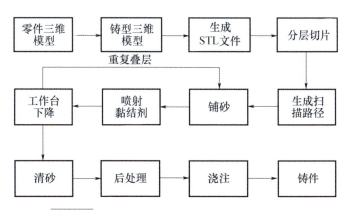

图1-17 基于三维印刷成形技术的铸造工艺流程

当前，国内外对三维印刷成形铸造砂型（芯）已有较为全面的研究。美国佐治亚南方大学的 D. Snelling 等[82]研究对比了两种不同的 3D 打印砂（ExOne 和 ZCast）的特性以及使用它们制造出来的铸件的性能，结果表明 ZCast 砂的颗粒尺寸比较小，表面积比较大，黏结的时候需要添加更多的黏结剂，在浇注过程中会产生大量的气体，严重影响铸件的表面质量。韩国昌原国立大学的 Hyun-Hee Choi 等[83]研究了用于复杂砂型的三维印刷成形的后处理工艺，研究结果表明当后处理中采用无机黏结剂浸渗的次数增加时，砂型强度随之增加。S. Mitra 等[84]研究了黏结剂浓度、固化时间、固化温度对砂型的强度和透气性的影响，提出在保证透气性的情况下，可满足力学性能要求的砂型性能调控方法。N. Coniglio 等[85]研究了在砂型中的位置、打印分辨率、铺砂速度等因素对打印试样的强度和透气性的影响。研究结果表明，铺砂速度对试样的强度和渗透率都有影响，铺砂速度越慢，试样强度越大，透气性越小，过快的铺砂速度会导致试样出现各向异性，而打印分辨率只会对试样的强度产生影响。美国宾夕法尼亚州立大学的 S. R. Sama 等[86]利用增材制造技术易于制作复杂结构的优点设计了锥形螺旋浇道和抛物线形浇道取代原有的直型浇道。研究结果表明，新型浇道可以使浇口处的熔体流动速度显著降低，与直浇口铸造相比，采用抛物线浇口和锥形螺旋浇口分别使铸造缺陷减少了 56% 和 99.5%，铸件内氧化物夹杂物可大幅降低；同时，新型浇口铸件的力学性能比直浇口铸造有所提高。该项研究表明，三维印刷成形技术结合数字化仿真技术能显著提高砂型铸件的力学性能和冶金质量。华中科技大学的田乐等[87]针对三维印刷成形覆膜砂砂型（芯）初坯强度低的问题，通过添加 α 半水石膏的方式改性原始宝珠覆膜砂，研究了 α 半水石膏添加量对抗拉强度、发气量、透气性的影响。研究结果表明，适量添加 α 半水石膏有利于初坯强度的提升，但 α 半水石膏的加入会增大砂型的发气量，并在一定程度上降低透气性。宁夏共享化工有限公司的邢金龙等[88]研究了一种用于三维印刷砂型新的无机黏结剂，该黏结剂具有黏结强度高、抗吸湿性优异、溃散性好、稳定性高等优点。实验结果表明，该无机黏结剂的最佳加入量为 4.0%～4.5%（占标准砂的比例），有机酯固化剂的最佳加入量为 13%～15%（占黏结剂的比例）。机械科学研究总院的单忠德等[89]设计了一种新的铺粉装置用于多材料复合砂型的制备，研究了固化剂含量、铺粉速度和刮刀形状对砂层（硅砂和锆砂）致密度和表面粗糙度的影响，还测试了两种砂粒的过渡间隔的形状和大小。实验结果表明,随着固化剂含量的增加,砂层的致密性降低,表面粗糙度增加;随着铺粉装置速度的增加,砂层的致密性降低,表面粗糙度增加;倾角为72°的刮刀可以增加砂层的致密度值;在过渡区混合有两种砂粒,在硅砂颗粒涂层后形成半圆形边缘形状,过渡区的大小由设计参数和铺砂装置的开口方式决定。通过优化铺砂装置的打开和关闭方式可以减小过渡区的尺寸,并且可以获得高质量的多材料砂层,为制造多材料复合砂模提供了解决方案。清华大学的上官浩龙和康进武等[90]提出了一种基于三维印刷成形技术的变厚度砂型,该砂型设计可控制铸件的冷却,实现在不同区域具有不同冷却速率,改善铸件在凝固时的温度均匀性(图1-18)。该砂型在改善铸件的性能和减少残余应力方面具有积极作用,与传统的致密砂型得到的铸件相比较,变壁厚砂型可使铸件冷却速度提高30%,抗拉强度提高17%,屈服强度提高11%,伸长率提高67%,变形量降低43%,而耗砂量减少了90%。

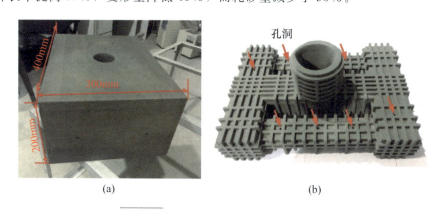

图1-18 传统砂型与三维印刷砂型对比

(a)传统砂型;(b)三维印刷砂型。

目前,美国ExOne公司、德国Voxeljet公司等企业已推出了面向工业生产的三维印刷砂型产品。国内的科研院所及企业也对三维印刷设备及工艺进行了广泛的研究与产业化应用。宁夏共享、隆源成形、武汉易制科技、峰华卓立等企业已实现了三维印刷设备的制造及工程化应用。

1.4.2 技术应用

在工程应用方面,三维印刷技术已较为成熟。采用三维印刷技术可省去金属模具开发过程,实现砂型、砂芯的同时成形,可保证砂芯的位置精度,是传统砂型铸造工艺的重大变革。贵州航天风华精密设备有限公司[91]应用三维印刷技术打印砂芯，以航天薄壁结构件为应用对象，采用差压铸造的方法实现了薄壁结构件的铸造成形。研究结果表明，三维印刷技术打印的砂芯尺寸精度高、砂型强度均匀、退让性好，应用其浇注的薄壁结构件内部质量符合设计要求，外形结构尺寸精度高。中车长江车辆有限公司工艺研究所[92]研究了三维印刷技术在铁路铸件上的应用，该研究基于三维印刷技术进行了耦合器转向节试制，并对铸件性能进行了测试。结果表明，通过三维印刷技术制备的砂芯抗压强度和发气量能够满足铸件的工艺要求，所制备的耦合器转向节具有精确的尺寸和光滑的表面。

近年来，三维印刷技术在具有复杂内腔结构的大型铸件成形中得到了研究及应用。例如，三维印刷技术可用于液压传动技术中的核心控制元件——高压多路阀[93-94]的制造。由于新型多路阀阀体采用一次整铸成形代替传统的装配组合工艺，因而对阀体的铸造工艺提出了新的挑战。整体式阀体流道结构复杂，流道中包含大量突变截面、转折、渐扩和渐缩等结构特征。对于传统砂型铸造，砂芯制造过程繁复，且砂型内的大量砂芯采用人工装配，工艺稳定性差。而三维印刷成形技术为改良多路阀阀体的铸造工艺创造了可能，利用此项技术能够快速获得铸造所需的砂型，免除传统砂型铸造中模具制造及手工装配，有效缩短生产周期，并提高成形精度及工艺稳定性。

1.5 铸造技术

1.5.1 砂型铸造

在铸造行业中，通常将铸造方法简单划分为两种：一是砂型铸造；二是特种铸造，即其他有别于砂型铸造的铸造方法。砂型铸造的应用最为广泛，世界各国用砂型铸造生产的铸件占铸件总产量的80%以上。砂型铸造广泛应用于空间结构复杂的铸件，如发动机的缸体、各类泵体、液压阀体等，并且可成形铸件尺寸范围广，铸件质量可从几千克至几十吨。与其他铸造方法相比，砂型铸造具有成本低、工艺简单、生产周期短等优点，其基本工艺流程如图1-19所示。因具有这些优势，砂型铸造在机械制造产业中占有重要地位。

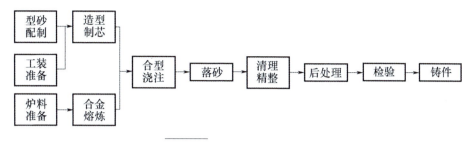

图 1-19 砂型铸造工艺流程

砂型铸造所用的造型材料廉价易得,铸型制造简便,对铸件的单件和成批生产均能适应。砂型铸造采用的铸型一般由外砂型和砂芯组合而成,用于制造砂型的材料称为型砂,用于制造砂芯的造型材料称为芯砂。型砂和芯砂的质量直接关系到铸件的成形质量,材料选用不当时,铸件会产生气孔、砂眼、黏砂、夹砂等铸造缺陷[95]。一般来说,良好的造型材料应具备下列性能:

(1)耐火性。高温的金属熔体浇注入铸型后,会对铸型产生强烈的热作用,因此型砂要具有抵抗高温热作用的能力,即耐火性。如造型材料的耐火性差,铸件易产生黏砂。一般型砂中 SiO_2 含量越多,型砂颗粒越大,耐火性越好。

(2)可塑性。可塑性是指型砂在外力作用下变形,去除外力后依然能良好保持已有形状的能力。造型材料的可塑性好,易于造型,因而制成的砂型复形准确、轮廓清晰。

(3)强度。强度是指型砂抵抗外力破坏的能力。型砂成形后,必须具备足够高的强度才能在造型、搬运、合箱过程中不出现塌陷,且在浇注时能够承受金属熔体冲击。然而,型砂的强度也不宜过高,否则会引起其他问题,如透气性、退让性的下降,进而导致铸造缺陷。

(4)退让性。由于铸件在凝固过程中,体积会发生收缩(或膨胀),因此砂型材料需具有一定的变形能力,以适应铸件的变形。如型砂的退让性不好,铸件容易因变形受阻而产生内应力或开裂。通常,型砂越紧实,退让性越差。工业生产上一般通过调整型砂组分来提高退让性。

(5)透气性。在高温金属熔体浇注过程中,砂型内的气体必须通过铸型材料的微观孔隙顺利排出,而不至于影响金属熔体的充形,这种能让气体透过的性能称为透气性。铸型的透气性一般受砂的粒度、黏结剂含量、水分含量及砂型致密度等因素的影响。砂的粒度越细、黏结剂及水分含量越高、砂型紧实度越高，则透气性越差。当透气性不良时，会使铸件产生气孔、浇不足等缺陷。

砂型铸造虽然应用广泛，但依然存在一些不足。例如，工艺过程中涉及砂型模具的制备，生产成本高、周期长；对于复杂砂型（砂芯），需要分为多个部分进行制造（分型造型），之后再进行拼装，因此会产生较大尺寸误差，且对于某些具有特定结构的铸件甚至无法成形。因此，利用新兴的增材制造技术对传统砂型铸造工艺进行升级改造具有重要意义。

1.5.2 熔模铸造

随着科学技术的发展和生产水平的提高，传统砂型铸造在尺寸精度、表面粗糙度、铸件力学性能等方面已无法满足一些特殊铸件的要求，因而一些新的铸造方法得到了发展，这些有别于砂型铸造的工艺统称为特种铸造。目前，常用的特种铸造方法有熔模铸造、金属型铸造、石墨型铸造、离心铸造、压力铸造、真空吸铸和半固态金属铸造等。特种铸造能获得如此迅速的发展，主要由于这些方法一般都能提高铸件的尺寸精度和表面质量，或提高铸件的使用性能。此外，一些工艺还在减少原材料消耗、改善劳动条件、便于实现机械化和自动化生产等方面具有优势。其中，通过熔模铸造得到的铸件通常具有较高的尺寸精度及较低的表面粗糙度，可实现产品的净成形或近净成形，因而该技术近年来发展迅速。

熔模铸造又称失蜡铸造、精密铸造、熔模精铸等。熔模铸造的基本工艺流程：①制备相应的金属模具；②制备出相应的型芯，并对型芯进行组合；③注蜡制备铸件的蜡模，对蜡模修型后进行组树；④进行挂浆制壳，待型壳干燥后进行脱蜡；⑤通过焙烧得到带有型芯的陶瓷铸型；⑥经过浇铸、脱壳、脱芯等工艺流程，得到零件的毛坯铸件；通过对毛坯铸件进行检验，最终得到合格的铸件。以航空发动机空心涡轮叶片为例，其熔模铸造的主要工艺流程如图 1-20 所示。

与其他铸造方法相比，熔模铸造具有以下特点[4]：

（1）铸件尺寸精度高、表面粗糙度低。熔模铸造铸件精度可达 CT4~6 级，表面粗糙度 Ra 为 0.4~3.2μm，可大大减少铸件的切削加工余量，甚至可实现无余量铸造。

(2)材料限制小。适用于多种合金材料,如碳钢、不锈钢、合金钢、铝合金、铸铁、钛合金、高温合金等金属都可采用熔模铸造生产。

(3)成形能力强。可生产形状复杂的铸件,包括用其他方法难以成形的零件,如叶轮、空心叶片等。铸件的外形和内腔形状几乎不受限制,可以铸造出多种薄壁铸件及质量很小的铸件,其最小壁厚可达 0.5mm,最小孔径可以达到 1mm 以下,铸件尺寸覆盖几毫米至数千毫米。同时,采用熔模铸造的方法能够整体成形零件,避免后续的焊接或组合,可实现零件结构的优化及生产流程的简化。

(4)工艺流程繁复。熔模铸造的工序多,生产周期长,铸件质量的影响因素多,生产过程的质量控制难度大。

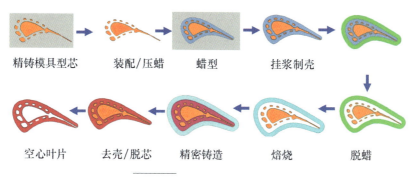

图 1-20 熔模铸造工艺流程

目前,熔模铸造已应用于多个行业,如航空、汽车、能源、化工、医疗器械等。当前熔模精铸行业形成了两个质量等级的工艺:第一级工艺广泛采用高质量的模料、高压制模、硅溶胶和硅酸乙酯型壳、蒸汽脱蜡、快速大气或真空浇注工艺。这类工艺生产的铸件尺寸精度为 CT 4~6 级,表面粗糙度 Ra 为 0.8~6.3μm。采用这种工艺水平生产的铸件产品可分为两类:一类是航空及燃气轮机叶片等高品质精铸件;另一类是质量要求相对较低的不锈钢、低合金钢、碳素钢等民用精铸件,可满足汽车、化工、工程机械等行业的需求。第二等级的工艺中一般采用石蜡-硬脂酸模料、低压制模、水玻璃型壳、热水脱蜡、慢速大气熔炼与浇注工艺,具有生产周期短、原材料价格低、设备及投资少的特点。这类精铸件的尺寸精度一般仅为 CT 7~9 级,表面粗糙度 Ra 为 12.5~25μm,可用于生产质量要求不高的民用工业碳钢及低合金钢件,产品主要覆盖汽车、拖拉机、通用机械、冶金设备、机床和化工等行业。随着技术水平的提高,熔模精铸已向生产更精密、更高附加值产品的方向发展,并在生产成本和生产效率方面不断进行突破,且应用范围逐渐扩大。

1.5.3 定向凝固

定向凝固是为了提高航空发动机及工业燃气轮机涡轮叶片承温能力而出现的一项先进技术,是面向燃气轮机涡轮叶片熔模铸造技术的一大革命性突破。由于涡轮叶片工作时处于高温、高压、复杂应力的恶劣环境,因此叶片需要具有极高的综合性能。20 世纪 60 年代后期,美国普惠公司的研究人员发现等轴晶铸造高温合金中与应力轴方向垂直的晶界是主要的变形开裂源,首次提出了消除横向晶界的设想,从而将定向凝固技术引入涡轮叶片的制造。定向凝固铸造工艺的基本工艺原理:对凝固过程中的温度场进行控制,使热流能够单向传导,从而使陶瓷铸型内的晶粒沿着热流相反方向生长,最终获得具有特定晶体学取向的晶粒组织[96]。

定向凝固技术是制备高性能航空发动机和工业燃气轮机定向柱晶和单晶叶片的有效技术手段,代表熔模铸造的先进水平。根据晶粒组织特点,涡轮叶片可以划分为三种,即等轴晶叶片、定向柱晶叶片、单晶叶片。与传统铸造方法获得的等轴晶叶片相比,定向凝固获得的定向柱晶及单晶叶片的高温强度、抗蠕变和持久性能、热疲劳性能等都得到显著提高,其中单晶叶片的性能最为优异[97]。图 1-21 所示为等轴晶、定向柱晶、单晶叶片凝固过程中晶粒生长的示意图[98]。

目前,定向晶及单晶涡轮叶片工业化生产中主要采用高速凝固(high rate solidification,HRS)法。该方法通过在铸型底部设置冷却装置,并采用隔热挡板将炉体分为加热区和冷却区,利用机械抽拉系统使铸型移出加热区来实现定向凝固[99]。HRS 法可对凝固过程中的温度梯度和凝固速率实现较好的控制,具有铸件组织良好、设备简单、工艺稳定的优点。近年来,在航空发动机及工业燃气轮机行业对叶片铸造质量的要求越来越严苛,HRS 法在冷却速率、温度梯度、生产周期等方面逐渐难以满足需求。HRS 法凝固初期主要通过铸件底部和水冷盘换热进行冷却,然而,随着凝固过程的进行,底部水冷盘的冷却效果逐渐降低,铸件的热量传递逐渐过渡到型壳的辐射散热为主,导致固液界面前沿的温度梯度逐渐降低,对铸件的冶金质量产生不良影响。

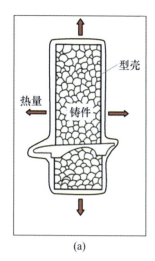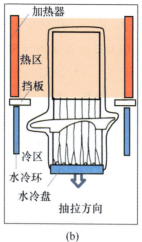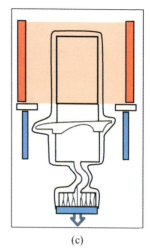

图 1-21 涡轮叶片三种典型晶粒组织

(a)等轴晶;(b)定向柱晶;(c)单晶。

为了保证定向晶的持续生长,还需要降低抽拉速率以避免凝固前沿过冷形核产生杂晶而破坏定向晶的生长,间接增加了生产周期。国内外在现有 HRS 法基础上开发了新型的定向凝固技术,如液态金属冷却法(liquid metal cooling,LMC)、流化碳床冷却法(fluidized carbon bed cooling,FCBC)、气冷铸造法(gas cooling casting,GCC)和向上抽拉法(downward directional solidification,DWDS)[98]。这些新方法一般采用各种辅助手段加强凝固过程中的散热,可大幅提高温度梯度和凝固速率。但是,目前这些新工艺尚未成熟,未用于叶片的大规模生产。

由于涡轮叶片结构复杂,定向凝固过程的温度场控制难度极大,因此容易导致叶片产生多种凝固缺陷,国内外相关研究主要涉及叶身组织控制、晶粒缺陷控制等方面。目前,凝固组织的调控可通过优化凝固工艺参数、改变铸型摆放角度、添加辅助结构、改变铸型壁厚等方法实现。例如,在模组的阴影侧添加辐射挡板可实现凝固过程中的温度场的优化。相关实验与模拟结果表明:与普通型壳相比,改进型壳的方法增加了温度梯度并且凝固速率更为均匀;同时组织中一次枝晶间距明显降低,单凝固组织得到细化[100]。另外,有学者提出一种随形变壁厚陶瓷铸型的设计及制备方法,采用该变壁厚铸型可使定向凝固过程中固液界面保持平直推进。相关理论计算结果表明:

与使用等壁厚陶瓷铸型相比,采用变壁厚铸型时的周向温度梯度值可减少约40%;凝固界面能够保持相对平直,有利于定向晶及单晶组织的均匀生长[101]。对于单晶叶片,其定向凝固过程受到合金成分、工艺条件、叶片的三维复杂结构等因素影响,容易产生晶粒缺陷,如杂晶、雀斑、条带晶、小角度晶界等。这些结晶缺陷会引入晶界,破坏叶片的单晶完整性。由于单晶高温合金是各向异性材料,单晶铸件的力学性能显著依赖于晶体取向,并且晶界的存在会显著降低力学性能。实际工程应用中,叶片的非正常失效往往与此类缺陷密切相关[102]。因此,避免晶粒缺陷的产生是单晶叶片生产中的关键。

总体来说,定向凝固组织需要满足晶体取向合格,同时无晶粒缺陷的基本条件,这对铸造工艺及铸型结构设计提出了新的技术要求。能否利用基于增材制造的铸型制备技术来实现定向凝固中组织的调控与优化是值得研究的课题。

参考文献

[1] 卢秉恒,李涤尘. 增材制造(3D打印)技术发展[J]. 机械制造与自动化,2013,42(04):1-4.

[2] 李涤尘,贺健康,田小永,等. 增材制造:实现宏微结构一体化制造[J]. 机械工程学报,2013,49(6):129-135.

[3] 傅恒志,柳百城,魏炳波. 凝固科学技术与材料发展[M]. 北京:国防工业出版社,2015.

[4] 叶久新,文晓涵. 熔模精铸工艺指南[M]. 长沙:湖南科学技术出版社,2006.

[5] 宗学文,屈银虎,王小丽. 光固化3D打印复杂零件快速铸造技术[M]. 武汉:华中科技大学出版社,2019.

[6] 周伟召. 复杂陶瓷零件光固化快速成形制造工艺研究[D]. 西安:西安交通大学,2010.

[7] GRIFFITH M L. Stereolithography of ceramics[D]. Ann Arbor:University of Michigan,1995.

[8] GRIFFITH M L,Halloran J W. Scattering of ultraviolet radiation in turbid suspensions[J]. J Appl Phys,1997,81(6):2538-2546.

[9] ABOULIATIM Y,CHARTIER T,ABELARD P,et al. Optical characterization

of stereolithography alumina suspensions using the Kubelka – Munk model[J]. Journal of the European Ceramic Society,2009,29 (5):919 – 924.

[10] RAJEEV G. Stereolithographic processing of ceramics:Photon diffusion in colloidal dispersion[D]. Princeton:Princeton University,1999.

[11] TOMECKOVA V,HALLORAN J W. Cure depth for photopolymerization of ceramic suspensions[J]. Journal of the European Ceramic Society,2010,30 (15):3023 – 3033.

[12] TOMECKOVA V, HALLORAN J W. Predictive models for the photopolymerization of ceramic suspensions[J]. Journal of the European Ceramic Society,2010,30 (14):2833 – 2840.

[13] HINCZEWSKI C,CORBEL S,CHARTIER T. Ceramic suspensions suitable for stereolithography[J]. Journal of the European Ceramic Society,1998,18 (6):583 – 590.

[14] HINCZEWSKI C,CORBEL S,CHARTIER T. Stereolithography for the fabrication of ceramic three – dimensional parts[J]. Rapid Prototyping Journal,1998,4 (3):104 – 111.

[15] DUFAUD O,CORBEL S. Oxygen diffusion in ceramic suspensions for stereolithography [J]. Chemical Engineering Journal,2003,92 (1 – 3):55 – 62.

[16] CORCIONE C E ,GRECO A ,MONTAGNA F,et al. Silica moulds built by stereolithography[J]. Journal of Materials Science,2005,40 (18): 4899 – 4904.

[17] BAE C J,KIM D,HALLORAN J W. Mechanical and kinetic studies on the refractory fused silica of integrally cored ceramic mold fabricated by additive manufacturing[J]. Journal of the European Ceramic Society,2019,39(2 – 3):618 – 623.

[18] 尚润琪,成小乐,蒙青,等. 基于 ProCAST 的涡轮壳快速铸造工艺设计及优化[J]. 热加工工艺,2016(15):78 – 80.

[19] 王巍. 光固化快速成型在精密铸造中的应用[J]. 铸造技术,2012,(01):138 – 139.

[20] 刘亚雄,贺健康,秦勉,等. 定制型钛合金植入物的光固化3D打印及精密铸造[J]. 稀有金属材料与工程,2014,(S1):339 – 342.

[21] CHEAH C M ,CHUA C K ,LEE C W ,et al. Rapid prototyping and tooling

techniques: a review of applications for rapid investment casting[J]. The International Journal of Advanced Manufacturing Technology, 2005, 25(3-4): 308-320.

[22] 宗学文,刘亚雄,魏罡,等. 光固化立体造型熔模铸造工艺的研究[J]. 西安交通大学学报,2007,41(1):87-90.

[23] 陆红红,殷国富,陈俊宇,等. 光固化成型的燃机叶片快速熔模铸造研究[J]. 铸造技术,2017(01):147-150.

[24] FERREIRA J C, MATEUS A. A numerical and experimental study of fracture in RP stereolithography patterns and ceramic shells for investment casting[J]. Journal of Materials Processing Technology, 2003, 134(1):135-144.

[25] DICKENS P M, D'COSTA G, HAGUE R. Structural design and resin drainage characteristics of QuickCast 2.0[J]. Rapid Prototyping Journal, 2001, 7(2):66-73.

[26] NOROUZI Y, RAHMATI S, HOJJAT Y. A novel lattice structure for SL investment casting patterns[J]. Rapid Prototyping Journal, 2009, 15(4):255-263.

[27] Gu X J, Zhu J H, Zhang W H. The lattice structure configuration design for stereolithography investment casting pattern using topology optimization[J]. Rapid Prototyping Journal, 2012, 18(5):353-361(9).

[28] 吴海华. 空心涡轮叶片型芯/型壳一体化陶瓷铸型快速制造技术研究[D]. 西安:西安交通大学,2009.

[29] NIIHARA K, KIM B-S, NAKAYAMA T, et al. Fabrication of complex-shaped alumina/nickel nanocomposites by gelcasting process[J]. Journal of the European Ceramic Society, 2004, 24(12):3419-3425.

[30] KIM B S, SEKINO T, YAMAMOTO Y. Gelcasting process of Al_2O_3/Ni nanocomposites[J]. Materials Letters, 2004, 58(1-2):17-20.

[31] OMATETE O O, JANNEY M A, NUNN S D. Gelcasting: From laboratory development toward industrial production[J]. Journal of the European Ceramic Society, 1997, 17(2-3):407-413.

[32] GILISSEN R, ERAUWL J P, SMOLDERS A, et al. Gelcasting, a near net shape technique[J]. Materials and Design, 2000, (21):251-257.

[33] 黄勇,张立明,杨金龙,等. 先进陶瓷胶态成型新工艺的研究进展[J]. 硅酸盐

学报,2007,35(2):129-136.

[34] CHUA C K,FENG C,LEE C W,et al. Rapid investment casting:direct and indirect approaches via model maker II[J]. The International Journal of Advanced Manufacturing Technology,2005,25 (1-2):26-32.

[35] LEE C W,CHUA C K,CHEAH C M,et al. Rapid investment casting:direct and indirect approaches via fused deposition modelling[J]. The International Journal of Advanced Manufacturing Technology,2004,23 (1-2):93-101.

[36] CHEAH C M,CHUA C K,LEE C W,et al. Rapid prototyping and tooling techniques:a review of applications for rapid investment casting[J]. International Journal of Advanced Manufacturing Technology,2005,25(3-4):308-320.

[37] BASSOLI E,GATTO A,IULIANO L,et al. 3D printing technique applied to rapid casting [J]. Rapid Prototyping Journal,2007,13 (3):148-155.

[38] 苗恺. 空心涡轮叶片型芯/型壳一体化陶瓷铸型快速制造技术研究[D]. 西安:西安交通大学,2009.

[39] OLHERO S M,FERREIRA J M F. Influence of particle size distribution on rheology and particle packing of silica-based suspensions[J]. Powder Technology,2004,139(1):69-75.

[40] TARÌ G,FERREIRA J M F,FONSECA A T,et al. Influence of particle size distribution on colloidal processing of alumina[J]. Journal of the European Ceramic Society,1998,18(3):249-253.

[41] SILVA A P,PINTO D G,SEGADÃES A M,et al. Designing particle sizing and packing for flowability and sintered mechanical strength[J]. Journal of the European Ceramic Society,2010,30(14):2955-2962.

[42] JONES S,YUAN C. Advances in shell moulding for investment casting[J]. Journal of Materials Processing Technology,2003,135(2-3):258-265.

[43] YUAN C,JONES S. Investigation of fibre modified ceramic moulds for investment casting[J]. Journal of the European Ceramic Society,2003,23(3):399-407.

[44] 曹腊梅,杨耀武,才广慧,等. 单晶叶片用氧化铝基陶瓷型芯AC-1[J]. 材料工程,1997(9):21-23.

[45] 薛明,曹腊梅. 单晶空心叶片用AC-2陶瓷型芯的组织和性能研究[J]. 材料工程,2002(4):33-36.

[46] 赵红亮,楼琅洪,胡壮麒. Al_2O_3/SiO_2 纳米复合陶瓷型芯材料的制备与性能[J]. 材料研究学报,2002,16(6):650-654.

[47] CLAUSSEN N,LE T,WU S. Low-shrinkage reaction-bonded alumina[J]. Journal of the European Ceramic Society,1989,5(1):29-35.

[48] HOLZ D,PAGEL S,BOWEN C,et al. Fabrication of low-to-zero shrinkage reaction-bonded mullite composites[J]. Journal of the European Ceramic Society,1996,16(2):255-260.

[49] 王忠睿. 铝合金航空发动机机匣石膏铸型的整体成型技术研究[D]. 西安:西安交通大学,2009.

[50] 张永红,蒋玉明,杨屹. 石膏铸型熔模特种铸造工艺[J]. 铸造技术,2002,23(6):347-349.

[51] 宗学文,熊聪,张斌,等. 基于快速成型技术制造复杂金属件的研究综述[J]. 热加工工艺,2019,48(01):5-9.

[52] LIN C C,LEE G H,WANG Y J. Design and fabrication of gypsum mold for injection molding[J]. Journal of the Chinese Institute of Engineers,2018:1-8:160-167.

[53] 成丹. 基于快速成型技术的精密铸造石膏铸型熔模研究[D]. 重庆:重庆大学,2008.

[54] 程鲁. 复杂薄壁镁合金石膏铸型精密成形工艺研究[D]. 武汉:华中科技大学,2011.

[55] 张立同. 石膏铸型熔模铸造用模料[J]. 铸造技术,1986(02):47-51.

[56] 朱登玲. 注浆成型陶瓷模具石膏改性研究[D]. 重庆:重庆大学,2014.

[57] 李青. 模型石膏的制备、性能及应用研究[D]. 重庆:重庆大学,2004.

[58] 丰霞. β型模具石膏的增强研究[D]. 南宁:广西大学,2007.

[59] 陈宗雨,郭伟,曾建民. 精密铸造可溶性石膏芯的研究[J]. 航空精密制造技术,2002(03):25-28.

[60] 叶青青. 颗粒级配对α半水石膏水化和强度的影响[D]. 杭州:浙江大学,2010.

[61] 牟国栋. 半水石膏水化过程中的物相变化研究[J]. 硅酸盐学报,2002(04):532-536.

[62] ROSOCHOWSKI A,MATUSZAK A. Rapid tooling:the state of the art[J]. Journal of Materials Processing Technology,2000,106(1):191-198.

[63] 李晓蓓. 基于快速成形技术的石膏铸型快速模具制造技术[D]. 合肥:合肥工业大学,2004.

[64] SHUMKOV A A,ABLYAZ T R,MURATOV K R. Assessing the surface distortion of plaster molds made with the use of SLA models[J]. Archives of Foundry Engineering,2007,3(17):123-126.

[65] 曹驰. 基于SLA原型的快速铸造工艺研究[D]. 西安:西安电子科技大学,2006.

[66] 刘洪军,李亚敏,郝远. SLA原型和石膏铸型相结合快速精密铸造工艺[J]. 热加工工艺,2007(13):47-50.

[67] XU Z,LIANG P,YANG W,et al. Effects of laser energy density on forming accuracy and tensile strength of selective laser sintering resin coated sands[J]. China Foundry,2014,11(03):151-156.

[68] CASALINO G ,DE FILIPPIS LA C ,LUDOVIVO A D,et al. Preliminary experience with sand casting applications of rapid prototyping by selective laser sintering[J]. Proceedings of the Laser Materials Processing Conference,2000,(89):263-272.

[69] KOLOSOV S,VANSTEENKISTE G ,BOUDEAU N,et al. Homogeneity aspects in selective laser sintering (SLS) [J]. Journal of Materials Processing Technology, 2006(177):348-351.

[70] CHIVEL Y,SMUROV I. On-line temperature monitoring in selective laser sintering/melting[J]. Physics Procedia,2010(5):515-211.

[71] 朱佩兰,徐志锋,余欢,等. 无模精密砂型快速铸造技术研究进展[J]. 特种铸造及有色合金,2013,33(2):136-140.

[72] WEN S,SHEN Q,WEI Q. Material optimization and post-processing of sand moulds manufactured by the selective laser sintering of binder-coated Al_2O_3 sands[J]. Journal of Materials Processing Technology,2015,225:93-102.

[73] 薄夫祥,何冰,蹤雪梅. 覆膜砂选择性激光烧结工艺[J]. 激光与光电子学进展,2017,54(09):247-253.

[74] 贺云峰. 基于UG的快速铸造CAD/CAE集成系统的研究与开发[D]. 武汉:华中科技大学,2016.

[75] 吴先哲,唐华林,包色那乌力吐,等. 基于SLS技术的高质量复杂铝合金铸件蜡形制造工艺研究[J]. 激光杂志,2013,34(04):64-66.

[76] 赵开发. 基于SLS覆膜锆砂砂型的钛合金快速铸造工艺研究[D]. 江西:南昌航空大学,2015.

[77] 杨劲松. 塑料功能件与复杂铸件用选择性激光烧结材料的研究[D]. 武汉:华中科技大学,2008.

[78] 史玉升,刘洁,杨劲松,等. 小批量大型复杂金属件的快速铸造技术[J]. 铸造,2005,54(8):754-757.

[79] 崔建芳,党惊知,白培康,等. PS粉末激光烧结快速成型技术及其在铸造中的应用[J]. 工程塑料应用,2005(10):35-37.

[80] 杨来侠,白祥,徐超,等. 基于SLS的诱导轮快速熔模铸造工艺研究[J]. 铸造,2019,68(10):1121-1126.

[81] 李飞,赵彦杰,李玉龙,等. 钛合金中介机匣快速熔模铸造工艺研究[J]. 特种铸造及有色合金,2019,39(06):637-639.

[82] SNELLING D,WILLIAMS C,DRUSCHITZ A. Mechanical and Material Properties of Castings produced via 3d printed molds[J]. Additive Manufacturing,2019,27:199-203.

[83] CHOI H H,KIM E H,PARK H Y,et al. Application of dual coating process and 3D printing technology in sand mold fabrication[J]. Surface and Coatings Technology,2017,332:522-526.

[84] MITRA S,RODRÍGUEZ DE CASTRO A,EL MANSORI M. On the rapid manufacturing process of functional 3D printed sand molds. Journal of Manufacturing Processes,2019,42,202-212.

[85] CONIGLIO N,SIVARUPAN T,EL MANSORI M. Investigation of process parameter effect on anisotropic properties of 3D printed sand molds[J]. The International Journal of Advanced Manufacturing Technology,2018,94:2175-2185.

[86] SAMA S R,WANG J,MANOGHARAN G. Non-conventional mold design for metal casting using 3D sand-printing[J]. Journal of Manufacturing Processes,2018,34:765-775.

[87] 田乐,魏青松,毛贻桅,等. α半水石膏对三维喷印覆膜砂砂型(芯)性能的影响[J]. 特种铸造及有色合金,2016,36(12):1305-1308.

[88] 邢金龙,何龙,韩文,等. 3D砂型打印用无机黏结剂的合成及其使用性能研究[J]. 铸造,2016,65(9):851-854.

[89] SHAN Z,GUO Z,DU D,et al. Coating process of multi-material composite

sand mold 3D printing[J]. China Foundry,2017,14(06):498-505.

[90] Hao-long Shangguan,Jin-wu Kang,Ji-hao Yi,et al. Controlled cooling of an aluminum alloy casting based on 3D printed rib reinforced shell mold[J]. China Foundry,2018,15(03):210-215.

[91] 邱辉,李翔光,舒均林.3DP打印砂芯在某航天薄壁结构件铸造中的应用[J].特种铸造及有色合金,2018,38(9):991-993.

[92] LEI Z,YONG L W,TAO L,et al. Application of 3D printing sand core (mould) in Railway Castings[J]. Special Casting & Nonferrous Alloys,2017,37(10):1071-1074.

[93] 熊艳伦,魏洪波,张民超,等.挖掘机用高压多路阀研制的关键技术[J].机床与液压,2013(20):79-81.

[94] 杨华勇,曹剑,徐兵,等.多路换向阀的发展历程与研究展望[J].机械工程学报,2005,41(10):1-5.

[95] 介万奇,坚增运,刘林,等.铸造技术[M].北京:高等教育出版社,2013.

[96] 胡汉起.金属凝固原理[M].北京:机械工业出版社,2000.

[97] 罗格C.里德.高温合金基础与应用[M].何玉怀,等译.北京:机械工业出版社,2016.

[98] 马德新.高温合金叶片单晶凝固技术的新发展[J].金属学报,2015,51(10):1179-1190.

[99] 傅恒志,郭景杰,刘林.先进材料定向凝固[M].北京:科学出版社,2008.

[100] SZELIGA D,GANCARCZYK K,ZIAJA W. The control of solidification of Ni-based superalloy single-crystal blade by mold design modification using inner radiation baffle[J]. Advanced Engineering Materials,2018,20(7):1700973.

[101] 廉媛媛.高温合金叶片定向凝固制造温场均匀化研究及技术改进[D].西安:西安交通大学,2018.

[102] 张健,王莉,王栋,等.镍基单晶高温合金的研发进展[J].金属学报,2019,55(09):1077-1094.

第 2 章
基于光固化树脂原型的氧化铝铸型成形技术

氧化铝(Al_2O_3)材料具有高温化学稳定性好、抗蠕变性强、使用温度高等特点,可满足极端苛刻的铸造使用需求,因此常被用来制造空心涡轮叶片的陶瓷型芯。传统氧化铝基陶瓷型芯采用热压注成形工艺,在加热、加压条件下将以石蜡为黏结剂的氧化铝浆料注射入预先制备好的型芯金属模具中,以此来制备陶瓷型芯。受型芯金属模具设计与制造的限制,传统热压注成形工艺在复杂结构成形能力,模具开发成本、周期控制中暴露出的局限越发明显。此外,通过型芯与型壳二次装配的工艺,不可避免地将装配误差引入铸型的成形中,这对涡轮叶片铸造精度的保持极为不利。

本章以航空发动机与燃气轮机空心涡轮叶片为制造对象,介绍了基于光固化树脂原型的氧化铝铸型成形技术。该技术以光固化树脂原型代替传统熔模铸造蜡型,采用型芯/型壳一体化凝胶注模代替传统型壳的挂浆制备和型芯的热压成形,实现型芯/型壳一体化铸型的一次整体成形,用于涡轮叶片的铸造。该技术具有无模化、低成本、短周期等优势,可实现复杂结构空心涡轮叶片的快速响应制造。

2.1 概述

涡轮叶片作为航空发动机与燃气轮机的第一热端关键部件,其研制是航空发动机、燃气轮机等"国之重器"创新发展的核心技术之一,如图 2-1 所示。因技术难度大、发展起步晚、国外封锁严等,涡轮叶片的设计与制造技术已成为制约我国航空发动机与燃气轮机技术发展的瓶颈。

2016 年,随着"航空发动机和燃气轮机科技重大专项"的启动,我国航空发动机和燃气轮机产业加速发展,而叶片的设计与制造水平严重制约了我国热端动力装备的发展。本章提出一种面向先进涡轮叶片的快速制造方法,该方法具有以下优势：

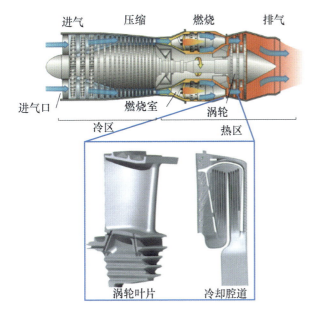

图 2-1
燃气轮机及涡轮叶片示意图

（1）能实现叶片的快速制造。采用光固化树脂原型代替了叶片与型芯的精铸模具，避免了精铸模具的设计与制造，显著缩短了涡轮叶片的加工周期。该方法适用于单件、小批量叶片的生产，支持叶片设计过程中的快速试制。

（2）满足先进叶片的设计与制造要求。高效气冷结构叶片的成形，无需预置陶瓷型芯，采用凝胶注模技术一次性成形型芯与型壳。避免了型芯与型芯之间、型芯与型壳之间的装配，从原理上解决了高效气冷结构叶片的制造难题，为高效气冷结构叶片的制造提供了新的解决途径。通过对微观组织的调控，一体化铸型成形工艺可控性好，力学性能优异，可满足定向凝固工艺，实现定向晶/单晶叶片的制造。

（3）推动叶片设计与制造技术发展。该技术可显著缩短涡轮叶片的研制周期，加速设计迭代，有助于推动我国航空发动机和燃气轮机叶片设计与制造水平的快速进步。

针对未来涡轮叶片的发展趋势，为突破面向先进定向晶/单晶涡轮叶片型芯/型壳一体化陶瓷铸型高效、精确制造，本章主要从以下四个方面展开研究。

1. 空心涡轮叶片光固化树脂原型的成形精度控制

空心涡轮叶片光固化树脂原型作为铸件的母模,其精度质量直接决定了涡轮叶片的精度。作为本工艺路线的起点与基础,从光固化树脂原型的尺寸精度与表面粗糙度两点出发,研究光固化树脂原型的精度控制方法。优化光固化树脂原型的结构设计,提出了原型表面台阶效应的消除方法,采用雾化覆膜的工艺消除了涡轮叶片光固化树脂原型内外表面台阶纹,实现表面粗糙度的改善。

2. 陶瓷铸型坯体复杂微细结构凝胶注模成形研究

为了实现陶瓷浆料在涡轮叶片光固化树脂原型内复杂微细结构中的无缺陷填充,同时保证铸型的力学性能,重点研究凝胶注模过程中低黏度、高固相体积分数陶瓷浆料的制备方法,提出改善浆料充型能力的工艺。结合最紧密实体堆积方程与分形理论,推导适用不规则陶瓷颗粒的最紧密实体堆积模型,通过数值拟合求得浆料中不同粒径粉料的最佳体积比,指导配制低黏度、高固相体积分数的陶瓷浆料。针对叶片陶瓷铸型的最小特征结构的灌注成形,提出采用真空注型的方法提高浆料的复型能力,比较不同工艺参数下的充型效果,优化出最佳的真空注型工艺参数。

3. 陶瓷铸型的真空冷冻干燥研究

揭示了凝胶注模陶瓷铸型坯体冷冻干燥裂纹形成机理,制定冻干裂纹控制工艺。研究控制铸型坯体内部裂纹缺陷的冻干工艺,确定了预冻温度和干燥机箱体真空度,并给出不同坯体厚度对应的隔板温度,有效抑制陶瓷铸型坯体冻干裂纹的产生。

4. 陶瓷铸型的中高温力学性能强化及烧结精度控制

以某型号具有典型冷却结构的空心涡轮叶片陶瓷铸型为研究对象,采用有限元分析研究脱脂过程中热应力的分布规律,确定脱脂过程中缺陷形成的温度区间与危险结构,提出铸型的结构强度要求。采用耐高温聚合物,提高铸型在中低温段的强度,避免结构开裂。研究了原位合成莫来石晶须对铸型高温力学性能的影响,确定铸型材料配方。提出双组分烧结膨胀剂来实现铸型在整个烧结过程中的烧结精度可控。针对铸型型芯在预烧结中的蠕变变形,提出通过优化铸型在烧结炉中相对于水平面空间方位的方法来抑制特定型芯的变形,结合有限元理论分析与实验对该方法进行验证,并最终实现了面向定向晶/单晶涡轮叶片型芯/型壳一体化陶瓷铸型的高效、精确制备。

2.2 工艺原理

西安交通大学李涤尘教授团队以实现高温合金空心涡轮叶片的快速精铸为目标,提出了基于光固化树脂原型的型芯/型壳一体化铸型成形技术。该工艺中,①通过光固化工艺成形空心涡轮叶片树脂原型,代替型芯金属模具和"熔模",缩短了模具开发周期,降低了模具开发难度和成本;②通过凝胶注模成形工艺代替传统的陶瓷型芯压注成形工艺和涂挂制壳工艺,实现型芯、型壳一体化成形,保证型芯与型壳之间的位置精度,消除由装配引起的尺寸误差和型芯偏移,从而降低铸件偏芯、穿孔等缺陷。

图 2-2 为基于光固化树脂原型的型芯、型壳一体化铸型制造工艺流程图,首先设计铸型结构,采用光固化工艺成形空心涡轮叶片陶瓷铸型树脂原型;设计凝胶注模陶瓷浆料配方,制备高固相、低黏度的陶瓷浆料;将陶瓷

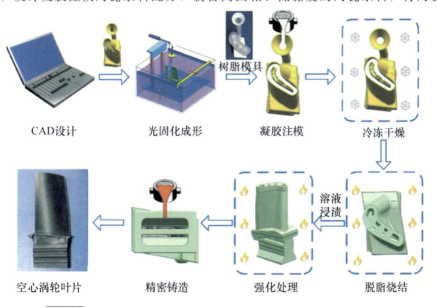

图 2-2 基于光固化树脂原型的型芯型壳一体化铸型制造工艺流程

浆料灌注至树脂原型中,在引发剂和催化剂的作用下,原位固化成形,获得型芯、型壳一体化陶瓷铸型坯体;采用冷冻干燥工艺去除湿态陶瓷铸型坯体中的水分;脱脂烧结陶瓷铸型坯体,以烧失树脂原型与坯体中的有机物;浸渍强化处理后,继续烧结铸型,实现铸型制造精度与力学性能的调控,使其满足叶片单晶、定向凝固铸造工艺要求;浇铸高温金属液,获得金属零件。

2.3 铸型光固化树脂原型的设计与制造

在基于光固化成形技术的型芯/型壳一体化铸型制造过程中,光固化树脂原型的制备是整个工艺的起点,树脂原型成形精度将直接影响最终铸件的精度。因此,提升树脂原型成形精度与质量是实现铸件高精度制造的基础。

本节从树脂原型的使用功能出发,设计了原型结构,制定了原型成形工艺,重点介绍了树脂原型表面台阶效应的消除方法,提出了一种快速消除树脂原型内外表面台阶效应的新工艺——雾化覆膜方法,搭建了雾化覆膜平台,结合粗糙度检测与微观形貌分析,研究了工艺参数对覆膜质量的影响规律,优化关键工艺参数,有效改善树脂原型表面粗糙度,为制备高质量型芯/型壳一体化陶瓷铸型提供条件。

2.3.1 树脂原型结构设计与成形

1. 树脂原型的结构设计

在型芯、型壳一体化陶瓷铸型制造技术中,树脂原型替代了传统熔模铸造中的蜡模,但相比传统蜡模其功能又不尽相同,本节以空心涡轮叶片为制造对象,原型的主要功能如下:

(1)叶片模具:与传统熔模铸造中的蜡模相似,原型中该部分结构与真实叶片完全一致。

(2)型芯模具:叶片原型中的空腔内流道即为整体式铸型的型芯模具。采用凝胶注模的方式,在空腔中填充陶瓷浆料形成陶瓷型芯。

(3) 铸型模具：在叶片原型四周设计封闭的树脂壳体，浇注完陶瓷浆料后，树脂壳体与叶片原型之间的间隙即为陶瓷型壳。

为实现上述功能，原型设计时，将其分为如下结构（图 2-3）：

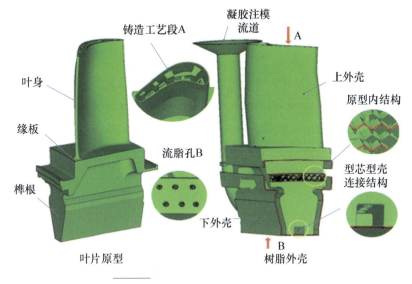

图 2-3　光固化树脂原型结构示意图

(1) 叶片原型：原型结构设计以叶片原型结构为基础，通过增加外壳，凝胶注模浇道及铸造工艺段等结构从而获得最终的铸型树脂原型结构。由于叶片原型作为最终铸件的模具，其结构与尺寸决定了最终叶片铸件的结构与尺寸，因此一般情况下不对叶片原型结构做二次设计。

(2) 树脂外壳：用来控制陶瓷铸型型壳形状及壁厚。为兼顾铸型干燥效率、脱脂结构稳定性及铸造过程中型壳的散热性能，通常取型壳壁厚为 6mm。为方便光固化成形后叶片原型的清洗及支撑的去除，通常将树脂外壳分为上、下两部分，树脂外壳壁厚取 0.7~1mm。

(3) 铸造工艺段：在叶片原型顶部及底部需添加铸造工艺段，以满足铸造工艺的需要，该工艺段的设制在定向晶叶片的组织控制中具有重要的作用，设计高度一般为 20mm。同时，由于该部分脱脂后形成连通铸型内外的空腔，通过空腔可将铸型内腔中的树脂残灰吹除干净。

(4) 型芯型壳连接结构：在原型叶尖顶部与榫根底部分别设计了型芯与型壳的连接结构，起到固定型芯型壳相对位置的作用。在叶尖顶部沿叶片前后缘方向分别设计了4个直径为3～5mm的圆孔结构，通过该结构将叶片原型的内外型芯与型壳连成一体；在原型榫根底部设计了横向通道，该通道与叶片原型内冷却流道垂直相通，凝胶注模浇注陶瓷浆料后，该通道即为连接所有型芯与型壳的底部梁结构，设计时梁底面与铸型底面平齐，梁的截面参数根据铸型大小一般设计为6mm×9mm（150mm以下陶瓷铸型）或12mm×15mm（150～300mm陶瓷铸型）。

（5）原型内结构：为减少原材料的使用，降低制造成本，同时也为了降低脱脂过程中树脂原型对铸型的热应力作用，对原型内部采用了抽壳处理。抽壳厚度为0.7～0.9mm，抽壳后在内部填充蜂窝状支撑，以增加原型结构刚度。蜂窝状支撑为金刚石点阵结构，有两个参数控制蜂窝结构：蜂窝跨距一般设置为3.2mm；蜂窝直径一般设置为0.6～0.7mm，如图2-4所示。

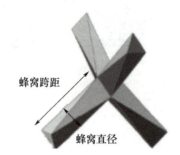

图2-4　树脂原型内部蜂窝状支撑结构

凝胶注模流道：作为凝胶注模过程中将陶瓷浆料引入树脂原型内的流道，设计时一般采用底注式的结构。由于采用重力浇注的方式，底注式的流道结构可以减缓陶瓷浆料流速，降低发生夹气的可能性，提高充型质量。流道设计时，上浇口高于叶片原型顶端5～10mm，下浇口与原型内腔低端相连接，对于高度小于150mm的铸型，流道内径为10mm，而对于高度大于150mm的铸型，流道直径为20mm。

2. 树脂原型的成形

本书采用陕西恒通智能机器有限公司生产的SPS600 B型光固化激光快速成形机来完成树脂原型的成形，如图2-5所示，设备成形关键工艺参数如表2-1所示。该设备对于结构尺寸在100mm以下的树脂原形，加工精度为±0.1mm；对于结构尺寸在100mm以上的，加工精度为±0.1%，该加工精度满足中等尺寸叶片加工的需要。

图 2-5

SPS600 B 型光固化激光快速成形机

表 2-1 光固化激光快速成形机关键成形工艺参数

参数名称	数值
UV 光束功率/mW	240.00
填充扫描速度/(mm/s)	4600.00
填充向量间距/mm	0.08
支撑扫描速度/(mm/s)	1500.00
跳跨速度/(mm/s)	12000.00
轮廓扫描速度/(mm/s)	4100.00
补偿直径/mm	0.14
点支撑扫描时间/ms	2.40

2.3.2 光固化树脂原型表面台阶效应改善

空心涡轮叶片内外表面粗糙度是评价叶片质量的一项重要指标,对叶片的气动性能、耐磨性能以及抗腐蚀性能有着重要的影响[1]。熔模铸造工艺中,为了提高叶片表面质量,首先采用型腔表面光洁的金属模具压制叶片蜡模,叶片蜡模表面粗糙度低;其次在挂浆制壳时,与蜡模直接接触的面层采用细小的型壳砂,保证最终陶瓷铸型内腔表面的粗糙度。采用该种工艺制得的涡轮叶片粗糙度 Ra 可以控制在 $3.2\,\mu m$[2]。本技术中,利用树脂原型替代了蜡模，原型的表面质量决定了铸件叶片的表面粗糙度。在光固化成形中，台阶效应导致原型的表面粗糙度较高。台阶效应是基于累加成形原理的固有缺陷，如何消除台阶效应对原型表面粗糙度的影响，进而提高金属铸件表面质量，是叶片光固化树脂原型成形中的一项关键技术。本节中基于后处理覆膜的方法，对原型表面喷涂可固化材料通过涂覆材料对台阶的填平作用达到消除表面台阶效应的目的。

本书提出一种快速消除树脂原型件内外表面台阶效应的新工艺——雾化覆膜法。在一个密闭的箱体顶部，利用超高压雾化设备将液态的蜡乳液雾化为直径为 $5\sim10\,\mu m$ 的小液滴，将树脂原型放置在箱体底部中央，蜡液滴沉降过程中附着在树脂原型内外表面，待沉积一定时间后，将覆膜后的原型放置在一定的环境温度下，使液滴中的有机溶剂蒸发在原型表面留下一层蜡膜，以此完成原型件的内外表面覆膜，达到消除台阶效应，提高表面精度的目的。喷涂覆膜原理如图 2-6 所示。

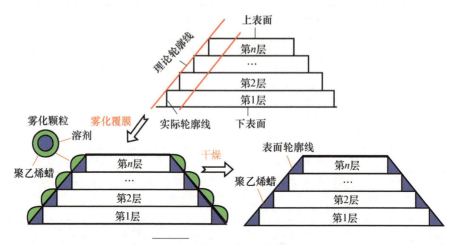

图 2-6 喷涂覆膜原理示意图

本节选取了雾化覆膜原材料，组装了雾化覆膜设备，研究了雾化覆膜工艺参数及后处理工艺对树脂原型表面粗糙度的影响，实现了树脂原型内外表面台阶效应的消除，提高了表面质量。

1. 雾化覆膜原材料

蜡乳液是天然蜡与合成蜡等材料在乳化剂的作用下分散于水中的一种多相体系乳液，具有化学性质稳定、成膜性能良好、无毒无腐蚀等优点。使用时无需加热熔融，也无需溶于特定的溶剂中，只需将蜡乳液喷涂至零件表面，烘干其中溶剂便可以得到均匀的蜡层。根据铸型制备工艺，对蜡乳液提出了以下要求：

(1) 浸润性好。蜡乳液与光固化树脂表面浸润性要好，可以在树脂表面均匀覆膜，覆膜后蜡层要薄，减少对原型精度的影响。

(2) 流动性好。常温下蜡乳液应为低黏度流体，便于雾化设备的泵取与喷雾。

(3) 固化能力好。完成覆膜的树脂原型需在48℃（光固化树脂软化温度）以下温度后固化30～60min，以去除乳液中水分，因此需要蜡乳液具有固化温度低、固化速度快等特点。

(4) 熔点高于55℃。为避免蜡膜在凝胶注模过程中受浆料固化放热发生熔化脱落，需保证蜡膜熔点高于55℃。

根据上述要求，初步选取了三种蜡乳液，材料参数如表2-2所示。

表2-2 不同蜡乳液材料参数

牌号	主要成分	粒径	固含量	颜色
SR40	石蜡	3～5μm	25%～40%	乳白色
BR30	棕榈蜡	<0.4μm	25%～30%	棕褐色透明
JR40	聚乙烯蜡	100～200 nm	30%～40%	淡黄色透明

图2-7为三种蜡乳液，分别对应为石蜡乳液、棕榈蜡乳液以及聚乙烯蜡乳液。测量了三种蜡乳液对树脂原型的浸润情况，用接触角作为评价指标。图2-8为利用数字光学显微镜（VH-8000，日本基恩士）测量不同蜡乳液对树脂原型表面的润湿轮廓。三种蜡乳液中，石蜡乳液对树脂的浸润性最差，石蜡乳液与树脂表面接触角最大为71.5°，聚乙烯蜡乳液对树脂的浸润性最好，两者之间的表面接触角最大为36.4°，可以认为利用聚乙烯蜡乳液覆膜时，对树脂原型的润湿覆盖性能最好。

继续评价上述三种蜡乳液固化性能，分别对粗糙度Ra为5.5μm的树脂原型进行覆膜，覆膜后同时放入后固化箱内使其固化。后固化箱为电热鼓风干燥箱，设定温度为40℃。经观察，对于石蜡乳液所需干燥固化时间最长，为2h，棕榈蜡乳液次之，聚乙烯蜡乳液干燥固化所需时间最短，为30min。固化后，分别测量了成膜厚度以及覆膜后树脂原型件的表面粗糙度，结果如

图 2-7 三种蜡乳液

(a)石蜡乳液;(b)棕榈蜡乳液;(c)聚乙烯蜡乳液。

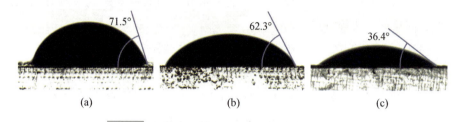

图 2-8 不同蜡乳液对树脂原型表面的浸润轮廓

(a)石蜡乳液;(b)棕榈蜡乳液;(c)聚乙烯蜡乳液。

表 2-3 所示。石蜡乳液对树脂原型覆膜后,蜡膜最大厚度为 0.08mm;棕榈蜡乳液对树脂原型覆膜后的最大膜厚为 0.055mm;而聚乙烯蜡乳液对树脂原型覆膜后的最大膜厚为 0.0775mm。其原因为石蜡乳液与聚乙烯蜡乳液固含量较高,因此干燥成膜后膜厚较大;棕榈蜡乳液在三种乳液中固含量最低,因此成膜厚度最小。覆膜后的树脂原型中,使用石蜡乳液覆膜的原型表面粗糙度 Ra 为 3.52μm,采用棕榈蜡乳液覆膜后树脂原型表面粗糙度为 Ra 为 2.62μm,而采用聚乙烯蜡乳液覆膜后的原型表面粗糙度 Ra 最低为 0.92μm。原因是前两种蜡乳液中蜡颗粒粒径较大,成膜后形貌较粗糙,因此树脂原型表面粗糙度较大,而聚乙烯蜡乳液中蜡颗粒为纳米颗粒,粒径较小,固化成膜后蜡颗粒堆积致密,因此表面粗糙度低。

表 2-3 三种蜡乳液原材料覆膜后的性能对比

参数	石蜡乳液	棕榈蜡乳液	聚乙烯蜡乳液
对树脂接触角/(°)	71.5	62.3	36.4(最优)
固化时间/h	2	1	0.5(最优)

续表

参数	石蜡乳液	棕榈蜡乳液	聚乙烯蜡乳液
表面粗糙度 $Ra/\mu m$	3.515	2.622	0.921（最优）
成膜厚度/mm	0.08	0.055	0.0775

综上，根据以上实验结果以及覆膜工艺使用要求，选用聚乙烯蜡乳液作为树脂原型雾化覆膜原材料。

2. 雾化覆膜设备

根据工作原理，可将目前工业中常用的造雾设备划分为三类：超声波雾化器、离心式雾化器以及高压雾化器。超声波雾化器通过高频谐振将液态微滴抛离液面从而得到水雾，该设备体积小，造雾粒径细小而均匀（1～5μm），但由于对水质要求较高，液体中固态颗粒较多时并不能实现良好的造雾效果，并不适用于本工艺；离心式雾化器通过高速旋转的转盘使得储液缸内的液体做圆周运动，当液滴高速飞出与储液缸壁碰撞时，即产生雾滴，该设备雾化均匀，对水质要求低，当液体中含有较多固态颗粒时仍然可以实现雾化，但由于雾化粒径较大（100～300μm），成膜质量较差，并不适用于本工艺要求；高压雾化器通过高压泵将液体加压至80～150MPa，然后利用高压管道将其输送至压力式雾化喷头，雾化产生0.5～10μm的液滴，该设备造雾粒径细小均匀，对水质要求低，适用于本工艺要求[3-6]。

高压覆膜设备主体为高压雾化器，如图2-9所示。选用了广东宏远集团电器有限公司制造的XGW-60型高压雾化器，其技术参数如表2-4所示。

图2-9 高压雾化器及高压喷嘴
(a)高压雾化器；(b)高压喷嘴；(c)高压喷嘴内部结构示意图。

表 2-4　XGW-60 型高压雾化器技术参数

技术指标	指标
有效喷涂量/(kg/h)	500
压强/Pa	6~10
电压/V	220
消耗功率/kW	2.2
喷嘴直径/mm	≤0.12
雾化粒径/μm	0.1~10
储料槽容量/L	10

按照图 2-10 高压雾化覆膜设备工作原理图组装了雾化覆膜系统。首先将高压柱塞泵与电机连接，组成雾化系统的喷涂动力源；其次以三通接头作为基座，分别连接储液罐、喷涂液路以及泄压液路，构成雾化覆膜设备的三大功能模块：供料、喷涂以及泄压；最后在喷涂液路中，使用铜质三通接头分别连接回流液路与压力喷嘴，压力喷嘴作为整套系统的终端，对树脂原型进行雾化覆膜处理，整套雾化覆膜系统如图 2-11 所示。

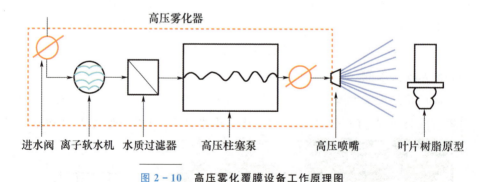

图 2-10　高压雾化覆膜设备工作原理图

3. 雾化覆膜工艺参数

高压雾化喷涂是利用高压柱塞泵将聚乙烯蜡乳液加至一定压力后，经管路通过压力式雾化喷头喷涂至树脂原型表面。由于雾化系统喷涂流量大，喷嘴出口处截面小，因此在聚乙烯蜡乳液在出口处可获得较大的喷射速度。雾化覆膜时，聚乙烯蜡乳液雾滴以一定的速度冲击树脂原型表面及周围空气，聚乙烯蜡乳液颗粒射入原型表面台阶的波谷中并将其中的气体排挤出。聚乙

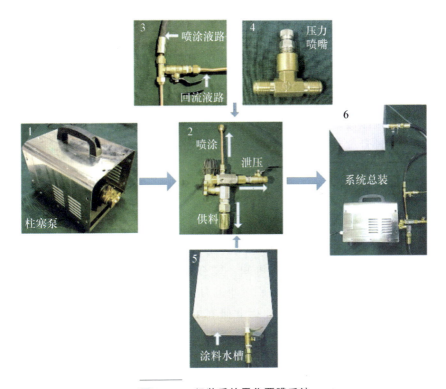

图 2-11 组装后的雾化覆膜系统

烯蜡乳液干燥固化后与原型表面形成了良好的机械咬合,避免了人工浸涂或涂刷后在原型表面留下的充气空穴(图 2-12),从而保证了聚乙烯蜡膜在树脂表面的覆膜强度。

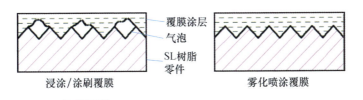

图 2-12 浸涂/涂刷覆膜与雾化喷涂覆膜对比

为提高喷涂附着力及雾化性能,提高聚乙烯蜡乳液在树脂原型表面的成膜性能,基于流体动力学,研究了覆膜关键工艺参数对成膜质量的影响规律。

聚乙烯蜡乳液从高压喷嘴喷口射出时,雾滴喷出速度为

$$V = \frac{Q}{A} \quad (2-1)$$

式中：V 为聚乙烯蜡乳液在喷口处的流速；Q 为聚乙烯蜡乳液在雾化系统中的流量；A 为喷嘴出口处截面积。

流量 Q 与高压柱塞泵压力 P、管道流动阻力以及聚乙烯蜡乳液密度 ρ 相关。聚乙烯蜡乳液从喷嘴处高速射出后，随即进入横向无限空间，蜡乳液流束表面压力突然降低至大气压。聚乙烯蜡乳液流束发生扩散，雾化形成小液滴，雾滴速度减缓，最终以速度 v_2 撞击树脂零件表面，并完全黏附在树脂原型上。根据冲量方程，假设雾滴与原型表面碰撞作用时间为 t，则碰撞过程中雾滴对原型表面的平均冲击力为

$$F = -\frac{1}{t}\rho v_2^2 A \propto -\frac{1}{t}\rho \frac{Q^2}{A} \qquad (2-2)$$

式中：ρ 为聚乙烯蜡乳液密度。

一般认为雾滴对原型表面的平均冲击力越大，覆膜效果越好。最终速度 v_2 正比于流量 Q，由式（2-2）可知，聚乙烯蜡乳液在雾化系统中流量 Q 越大，喷嘴出口截面积 A 越小，平均冲击力 F 越大。而流量 Q 与蜡乳液黏度及高压柱塞泵出口压力 P 相关，因此研究了聚乙烯蜡乳液黏度、喷涂压力及喷嘴孔径对覆膜的影响规律。

1）聚乙烯蜡乳液黏度

聚乙烯蜡乳液黏度越大，雾化系统内管道压力损失越大，相应的聚乙烯蜡乳液流量减小越明显，导致造雾粒径过大，雾滴对原型表面附着力低，最终影响覆膜效果。通过调节聚乙烯蜡乳液质量分数，可以实现对聚乙烯蜡乳液黏度的调控。图2-13为不同质量分数时的聚乙烯蜡乳液黏度，聚乙烯蜡乳液黏度随质量分数的降低而减小，当质量分数为40%时，蜡乳液黏度为52.8mPa·s；而当质量分数为28%时，聚乙烯蜡乳液黏度仅为10.2mPa·s，继续降低质量分数，聚乙烯蜡乳液黏度变化不明显。

分别选取质量分数为28%、32%、36%以及40%的蜡乳液对表面粗糙度 Ra 为 5.5μm 的树脂原型表面进行覆膜，蜡膜固化后测量了树脂原型表面蜡膜厚度及表面粗糙度，如图2-14所示。蜡膜厚度随着蜡乳液质量分数的降低而减小，当蜡乳液质量分数为40%时，覆膜后原型表面蜡膜厚度为 0.08mm，而当蜡乳液质量分数为28%时，蜡膜厚度仅为 0.04mm；树脂原型表面粗糙度随着质量分数的降低而逐渐变大，蜡乳液质量分数28%时，覆膜后原型表面粗糙度 Ra 为 2.297μm，质量分数为36%时，粗糙度 Ra 降低至 0.739μm，继续增大质量分数时原型表面粗糙度改善不明显。

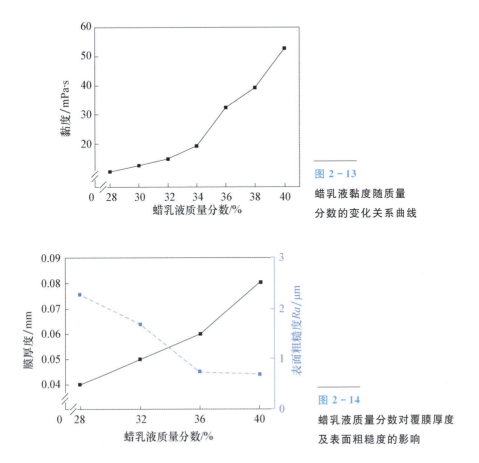

图 2-13 蜡乳液黏度随质量分数的变化关系曲线

图 2-14 蜡乳液质量分数对覆膜厚度及表面粗糙度的影响

通过稀释蜡乳液降低质量分数，可以降低乳液黏度，雾化后获得粒径更小的雾滴，提高乳液对树脂原型表面的浸润性及流平性，使覆膜均匀，膜厚较薄。但当乳液质量分数低于36%时，由于覆膜厚度较小，难以填平原型表面台阶，导致表面粗糙度较大。当继续增大乳液质量分数至40%时，乳液黏度显著增大，雾化覆膜后表面粗糙度改善不明显，因此最终选用蜡乳液质量分数为36%，此时乳液黏度为32.4 mPa·s。

2）喷涂压力

在雾化覆膜系统中，高压柱塞泵出口喷涂压力 P 关系到系统内蜡乳液的总流量 Q 以及喷嘴出口处的液滴流速 v，进而影响到最终的覆膜效果。研究了高压柱塞泵出口喷涂压力 P 对树脂原型粗糙度的改善情况，分别测得了不同喷涂压力雾化覆膜后树脂原型表面蜡膜厚度与表面粗糙度，如图 2-15 所示。当喷涂压力为 4MPa 时,覆膜后蜡膜厚度为 0.0666mm,此时表面粗糙度 Ra 为 1.907μm。当喷涂压力增加时,蜡膜厚度不断增加,表面粗糙度也略有降低,当喷涂压力为 8MPa 时,蜡膜厚度为 0.0072mm,表面粗糙度 Ra 为 0.853μm,继续增加喷涂压力时,蜡膜厚度增厚而表面粗糙度并没有得到更大的改善。

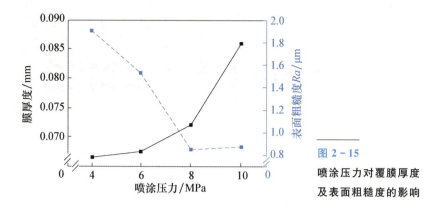

图 2-15 喷涂压力对覆膜厚度及表面粗糙度的影响

当喷涂压力低于 6MPa 时,雾化系统内蜡乳液流量较小,蜡乳液在喷嘴出口处速度低,难以达到乳液雾化的临界速度,不能完全雾化。覆膜时,未完全雾化的液滴成膜厚度较低,无法填平树脂原型表面台阶,因此表面粗糙度较高。继续提高喷涂压力,乳液喷出速度相应提高,乳液雾化更均匀。雾滴对树脂原型的附着能力提高,成膜厚度也得到增加,因此表面粗糙度降低。继续提高喷涂压力,当蜡膜完全填平树脂原型表面台阶时,表面粗糙度不再随着喷涂压力的增长而降低,综上选用喷涂压力为 8MPa。

3)喷嘴孔径

在雾化覆膜系统中,压力喷嘴孔径一方面影响着系统压力损失,另一方面当系统中蜡乳液总流量一定时,喷嘴孔径影响着乳液在出口处的流速,进而影响最终的雾化覆膜效果。使用不同喷嘴孔径压力喷嘴对树脂原型表面进行雾化喷涂,对比了覆膜后原型表面蜡膜厚度与表面粗糙度,如图 2-16 所示。蜡膜厚度与表面粗糙度随着喷嘴孔径的变大而逐渐变大,当喷嘴孔径为 0.08mm 时,树脂原型表面蜡膜厚度为 0.07mm,此时表面粗糙度 Ra 为 0.599μm;当喷嘴孔径扩大至 0.12mm 时,覆膜后蜡膜厚度为 0.12mm,表面粗糙度 Ra 升至 1.158μm。

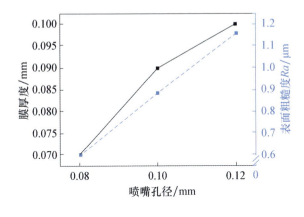

图 2-16 喷嘴孔径对覆膜厚度及表面粗糙度的影响

在喷涂系统中,当蜡乳液流量一定时,喷嘴孔径与喷嘴处乳液喷出速度成反比,喷嘴孔径越小,蜡乳液喷出速度越快,乳液雾化效果越好,形成的雾滴也更细密均匀。从乳液黏度及喷涂压力的优化实验中可以发现蜡膜厚度大于 0.06mm 时,就可实现对树脂原型表面台阶的完全涂平,此时再增加蜡膜厚度,树脂原型表面粗糙度仅与蜡膜质量相关。本实验中,喷嘴直径为 0.08mm 时,蜡膜已可实现对表面台阶的完全填平,继续增大喷嘴孔径时,乳液喷出速度降低,雾化粒径变大,蜡膜表面质量降低,粗糙度并没有得到改善。综上分析,压力喷嘴孔径采用 0.08mm。

4) 后处理工艺

在室温下使用质量分数为 36% 的聚乙烯蜡乳液对具有相同表面质量的树脂原型进行雾化覆膜,覆膜后放入电热鼓风干燥箱内,研究不同后处理固化温度对树脂原型表面质量的改善规律。不同后处理固化温度时覆膜后树脂原型表面的蜡膜厚度与表面粗糙度如图 2-17 所示。当固化温度为 20℃时,处理后最终蜡膜厚度为 0.085mm,此时表面粗糙度较大,Ra 为 1.1μm。随着固化温度的提高,蜡膜厚度及表面粗糙度均有改善,当固化温度为 50℃时,蜡膜最终厚度仅为 0.0625mm,此时表面粗糙度 Ra 为 0.85μm。这是由于蜡乳液黏度随着温度的升高而降低,覆膜后蜡乳液在树脂原型表面的流平性能得以提升,因此蜡膜厚度降低,表面质量提高。

考虑到光固化树脂的热变形温度为 48℃,选用最终的后固化处理温度为 40℃,此温度下后处理固化时间为 30min。

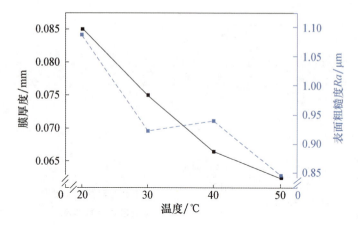

图 2-17 固化温度对覆膜厚度及表面粗糙度的影响

4. 覆膜后树脂原型表面质量

根据上述实验优化,确定了最优的覆膜工艺参数,如表 2-5 所示。依据该参数对树脂原型标准试样及涡轮叶片树脂原型进行雾化覆膜处理。

表 2-5 雾化覆膜关键工艺参数

覆膜材料	蜡乳液质量分数	喷涂压力	喷嘴孔径	后固化温度	后固化时间
聚乙烯蜡乳液	36%	8MPa	0.08mm	40℃	30 min

采用扫描电镜观察了树脂原型与蜡膜之间的微观界面结合情况,如图 2-18 所示。蜡膜固化成形后结构致密,无夹杂气泡;蜡膜与树脂原型之间界面结合紧密无明显分层情况,可以认为覆膜后树脂原型与蜡膜之间形成了良好的物理结合。

采用共聚焦显微镜观察了雾化覆膜前后树脂原型表面的微观结构,如图 2-19 所示。未覆膜处理前原型表面存在明显的台阶效应,微观形貌呈山谷状结构,表面粗糙度大,Ra 为 8.5μm;覆膜后台阶被填平,山谷状形貌消失,表面粗糙度降低,Ra 降为 1μm 左右。图 2-20 中为采用雾化覆膜工艺处理前后的空心涡轮叶片树脂原型,原型的透明度也可反映出覆膜对树脂原型内外表面质量的改善效果。未覆膜前由于台阶效应明显,表面粗糙度大,光在树脂原型内外表面发生漫反射,因此表现为半透明状态;覆膜后蜡膜填平内外表面台阶效应,表面粗糙度降低,树脂原型透光性改善,因此表现为透明状。

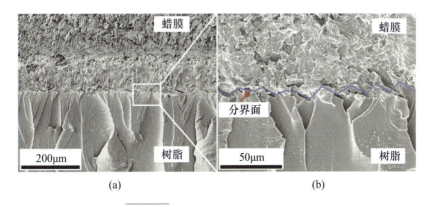

图 2-18 蜡膜与树脂表面结合情况

(a)宏观情况；(b)局部微观情况。

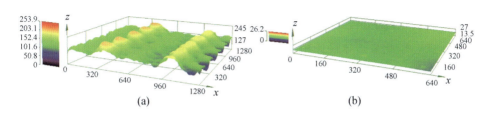

图 2-19 覆膜前后树脂原型表面微观结构

(a)覆膜前表面微观结构；(b)覆膜后表面微观结构。

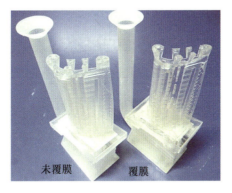

图 2-20 覆膜前后空心涡轮叶片树脂原型情况

2.4 陶瓷铸型坯体凝胶注模成形

在型芯、型壳一体化陶瓷铸型的制备过程中，凝胶注模工艺是基础。通过凝胶注模技术将陶瓷浆料灌注至树脂原型内部空腔中，原位固化后形成陶瓷铸型湿坯。为满足涡轮叶片的气冷要求，叶片冷却流道中结构复杂且细小，对应陶瓷的型芯空间结构交错且均布有扰流肋、扰流柱等微细结构。这些微细结构给凝胶注模成形陶瓷铸型带了极大的挑战。为了实现整体式陶瓷铸型的高精度无缺陷制造，陶瓷浆料需满足两方面的要求：第一，低黏度，低黏度的陶瓷浆料具有良好的流动性，可以确保原型中微细流道的精确复模；第二，高固相体积分数，高固相的陶瓷浆料可以降低陶瓷坯体在烧结制备过程中的变形，减小裂纹等缺陷发生的倾向，同时较高的固相体积分数意味着最终的陶瓷试样具有更高的致密度，陶瓷零件的力学性能也更优异[7-9]。由于陶瓷浆料的黏度与固相存在幂指数的增长关系，因此实现低黏度、高固相体积分数陶瓷浆料的制备存在很大的难度。

本节中，根据颗粒多级级配的思想，基于分形理论，应用连续颗粒分布模型中最公认的 Funk-Dinger 方程，推导适用于非规则陶瓷颗粒的最紧密实堆积公式，以此来指导设计粉体配方中粗细陶瓷粉末的配比。研究颗粒级配数与固相体积分数对浆料流变性能的影响，最终实现低黏度、高固相体积分数陶瓷浆料的制备；为提高陶瓷浆料对微细结构的负型能力，采用了真空注型浇注工艺，研究真空注型设备与工艺参数对微细结构充型的影响，确定最优工艺，并对成形后的陶瓷铸型进行性能评价。

2.4.1 高固相、低黏度陶瓷浆料制备

本节采用 Funk-Dinger 方程指导设计不同粒径陶瓷粉末配比，利用分形理论表征不规则颗粒形貌[13]。将颗粒级配问题转化为不同颗粒混合之后的粒径分布与 Funk-Dinger 方程分布曲线之间的拟合问题，使其之间的偏差最小化，以此实现基于不规则颗粒的低黏度、高固相陶瓷浆料的制备。

1. 多级级配陶瓷浆料制备流程

陶瓷浆料包含有基体材料、矿化剂、溶剂、有机单体、交联剂等。本节实验中，仅研究了基体材料配比对浆料黏度的影响规律，由于矿化剂在浆料中所占比例较小，对浆料黏度影响小，因此在本节研究中并未添加。实验中所用的主要原材料及规格如表 2-6 所示。

陶瓷浆料制备流程如图 2-21 所示。首先将丙烯酰胺与 N,N-亚甲基双丙烯酰胺按照质量比 24∶1 溶解至去离子水中，配制成质量分数为 15% 的预

混液,将配制好的预混液加入球磨罐后,添加适量分散剂聚丙烯酸钠(陶瓷粉末质量分数为1%),随后分批加入陶瓷粉末,并用搅拌棒将粉末均匀分散。按照料球比2∶1加入氧化锆研磨珠,放入行星式球磨机后,球磨60min,球磨完成后过滤掉研磨珠得到所需的陶瓷浆料。

表 2-6 实验原材料及规格

试剂	材料名称	生产厂家及规格
基体材料	电熔刚玉	淄博雷鸣工业自动化有限公司,99.53%(125μm、40μm、5μm、2μm)
溶剂	去离子水	西安市蒸馏水厂,工业级
有机单体	丙烯酰胺($C_2H_3CONH_2$,AM)	天津科密欧化学试剂有限公司,分析纯
交流剂	N,N-亚甲基双丙烯酰胺(($C_2H_3CONH)_2CH_2$,MBAM)	天津科密欧化学试剂有限公司,分析纯
分散剂	聚丙烯酸钠(($C_3H_3NaO_2)_n$,PAAS)	国药集团化学试剂有限公司,分析纯
引发剂	过硫酸铵(($NH_4)_2S_2O_8$,APS)	国药集团化学试剂有限公司,分析纯
催化剂	四甲基乙二胺(($CH_3)_2NCH_2CH_2N(CH_3)_2$,TMEDA)	国药集团化学试剂有限公司,分析纯

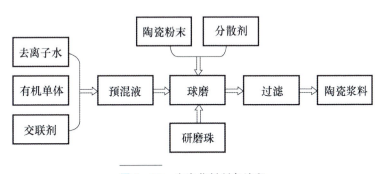

图 2-21 陶瓷浆料制备流程

2. 不规则颗粒多级级配方案推导

本节中的多级级配陶瓷颗粒体系可以认为连续颗粒分布体系,而对于连续颗粒分布体系,目前最公认的最紧密堆积的数学模型为 Funk-Dinger 方程:

$$U_t(D_i) = \frac{D_i^n - D_{\min}^n}{D_{\max}^n - D_{\min}^n} \qquad (2-3)$$

式中：D_i 为颗粒粒径；D_{max} 为混合体系中的最大粒径；D_{min} 为混合体系中的最小粒径最小；n 为分布系数。

将陶瓷颗粒级配问题转化为不同颗粒混合之后的粒径分布 $U_d(D_i)$ 与 Funk-Dinger 方程分布曲线 $U_t(D_i)$ 之间的拟合问题，使其之间的偏差最小，优化过程可以写为

$$E = \sum_{i=1}^{n}[(U_t(D_i) - U_d(D_i))]^2 \to \min \qquad (2-4)$$

式(2-4)中分布系数 n 的大小在一定程度上可以调整混合体系中细颗粒的比例，n 值越大，混合体系中粗颗粒越多；n 值越小，混合体系中细颗粒越多[11]。对于某种特定形貌的陶瓷颗粒，当实现最紧密堆积时 n 为定值。因此，优化过程中的第一步为推导出该种陶瓷颗粒实现最紧密堆积时的分布系数。

基于分形原理，假设 d_{max} 是陶瓷颗粒混合体系中最大颗粒，d_{min} 是体系中的最小颗粒粒径，d_i 是介于 d_{max} 与 d_{min} 之间的任一颗粒粒径，$\varepsilon(0<\varepsilon<1)$ 与 b 分别是任意相邻粗细颗粒之间的粒径比与数量比，根据分形原理，ε 与 b 之间存在如下关系：

$$b = \varepsilon^{-aP} \qquad (2-5)$$

式中：P 为颗粒的分布维数；a 为相关系数。

符合式(2-5)的颗粒体系可以定义为分形粒度分布颗粒体系。假设在该颗粒体系中共有 k 个粒度分级，则任意粒径为 d_m 的颗粒，其粒径可以写为

$$d_m = d_{max}\varepsilon^m \quad (0 \leqslant m \leqslant k) \qquad (2-6)$$

颗粒数为

$$n_m = n_0 b^m \qquad (2-7)$$

定义颗粒数集度为

$$n(d_m) = \frac{\Delta n(d_m)}{\Delta d_m} = \frac{n(d_{m+1}) - n(d_m)}{d_{m+1} - d_m} = \frac{n_0 b^m (b-1)}{d_{max}(\varepsilon - 1)} \qquad (2-8)$$

对比式(2-5)与式(2-6)，可得

$$b^m = \left(\frac{1}{\varepsilon}\right)^{maP} = d_m^{-aP} d_{max}^{aP} \qquad (2-9)$$

将式(2-8)代入式(2-9)后，可得

$$n(d_m) = \frac{n_0 d_m^{-(aP+1)} d_{max}^{aP}(b-1)}{\varepsilon - 1} \qquad (2-10)$$

当该体系颗粒粒径连续分布时，粒度分级 $k \to \infty$，ε 与 $b \to 1$，此时 $n(d_m) = n(d)$，将式(2-5)代入式(2-9)后求极限，可得

$$n(d) = \lim_{\varepsilon \to 1}\left\{\frac{n_0 d_m^{-(aP+1)} d_{max}^{aP}(b-1)}{\varepsilon - 1}\right\}$$

$$=\lim_{\varepsilon \to 1}\left\{\frac{n_0 d_m^{-(aP+1)} d_{max}^{aP}(\varepsilon^{-aP}-1)}{\varepsilon-1}\right\}$$
$$= n_0 \alpha P d_{max}^{aP} d^{-(aP+1)} \quad (2-11)$$

则对于粒径小于 d 的颗粒累计体积为

$$V(<d) = \int_{d_{min}}^{d} C_v d^3 n(d) \mathrm{d}d$$
$$= \int_{d_{min}}^{d} C_v d^3 n_0 \alpha P d_{max}^{aP} d^{-(aP+1)} \mathrm{d}d$$
$$= \frac{C_v n_0 d_{max}^{aP}(d^{3-aP} - d_{min}^{3-aP})\alpha P}{3-\alpha P} \quad (2-12)$$

式中：C_v 为颗粒的体积系数。因此粒径小于 d 的颗粒累计体积分数为

$$U(d) = \frac{V(<d)}{V(<d_{max})} = \frac{d^{3-aP} - d_{min}^{3-aP}}{d_{max}^{3-aP} - d_{max}^{3-aP}} \quad (2-13)$$

式(2-12)为根据分形原理推导出的连续颗粒分布累计体积分数计算公式，比较该式与 Funk-Dinger 方程，可知分布系数可写为

$$n = 3 - \alpha P \quad (2-14)$$

对于颗粒分布维数，$P=2$ 的球形颗粒。当实现最紧密堆积时，分布系数 $n=0.37$，因此相关系数 $\alpha=1.315^{[12-13]}$。

对于不规则颗粒的分布维数，可由表面积/体积法计算：

$$\frac{\lg\left[\frac{S(\beta)}{\beta}\right]}{P} = \lg(\alpha_0) + \lg\left[\frac{V(\beta)^{\frac{1}{3}}}{\beta}\right] \quad (2-15)$$

式中：β 为测量尺寸；$S(\beta)$ 为在测量尺寸 β 下颗粒的表面积；$V(\beta)$ 为在测量尺寸 β 下颗粒的体积；a_0 为常数。

图 2-22 为本研究中使用的四种不同粒径氧化铝颗粒的微观形貌，由于这四种颗粒采用相同的制备工艺制成，微观形貌相似，可以认为四种颗粒具有同样的分形特征。因此可以认为 β 为定值，为简化起见，设 $\beta=1$，则式(2-14)可改写为

$$\lg(V) = \lg(S)\frac{3}{P} - \lg(a_0^3) \quad (2-16)$$

绘制 $\lg(V)$-$\lg(S)$ 图线，则直线斜率 $K=3/P$，因此可得分形维数 $P=3/K$。

采用激光粒度分析仪(LS230，美国贝克曼库尔特公司)对 4 种大小氧化铝颗粒进行分析。图 2-23 为 4 种氧化铝颗粒的粒径分布曲线，表 2-7 为根据颗粒粒径及比表面积计算得到的 4 种氧化铝颗粒的表面积及体积。

$\lg(V) - \lg(S)$ 拟合直线如图 2-24 所示,拟合直线斜率为 $K = 1.472$,线性相关系数(R^2)为 0.99(图 2-24),直线拟合度较高,因此分形维数 $P = 2.038$,分布系数 $n = 3 - \alpha \times P = 0.3196$。

图 2-22 本研究中使用的 4 种氧化铝颗粒微观形貌
(a) $D_{50} = 2\,\mu m$;(b) $D_{50} = 5\,\mu m$;(c) $D_{50} = 40\,\mu m$;(d) $D_{50} = 125\,\mu m$。

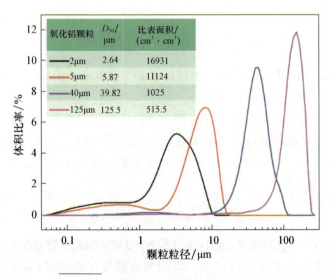

图 2-23 4 种氧化铝颗粒的粒径分布曲线

表 2-7 4 种氧化铝颗粒的表面积及体积

氧化铝颗粒	表面积/m^2	体积/m^3
2 μm	1.631×10^{-11}	9.63×10^{-18}
5 μm	1.176×10^{-10}	1.057×10^{-16}
40 μm	3.387×10^{-9}	3.305×10^{-14}
125 μm	5.335×10^{-8}	1.035×10^{-12}

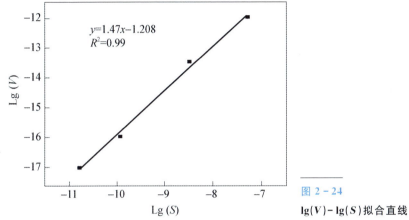

图 2-24 lg(V)-lg(S) 拟合直线

3. 多级级配方案实验验证

根据分形理论，推导出了四种不规则氧化铝颗粒的分布系数，为了验证该分布系数的正确性，配制了 5 组不同的 n 值下的陶瓷浆料，n 值从 0.25 变化至 0.4，不同粒径氧化铝颗粒所占体积分数按照式 (2-4) 计算所得，计算结果如表 2-8 所示。从表 2-8 可以看出，随着 n 值的增大，体系中的粗颗粒逐渐增多，细颗粒逐渐减少，变化趋势与 Funk-Dinger 方程保持一致。

表 2-8 不同 n 值情况下四种氧化铝颗粒所占体积分数

n	0.25	0.3	0.3196	0.35	0.4
$V_{2\mu m}$	31%	24%	22%	18%	13%
$V_{5\mu m}$	10%	13%	13%	15%	16%
$V_{40\mu m}$	28%	28%	29%	28%	28%
$V_{125\mu m}$	31%	35%	36%	39%	43%

根据表 2-8 配制了 5 种固相体积分数为 58% 的陶瓷浆料，使用流变仪（AR2000，美国 TA 仪器公司）测量陶瓷浆料的流变特性，测量夹具为同轴圆筒形。测试环境温度恒定为 25℃，正式测试前每组浆料先用转子在 $100s^{-1}$ 的剪切速度下预剪切 1min，以保证所有的浆料有相同的流变学历史，正式测量的剪切速率测量范围为 $0.1\sim200s^{-1}$。

图 2-25 是不同 n 值下浆料的流变曲线。当分布系数 $n=0.3196$ 时，陶瓷浆料黏度最低，在剪切速率为 $100s^{-1}$ 时，黏度仅有 0.1Pa·s，当分布系数从 0.25 增加至 0.3196 时，浆料黏度不断下降；当浆料黏度从 0.3196 增加至 0.4 时，浆料黏度上升。这种变化趋势与基于分形分布理论推导的结果相一致，陶瓷在 $n=0.3196$ 时具有最低的黏度。

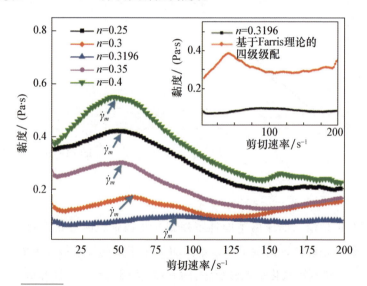

图 2-25　分布系数 n 从 0.25 变化至 0.4 时陶瓷浆料的流变曲线

插入图：$n=0.3196$ 时的浆料流变曲线与基于 Farris 理论配制的浆料流变曲线对比

为了进一步验证本方法，按照经典的 Farris 理论给出的四级级配颗粒配比配制了体积分数为 58% 的陶瓷浆料。Farris 的四级级配方案中粗颗粒、中等颗粒、细颗粒、极细颗粒的配比为 35∶27∶21.5∶16.5[14]。由于该方案未对颗粒形貌做出优化，仅认为所有颗粒都为规则的球形，因此按该方案制备的陶瓷浆料黏度高于本研究优化所得的陶瓷浆料黏度。由上述验证可知，针对与本节中所采用的 4 种不规则形貌的氧化铝颗粒，当分布系数 $n=0.3196$ 时，浆料中的颗粒可实现最紧密堆积，所制备的陶瓷浆料可以实现低黏度、高固相体积分数的要求。图 2-26 为根据 MATLAB 计算得到的 4 种颗粒粒径分布曲线，$n=0.3196$ 时的最紧密堆积曲线以及 Funk-Dinger 方程之间的关系。

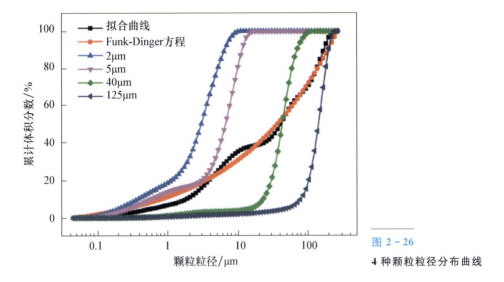

图 2-26　4 种颗粒粒径分布曲线

4. 多级级配陶瓷浆料的流变特性

浆料的流变曲线在一定程度上反映了颗粒在悬浮液中的分散情况。通常情况下，未均匀分散的浆料表现出剪切变稀的流变特性，即陶瓷浆料黏度随着剪切速率的增大而减小；而分散效果好的浆料一般表现为剪切增稠的流变特性，即陶瓷浆料黏度随着剪切速率的增大而增大。因此，一般情况下，陶瓷浆料在低转速情况下会表现剪切变稀的特性，而随着剪切速率的增大悬浮液中颗粒的分散性不断提高，在高剪切速率下浆料又会表现为剪切增稠[15-16]。本书中的陶瓷浆料呈现了与以往文献中截然不同的流变特性，在低剪切速率下，呈现剪切增稠的特性，而后随着剪切速率的增大，转变为剪切变稀。定义 $\dot{\gamma}_m$ 为任意一条流变曲线中黏度达到最大值时对应的剪切速率，$\dot{\gamma}_m$ 随分布系数 n 值的不同而变化，浆料黏度越大时，$\dot{\gamma}_m$ 越小。这种现象与大颗粒的沉淀相关，颗粒在悬浮液中的沉降速度可由 Stokes 公式求得[17-18]

$$v_p = \frac{2(\rho_p - \rho_s)gr^2}{9\eta} \tag{2-17}$$

式中：ρ_p 为颗粒密度；ρ_s 为悬浮液密度；r 为颗粒半径；η 为悬浮液动力黏度。

根据式(2-16)可知，沉降速度与颗粒粒径的二次方成正比，与悬浮液的动力黏度成反比。因此在低黏度的陶瓷浆料中，大颗粒更易沉淀聚集形成颗粒簇。流变测试开始后，随着剪切速率的增加，颗粒间的碰撞不断增强，大颗粒簇不断解聚，颗粒无序化程度增强，自由溶剂体积分数减少，微观上颗粒间的内摩擦力增大，导致陶瓷浆料宏观表现为剪切变稠的流变学特性。当大颗粒簇完全解聚后，在剪切力的作用下，浆料内颗粒逐步有序化，自由溶剂量增加，颗粒间内摩擦力降低，浆料黏度随着剪切速率的增加而降低，表现为剪切变稀的流变学特征。当分布系数 $n = 0.3196$ 时，陶瓷浆料具有最低的黏度，此时大颗粒的沉淀聚集现象最为明显，测量时需要更高的剪切速率才能使得大颗粒簇解聚，因此该流变曲线对应的 $\dot{\gamma}_m$ 更大。

5. 低黏度、高固相体积分数陶瓷浆料的实现

为了实现低黏度、高固相体积分数陶瓷浆料的制备，探究了颗粒级配数对浆料黏度的影响规律。分别制备了固相体积分数为58%的双级级配浆料与三级级配浆料，各浆料中粗细颗粒陶瓷比例按照上面所述方法计算求得，取分布系数 $n = 0.3196$。表2-9中为浆料中不同陶瓷颗粒所占体积分数。

表2-9 双级级配与三级级配中不同陶瓷颗粒所占体积分数

级配	双级级配	三级级配-1	三级级配-2
$V_{2\mu m}$	—	34%	—
$V_{5\mu m}$	50%	11%	41%
$V_{40\mu m}$	50%	55%	22%
$V_{125\mu m}$	—	—	37%

图2-27为上述三种级配方案浆料的流变曲线，采用颗粒多级级配的方式可以显著降低陶瓷浆料的黏度。对于双级级配的陶瓷浆料，剪切速率为 $100s^{-1}$ 时，黏度已超过 $1Pa \cdot s$，而为三级级配浆料时，黏度明显降低，随着颗粒级配数增长至四级级配时，浆料黏度并没有得到明显的改善，这种浆料黏度随着级配数增长而降低的现象与颗粒堆积密度的提升有关。粗细颗粒堆积时，粗颗粒首先相互搭接形成空间骨架，随后中等粒度的颗粒均匀填充与粗颗粒之间的间隙，依此规律细颗粒继续填充与大颗粒与中等颗粒之间的间

隙，存在与颗粒间隙的自由水被细小颗粒置换至悬浮液中，颗粒的堆积密度得到提升，悬浮液中的自由水量得到增加，陶瓷浆料黏度降低。比较同为三级级配的两种浆料流变曲线，颗粒组成为 125μm、40μm、2μm 的陶瓷浆料较于颗粒组成为 40μm、5μm、2μm 的陶瓷浆料具有更小的表观黏度。这是因为 125μm 粗颗粒添加后扩大了混合体系中颗粒的粒径分布，颗粒的堆积密度得到进一步提升，因此黏度降低[19]。

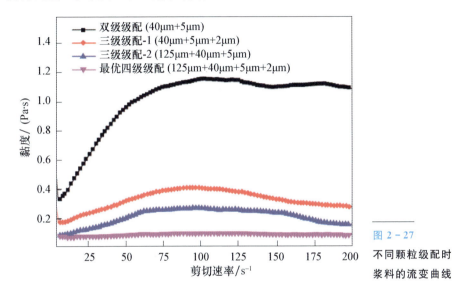

图 2-27 不同颗粒级配时浆料的流变曲线

参照 HB 5353.3—2004《熔模铸造陶瓷型芯性能试样方法，第 3 部分：抗弯强度的测定》，将上述四种陶瓷浆料灌注 4mm×10mm×60mm 标准试样，干燥后烧至 1350℃保温 3h 后随炉冷却，采用高温应力-应变试验机（HSST-6003QP，中钢集团洛阳耐火材料研究院有限公司）测量了试样的室温抗弯强度。高温应力-应变试验机最小量程为 0.05MPa，支点跨距为 30mm，试样加载速率为 8mm/min。测量时，每一温度点测试 6～12 根试样，取其强度平均值，计算标准偏差，加载示意图如图 2-28 所示。

陶瓷试样三点抗弯强度计算公式为

$$\sigma = \frac{3FL}{2bh^2} \qquad (2-18)$$

式中：σ 为抗弯强度（MPa）；F 为断裂载荷（N）；L 为试样跨距（m）；b 为试样宽度（m）；h 为试样厚度（m）。

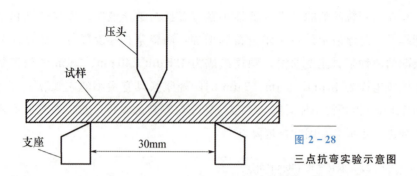

图 2-28 三点抗弯实验示意图

试样的室温强度如图 2-29 所示。四批试样室温抗弯强度分别为 9.27MPa±1.19MPa、9.56MPa±1.66MPa、17.31MPa±0.73MPa 和 14.61MPa±1.28MPa。双级级配试样由于颗粒堆积密度低，因此室温强度最低。根据流变性能测试结果，三级级配-2 方案比四级级配方案制备的陶瓷浆料具有更高的颗粒堆积密度，但其室温强度并非最高。试样的室温断裂断口微观形貌如图 2-30 所示，为了方便对比各试样的微观结构，所有照片都选用相同的放大倍率。从图中可以看出，颗粒级配数增加后颗粒堆积密度显著提升。图 2-30(a)为双级级配陶瓷试样的微观形貌，尽管细颗粒均匀分散于

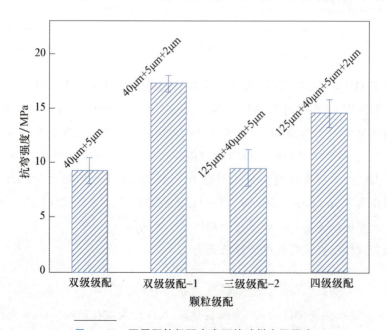

图 2-29 不同颗粒级配方案下的试样室温强度

粗颗粒之间，细颗粒间依然存在明显的微观孔洞，颗粒堆积密度明显小于后三种试样，因此室温强度较低；图 2-30(b)为三级级配-1 方案试样的微观形貌，相较于图 2-30(a)，细颗粒间的微观孔洞明显减少，颗粒堆积密度得到显著提升。图 2-30(c)、(d)中为添加了 125μm 后的三级级配-2 与四级级配试样的微观形貌，粗颗粒添加后，粗颗粒边缘出现了较大的间隙，间隙最大处有 5~6μm，间隙的存在破坏了基体的完整性，因此室温强度较于三级级配-1 方案有所降低。

图 2-30　试样室温断裂断口微观形貌
(a)双级级配；(b)三级级配-1；(c)三级级配-2；(d)四级级配。

虽然四级级配方案制备的试样室温力学性能较低，但通过提高固相体积分数的方式提升颗粒堆积密度，可以在一定程度上弥补力学性能的不足。实验测试了陶瓷浆料固相体积分数为 58%~64% 时浆料的流变性能，并结合室温力学性能，优化得出了适用于本工艺的最大固相体积分数。图 2-31 为不同固相体积分数的陶瓷浆料黏度流变曲线，插入图为剪切速率在 $100s^{-1}$ 时，浆料黏度随固相体积分数的变化曲线。浆料黏度随固相体积分数呈指数关系增长，固相体积分数为 64% 时陶瓷浆料黏度超过 1Pa·s。一般认为陶瓷浆料在剪切速度为100s^{-1}时，黏度大于1Pa·s即不满足凝胶注模充型的要求，因此本研究中制备的满足凝胶注模充型要求的最大固相体积分数为62%，该浆料在剪切速度为100s^{-1}时的黏度为0.29Pa·s[20]。

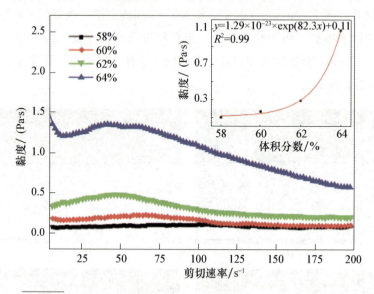

图2-31　不同固相体积分数(58%~64%)陶瓷浆料黏度流变曲线

(插入图：100 s^{-1}剪切速度时，固相体积分数与陶瓷浆料黏度关系)

测量上述四种陶瓷浆料制得的试样室温抗弯强度，如图2-32所示。试

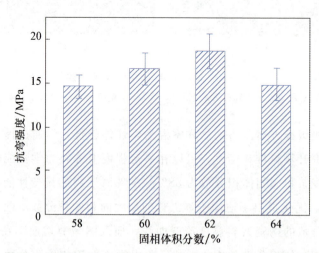

图2-32　不同固相体积分数(58%~64%)陶瓷试样室温强度

样的室温强度分别为 14.61MPa±1.28MPa、16.63MPa±1.83MPa、18.72MPa±1.94MPa 和 14.90MPa±1.83MPa。室温强度最大时对应的陶瓷试样固相体积分数为 62%，当固相体积分数小于 62%，室温强度随固相体积分数的增加而增长；当固相体积分数大于 62% 时，室温强度降低。原因是随着固相体积分数的增大，陶瓷浆料黏度上升，凝胶注模时浆料出现夹气的可能性增大，注模时浆料中混进的空气形成气泡原位固化试样中，导致试样强度的衰减。

2.4.2 陶瓷浆料真空注型技术

2.3.1 节研究中根据 Funk-Dinger 方程与分形理论实现了针对不规则颗粒的低黏度、高固相体积分数陶瓷浆料的制备。在大气环境下浇注铸型时，由于光固化模具内部气体阻力的作用，微细结构易存在夹气或欠注现象，无法保证铸型结构的完整性。同时，由于氧阻聚效应，丙烯酰胺凝胶在大气中聚合时与氧气接触部分固化质量差，在干燥及脱脂后外层坯体易发生剥落，影响最终铸件表面质量。采用真空注型的方法，通过降低模具内部气体压力，降低流动阻力，可以起到提高浆料充型能力的作用；同时，抽真空后注型系统内部氧含量降低，氧阻聚效应得到缓解，铸型的表面固化质量得以提高。

本节采用真空浇注成形机（ZD-800，陕西恒通智能机器有限公司），该设备成形室大小为 800mm×650mm×1490mm，内部配有无级自动升降平台，平台带有振动功能，可满足不同大小铸型的制备要求，设备如图 2-33 所示。研究了腔体真空度对浆料充型能力的影响规律，确定了最优的凝胶固化工艺参数，并探讨了真空注型对铸型性能的影响。

1. 腔体真空度

提高腔体内真空度可以减小充型过程中空气阻力，提高浆料充型性能；腔体真空度提高后，氧含量降低，可缓解凝胶固化过程中的氧阻聚效应。但由于本工艺中使用水基陶瓷浆料，真空度较高时在室温环境下浆料中的水就发生沸腾，产生大量气泡影响浆料充型，因此需先确定最佳的腔体真空度。

图 2-34 是腔体压力与陶瓷浆料沸点之间的关系，由图中可知，当腔内气压下降至 0.01MPa 时，浆料沸点接近于 40℃。由于真空浇注过程中，腔体内需多次冲/排氮气，根据理想气体方程：

$$PV = nRT \tag{2-19}$$

式中：P 为腔体压强；V 为腔体内体积；n 为气体物质的量；R 为理想气体常数；T 为热力学温度。

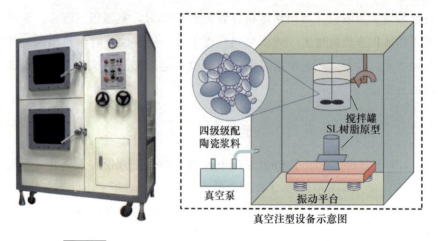

图 2-33　ZD-800 型真空浇注成形机及内部结构示意图

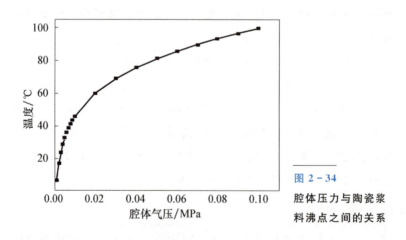

图 2-34　腔体压力与陶瓷浆料沸点之间的关系

腔体体积一定，冲氮气过程腔体内压强升高，对应腔体温度上升；排氮气过程腔体压强降低，腔体温度下降。由于腔体内部为金属箱式结构，蓄热能力大，因此在冲/排氮气过程中，腔体内部温度高于室温，腔体真空度为 0.01MPa 时，浆料同样存在沸腾的可能性。

为了验证上述推断，选取某型航空发动机空心涡轮叶片最小特征结构为研究对象，进行了树脂原型的真空注型实验，叶片结构如图 2-35 所示。

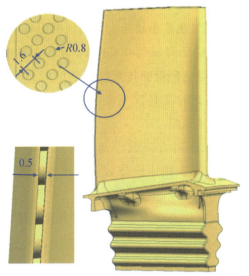

图 2-35
某型航空发动机空心涡轮叶片模型

该叶片中,尾缘部分均布有直径为 0.8mm 的圆形扰流柱,扰流柱柱高为 0.5mm,相邻间隙为 0.8mm。采用常压浇注时,该结构充型完整性较差,扰流柱间隙存在大量连通气泡,如图 2-36(a)所示,铸型结构完整性无法保证。

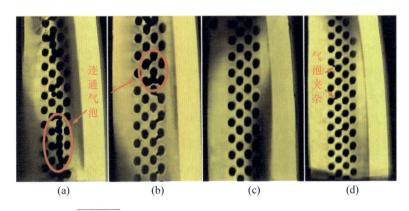

图 2-36 不同真空度下铸型排气边充型情况 CT 图
(a)大气环境下;(b)0.06MPa;(c)0.02MPa;(d)0.01MPa。

根据多级级配陶瓷浆料配制工艺,配制固相体积分数为 62% 的四级级配陶瓷浆料,浆料黏度在剪切速度为 $100s^{-1}$ 时,黏度为 0.29Pa·s。在不同腔体真空度下浇注了叶片树脂原型,铸型坯体干燥后采用微米 X 射线成像系统

（Y. Cheetah，德国依科视朗公司）评价了铸型内部的充型情况，如图 2-36 所示。当腔体真空度为 0.06MPa 时，夹气现象相较于大气浇注时明显减小，大片连通气泡的情况得到缓解。腔体真空度降低至 0.02MPa 时，夹气现象得到完全抑制，铸型微细结构完整，而继续降低腔体真空度至 0.01MPa 时，在扰流柱间隙中可发现微小气泡，推测此时浆料发生微弱的沸腾，析出的气泡夹杂在扰流柱间难以排出，造成上述缺陷。

在真空环境下，浆料流动受到的气体阻力降低，充型能力得到提高，可以在不降低浆料充型性能的前提下提高固相体积分数，以此提升铸型的力学性能。根据四级级配工艺分别制备固相体积分数为 64%、65%、66% 的陶瓷浆料，采用黏度计测量了浆料在剪切速度为 $30s^{-1}$ 时的表观黏度，如图 2-37 所示。在腔体真空度为 0.02MPa 时完成铸型坯体的浇注，采用 CT 评价铸型充型情况，如图 2-38 所示。对比图 2-36(a) 中铸型在大气环境下的浇注情况，当陶瓷固相体积分数为 62% 时，浆料黏度为 0.4Pa·s，小于 1Pa·s 的黏度临界值，但仍出现了气孔和欠注等缺陷。这是由于在大气环境浇注，浆料在原型内的流动可以看做为一种固-液-气的三相流动充型。充型过程中，树脂原型内部的气体附着在扰流柱间隙难以排出，当陶瓷浆料交联固化后，气孔原位保留在铸型内部，形成缺陷。真空注型过程中，由于腔体内真空度较低，气体含量少，可以将浆料的充型过程简化为固-液两相流动，因此浆料复形能力得到提高。图 2-38(a)、(b) 是固相体积分数为 64%、65% 时的浆料充型情况，相较于大气环境下的充型，虽然浆料固相体积分数提高，浆料黏度上升，充型后排气边型芯结构完整性仍得到了保障。继续提高浆料固相体积分数至 66% 时，浇注后扰流柱间隙出现了部分气泡夹杂的现象。这是由于浆料黏度较大时，树脂原型模具中的微量气体在排出时受到的浆料浮力小于由浆料黏度引起的流体内摩擦阻力，气泡原位固化在了扰流柱间隙，形成了缺陷。综上所述，真空注型的最佳真空度为 0.02MPa，此时可以实现最高固相体积分数至 65% 的陶瓷浆料浇注。

2. 凝胶固化工艺参数

在真空环境下，由于氧含量降低，凝胶固化氧阻聚效应得到缓解，单体聚合时，引发剂产生的自由基更多地参与到了聚合反应中，使浆料固化反应加快。若参照大气浇注工艺中添加引发剂与催化剂时，会引起凝胶体系的"暴聚"，在陶瓷坯体中形成较大的固化应力，陶瓷铸型干燥烧结后内裂纹形成倾向加大[21]。因此针对真空注型工艺，优化了引发剂与催化剂的添加量。

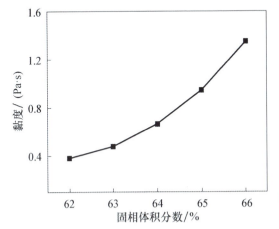

图 2 - 37
浆料固相体积分数与黏度之间关系

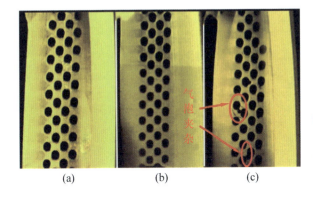

图 2 - 38
不同固相体积分数真空环境下铸型排气边充型情况 CT 图
(a)64%；(b)65%；(c)66%。

由于凝胶在固化过程中剧烈放热，因此采用测温法来计算凝胶固化的诱导时间 t_{idle}（指从添加引发剂到固化开始之间的时间间隔），在测温曲线上即为引发剂添加后至浆料温度突变时的时间间隔，t_{idle} 需大于凝胶注模的充型时间才能保证树脂原型充型完整[22]。

在真空环境下（真空度为 0.02MPa）催化剂与引发剂用量对凝胶固化的影响如图 2-39 所示，对比前期研究成果发现，在引发剂、催化剂质量分数相同的情况下，真空浇注的固化诱导时间 t_{idle} 仅为大气浇注时的 1/3。对高度范围在300mm以下的陶瓷铸型，凝胶注模所需时间在5min以内，因此选用催化剂的质量分数占浆料中液相总质量的0.1%，引发剂质量分数为0.5%时可以满足浆料的充型要求。

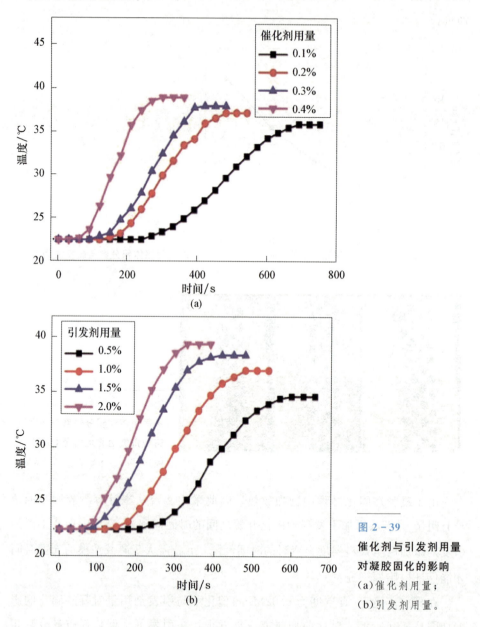

图 2 - 39 催化剂与引发剂用量对凝胶固化的影响
(a) 催化剂用量；
(b) 引发剂用量。

3. 真空注型实例

根据前述研究结果，在真空下浇注某型号航空发动机空心涡轮叶片陶瓷铸型。

真空注型工艺流程如下：

注型前准备工作：将叶片树脂原型固定在真空注型机的浇注工作台上，将加有催化剂的陶瓷浆料添加至浇注工作台上方的储料罐内，打开储料罐搅拌桨，搅拌速度设定为 10r/min，将引发剂添加至引发剂加料装置中。

氮气洗炉：关闭真空室，抽真空至 0.02MPa，打开保护气体阀门，向真空室内通氮气至腔体真空度为 0.1MPa，抽真空至 0.02MPa，重复上述步骤两次，对真空注型设备进行氮气洗炉。随后抽真空至 0.02MPa，保压 3min，对浆料进行真空除气。

模具注型：打开浇注平台振动开关，调节振动频率为 60Hz，振动幅度为 3mm；调节储料罐搅拌桨转速至 30r/min，向储料罐内中加入引发剂，引发剂加完后继续搅拌浆料 30s 后，开始浇注光固化模具。浇注时，缓慢向光固化模具浇口内浇入陶瓷浆料，并保持浇口内上液面始终高于树脂原型顶部。浇注完成后，将振动平台振幅调至 10mm，持续振动直至陶瓷浆料完全固化。

注型后续工作：破除腔体真空，关闭浇铸平台振动开关，取出浇铸后的陶瓷铸型，并清理储料罐与引发剂添加罐，完成全部操作。

铸型完成真空浇注后，经过冷冻干燥去除坯体内水分，脱脂烧结后，采用 CT 评价了铸型内部结构的充型情况，并与常压环境下的浇注进行了对比，如图 2-40 所示，大气环境下浇注时，排气边扰流柱间隙内出现了大片连通的气泡，铸型微结构充型情况较差，如图 2-40（b）所示。采用真空注型后，排气边结构完整性得到提高，图 2-40（c）中是真空环境下浇注的排气边结构，型芯结构完整，无宏观欠注情况，利用扫描电子显微镜分析排气边扰流柱间隙微观形貌，如图 2-40（d）~（f）所示，大小颗粒之间堆积紧密，颗粒间无明显间隙存在。采用真空注型的方法，显著提高了陶瓷浆料的充型性能，陶瓷铸型微细结构成形完整性得到保证。

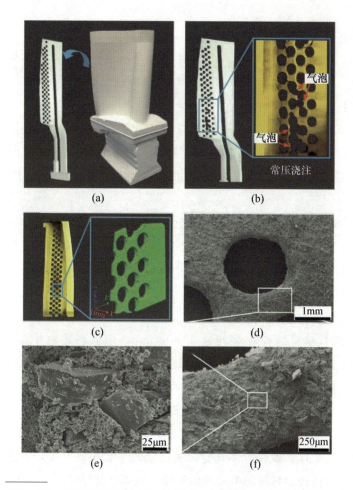

图 2-40 采用常压注型与真空注型后,铸型微细结构浇注情况对比
(a)真空注型制备的陶瓷铸型及其中排气边陶瓷型芯;
(b)常压注型时的排气边型芯(CT 图);
(c)真空注型制备的排气边型芯(CT 图);
(d)~(f)真空注型制备的排气边型芯微观结构(SEM 图)。

2.5 陶瓷铸型冷冻干燥

型芯、型壳一体化陶瓷铸型坯体制备后,采用冷冻干燥的方法去除坯体内水分,本节中,从避免冷冻干燥过程中铸型内裂纹形成出发,制定了冷冻干燥工艺。

目前,冷冻干燥技术主要应用于干燥水果、蔬菜等食品和各种药品[24-25]。冷冻干燥技术在陶瓷材料干燥过程中也得到应用,但主要应用对象为多孔陶瓷和纳米陶瓷粉体,以保持陶瓷材料干燥后的孔结构或避免陶瓷粉体干燥后的团聚[26-27]。但是,上述技术几乎不涉及冻干裂纹。本章针对凝胶注模陶瓷坯体冷冻干燥裂纹控制进行研究,探究裂纹形成机理,确定裂纹形成的影响因素及其对裂纹形成的影响规律,进而制定出铸型冷冻干燥工艺,以避免铸型在冻干阶段发生开裂。

2.5.1 实验设备与方法

1. 设备

在本章实验过程中采用的设备如表 2-10 所示。

表 2-10 实验设备

设备名称及型号	用途	生产厂家
LGJ-100F 真空冷冻干燥机	对陶瓷坯体进行冷冻干燥,并使用干燥机自带的温度传感器测量坯体温度	北京松源华兴科技发展有限公司
PTC5200 电子计重秤	测量坯体干燥过程中的质量	福州华志科学仪器有限公司
UT39A 数字万用表	测量陶瓷坯体冷冻及解冻过程中的电阻值	优利德电子有限公司
Y.Cheetah 微米 X 射线三维成像系统	对坯体内部裂纹进行检测	德国依科视朗公司

2. 步骤

本章按以下步骤进行实验:

(1)采用电阻法测量陶瓷坯体降温过程中的冰晶结晶温度和升温过程中的冰晶融化温度,为研究裂纹形成机理及冷冻干燥工艺参数对裂纹形成的影响规律提供数据依据。

(2)为提高实验效率,降低实验成本,图 2-41 为某典型空心涡轮叶片陶瓷铸型厚度尺寸(20mm),制备 ϕ20mm×50mm 圆柱形凝胶注模陶瓷坯体试样，对坯体进行冷冻得到冻结坯体。测量坯体干燥过程中失水率和温度，并利用CT扫描方法观测坯体内部是否产生裂纹。最后，总结出裂纹形成的机理并基于冷冻干燥理论确定出裂纹形成的影响因素。

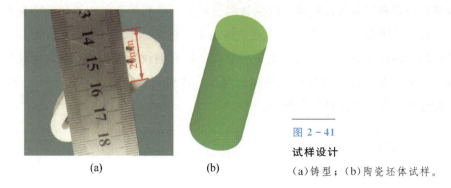

图 2-41 试样设计
(a)铸型；(b)陶瓷坯体试样。

(3) 在确定裂纹形成影响因素的基础上，研究冷冻干燥工艺参数对裂纹形成的影响规律，确定出适合于 $\phi 20\mathrm{mm} \times 50\mathrm{mm}$ 圆柱形坯体的冷冻干燥工艺。然后改变圆柱直径，得到适应不同厚度铸型坯体的冷冻干燥工艺。

2.5.2 铸型的共晶温度和共融温度测量

对于整体式陶瓷铸型坯体，在冷冻干燥前，首先需要确定其内部液态水的冻结温度和解冻温度，即坯体的共晶温度和共融温度。西安交通大学吴海华[28]在研究了凝胶冷冻降温过程中的共晶温度，但研究对象非凝胶注模氧化铝陶瓷坯体，同时，也未研究冷冻坯体升温过程中的冰晶融化温度（共融温度）。实际上，冷冻干燥材料的共晶温度和共融点温度往往不完全一样，因此，有必要对铸型坯体的共晶温度和共融温度进行测量，为干燥工艺参数的选择提供数据参考。本节利用电阻法测试凝胶注模氧化铝陶瓷坯体的共晶温度和共融温度，电阻法的基本原理：物料的导电性源于内部溶液中带电离子的定向移动。在冷冻过程中，温度降至冰点后，物料中溶液内部开始生成冰晶。随着温度的下降，冰晶数量越来越多，能够移动的带电离子数量越来越少，物料的电阻也就越来越大。当温度降低至某一数值时，溶液全部冻结，带电离子停止定向移动，物料的电阻突然增大，该温度即为物料的共晶温度。完全冻结的物料在升温过程中，其电阻突然减小时的温度为该物料的共融温度。

图 2-42 为电阻法测量凝胶注模陶瓷坯体共晶温度和共融温度的示意图。坯体尺寸为 $\phi 50\text{mm} \times 30\text{mm}$，预冻温度为 -40℃，冻结方式为速冻，即将固化后的陶瓷湿坯直接放入已下降至 -40℃目标温度的干燥机冷冻腔。测量过程如下：把数字万用表的两只表笔和冷冻干燥机自带的温度传感器置于陶瓷浆料内部，待浆料固化为湿态坯体后，利用万用表测量坯体冷冻过程中不同温度的电阻值，并记录不同温度点的持续时间；接下来，将冻结状态的陶瓷坯体放置在室温环境下，记录坯体升温过程中不同温度的电阻值和不同温度点的持续时间。

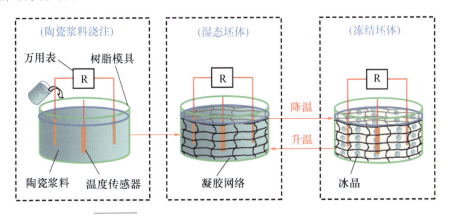

图 2-42　陶瓷坯体共晶温度和共融温度测量示意图

图 2-43 为陶瓷坯体降温和升温过程中的温度-电阻和温度-时间曲线。在降温过程中，温度降低为 -4.4℃时，陶瓷浆料电阻开始增大，说明浆料内水溶液中的带电离子减少，冰晶开始形成；温度在 -5.3℃时持续时间最长，说明有大量冰晶生成；温度在 -5.5℃时持续时间快速减少，说明坯体内的水分完全冻结为冰晶。实验中取 -5.5℃作为坯体降温过程中的共晶点温度。因此，为了保持冷冻过程中坯体内部液态水能被完全冷冻为冰晶，预冻温度应该低于 -5.5℃。

在升温过程中，坯体温度在 -3.2℃持续时间开始增加，说明坯体中开始有冰晶转化为液态水；温度在 -1.8℃持续时间最长，说明有大量冰晶转化为水；温度在 -1.5℃持续时间明显减少，且坯体电阻降低为一较小的稳定值，说明冰晶完全转化为液态水。实验中取 -3.2℃作为坯体升温过程中的共融点温度。因此，为了保证干燥过程中坯体处于冻结状态，坯体温度应低于 -3.2℃。

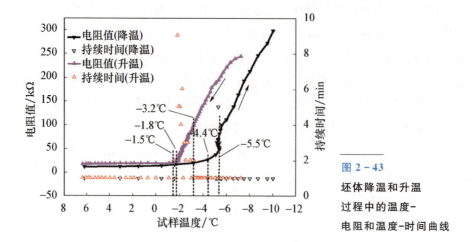

图 2-43 坯体降温和升温过程中的温度-电阻和温度-时间曲线

2.5.3 裂纹形成及影响因素

1. 裂纹形成原因分析

1) 坯体内部冰晶融化与开裂实验

有关冷冻干燥的相关研究表明，冷冻干燥物料温度高于其内部冰晶融化温度后，物料内部会产生裂纹。为判定凝胶注模陶瓷坯体冷冻干燥过程中内部冰晶融化后是否会产生裂纹，测量坯体干燥过程中的失水率和温度，以确定坯体内部冰晶是否融化；利用CT扫描方法观测干燥结束后坯体内部是否产生裂纹，进而探讨冰晶融化与坯体内部裂纹形成的关系。坯体冷冻干燥过程中内部温度和失水率的测试方法如图2-44所示。将温度传感器置于坯体树脂模具中心部位，浇注陶瓷浆料，待浆料固化后进行冷冻并去除树脂模具。接下来，对坯体进行升华干燥，通过温度传感器测量记录坯体中心温度，通过电子天平测量坯体初始质量和干燥过程中的质量，进而计算坯体干燥过程中的失水率，计算公式为

$$\omega = \frac{m_0 - m_i}{m_w} \times 100\% \qquad (2-20)$$

式中：ω 为失水率(%)；m_0 为坯体初始质量(g)；m_i 为坯体干燥过程中的质量(g)；m_w 为坯体干燥前水分质量(g)。

实验发现，当坯体内部温度高于冰晶融化温度时，坯体内部同样产生裂

纹，而坯体干燥结束后内部温度尚未达到冰晶融化温度时，坯体内部结构完整。这里分别测量两件陶瓷坯体试样升华干燥过程中的失水率和温度，测量结果如表 2-11 所示。对于坯体 1，其内部温度升高达到 -3.2℃ 时，坯体失水率为 81.90%，此时冰晶开始融化，待坯体干燥结束后温度升高到 -2.79℃；对于坯体 2，冷冻干燥结束后坯体温度仅为 -10.20℃，低于冰晶融化温度 -3.2℃，因此坯体内部不会发生冰晶融化。

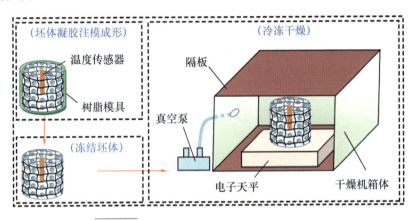

图 2-44　坯体失水率与内部温度测试示意图

表 2-11　坯体内部冰晶融化实验结果

试样号	坯体温度达到 -3.2℃ 时的失水率/%	坯体干燥结束时的温度/℃	坯体中冰晶是否融化
1	81.90	-2.79	是
2	—	-10.20	否

图 2-45 为冷冻干燥后的坯体试样 CT 扫描图片。坯体 1 内部产生了裂纹，而坯体 2 内部结构完整。CT 扫描结果说明，当凝胶注模陶瓷铸型坯体内部冰晶融化后，会产生冻干裂纹。

采用隔板温度 2℃、真空度 1~10 Pa 的干燥工艺，直接将固化后的湿态陶瓷坯体放置在冻干机内进行干燥，然后进行 CT 扫描观测，发现坯体内部产生裂纹(图 2-46(a))；而 -40℃ 冻结后的坯体在同样的隔板温度和箱体真空度下进行干燥，坯体内部结构完整(图 2-46(b))。实验结果同样印证了冰晶融化产生湿坯后，凝胶注模陶瓷坯体开裂。

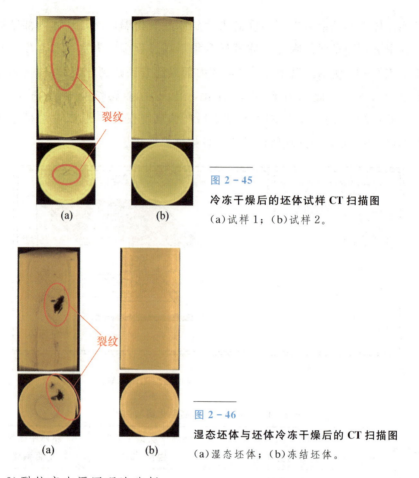

图 2-45 冷冻干燥后的坯体试样 CT 扫描图
(a)试样 1；(b)试样 2。

图 2-46 湿态坯体与坯体冷冻干燥后的 CT 扫描图
(a)湿态坯体；(b)冻结坯体。

2) 裂纹产生原因理论分析

当冰晶融化产生水后，冷冻干燥试样内部产生裂纹。裂纹产生的原因主要有两种理论：一种理论认为导致开裂的力在于液态水的表面张力对冷冻干燥试样产生毛细作用力[29]。毛细作用力 P_{cap} 可以表示为[30]

$$P_{cap} = \frac{2\gamma\cos\theta}{r_p} \quad (2-21)$$

式中：γ 为液/汽表面张力；θ 为液/固接触角；r_p 为孔径。

另一种理论是基于凝胶干燥理论。根据这一理论，Scherer 推算出在等干燥速率下干燥一块厚度为 $2L$ 的凝胶块，其表面产生的总应力为[31]

$$\sigma_x = C_N \left(\frac{L\eta_L v_E}{3b} \right) \quad (2-22)$$

C_N 又可以表示为

$$C_N = \frac{1-2N}{1-N} \qquad (2-23)$$

式(2-22)和式(2-23)中：η_L 为液体黏度；v_E 为蒸发速率；b 为渗透率；N 为骨架的横向变形系数。

人们常将式(2-23)作为凝胶开裂的判据[32]：

$$A\sigma_x \Pi > K_{IC} \qquad (2-24)$$

式中：A 为常数(≈ 1)；Π 为液体渗透张力；K_{IC} 为凝胶零界应力强度。

这一理论给出了水分呈液态的凝胶干燥开裂应力与 v_E、L、Π 及 b 的定量关系。在冷冻干燥过程，冻结层一旦融化，则完全可以按凝胶开裂理论分析开裂问题。

若坯体温度低于 -3.2℃，则坯体处于冻结状态。由于冻结状态的坯体强度为 4MPa，干燥后的坯体强度为 12MPa[28]，而坯体内部水蒸气压力小于 610.5Pa，与干燥应力($-0.06 \sim 0.21$MPa[33])之和小于冻结和干燥坯体的强度，因此不会导致坯体开裂。

若坯体冻结层温度高于 -3.2℃，该温度对应水的共晶点为 0.01℃(图 2-47)，由水的三相图知冻结状态的坯体将融化，液态水将产生，坯体冷冻升华干燥转化为湿坯的真空干燥。由于液态水的毛细作用力，湿坯的收缩率急剧上升，因此这种收缩受到外部干燥层和内部冻结层的约束，将会在湿坯中产生较大的干燥应力。此外，冰晶融化后形成的湿态凝胶注模坯体强度近乎为零，当干燥应力较大、坯体强度较低时，不等式(2-24)成立，将导致坯体开裂。

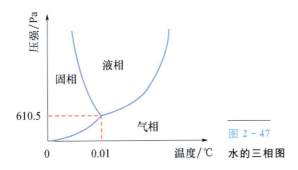

图 2-47 水的三相图

3) 裂纹产生机理

裂纹形成机理可以用示意图 2-48 表示。在冷冻干燥过程中，铸型内部液态水首先被冷冻为冰晶(图 2-48(a))。然后，冰晶通过升华方式自坯体表面至中心位置被脱除,并在干燥层内形成多孔结构。当坯体内部冰晶未融化时,由于冷冻干燥收缩很小,坯体内部应力也很小,坯体不会开裂(图2-48(b))。但是,当坯体温度上升到共融点温度附近后,冻结状态的冰晶会发生融化形成液态水,导致湿态陶瓷坯体的形成。由于冰晶升华由外到内,因此湿坯首先产生在升华界面处,此时液态水以快速汽化方式转化为水汽(图2-48(c))。液态水的表面张力会对湿态坯体产生较大的毛细作用力,毛细力会导致湿态坯体产生较大收缩,这种收缩趋势受到强度较高的刚性冻结层和干燥层的限制,导致湿态坯体内部产生较大的拉应力,而湿态坯体的强度很低,故坯体开裂(图2-48(d))。

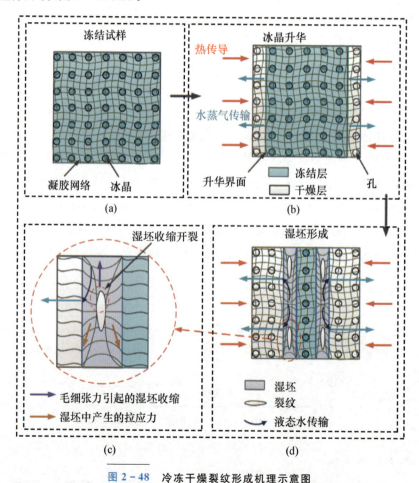

图2-48 冷冻干燥裂纹形成机理示意图

(a)冻结试样;(b)升华干燥过程中的试样;(c)冰晶融化形成湿坯后的试样;(d)湿坯局部放大图。

2. 裂纹形成影响因素确定

对于凝胶注模陶瓷坯体，为了避免其内部冰晶融化产生水，需要控制好坯体内部温度，确保在坯体干燥失水完毕后其内部温度低于冰晶融化点温度。实际上，在冷冻干燥过程中，陶瓷坯体处于一个复杂的传热、传质过程中，坯体的温度由燥机隔板传输至坯体中的热量以及坯体中冰晶升华吸收的热量共同决定。因此，需要基于冷冻干燥传热传质理论，确定出影响干燥过程中坯体温度的因素。这些因素就是裂纹形成的影响因素。

1) 冷冻干燥传热传质理论

如图2-49所示，坯体四周被辐射加热，坯体表面吸收的热量经干燥层被传输至升华界面位置，而界面层处冰晶升华产生的水汽经干燥层中的孔洞被传送至坯体外部的干燥机箱体中并被冷阱捕捉或者被真空泵抽至箱体外部。热量不断被辐射至坯体表面并被传输至坯体内部，而冰晶不断升华，则升华界面不断向坯体内部移动，使得干燥层厚度不断增大，冻结层不断缩小，直至坯体干燥完毕。

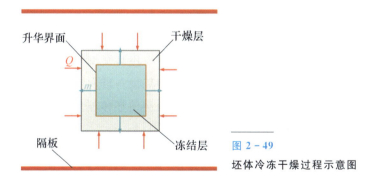

图 2-49 坯体冷冻干燥过程示意图

在冻干过程中，隔板主要通过辐射方式向坯体传输热量，辐射传热可以表示为[34]

$$\frac{\mathrm{d}Q_\mathrm{r}}{\mathrm{d}t} = A\bar{e}\sigma(T_\mathrm{hp}^4 - T_\mathrm{s}^4) \tag{2-25}$$

式中：Q_r 为热量；$\mathrm{d}Q_\mathrm{r}/\mathrm{d}t$ 为冻干过程辐射传热速率；A 为陶瓷坯体表面积；σ 为斯蒂芬玻耳兹曼常数；T_hp 为干燥机隔板温度；T_s 为坯体表面温度；$\bar{e}$ 为坯体表面相对隔板的辐射角系数。

在传热传质达到平衡后，传热传质之间关系可以表示为[35]

$$\frac{\mathrm{d}Q_r}{\mathrm{d}t} = \Delta H_s \cdot \frac{\mathrm{d}m}{\mathrm{d}t} \qquad (2-26)$$

式中：ΔH_s 为冰晶的升华潜热；$\mathrm{d}m/\mathrm{d}t$ 为冰晶升华速率。

冷冻干燥过程中冰晶升华速率可以表示为[35]

$$\frac{\mathrm{d}m}{\mathrm{d}t} = \frac{A_p(P_{ice} - P_c)}{\hat{R}_p} \qquad (2-27)$$

式中：$\mathrm{d}m/\mathrm{d}t$ 为冰晶升华速率；A_p 为传质面积；P_{ice} 为升华界面对应的饱和蒸汽压；P_c 为冻干机箱体气压；$\hat{R}_p$ 为干燥层的传质阻力。

干燥层传质阻力可以表示为[36]

$$\hat{R}_p = \sqrt{\frac{\pi RT}{2M}} \cdot \frac{3\tau^2}{4\varepsilon r} \qquad (2-28)$$

式中：R 为气体常数；T 为绝对温度；M 为水的相对分子质量；ε 为物料干燥层的孔隙率；τ 为物料内部孔长度之和与试样厚度的比值；r 为物料干燥层的孔径。由式(2-28)可知，干燥层阻力随着干燥层孔径或孔隙率的增大而减小。

2) 裂纹形成影响因素

由冷冻干燥传热传质理论分析可知，若箱体真空度升高，即箱体内部气压降低，会提高冰晶升华速率，消耗较多的热量，进而降低坯体温度；若隔板温度降低，则辐射至坯体的热量减少，也会使坯体温度降低。因此，真空度和隔板温度会影响坯体内部是否形成裂纹。

降低干燥层阻力也同样可以提高冰晶升华速率，增大坯体冻干过程中的耗热量，进而降低坯体温度，避免冰晶融化。如图 2-50 所示，某陶瓷坯体试样在冷冻干燥过程中产生了裂纹(图 2-50(a))，为此在坯体上设计了一系列孔，孔径为 2mm、孔间距为 6mm，降低了干燥层阻力，消除了坯体内部裂纹(图 2-50(b))。

但是，坯体穿孔会破坏坯体结构完整性，因此不适用于控制铸型冻干开裂。由式(2-28)可知，干燥层阻力与物料干燥后的孔径和孔隙率有关，并随着孔径或孔隙率增大而减小。干燥层孔径对应于坯体内部冰晶大小，而冰晶大小与预冻温度有关，预冻温度越低，冰晶越小，干燥层孔径也越小。干燥层孔隙率与坯体中的溶液含量有关，而溶液含量对应于陶瓷浆料中的水分含量。水分含量与浆料固相体积分数直接相关，因此降低固相体积分数有助于消除裂纹。但是，为了保持铸型具有较高的力学性能和精度，固相体积分数通常要维持在较高范围内，因此，降低固相体积分数不适用于铸型冻干裂纹的控制。

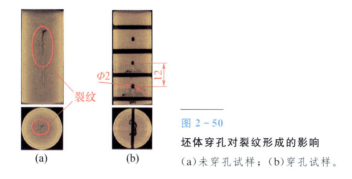

图 2-50
坯体穿孔对裂纹形成的影响
（a）未穿孔试样；（b）穿孔试样。

此外，干燥层阻力还与坯体厚度有关。坯体厚度越大，冷冻干燥后期坯体干燥层对水汽传输的阻力也越大。

结合冷冻干燥传热传质过程可以得到，对于陶瓷铸型坯体，影响其内部温度的因素包括冷冻干燥工艺因素和坯体厚度 L 两个方面，其中冷冻干燥工艺因素又包括预冻温度 T_f、干燥机箱体真空度 P_c 和干燥机隔板温度 T_{hp} 三个工艺参数。接下来，分别对预冻温度、箱体真空度、隔板温度和坯体厚度对裂纹形成的影响规律进行系统研究。

2.5.4 冷冻干燥裂纹控制

本节首先以厚度为 20mm 的铸型坯体为对象，研究冷冻干燥工艺参数对裂纹形成的影响规律，其次改变坯体厚度，得到适应不同厚度铸型坯体的冻干裂纹控制工艺。

1. 预冻温度对裂纹形成的影响

表 2-12 为不同预冻温度下坯体内部结构完整性实验结果。实验共分三组，其中预冻温度变化，箱体真空度固定为 50～60 Pa，隔板温度固定为 2℃。

表 2-12 不同预冻温度下坯体内部结构完整性实验结果

组别	预冻温度 T_f/℃	真空度 P_c/Pa	隔板温度 T_{hp}/℃	冰晶融化时坯体失水率 ω_m/%	坯体干燥结束时的温度 T_e/℃	坯体结构完整性
1	-40	50~60	2	79.73	-2.25	开裂
2	-20	50~60	2	81.90	-2.79	开裂
3	-10	50~60	2	—	-3.37	完整

图 2-51 为预冻温度对坯体温度和失水率的影响规律。由图可知，预冻温度提高，坯体失水速率增大，坯体温度降低。

预冻温度提高，坯体失水速率增大，这与坯体干燥层孔径大小有关。图 2-52 为冻干陶瓷坯体的孔径分布。由图可知，-40℃、-20℃和-10℃预冻温度下，干燥坯体的孔径分别为 0.042μm、0.052μm 和 0.084μm。孔径分布测量结果表明：提高预冻温度，增大了干燥层孔径。由式（2-28）可知，干燥层孔径增大，降低了干燥层阻力。干燥层阻力减小，能够提高冰晶升华速率，进而提高了坯体失水速率。

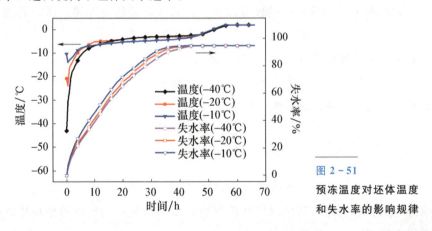

图 2-51
预冻温度对坯体温度和失水率的影响规律

预冻温度提高，冰晶升华速率增大，升华所需热量增多。在热量供给基本不变的情况下，用于坯体升温的热量减少，导致坯体温度降低。预冻温度为 -40℃和 -20℃时，当失水率达到 79.73% 和 81.90% 后，坯体内部温度达到 -3.2℃。预冻温度为 -10℃时，坯体干燥结束后的温度为 -3.37℃，低于冰晶融化温度 -3.2℃。

图 2-53 为在不同预冻温度下干燥坯体的 CT 扫描图片。发现预冻温度为 -40℃和 -20℃时，坯体开裂（图 2-53(a) 和图 2-53(b)），预冻温度为

−10℃时,坯体结构完整(图 2-53(c))。

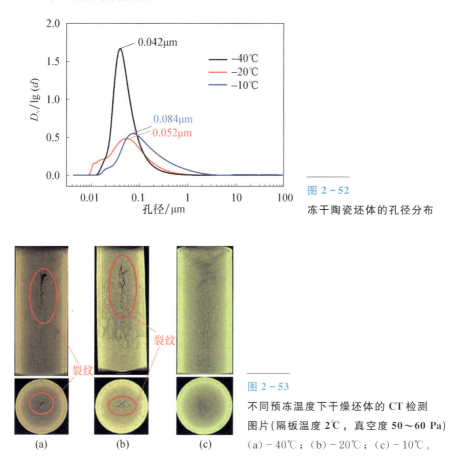

图 2-52 冻干陶瓷坯体的孔径分布

图 2-53 不同预冻温度下干燥坯体的 CT 检测图片(隔板温度 2℃,真空度 50~60 Pa)
(a) −40℃;(b) −20℃;(c) −10℃。

提高预冻温度虽然有助于消除坯体冷冻干燥开裂,但会导致坯体冻干收缩率增大。图 2-54 为不同预冻温度下固相体积分数为 60% 的陶瓷铸型坯体冻干收缩率测试结果。由图可知,随着预冻温度从 −40℃ 提高至 −10℃,坯体冻干收缩率从 0.16% 提高至 0.31%。这是因为在较低预冻温度下坯体内部形成的冰晶细而多,堆积体积大,这如同同一形貌的粉末颗粒,其堆积体积通常随颗粒粒径的减小而增大。因此,较低预冻温度下坯体内部水分结晶膨胀量大,在一定程度上抵消了铸型冻干过程中的收缩。为了不降低铸型坯体冻干后的精度,本书仍然选择 −40℃ 预冻温度,并在接下来通过提高箱体真空度来消除坯体冻干裂纹。

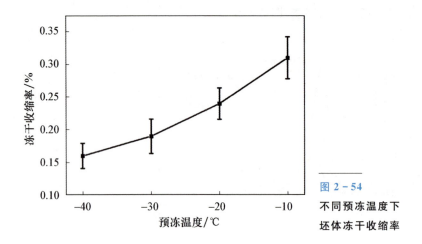

图 2-54 不同预冻温度下坯体冻干收缩率

2. 箱体真空度对裂纹形成的影响

表 2-13 为不同箱体真空度下坯体内部结构完整性实验结果。实验共分三组,其中箱体真空度变化,预冻温度固定为 -40℃,隔板温度固定为 2℃。

表 2-13 不同箱体真空度下坯体内部结构完整性实验结果

组别	预冻温度 $T_f/℃$	真空度 P_c/Pa	隔板温度 $T_{hp}/℃$	冰晶融化时坯体失水率 $\omega_m/\%$	坯体干燥结束时的温度 $T_e/℃$	坯体结构完整性
1	-40	50~60	2	79.73	-2.25	开裂
2	-40	20~30	2	—	-3.29	完整
3	-40	1~10	2	—	-4.05	完整

箱体真空度对坯体温度和失水率的影响规律如图 2-55 所示。真空度降低,即箱体内部气压 P_c 升高,由冰晶升华速率式(2-26)可知,坯体失水速率会降低。真空度降低,坯体温度升高,这是因为冰晶升华速率较低,升华所需热量较少,多余的热量将导致坯体温度升高。此外,真空度降低,即箱体气压 P_c 升高,隔板与坯体间气体传热系数 K_g 也会增大。K_g 可以用下式表示[37]:

$$K_g = \frac{\alpha \Lambda_0 P_c}{1 + l(\alpha \Lambda_0/\lambda_0) P_c} \quad (2-29)$$

式中:K_g 为隔板与坯体间的气体传热系数;λ_0 为环境温度下气体的导热系数;Λ_0 为气体在 0℃时的自由分子导热系数;α 为与能量调节系数和气体绝

对温度有关的一个函数；P_c 为干燥机箱体气压；l 为隔板与坯体之间的平均距离。

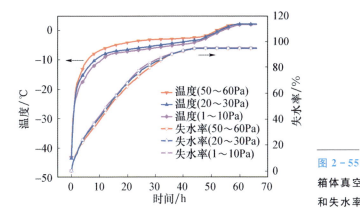

图 2-55 箱体真空度对坯体温度和失水率的影响规律

其中 α 又可以表示为[38]

$$\alpha = \frac{\alpha_c}{2-\alpha_c}\sqrt{\frac{273.2}{T}} \qquad (2-30)$$

式中：α_c 为能量调节系数；T 为气体绝对温度。

气体传热系数 K_g 增大后，隔板通过气体传递至坯体的热量会增多（见式(2-30)），也会引起坯体温度升高。隔板通过气体传递至坯体的热量可以表示为[37]

$$\frac{\mathrm{d}Q_{gc}}{\mathrm{d}t} = AK_g(T_{hp} - T_s) \qquad (2-31)$$

式中：Q_{gc} 为热量；$\mathrm{d}Q_{gc}/\mathrm{d}t$ 为隔板与坯体之间的气体传热速率；A 为坯体表面积；K_g 为隔板与坯体间的气体传热系数；T_{hp} 为隔板温度；T_s 为坯体表面温度。

当真空度为 50～60 Pa 时，坯体失水率达到 79.73% 后，坯体温度达到冰晶融化温度 −3.2℃。当真空度为 20～30 Pa 和 1～10 Pa 时，坯体干燥结束时的中心温度分别为 −3.29℃ 和 −4.05℃，低于冰晶融化温度。从温度和失水率测试结果可以预测出，真空度为 50～60 Pa 时坯体内部会产生裂纹。

图 2-56 为不同真空度下干燥坯体的 CT 扫描图片。发现箱体真空度为 50～60 Pa 时，坯体内部产生裂纹，箱体真空度为 20～30 Pa 和 1～10 Pa 时，坯体内部结构完整。CT 扫描结果说明降低真空度有助于消除坯体内部冻干裂

纹。本书选择箱体真空度为 1～10 Pa，既可以消除冷冻干燥裂纹，又可以提高坯体干燥速率。

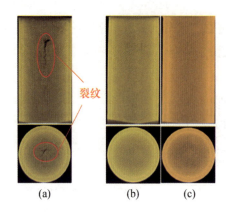

图 2 - 56
不同真空度下干燥坯体的 CT 检测图
（隔板温度 2℃，预冻温度 - 40℃）
(a)50～60Pa；(b)20～30Pa；(c)1～10Pa。

3. 隔板温度对裂纹形成的影响

表 2 - 14 为不同隔板温度下坯体内部结构完整性实验结果。实验共分 4 组，其中隔板温度变化，预冻温度固定为 - 40℃，箱体真空度固定为 1～10 Pa。

表 2 - 14　不同隔板温度下坯体内部结构完整性实验结果

组别	预冻温度 T_f/℃	真空度 P_c/Pa	隔板温度 T_{hp}/℃	冰晶融化时坯体失水率 ω_m/%	坯体干燥结束时的温度 T_e/℃	坯体结构完整性
1	-40	1～10	10	45.88	8.10	开裂
2	-40	1～10	2	—	-4.05	完整
3	-40	1～10	0	—	-3.97	完整
4	-40	1～10	-10	—	-10.20	完整

隔板温度对坯体温度和失水率的影响规律如图 2 - 57 所示。隔板温度提高，隔板传递至坯体的热量增多，导致坯体温度升高。在干燥初期，隔板与坯体的温度差值较大，隔板传递至坯体各表面的热量较多，因此坯体快速升温。随着坯体温度升高，坯体与隔板温差减小，传热效率降低，因此坯体温度上升的速率减小。在坯体失水结束点附近，坯体温度快速上升到隔板温度，这是由于坯体吸收的热量全部用于升温。在冷冻干燥过程中，坯体失水速率逐渐降低，这是因为随着干燥层厚度增大，干燥层对水汽传输的阻力增大。

隔板温度为10℃、干燥8.5h、失水45.88%时,坯体温度升高至-3.2℃。隔板温度为2℃、0℃和-10℃时,坯体干燥结束后的温度分别为-4.05℃、-3.97℃和-10.20℃,低于冰晶融化温度-3.2℃。

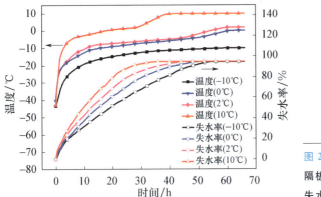

图2-57
隔板温度对坯体温度和
失水率的影响规律

对干燥后的试样进行CT扫描,检测结果如图2-58所示。发现隔板温度为10℃时,坯体内部开裂,隔板温度为2℃、0℃和-10℃时,坯体内部无裂纹产生。本书选择隔板温度为2℃,既可以消除冻干裂纹,又可以提高坯体干燥速率。

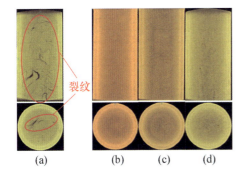

图2-58
不同隔板温度下干燥坯体的CT扫描图
(预冻温度-40℃,真空度1~10 Pa)
(a)10℃;(b)2℃;(c)0℃;(d)-10℃。

4. 坯体厚度对裂纹形成的影响

分别制备直径为10mm、15mm、20mm、25mm、30mm、35mm和40mm的凝胶注模陶瓷坯体试样并进行真空冷冻干燥,以得到不同厚度坯体的冷冻干燥裂纹控制工艺。所制备的各种尺寸陶瓷坯体试样如图2-59所示。

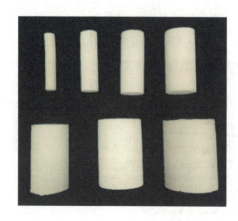

图 2-59
各种尺寸陶瓷坯体试样

本节选用-40℃预冻温度，1~10 Pa 箱体真空度，然后选用一系列隔板温度，研究不同厚度坯体冻干后内部裂纹产生情况。表 2-15 列出了不同隔板温度下不同厚度坯体内部冻干裂纹检测结果。

表 2-15 不同隔板温度下不同厚度坯体内部冻干裂纹检测结果

隔板温度 T_{hp}/℃	坯体厚度 L/mm	坯体结构完整性
4	10	结构完整
4	15	开裂
4	20	开裂
2	15	结构完整
2	20	结构完整
2	25	开裂
2	30	开裂
0	25	结构完整
0	30	结构完整
0	35	开裂
-2	35	结构完整
-2	40	开裂
-4	40	结构完整

图 2-60 为不同隔板温度下不同厚度坯体冷冻干燥后的内部裂纹 CT 扫描图片。

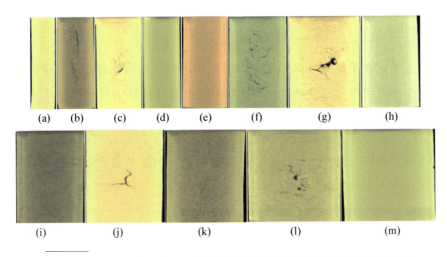

图 2-60 不同隔板温度下不同厚度坯体冷冻干燥后内部裂纹 CT 检测图

(a)4℃/10mm；(b)4℃/15mm；(c)4℃/20mm；(d)2℃/15mm；
(e)2℃/20mm；(f)2℃/25mm；(g)2℃/30mm；(h)0℃/25mm；
(i)0℃/30mm；(g)0℃/35mm；(k)-2℃/35mm；(l)-2℃/40mm；(m)-4℃/40mm。

图 2-61 为坯体厚度与隔板温度之间的关系曲线。对数据进行了拟合，建立了不同坯体厚度与隔板温度之间的对应关系，二者之间的关系式为

$$T_{hp} = 1.386 + 0.153 \times L - 0.007L^2 \quad (L \leqslant 40) \quad (2-32)$$

当坯体厚度 $L>40$mm 时，隔板温度 T_{hp} 可以设置为 -4℃，从而能够保证干燥过程中坯体温度低于冰晶融化温度，避免冻干裂纹的产生。

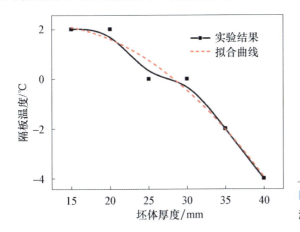

图 2-61 坯体厚度与隔板温度之间的关系曲线

2.5.5 铸型冷冻干燥工艺

制备固相体积分数为60%的某型号空心涡轮叶片陶瓷铸型,其中铸型叶身部位最大厚度约为20mm。采用直径20mm圆柱坯体的冷冻干燥工艺对该铸型进行冷冻干燥,冷冻干燥工艺参数:预冻温度为-40℃、箱体真空度为1~10Pa、隔板温度为2℃。干燥完毕后,进行CT扫描检测(图2-62),发现铸型内部结构完整,无裂纹产生,这验证了采用本书研究方法制备铸型冻干裂纹控制工艺的合理性。

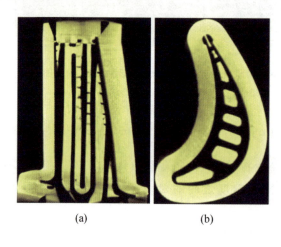

图 2-62
冷冻干燥后的某型号
空心叶片陶瓷铸型 CT 图像
(a)铸型正面;(b)铸型截面。

2.6 陶瓷铸型的烧结

2.6.1 陶瓷铸型脱脂预烧结热应力计算

本节基于光固化技术与凝胶注模工艺制备了型芯、型壳一体化陶瓷铸型,铸型坯体冷冻干燥后需脱除其中包裹的叶片树脂原型,才能形成浇铸所需的空腔铸型结构。树脂原型由热固性材料制成,该材料加热时仅软化不会熔融流失,需采用高温烧失方法去除,这种采用高温烧失方法去除树脂原型的过程在本书中称为陶瓷铸型的脱脂工艺。由于脱脂温度较低,不足以使基体内产生烧结结合,因此需继续升温,促进基体烧结使脱脂后的铸型有足够的室温强度,满足后续处理要求,该过程称为铸型的预烧结。为缩短工艺流程,降低制造能耗,通常将铸型的脱脂与预烧结工艺相复合,统称为脱脂预烧结。

铸型脱脂过程中,树脂材料热膨胀系数远高于陶瓷铸型生坯,铸型在树脂原型热膨胀挤压的作用下,存在开裂的可能。在树脂原型烧失的同时,陶瓷坯体内的凝胶体系也在逐步热解,当有机凝胶完全烧失后,坯体内部仅靠颗粒之间的相互堆积作用形成一个整体,坯体强度几乎为零,预烧结过程中铸型极易在重力及热应力的综合相互作用下产生变形甚至开裂。

提升坯体中温力学性能,可以避免在脱脂预烧结过程中铸型变形及开裂的现象。本章中,以某型航空发动机空心涡轮叶片陶瓷铸型为例,研究型芯、型壳一体化陶瓷铸型在脱脂预烧结过程中结构随温度变化的热应力分布规律,建立结构随温度变化的热应力模型,揭示该工艺过程中铸型内部裂纹形成的机理,提出铸型所需的临界强度。在此基础上,提出采用耐烧失聚合物提升铸型中温力学性能的方法,有效地保证了铸型脱脂过程中的结构完整性。

1. 脱脂与预烧结温度区间的确定

采用热重分析仪(STA49C,德国耐驰公司)测量获得了 C-UV8981 光固化树脂在大气中的热失重及差示扫描量热曲线,如图 2-63 所示。测试起始温度为 20℃,终止温度为 600℃,升温速率为 1℃/min。由光固化树脂的热失重曲线可知,在 350℃之前,热失重曲线变化小,可以认为在此温度前树脂几乎没有发生烧失;350~470℃时,热失重曲线变化明显,差热曲线中伴随有明显的吸热峰;加热至 470℃时,光固化树脂失重接近 100%,在该温度时树脂已经完全烧失,可初步确定脱脂温度段为室温至 470℃。

继续对比了光固化树脂与陶瓷的热膨胀情况,采用高温热膨胀仪(RPZ-16-10P,中钢集团洛阳耐火材料研究院)分别测量了光固化树脂及陶瓷坯体试样随温度变化的线膨胀率,标准试样尺寸为 $\phi 10mm \times 50mm$,测试温度为室温至 350℃,升温速率为 5℃/min。图 2-64 为光固化树脂与陶瓷材料的热膨胀率曲线,从图中可以看出光固化树脂的热膨胀率远超与陶瓷铸型,接近于一个数量级。在 300℃以下,随着温度的升高,光固化树脂热膨胀率不断上升,最高时接近 4%,而温度继续升高时,由于光敏树脂开始烧失,热膨胀率迅速下降。因此考虑光固化树脂的热烧失曲线与热膨胀率后,确定脱脂温度段为室温至300℃，而300℃至最高温为预烧结温度区间。

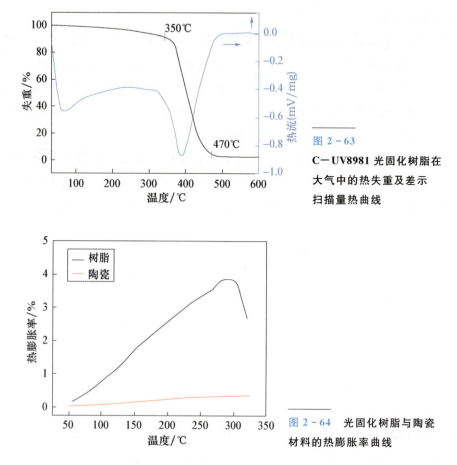

图 2-63　C-UV8981 光固化树脂在大气中的热失重及差示扫描量热曲线

图 2-64　光固化树脂与陶瓷材料的热膨胀率曲线

2. 危险结构的有限元应力计算

1）有限元建模及求解

采用瞬态热力耦合有限元算法，结合真实铸型结构，研究铸型在脱脂预烧结过程中的热应力分布规律，建立铸型所需的强度标准，从而为后续材料优化设计提供了参考指标。

本书选取了某型号空心涡轮叶片陶瓷铸型为研究对象进行分析，陶瓷铸型热应力有限元分析特征结构模型如图 2-65 所示。该陶瓷铸型中具有带有扰流肋的蛇形冷却流道型芯以及带有扰流柱的排气边型芯等典型结构，是具有代表性的研究对象。

第2章 基于光固化树脂原型的氧化铝铸型成形技术

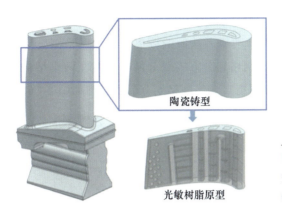

图 2-65
热应力有限元分析
特征结构模型

铸型在脱脂预烧结阶段随温度的变化受到不同载荷的作用,在300℃以下,树脂与陶瓷热膨胀系数相差较大,原型对铸型的挤压热应力作用为主要载荷;在300℃以上,随着树脂的烧失,热膨胀系数急剧减小,陶瓷铸型的主要应力作用由不均匀分布的温度场与重力场导致。因此,制定了以下的有限元求解方案:

(1)室温至300℃,主要分析由于材料热膨胀系数不一致而产生的热应力作用。本节中仅针对与铸型上部特征结构进行了热应力结构仿真。该部分铸型位于叶尖部位,由于该处树脂原型壁厚较薄,难以镂空处理,因此脱脂过程中该部位铸型受到热应力较大,存在结构开裂的可能性,该结构以下称为"模型一"。

(2)400~600℃,树脂已软化烧失,可以忽略树脂与陶瓷铸型的作用。此时铸型中凝胶已近乎烧失完全,基体颗粒间并未烧结结合,陶瓷铸型强度在此温度段强度达到最低,易溃散,600℃以上,基体开始缓慢烧结,强度逐步提高。在该温度下,仿真了铸型在温度场与重力场作用下的应力分布情况,该有限元模型称为"模型二"。

2)有限元模型前处理

采用 ANSYS Workbench 软件为计算平台进行瞬态热力耦合分析。参照上一节实验数据以及光敏树脂原材料的出厂参数,在材料库中定义陶瓷铸型与光敏树脂的材料属性,包括随温度变化的弹性模量、热膨胀系数、泊松比、比热容、导热系数和密度;将陶瓷铸型与树脂原型的 CAD 数据导入至 ANSYS Workbench 的前处理软件中,并赋予相应的材料种类;在模型一中,定义树脂原型与光敏树脂两个模型之间的接触方式为"Bonded",即认为在两接触面之间不存在切向的相对滑动或者法向的分离。模型网格划分中,设置网格大小为 0.5mm,采用自动网格划分方式划分网格,并在两模型接触面上进行局部网格细化以提高运算精度,最终网格划分后的模型如图 2-66 所示。

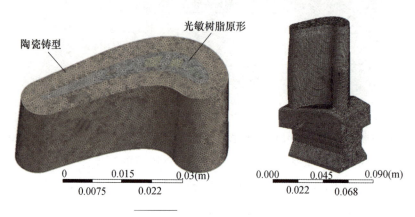

图 2-66　网格划分后的模型

(a)模型一网格;(b)模型二网格。

在模型一中,由于结构较为简单且脱脂过程中升温速率缓慢,可以认为在此过程中模型内外温度一致。因此未采用辐射或热传导加热方式定义温度载荷,仅按照实际升温曲线设置模型温度随时间变化。在模型二中,铸型结构较为复杂,按照实际的升温工艺对型壳外表面施加温度载荷,两模型的温度载荷设定方式如表 2-16 所示。

表 2-16　温度载荷设定

模型	温度范围/℃	升温速率/(℃/h)	计算时间/s	求解步数
模型一	20~300	30	33600	100
模型二	400~600	40	18000	120

3)有限元运算结果

求解完成后,分析了陶瓷铸型上的应力分布情况。

模型一,铸型上所受最大应力随温度变化关系曲线与最大应力时铸型内部应力分布云图如图 2-67 所示。室温至 200℃ 区间内,铸型所受热应力随温度的升高而增大,196℃ 时达到极大值,为 4.13MPa,在 200~300℃ 时,随着光敏树脂烧失、热膨胀系数逐渐减小，铸型所受热应力降低。从铸型内部应力分布云图中可以看出，应力较大区域集中在铸型的前缘与尾缘部分，应力最大点出现在近前缘第二根型芯的顶部，这与实际铸型脱脂过程中出现的型壳开裂、型芯断裂的情况相一致。

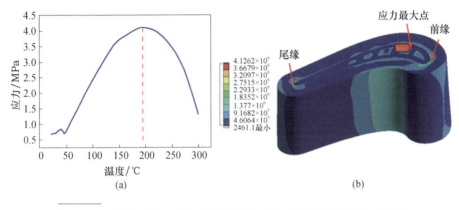

图 2-67　模型-热应力随温度变化关系曲线与铸型内部应力分布云图

模型二，铸型上温度分布云图如图 2-68 所示；同一时刻下，铸型上最高温度与最低温度变化如图 2-69 所示。由于铸型结构复杂，内外传热效果不一，因此铸型上温度场分布不均匀，型壳与型芯上最大温差达到 18℃。不均匀温度场会在铸型内萌生热应力，在热应力与重力的共同作用下，铸型发生破坏。模型二的等效应力云图如图 2-70 所示，最大应力出现在靠近铸型前缘的第一根型芯处，最大应力随温度变化关系如图 2-71 所示，在 460℃时，铸型上应力最大为 0.23MPa，随后随温度的升高，应力值下降。

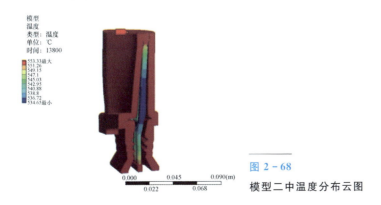

图 2-68　模型二中温度分布云图

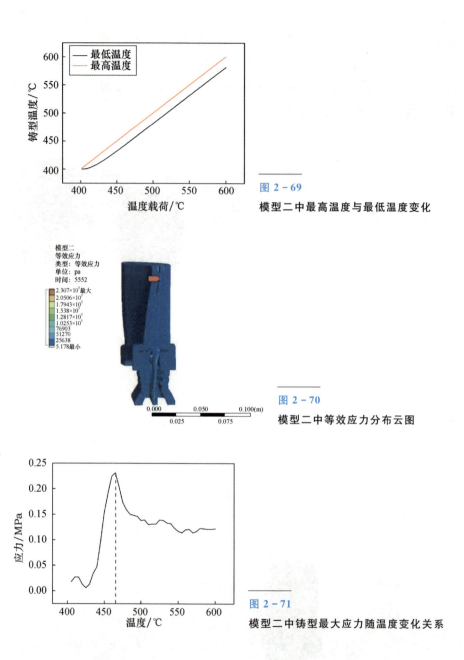

图 2-69 模型二中最高温度与最低温度变化

图 2-70 模型二中等效应力分布云图

图 2-71 模型二中铸型最大应力随温度变化关系

3. 铸型临界强度标准

虽然上述有限元模型分析时,对模型结构及载荷边界条件进行了部分简化,但计算得到的最大应力变化规律具有一定的参考价值。结合两模型中,最大应力随温度的变化曲线,可以得到室温至600℃时陶瓷铸型上最大应力的变化规律，如图 2-72 所示。其中 300~400℃ 间的应力值并非计算获得，用直线近似代替。

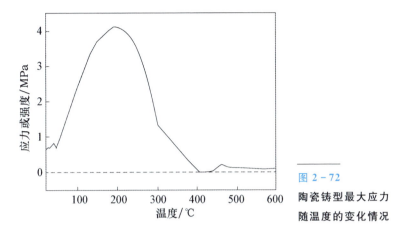

图 2-72 陶瓷铸型最大应力随温度的变化情况

结合铸型最大应力的变化规律，考虑到不同铸型结构特征，设置安全系数为 1.5，给出铸型脱脂预烧结过程中各温度点的临界强度，如表 2-17 所示。该强度可为铸型中温强度的改善提供参考。

表 2-17 铸型各温度点所需的临界强度

温度点/℃	200	300	400	500	600
安全强度/MPa	6.2	2	0.3	0.35	0.35

2.6.2 陶瓷铸型脱脂过程中温强度控制

室温 300℃ 时，铸型由于与树脂间相互挤压热应力作用而发生断裂，在 300℃ 以上时，随着树脂原型烧失完全，该热应力作用可忽略不计。随着温度的继续升高，坯体内的有机凝胶烧失，凝胶对基体颗粒的包覆作用衰减，至 500℃ 时，有机凝胶的失重达到 92%，此时铸型强度达到最低，几乎为 0，在重力场和不均匀温度场引起的热应力共同作用下，铸型维形能力低，易发生断芯、溃散等问题。为了维持铸型在脱脂预烧结过程中的结构完整性，需提高铸型在该温度段内的结构强度，称为中温强度。而提升铸型中温强度的技术难点在于，如何延缓凝胶等黏结剂在升温过程中的热衰减。

聚二甲基硅氧烷（Polydimethylsiloxane，PDMS）是一种低烧失率疏水类的有机硅物料，易于分散至陶瓷浆料中。作为一种常用的硅基陶瓷有机物前驱体，PDMS在大气环境下加热反应分为以下三个阶段：低温交联段（200℃左右），非晶态氧化硅形成（800℃左右），非晶态氧化硅转化晶态氧化硅（1200℃）。利用PDMS在低温交联段形成的空间网络，可有效地提高铸型脱脂预烧结的中温强度。

本节中选用了中山科邦化工材料技术有限公司生产的CPF-M1001聚二甲基硅氧烷作为脱脂预烧结阶段的铸型中低温黏结剂，研究PDMS在大气环境下的热解特性，结合强度测试与微观形貌分析重点研究PDMS添加量对铸型500℃强度的影响，探明了PDMS对中温强度的增强机理，优化了PDMS的添加量，最终保证了铸型脱脂预烧结阶段的结构完整性。

1. PDMS的热解特性

采用热重分析仪分析PDMS在大气环境下热解行为。测试起点温度为20℃，终止温度为800℃，升温速率为1℃/min。

图2-73为PDMS在大气环境下的热重/差示扫描量热曲线，PDMS在大气中的热解与氧化起始温度于165.4℃，终止于525.1℃。差示扫描量热曲线存在两个明显的放热峰位于276.9℃和472.2℃。第一个放热峰范围位于250～300℃，是由硅甲基键与碳氢键的断裂形成的瞬态过氧化氢与过氧残基导致的；400℃以上的放热峰是由硅氧键与硅碳键之间的重新排列导致的。PDMS在热解过程中的总失重为17%，热解完成后，PDMS完全转化为非晶态的二氧化硅[38-39]。

采用红外光谱仪（Nicolet iS50，美国赛默飞世尔公司）测定了在PDMS热解过程中分子结构的变化。测试对象：PDMS在300～600℃大气环境下热解后的残余粉末。

PDMS热解过程中的红外光谱图如图2-74所示，室温下波数为1120cm^{-1}，1030cm^{-1}处存在一个不明显的双峰，对应于Si—O—Si的不对称伸缩振动，随着温度的升高，Si—O—Si之间不断聚合交联最终该双峰演变为1080cm^{-1}处Si—O键的单峰。从室温到600℃的过程中，波数在2960cm^{-1}、1260cm^{-1}、760cm^{-1}处的峰逐渐消失，分别对应—CH$_3$的不对称伸缩振动，Si—CH$_3$的对称变角振动和对称伸缩振动。同时，在波数为800cm^{-1}处有新的峰形成，对应结构为Si—C键。500～600℃时，红外光谱已无明显变化，光谱图线中仅存在Si—O键和Si—C键，说明在该温度下PDMS已热解完全。

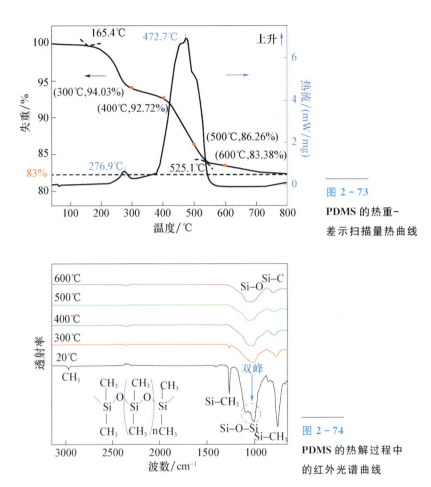

图 2-73 PDMS 的热重-差示扫描量热曲线

图 2-74 PDMS 的热解过程中的红外光谱曲线

2. PDMS 含量对中温强度的影响

在材料中分别添加质量分数为 1%～5% 的 PDMS 制成标准试样,并与不含任何黏结剂的试样进行对比,分析 PDMS 对中温强度的影响。各组实验中原材料组成如表 2-18 所示。

表 2-18 含聚二甲基硅氧烷陶瓷坯体试样组分

组别	质量分数				
	1%	2%	3%	4%	5%
	Al_2O_3 (40μm)	Al_2O_3 (5μm)	Al_2O_3 (2μm)	MgO(40μm)	PDMS(40μm)
1	51.6	29.1	15.3	4	0

续表

组别	质量分数				
	1%	2%	3%	4%	5%
	Al$_2$O$_3$(40μm)	Al$_2$O$_3$(5μm)	Al$_2$O$_3$(2μm)	MgO(40μm)	PDMS(40μm)
2	50.6	29.1	15.3	4	1
3	49.6	29.1	15.3	4	2
4	48.6	29.1	15.3	4	3
5	47.6	29.1	15.3	4	4
6	46.6	29.1	15.3	4	5

采用固相体积分数为60%的陶瓷浆料浇注树脂模具制备标准试样，试样冷冻干燥后，参照HB 5353.3—2004检测标准，采用高温应力应变试验机测量了试样从200~600℃时的三点抗弯强度。

试样添加PDMS后温强度与PDMS质量分数、温度之间变化关系如图2-75所示。试样抗弯强度随温度先衰减后增加，500℃时抗弯强度达到最低值。200~500℃时，坯体中有机凝胶的烧失是导致强度衰减的主要原因。若无黏结剂添加时，试样在200℃的抗弯强度为6.44MPa，略大于表2-17中提出的临界强度；添加PDMS后200~600℃时的坯体强度均有提升，质量分数为5%时，各温度下的强度分别为7.11MPa、4.84MPa、3.46MPa、0.92MPa、1.02MPa，均高于表2-17中提出的临界强度，铸型具有一定的强度裕度抵御原型热应力、温度场冲击及重力的作用。

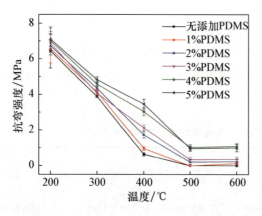

图2-75 聚二甲基硅氧烷添加后试样抗弯强度随温度变化关系图

试样坯体升温至500℃时，有机凝胶的烧失率为92%（质量分数），凝胶网络对颗粒的包裹作用几乎可以忽略不计，若无 PDMS 添加，500℃铸型强度几乎为 0（低于应力-应变试验机的最小量程 0.05MPa）。而 PDMS 作为一种低可烧失的聚合物，从室温至 500℃的烧失率仅为 13.8%。随着温度的升高，PDMS 形成的空间网状结构对颗粒形成的包裹作用虽有衰减，但并不消失。500℃最高强度为 1.037MPa，远高于未添加时的强度。继续升温至 600℃时，由红外光谱图可知，Si—O—Si 键之间聚合度增强，PDMS 热解残留物对颗粒的包裹作用增加，试样强度略有升高。

从图 2-75 中可以看出，当 PDMS 质量分数小于 4% 时，试样强度在每个温度点随着质量分数的增加而增加，而当质量分数为 5% 时，试样强度略有衰减。500℃时，质量分数从 4% 增加至 5%，铸型强度从 1.037MPa 下降为 0.972MPa。这种强度衰减与 PDMS 热解形成的孔洞有关。

500℃测试后的试样微观形貌如图 2-76 所示。未添加 PDMS 时，有机凝胶已完全烧失，粗细颗粒间仅靠相互搭接作用形成一整体，因此强度偏低。添加 PDMS 后，试样微观形貌变化明显。图 2-76(b)、(c)中分别为质量分数 3% 和 5% 的试样微观形貌。PDMS 在 70℃时软化熔融，渗入基体颗粒之间，200℃后相互交联后形成空间网状结构，这种结构对基体中的氧化铝颗粒形成了很强的包裹作用[40-41]，这种作用随着 PDMS 质量分数的增多而增强。在图 2-76(b)、(c)中可以观察到，陶瓷颗粒被聚合物的分解产物紧紧包裹，具有陶瓷颗粒外形貌的孔洞同样也可以证实这种包覆作用。一般而言，这种包覆作用随着 PDMS 质量分数的增多而增强，使试样的强度不断提升。但实验结果发现，PDMS 质量分数为 5% 的强度较质量分数为 4% 的偏低。从微观组织中可以推测，这种强度上的衰减与 PDMS 分解后形成的孔洞有关。当质量分数为 5% 时，聚合物分解残留物与颗粒间形成了较为明显的孔隙，这种孔洞的存在是引起 500℃强度衰减的主要原因（图 2-76(f)）。虽然在 400℃时，质量分数为 5% 的试样强度高于质量分数为 4% 的，但随着温度的升高，PDMS 持续分解形成较多的孔洞，导致 500℃时强度衰减[42]。

为了验证 PDMS 对提升铸型中温强度的有效性，制备了两组某型航空发动机叶片陶瓷铸型，PDMS 的质量分数分别为 0 和 4%。铸型烧结时，室温至 600℃，升温速率为 0.5℃/min，600℃保温 30min，随后以 4℃/min 速率升温至 1250℃，保温 3h。

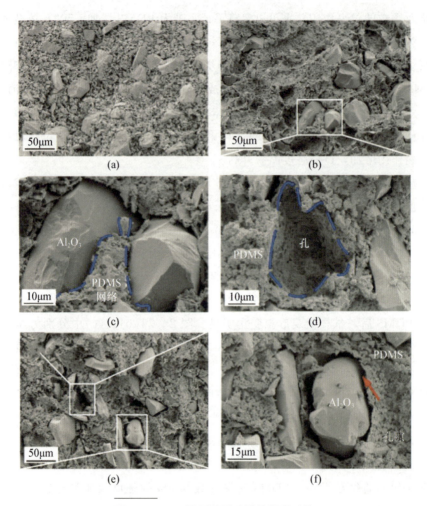

图 2-76　500℃测试后试样的微观形貌
(a)未添加 PDMS；(b)添加 3% PDMS；(c)PDMS 的包覆作用；
(d)具有与颗粒相似形貌的孔洞结构；(e)添加 5% PDMS；
(f)颗粒与 PDMS 之间的间隙。

铸型完成脱脂预烧结后，采用微米 X 射线成像系统观察铸件内部结构，如图 2-77 所示。经检测发现，未添加 PDMS 时，铸型内部 U 形型芯顶部出现断芯，同时排气边型芯由于脱脂段强度不足，出现了破损，如图 2-77(b)所示。而当添加质量分数为 4% PDMS 后，陶瓷铸型内部结构完整，无明显偏芯断芯现象，因此最终确定 PDMS 的质量分数为 4% 来提升铸型的脱脂强度。

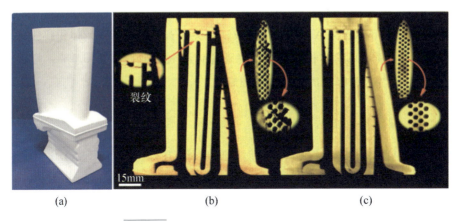

(a)　　　　　　　　　　　(b)　　　　　　　　　　　(c)

图 2-77　脱脂后铸型内部结构 CT 扫描图

（a）整体式陶瓷铸型；（b）无添加 PDMS 陶瓷铸型内部结构；
（c）添加 4% 陶瓷铸型内部结构。

3. 添加 PDMS 后铸型预烧过程中物相变化

采用 X 射线衍射仪（X-ray diffraction，XRD，X'pert protype，瑞士帕纳科公司）分析了添加 PDMS 后陶瓷铸型预烧过程中的物相变化，图 2-78 为添加质量分数为 4%PDMS 的陶瓷试样在不同烧结温度时的物相组成。

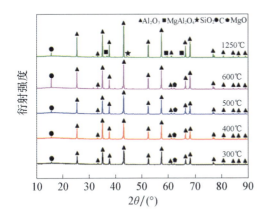

图 2-78
添加质量分数为 4%PDMS 试样在不同烧结温度时的物相组成

当 300～600℃ 时，衍射图谱几乎无变化，主要衍射峰为 Al_2O_3、MgO 和 C，其中碳为 PDMS 热解碳化后的产物。由于此时温度较低，PDMS 分解后的产物大多为非晶态的 SiO_2，故不存在 SiO_2 衍射峰。预烧之后，非晶态的 SiO_2 向晶态转变，1250℃ 后，SiO_2 衍射峰出现，同时 MgO 衍射峰消失，与基体反应生成镁铝尖晶石（$MgAl_2O_4$）。在书中 MgO 作为一种活性填料增加至基体中，通过 MgO 与 Al_2O_3 反应生成镁铝尖晶石过程中伴随的体积膨胀来抵消 PDMS 热解带来的体积收缩，最终陶瓷铸型脱脂收缩率为 0.1%，室温强度 3.2MPa±0.3MPa，满足后续处理需要[43]。

2.6.3 陶瓷铸型高温强化处理

本节中提出了在陶瓷浆料中添加烧结助剂 $AlF_3·3H_2O$ 和 SiO_2 粉末，通过反应烧结法在铸型中合成莫来石晶须。由于陶瓷浆料中添加的是粉末材料，不会明显影响浆料黏度，不会引起充型不足产生缺陷。

1. 添加 $AlF_3·3H_2O$ 和 SiO_2 合成晶须工艺

1）烧结助剂材料选择

选用 $AlF_3·3H_2O$ 和 SiO_2 作为烧结助剂。$AlF_3·3H_2O$ 粉末形貌如图 2-79 所示。由图可知，粉末形貌近似球形，颗粒尺寸主要在 20~100μm 范围内，平均粒径约为 40μm。SiO_2 粉末形貌如图 2-80 所示，其形貌为规则的球形颗粒，颗粒粒径在 0.5~4μm 范围内，平均粒径为 2μm。

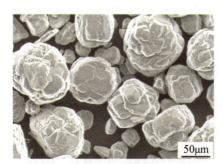

图 2-79　$AlF_3·3H_2O$ 粉末形貌

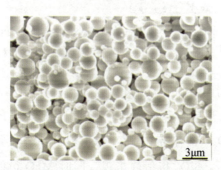

图 2-80　SiO_2 粉末形貌

2)莫来石晶须合成工艺

为了研究铸型内部莫来石晶须的合成工艺,分别对 $AlF_3·3H_2O$ 粉末和添加 $AlF_3·3H_2O$ 粉末的铸型素坯试样进行了热重-差热分析。$AlF_3·3H_2O$ 粉末在室温至1500℃升温过程中的热重曲线如图 2-81 所示。由图 2-81 可知,在升温过程中,$AlF_3·3H_2O$ 粉末质量减少,经 1500℃ 高温烧结后,$AlF_3·3H_2O$ 粉体失重率达到约 90%。其中在 170~200℃ 和 1100~1200℃ 两个温度区间内失重速率最快,失重率均达到 40% 左右。在 170~200℃ 失重是由于 $AlF_3·3H_2O$ 发生了脱水反应,$AlF_3·3H_2O$ 的脱水反应过程为[44-45]

$$AlF_3·3H_2O \longrightarrow AlF_3 + 3H_2O \qquad (2-32)$$

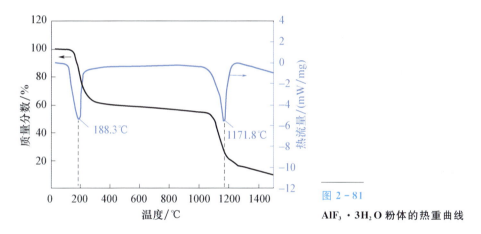

图 2-81　$AlF_3·3H_2O$ 粉体的热重曲线

在脱水过程中,$AlF_3·3H_2O$ 理论失水量为 39%,这和热重分析中 $AlF_3·3H_2O$ 在 170~200℃ 温度范围内 40% 的失重率有较好的吻合度。AlF_3 在 1100~1200℃ 失重是由于高温环境中升华失重引起的。

从 DSC 曲线可以看到,在 188.3℃ 和 1171.8℃ 存在两个明显的吸热峰,前者为 $AlF_3·3H_2O$ 中的结晶水被脱除时的吸热,后者为 AlF_3 粉体高温升华转化为气相引起的吸热。热重曲线与差热曲线有着较好的吻合度。

从 DSC 曲线可以看出,AlF_3 粉体升华失重主要发生在 1100~1200℃ 温度范围内。在 1200℃ 左右,大部分 AlF_3 已升华完毕,1200℃ 后铸型试样的少量失重是由于少量 AlF_3 大颗粒升华失重引起的。AlF_3 升华形成气相,可参与到 Al_2O_3-SiO_2 材料体系中反应形成含氟铝硅的化合物并分解产生氟化硅气相,具备了莫来石晶核通过气固反应沿某一方向(Z 轴方向)快速生长的条件，从而形成晶须。因此，将 $AlF_3·3H_2O$ 粉体添加至铸型中后，在高温烧结过程中，有望诱导铸型的 $Al_2O_3-SiO_2$ 材料体系发生气相反应进而合成莫来石晶须。

为在铸型内部形成莫来石晶须生长的气氛条件，需要铸型内部具有一定数量的孔，且孔尺寸大小可以保证气体的流动。为此，测试了1100℃预烧脱脂后铸型试样的孔径分布，测试结果如图2-82所示。由图可知，孔径主要分布在 $0.1\sim 6\mu m$ 范围内。AlF_3 诱导产生的各种气体化合物可以在铸型内部该尺寸范围的孔洞中流动，进而可以通过气相反应方式在铸型内部生成莫来石晶须。

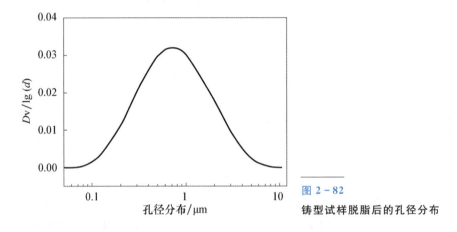

图 2-82 铸型试样脱脂后的孔径分布

图 2-83 为添加体积分数为 10% $AlF_3·3H_2O$ 和 12% SiO_2 的铸型素坯试样的热重-差热分析曲线。从热重曲线可以看出，试样在室温至 100℃、200~600℃ 以及 1100℃ 以上存在三个失重温度区间。试样在室温至 100℃ 温度范围内约失重 0.17%，这是由于试样表面吸附水被去除；试样在 200~600℃ 约失重 8.68%，这是由于试样中有机凝胶被烧失以及 $AlF_3·3H_2O$ 失去结合水；试样在 1100℃ 以上失重是由于 Al_2O_3、SiO_2 和 AlF_3 发生反应形成气体，部分气体从铸型中逸出。从 DSC 曲线可以看出，试样在 54.6℃ 和 183.3℃ 存在两个吸热峰，在 384.2℃、596.7℃、1081.6℃、1275.9℃ 和 1344.8℃ 存在多个放热峰。试样在 54.6℃ 的吸热峰对应于冷冻干燥后的素坯失去少量吸附水引起的吸热；试样在 183.3℃ 的吸热峰对应 $AlF_3·3H_2O$ 失去结晶水引起的吸热，这与图 2-81 中单纯的 $AlF_3·3H_2O$ 粉末在 188.3℃ 的吸热峰具有较好的吻合；试样在 384.2℃ 和 596.7℃ 存在两个放热峰，这对应有

机凝胶分子烧失产生的放热,其中384.2℃的放热峰对应有机凝胶的集中烧失,596.7℃的放热峰对应少量大分子链有机凝胶的烧失。试样在1081.6℃、1275.9℃和1344.8℃存在三个明显的放热峰,对应莫来石晶须生长产生的放热,其中1081.6℃的放热峰对应莫来石晶须的大量生成,1275.9℃和1344.8℃的放热峰对应刚玉与少量大粒径SiO_2反应生成莫来石晶须。

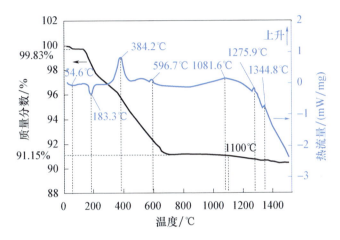

图2-83 添加$AlF_3 \cdot 3H_2O$和SiO_2的铸型素坯试样的热重-差热分析曲线

除了保证晶须合成,还应烧结去除铸型中的AlF_3,避免AlF_3在铸造过程中转化为气体逸出引起叶片内部形成缺陷。$AlF_3 \cdot 3H_2O$粉末分别在1450℃和1500℃烧结,并进行XRD物相分析,分析结果如图2-84和图2-85所示。1450℃烧结后的$AlF_3 \cdot 3H_2O$粉体除了转化为Al_2O_3,还有部分残余AlF_3,而1500℃烧结后的$AlF_3 \cdot 3H_2O$全部转化为Al_2O_3。因此,将铸型终烧温度设置为1500℃。

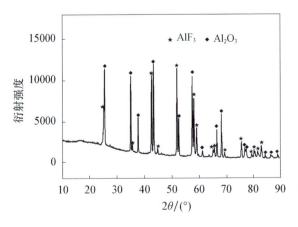

图2-84 $AlF_3 \cdot 3H_2O$加热至1450℃

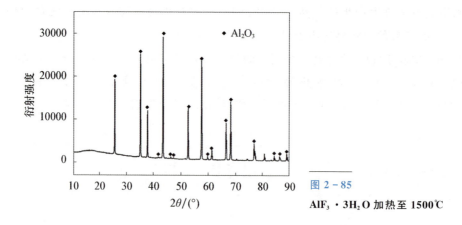

图 2-85 AlF₃·3H₂O 加热至 1500℃

综上所述，将添加 AlF₃·3H₂O 和 SiO₂ 铸型的终烧温度确定为 1500℃，并结合整体式陶瓷铸型现有烧结工艺，制定了莫来石晶须增强铸型的烧结工艺(表 2-19)。

表 2-19 原位合成莫来石晶须增强铸型高温烧结工艺

温度区间	升温速率/(℃/h)	保温时间/h
室温~600℃	60	0.5
600~1500℃	200	3

图 2-86 为添加体积分数为 10% AlF₃·3H₂O 和 12% SiO₂ 的铸型试样 1500℃烧结后的断面形貌特征。由图可知，铸型内部生成了大量晶须状的物质，晶须长度在 4~6μm(图 2-86(a))。对晶须进行能谱分析，发现晶须主要由 O、Al 和 Si 元素组成(图 2-86(a))。对试样进行 XRD 物相分析，发现试样中仅含有 Al_2O_3 和莫来石(图 2-86(b))，说明合成的晶须为莫来石晶须。莫来石晶须的生成，有望改善叶片铸造过程中铸型的高温力学性能。

3)晶须生长机制

莫来石晶须的生长机制主要有气-液-固(VLS)机制和气-固(VS)机制两种，其中 VLS 机制下生成的晶须的顶端存在一个小液滴，而 VS 机制下生成的晶须的顶端为平顶或尖顶[46]。两种机制下生成晶须的特征可以用图 2-87 表示。本节制备的陶瓷铸型试样中合成了大量晶须，且晶须的顶端为平顶或尖顶，如图 2-88 中区域 1、2 和 3，因此反应机制为 VS 机制。

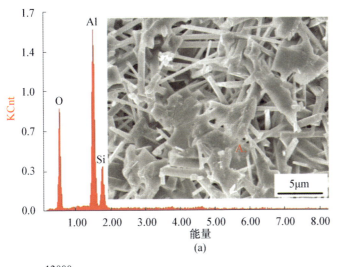

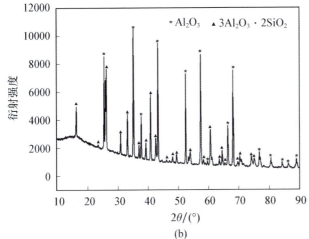

图 2-86 铸型内部生成的晶须及其成分分析

(a) 晶须及 EDS 分析；
(b) 含晶须试样 XRD 物相分析。

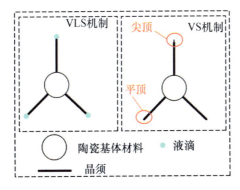

图 2-87 晶须生长机制

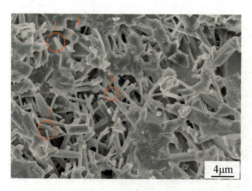

图 2-88 晶须顶端形貌

添加 $AlF_3 \cdot 3H_2O$ 后,铸型内部能够生成莫来石晶须,其化学反应式为[47-49]

$$6AlF_3 + 3O_2 \longrightarrow 6AlOF + 12F \quad (2-33)$$

$$Al_2O_3 + 2F \longrightarrow 2AlOF + 0.5O_2 \quad (2-34)$$

$$SiO_2 + 8F \longrightarrow 2SiF_4 + 2O_2 \quad (2-35)$$

$$6AlOF + 2SiF_4 + 3.5O_2 \longrightarrow 3Al_2O_3 \cdot 2SiO_2 + 14F \quad (2-36)$$

晶须生长过程可以用图 2-89 表示。在高温下,首先 AlF_3 受热升华和氧气反应生成气态化合物 AlOF 和氟气,然后,氟气遇到固体氧化铝颗粒生成 AlOF 和 O_2,氟气遇到固体氧化硅颗粒生成 SiF_4 气体和氧气,最后 AlOF、SiF_4 和 O_2 通过气相反应的方式合成莫来石晶须。随着反应的进行,固体 SiO_2 颗粒、AlF_3 颗粒减小并转化为晶须,晶须直径不断增大,长度不断增加,当反应结束后,铸型内部只剩下基体氧化铝及增强相莫来石晶须。

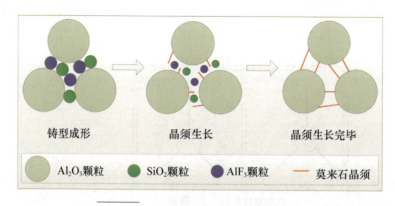

图 2-89 铸型内部莫来石晶须生长过程

2. SiO_2 含量对铸型高温力学性能的影响

首先固定 $AlF_3 \cdot 3H_2O$ 体积分数为 10%，改变 SiO_2 体积分数，配方设计如表 2-20 所示。在铸型材料中添加体积分数为 3.5%（质量分数为 4%）的聚硅氧烷，来保证铸型中温强度。聚硅氧烷在 500℃左右熔融包裹陶瓷颗粒，起到改善铸型中温强度的作用。同时，采用丙烯酰胺/硅溶胶复合凝胶体系，即在预混液中加入一定量的硅溶胶，其中硅溶胶中的纳米 SiO_2 占预混液总质量的 20%。硅溶胶失水过程中的交联可进一步改善铸型的中温强度，同时保证铸型预烧后的室温强度。

表 2-20 SiO_2 体积分数变化的铸型配方设计

序号	100μm Al_2O_3/%	40μm Al_2O_3/%	5μm Al_2O_3/%	2μm Al_2O_3/%	40μm 聚硅氧烷/%	40μm $AlF_3 \cdot 3H_2O$/%	2μm SiO_2/%
1	20	36.5	16	24	3.5	0	0
2	20	26.5	16	20	3.5	10	4
3	20	26.5	16	16	3.5	10	8
4	20	26.5	16	12	3.5	10	12
5	20	26.5	16	8	3.5	10	16

1）SiO_2 含量对铸型材料成分和微观结构的影响

铸型高温力学性能与其材料成分和微观结构直接相关，为此，本节首先研究 SiO_2 含量对铸型材料成分和微观结构的影响，然后探讨 SiO_2 对铸型高温力学性能的影响规律。

采用 XRD 物相分析法研究铸型 1500℃烧结后的物相成分，分析结果如图 2-90 所示。由图可知，随着 SiO_2 体积分数的增加，莫来石最高峰值越来越明显，而 Al_2O_3 峰值降低，说明莫来石晶须生成量增加。这是因为铸型高温烧结过程中，Al_2O_3 和 SiO_2 在 AlF_3 的作用下以气相反应方式合成了晶须。

接下来，研究了 SiO_2 体积分数对晶须形貌的影响（图 2-91）。在不添加 $AlF_3 \cdot 3H_2O$ 和 SiO_2 时，铸型内部无晶须生成（图 2-91(a)）。在 SiO_2 体积分数较少时，铸型内部仅能生成长度很短的针状晶。例如，当添加体积分数为 4%SiO_2 时，铸型内部生成长度约为 0.1μm 的针状晶（图 2-91(b)）。随着

SiO_2 体积分数增加,晶须长度增大。例如:当添加体积分数为 8% SiO_2 时,铸型内部生成了长度 2~4μm 的晶须(图 2-91(c));当添加体积分数为 12% SiO_2 时,铸型内部晶须长度继续增大,长度达到 4~6μm(图 2-91(d))。但是,当 SiO_2 体积分数过大时,铸型内部晶须变粗,长度缩短。例如,当添加体积分数为 16% SiO_2 时,铸型内部晶须变得粗大,直径达到 1~2μm,长度为 3~4μm(图 2-91(e))。此外,当 SiO_2 体积分数为 12% 和 16% 时,铸型内部晶须生成量也较多(图 2-91(d)、(e))。

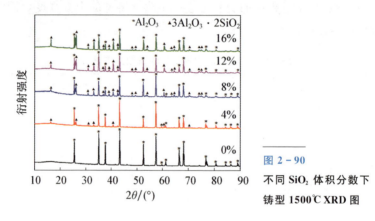

图 2-90 不同 SiO_2 体积分数下铸型 1500℃ XRD 图

2) SiO_2 体积分数对铸型高温力学性能的影响

添加不同体积分数 SiO_2 铸型的 1500℃ 高温强度和高温挠度测试结果如表 2-21 所示。铸型高温力学性能随 SiO_2 体积分数的变化规律如图 2-92 所示。由图可知,随着 SiO_2 体积分数增加,铸型 1500℃ 高温强度增大,高温挠度减小。当 SiO_2 体积分数为 0 时,铸型 1500℃ 高温强度为 8.26 MPa,高温挠度为 7.08mm,当 SiO_2 体积分数增加至 12% 时,铸型 1500℃ 高温强度达到 16.90 MPa,高温挠度降低至 1.36mm。这是因为 SiO_2 添加量较少时,晶须生成量较少,晶须长度较短,铸型高温力学性能难以得到改善。随着晶须生成量增多、长径比增大,铸型高温强度和抗蠕变性能得到显著改善。但是,当 SiO_2 体积分数过大时,尽管晶须生成量较多,但晶须过度粗大,也同样不利于改善铸型高温力学性能。例如,当添加体积分数为 16% SiO_2 时,铸型高温强度降低至 8.98 MPa,高温挠度增大至 4.52mm。综合考虑,选择添加体积分数为 12% SiO_2,此时晶须生成量较多,晶须长度为 4~6μm,铸型高温强度达到 16.90 MPa,高温挠度降低至 1.36mm。

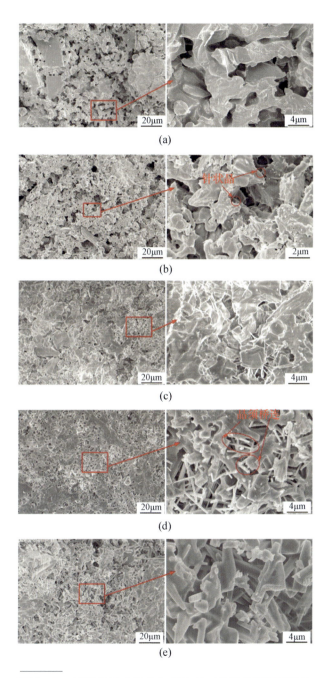

图 2-91　不同体积分数 SiO_2 添加量对应的铸型断面形貌

(a) 0% SiO_2；(b) 4% SiO_2；(c) 8% SiO_2；(d) 12% SiO_2；(e) 16% SiO_2。

表 2-21 添加不同体积分数 SiO_2 时铸型材料的高温强度和高温挠度

SiO_2 体积分数/%	0	4	8	12	16
高温强度/MPa	8.26	8.62	11.31	16.90	8.98
高温挠度/mm	7.08	7.13	3.64	1.36	4.52

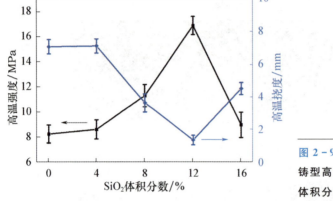

图 2-92 铸型高温力学性能随 SiO_2 体积分数的变化规律

晶须增强作用主要有晶须桥接、晶须拔出和裂纹偏转。本书制备的晶须与陶瓷颗粒间结合紧密,不存在晶须拔出现象,但可以观测到大量晶须桥接陶瓷颗粒(图 2-91(d))。因此,本书制备的晶须增强作用机理为晶须桥接牵拉增强。当铸型高温下受力发生断裂或者发生蠕变变形时,高强度莫来石晶须的桥接牵拉作用可以阻碍裂纹扩展或者抑制铸型变形量的增大,从而避免了铸型的断裂或者过大变形,改善铸型的高温力学性能。

3. $AlF_3 \cdot 3H_2O$ 含量对铸型高温力学性能的影响

铸型配方按表 2-22 进行设计。固定 SiO_2 体积分数为 12%,改变 $AlF_3 \cdot 3H_2O$ 粉末的添加量。

表 2-22 $AlF_3 \cdot 3H_2O$ 体积分数变化的铸型配方设计

序号	100μm Al_2O_3/%	40μm Al_2O_3/%	5μm Al_2O_3/%	2μm Al_2O_3/%	40μm 聚硅氧烷/%	2μm SiO_2/%	40μm $AlF_3 \cdot 3H_2O$/%
1	20	36.5	16	12	3.5	12	0
2	20	31.5	16	12	3.5	12	5
3	20	26.5	16	12	3.5	12	10
4	20	21.5	16	12	3.5	12	15

1) $AlF_3 \cdot 3H_2O$ 体积分数对铸型材料成分和微观结构的影响

首先研究 $AlF_3 \cdot 3H_2O$ 体积分数对铸型材料成分和微观结构的影响，然后结合铸型成分和微观结构来探讨 $AlF_3 \cdot 3H_2O$ 体积分数对铸型高温力学性能的影响规律。

图 2-93 为添加不同体积分数 $AlF_3 \cdot 3H_2O$ 时铸型材料 1500℃ XRD 分析结果。由图可知，随着 $AlF_3 \cdot 3H_2O$ 体积分数增加，莫来石峰值越来越明显，而 Al_2O_3 和 SiO_2 峰值降低，说明 Al_2O_3 与 SiO_2 在 AlF_3 的催化作用下生成了莫来石晶须。当添加体积分数为 10% $AlF_3 \cdot 3H_2O$ 时，SiO_2 峰值消失，莫来石峰值基本无变化，说明全部 SiO_2 与 Al_2O_3 反应生成了莫来石。

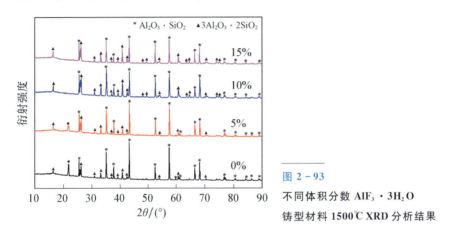

图 2-93
不同体积分数 $AlF_3 \cdot 3H_2O$
铸型材料 1500℃ XRD 分析结果

图 2-94 为添加不同体积分数 $AlF_3 \cdot 3H_2O$ 时铸型断面内部晶须形貌。不添加 $AlF_3 \cdot 3H_2O$ 时，铸型内部无晶须（图 2-94(a)）。随着 $AlF_3 \cdot 3H_2O$ 体积分数增加，铸型内部晶须生成量增加，如当 $AlF_3 \cdot 3H_2O$ 体积分数达到 5% 时，铸型内部生成了少量晶须，晶须长度 2~4 μm（图 2-94(b)）；当 $AlF_3 \cdot 3H_2O$ 体积分数达到 10% 和 15% 时，铸型内部生成了较多晶须（图 2-94(c)、(d)）。当 $AlF_3 \cdot 3H_2O$ 体积分数达到 10% 时，晶须长度为 4~6 μm（图 2-94(c)），当 $AlF_3 \cdot 3H_2O$ 体积分数达到 15% 时，晶须长度为 4~8 μm（图 2-94(d)）。

2) $AlF_3 \cdot 3H_2O$ 含量对铸型高温力学性能的影响

添加不同体积分数 $AlF_3 \cdot 3H_2O$ 时铸型材料 1500℃ 高温力学性能测试结果如表 2-23 所示。铸型高温力学性能随 $AlF_3 \cdot 3H_2O$ 体积分数的变化规

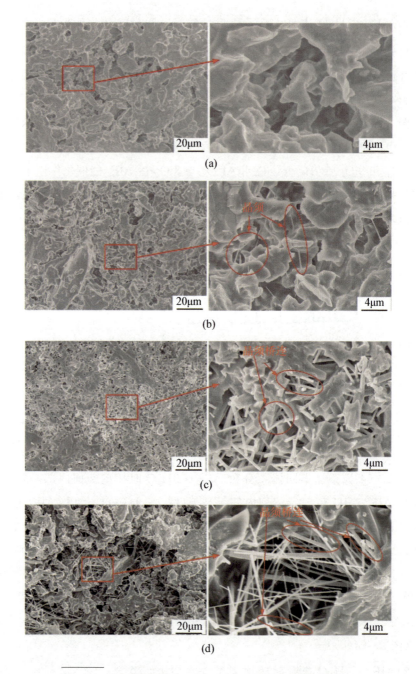

图 2-94 不同体积分数 $AlF_3 \cdot 3H_2O$ 对应的铸型断面形貌
(a)$0\%AlF_3 \cdot 3H_2O$；(b)$5\%AlF_3 \cdot 3H_2O$；(c)$10\%AlF_3 \cdot 3H_2O$；(d)$15\%AlF_3 \cdot 3H_2O$。

律如图 2-95 所示。随着 $AlF_3 \cdot 3H_2O$ 体积分数增加，起先铸型高温强度增大，高温挠度减小。当不添加 $AlF_3 \cdot 3H_2O$ 时，铸型高温强度为 11.80MPa，高温挠度为 6.34mm；当添加体积分数为 10% $AlF_3 \cdot 3H_2O$ 时，铸型高温强度被提高至 16.90MPa，高温挠度被降低至 1.36mm。当添加体积分数为 15% $AlF_3 \cdot 3H_2O$ 时，铸型高温强度反而降低，高温挠度反而增大。原因为当不添加 $AlF_3 \cdot 3H_2O$ 时，铸型内部无晶须生成；当添加体积分数为 5% $AlF_3 \cdot 3H_2O$ 时，铸型内部仅生成了少量莫来石晶须，因此，铸型高温强度和抗蠕变性能的改善效果微弱；当添加体积分数为 10% $AlF_3 \cdot 3H_2O$ 时，由于铸型内部生成了大量较长莫来石晶须，铸型的高温强度得到显著提高，高温挠度也显著降低。虽然添加体积分数为 15% $AlF_3 \cdot 3H_2O$ 时铸型中晶须的长度较大，但是由于脱脂和烧结过程中 $AlF_3 \cdot 3H_2O$ 结晶水的去除以及 AlF_3 升华挥发，铸型的孔隙率也在增大。为此，对铸型开气孔率进行了测试，测试结果如图 2-96 所示。由图可知，随着 $AlF_3 \cdot 3H_2O$ 体积分数从 0% 增加至 15%，铸型开气孔率从 28.35% 提高至 33.71%。

表 2-23　添加不同体积分数 $AlF_3 \cdot 3H_2O$ 时铸型材料的高温强度和高温挠度

$AlF_3 \cdot 3H_2O$ 体积分数/%	0	5	10	15
高温强度/MPa	11.80	12.46	16.90	13.28
高温挠度/mm	6.34	4.21	1.36	3.76

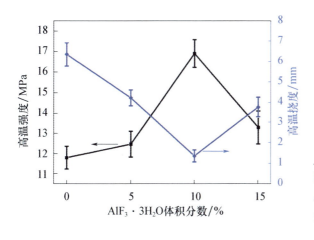

图 2-95　$AlF_3 \cdot 3H_2O$ 对铸型高温力学性能的影响

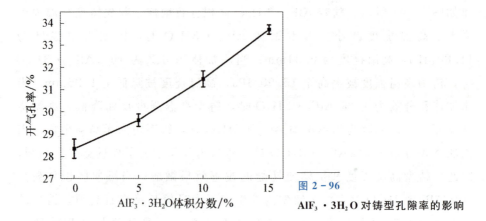

图 2-96　AlF₃·3H₂O 对铸型孔隙率的影响

2.6.4　铸型烧结精度调控

铸型在制备过程中多种工艺因素均会影响最终的烧结精度,例如,材料组分(固相体积分数、粗细颗粒配比)与烧结工艺(烧结次数、烧结温度、保温时间)等,通过上述工艺的优化与调整在一定程度上可以降低铸型在制备过程中的收缩变形。但要完全实现烧结收缩的抑制,仅依靠工艺上的调整是不够的。本节主要从材料配方的设计上出发,引入反应烧结膨胀剂,利用这种体积膨胀效应来抵消烧结过程中的收缩,实现"零"烧结收缩铸型的制备。

为实现在烧结精度控制的同时,减小对铸型高温强度的影响,在选择烧结膨胀剂时,选取了与陶瓷铸型所含元素相接近的材料。目前,氧化铝基陶瓷常用的烧结膨胀材料及其反应机理如表 2-24 所示[51-52]。

表 2-24　常用烧结膨胀剂及反应机理

材料	反应过程	反应机理	膨胀量
铝粉	$Al + O_2 \rightarrow Al_2O_3$	氧化反应	28%
氧化锆	单斜相与四方相相互转化	相变反应	15%
氧化镁	$Al_2O_3 + MgO \rightarrow MgAl_2O_4$	复合反应	5~8%

上述烧结膨胀剂在使用过程中,虽能对氧化铝陶瓷的烧结收缩起到抑制的作用,但都存在一定的使用局限性。铝粉由于水解作用,添加至陶瓷浆料中后,浆料黏度急剧增长,无法实现陶瓷铸型坯体的凝胶注模成形;氧化锆是通过晶型转化来实现体积膨胀的,由于这种相变膨胀出现在降温冷却过

程中，氧化锆含量较多时，相变膨胀现象明显，铸型易开裂，因此氧化锆并不适合大量添加，收缩抑制作用较局限；而氧化镁粉末本身为硅溶胶的胶凝剂，添加后会导致复合凝胶体系中的硅溶胶絮凝，因此也并不适用于本工艺。在选用烧结膨胀剂时，也需兼顾铸型制备工艺的需要，满足铸型成形的要求。

基于反应烧结氧化的原理，根据目前工艺特点（两次烧结：先脱脂预烧结，后强化终烧结）分别选用了 $ZrAl_3$ 金属间化合物及 $Al_{75}Si_{25}$ 合金粉末作为预烧结及终烧结收缩抑制剂，并分别探究了上述两种烧结膨胀剂对铸型烧结收缩的抑制机理。

1. 预烧结收缩抑制

锆铝金属间化合物作为一种新型铝合金结构材料，由于其具有高韧性、高塑性以及高强度等特点，广泛应用于航空、航天、汽车以及舰船等领域。本研究中，拟利用该金属间化合物的低温氧化特性，与基体材料实现反应烧结膨胀，抵消预烧结阶段的烧结收缩。

选用了西安宝德粉末冶金有限公司制备的 $ZrAl_3$ 金属间化合物，颗粒粒径为 300 目（48μm），氧化后主要产物为 Al_2O_3 及少量 ZrO_2，产物对铸型的高温力学性能影响小，图 2-97 为 $ZrAl_3$ 合金粉末的微观形貌。

图 2-97
$ZrAl_3$ 合金粉末微观形貌

1) 锆铝粉末的热解行为

为明确 $ZrAl_3$ 粉末的分解温度，对其进行了热重及差热分析。测试温度为室温至 1400℃，升温速率为 10℃/min，测试环境为大气环境。粉末的热重－差热曲线如图 2-98 所示。

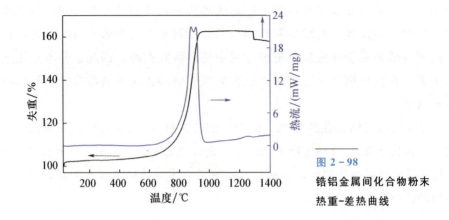

图 2-98 锆铝金属间化合物粉末热重-差热曲线

从室温至 700℃ 的过程中，热重曲线几乎无变化，粉末无明显氧化放热现象。从 700℃ 开始，热重曲线明显陡增，直至 900℃。对应该温度段的差热曲线存在明显的放热峰，推测在该温度段内，锆铝粉末与空气发生了剧烈的氧化反应。900℃ 后，热重曲线不再发生变化，粉末已被完全氧化，最终增重为 57.9%。在整个差热曲线中并未存在明显的吸热峰，说明在加热过程中锆铝粉末并未熔化。

锆铝粉末主要成分为 $ZrAl_3$，氧化过程中发生如下反应：

$$4ZrAl_3 + 13O_2 = 4ZrO_2 + 6Al_2O_3 \quad (2-37)$$

即 1mol 的 $ZrAl_3$ 完全氧化后可生成 1mol ZrO_2 及 1.5mol Al_2O_3，质量增重率：

$$\Delta m = \frac{A(ZrO_2) + 1.5A(Al_2O_3) - A(ZrAl_3)}{A(ZrAl_3)} \times 100\% = 60.4\%$$

$$(2-38)$$

式中：A 为相对分子质量，$A(ZrAl_3)=172$，$A(Al_2O_3)=102$，$A(ZrO_2)=123$。

$ZrAl_3$ 粉末完全氧化后的理论增重应为 60.4%，由实际热重曲线可知，当烧结温度大于 950℃ 时，粉末质量不再发生变化，最大增重为 57.9%，与理论增重相接近，存在的部分偏差推测是由于合金粉末制备工艺中无法完全保证 Zr、Al 摩尔比为 1∶3。继续对 950℃ 后的热解产物进行 XRD 元素分析，如图 2-99 所示。最终产物为 Al_2O_3 与 ZrO_2，可以认为 950℃ 以下 $ZrAl_3$ 粉末已完全氧化。由于完全氧化温度点低于预烧最高温度 1100℃，因此可以利用该特性改善预烧阶段铸型的烧结精度。

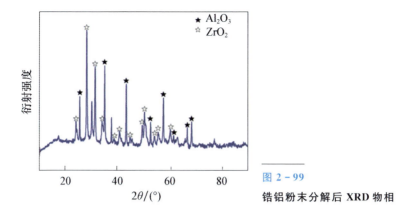

图 2-99
锆铝粉末分解后 XRD 物相

2) 锆铝粉末对铸型预烧结精度的影响规律

根据反应方程式(2-37), 1mol 的 $ZrAl_3$ 完全氧化后可生成 1mol ZrO_2 及 1.5mol Al_2O_3, 根据 Zr、Al 元素守恒, 参照各物质常温下的密度, 可以计算出单位致密体积的 $ZrAl_3$ 完全转化为 ZrO_2 及 Al_2O_3 的体积膨胀量:

$$\Delta V = \frac{\left[\dfrac{1.5 \times A(Al_2O_3)}{\rho(Al_2O_3)} + \dfrac{A(ZrO_2)}{\rho(ZrO_2)}\right] - \dfrac{A(ZrAl_3)}{\rho(ZrAl_3)}}{\dfrac{A(ZrAl_3)}{\rho(ZrAl_3)}} \times 100\% = 42.6\%$$

(2-39)

式中: ρ 为粉末室温密度, $\rho(ZrAl_3) = 4.12 g/cm^3$, $\rho(Al_2O_3) = 3.97 g/cm^3$, $\rho(ZrO_2) = 5.85 g/cm^3$。

由式(2-39)可知, 单位体积的锆铝合金粉末完全氧化后的体积膨胀量为 42.6%, 表 2-24 为几种常见的烧结膨胀剂, 膨胀效果更明显。因此, 仅在初始材料配方中添加微量的锆铝粉末, 研究其对预烧结精度的影响。

制备了三组试样, 锆铝粉末质量分数分别从 0% 递增至 2%, 如表 2-25 所示, 配制了固相体积分数为 60% 的陶瓷浆料。

表 2-25 含锆铝粉末陶瓷坯体试样组分

组别	$ZrAl_3$ 质量分数/%
1	0
2	1
3	2

锆铝粉末添加后并无水解现象，对浆料黏度的影响几乎可以忽略不计。灌注标准试样后，经冷冻干燥后测量试样初始长度 L_1。采用上一节优化的脱脂工艺，最高烧结温度为 1100℃，保温时间 3h，冷却至室温后测量试样长度 L_2，则试样预烧结收缩率为

$$\eta_{\text{预}} = \frac{L_1 - L_2}{L_1} \times 100\% \qquad (2-40)$$

添加锆铝后的试样预烧结尺寸变化如图 2-100 所示，未添加锆铝时，预烧收缩较大，为 0.55%，随着锆铝质量分数的不断增多，烧结收缩率不断下降。当质量分数为 2% 时，预烧收缩仅为 0.02%，此时可以认为在铸型预烧结阶段的收缩已被完全抑制，实现了预烧结"零"收缩。

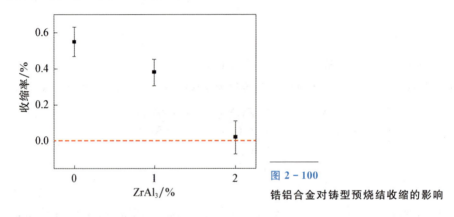

图 2-100　锆铝合金对铸型预烧结收缩的影响

2. 终烧结收缩抑制

本节中，采用 $Al_{75}Si_{25}$ 合金粉末作为烧结膨胀剂，主要出发点为铝硅合金元素组成及比例与陶瓷基体材料相接近，添加后对铸型性能影响小。

1）$Al_{75}Si_{25}$ 合金粉末对铸型烧结性能的影响

采用热重差-热分析及物相检测对 $Al_{75}Si_{25}$ 烧结反应膨胀机理进行研究，优化出了最优的添加量及烧结工艺，在保证铸型高温力学性能的前提下，实现了终烧结"零"收缩的工程目标。

2）$Al_{75}Si_{25}$ 粉末的热解特性

对 $Al_{75}Si_{25}$ 进行了热重-差热分析。测试温度为室温至 1500℃，测试环境为大气环境，升温速率为 10℃/min。铝硅合金粉末的热重-差热曲线如图 2-101 所示，从热失重曲线可知，室温至 800℃ 左右时，粉末质量几乎没

有发生变化,可以认为在800℃之前粉末并未发生明显的氧化。继续升温后粉末分两段实现氧化增重,热重曲线出现两个增重峰。第一个增重峰对应温度为900～1100℃,第二个增重峰对应温度为1200～1500℃,至加热结束时,粉末总增重25.88%。参照式(2-39)计算$Al_{75}Si_{25}$合金粉末完全氧化时的增重应为95%,实际增重明显小于理论增重,说明合金粉末并未完全转化为Al_2O_3与SiO_2。

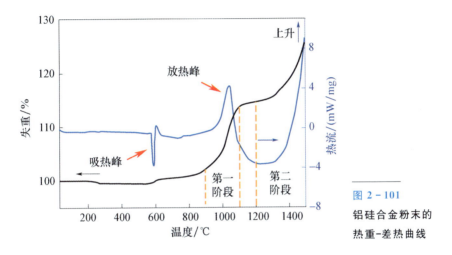

图 2-101 铝硅合金粉末的热重-差热曲线

差热曲线存在两个明显的吸热峰:第一个吸热峰位于592℃,$Al_{75}Si_{25}$为铝与硅的共晶合金,共晶点低于单质Al、Si的熔点,由于Al的熔点较低为660℃,因此可以推断该吸热峰为合金粉末熔化导致的;第二个吸热峰为一包络峰,对应温度段与热重曲线第二个增重峰相接近,为1100～1400℃。同时,曲线中还存一明显的放热峰,位于1000～1100℃。

为进一步确定铝硅合金粉末的热解反应过程,对1400℃时热解后的反应产物进行了物相分析,如图2-102所示。从XRD图谱中可以看出,反应产物中主要为Al_2O_3,未反应完的铝硅合金,还存在部分硅单质,无铝单质存在。可以推断,热重曲线中的第一个增重峰是由于Al元素的氧化导致的,该过程较剧烈,在差热曲线中形成明显的放热峰;而热重曲线中的第二个增重峰是由于Si元素的氧化导致的,该反应较为缓慢,放热量较小。与此同时,随着温度的升高,熔体中析出的单质硅开始吸热熔化,Si元素的熔化与氧化反应同时存在,在粉末差热曲线中形成了包络的吸热峰。

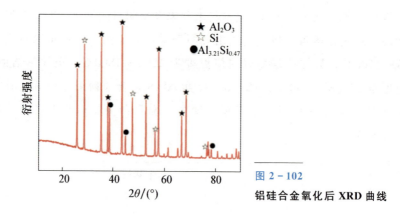

图 2-102 铝硅合金氧化后 XRD 曲线

3）铝硅粉末对铸型性能的影响

分别在陶瓷基体中添加了质量分数为 2%、4%、6% 的 $Al_{75}Si_{25}$ 粉末，对比了不同添加量时陶瓷铸型的综合性能，各组别中铝硅质量分数见表 2-26。

表 2-26　含 $Al_{75}Si_{25}$ 粉末陶瓷试样组分

组别	$Al_{75}Si_{25}$ 质量分数/%
1	2
2	4
3	6

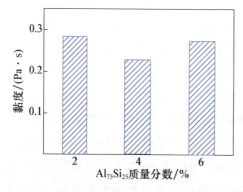

图 2-103 浆料黏度与 $Al_{75}Si_{25}$ 质量分数之间的关系

浆料黏度与 $Al_{75}Si_{25}$ 质量分数之间的关系如图 2-103 所示，随着 $Al_{75}Si_{25}$ 粉末质量分数的增多，浆料黏度几乎不发生明显变化，其原因有两点：第一，与铝不同，铝硅合金添加至水基浆料后不发生水解反应，对浆料的分散稳定性影响不大；第二，本实验中选用的铝硅合金微观形貌为球形，流动性能好。

因此，该粉末的加入并不会对浆料黏度产生较大的影响。

对比了不同烧结温度以及 $Al_{75}Si_{25}$ 质量分数时，试样的烧结收缩率及高温力学性能，如图 2-104 所示。试样的烧结收缩率呈现出了先增大后减小的趋势，而出现这种转变的拐点温度随着 $Al_{75}Si_{25}$ 质量分数的增多而逐渐降低。质量分数为 2% 时，拐点温度在 1300℃，而质量分数为 6% 时，烧结收缩率从 1200℃ 时即开始呈现递减状态。而三条曲线从 1300℃ 开始斜率明显增大，即收缩率降低趋势越发明显。此时，基体内部的反应烧结膨胀效应要明显强于基体烧结的收缩效应，这也与粉末热重曲线中第二段增重峰对应的温度区间相吻合；随着 $Al_{75}Si_{25}$ 质量分数的增加，铸型的烧结收缩率逐渐减小，当质量分数为 4% 时，最终烧结温度为 1500℃ 时，烧结后的标样不再出现收缩现象，此时标样膨胀率为 0.24%。当铝硅质量分数增加至 6% 时，烧结温度在 1400℃ 即可出现烧结膨胀现象，此时膨胀率为 0.0628%，基本实现了"零"烧结收缩，继续升高温度至 1500℃ 时，标样膨胀 0.536%。

继续研究添加 $Al_{75}Si_{25}$ 后试样的氧化增重与温度之间的关系，测量质量分数为 4%、6% 时试样脱脂后至终烧后的增重情况，如图 2-105 所示。未添加时，试样浸渍烧结后的增重率应在 10% 左右，与该图中预烧温度为 1100℃ 时的增重情况相一致。随着烧结温度的升高，伴随着粉末的氧化，试样的增重率上升，且在 1300℃ 后，增重率变大趋势越发明显。结合试样的烧结收缩率与增重率随温度的变化关系曲线，可以认为，第二段氧化增重对铸型烧结收缩率起关键作用。

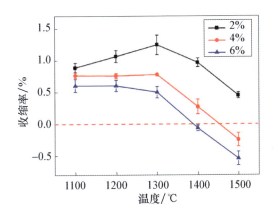

图 2-104
$Al_{75}Si_{25}$ 质量分数与终烧温度对烧结收缩率的影响

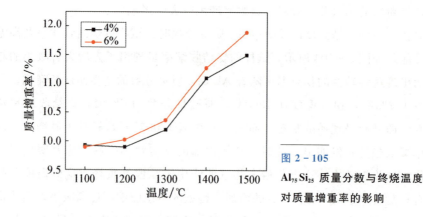

图 2-105 $Al_{75}Si_{25}$ 质量分数与终烧温度对质量增重率的影响

在上述研究的基础上,本节评价了添加 $Al_{75}Si_{25}$ 合金后,铸型试样的高温力学性能,如图 2-106 所示。可以看出试样 1500℃ 的高温强度随合金粉末质量分数的增多,总体呈上升趋势。其主要原因：铝硅粉末熔化氧化后生成氧化铝与氧化硅反应活性高,与基体反应烧结后生成高温强化相莫来石,有助于促进高温强度的提升。当 $Al_{75}Si_{25}$ 的质量分数为 4%、6% 时,强度均大于 20MPa,基本满足定向凝固铸造的要求。而终烧温度与高温强度关联性不大,曲线总体无规律。

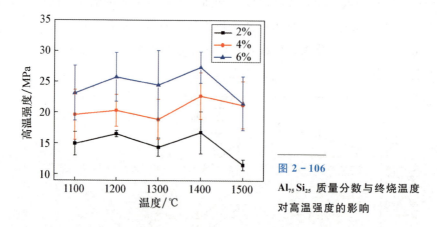

图 2-106 $Al_{75}Si_{25}$ 质量分数与终烧温度对高温强度的影响

综上,在满足铸型试样终烧结收缩率以及高温强度的使用要求前提下,确定最终 $Al_{75}Si_{25}$ 质量分数为 6%。此时,铸型试样在浸渍一遍质量分数为 40% 硅溶胶后终烧 1400℃,即可实现终烧结收缩的完全抑制,同时铸型性能也能满足定向凝固铸造的使用要求。

3. 双组分烧结膨胀剂对铸型精度的影响

上文中，分别探讨了 $ZrAl_3$ 以及 $Al_{75}Si_{25}$ 对铸型试样预烧结以及终烧结收缩的影响规律，分别实现了预烧结"零"收缩以及终烧结"零"收缩的目标。这里结合两种粉末的特性，实现铸型在整个烧结工艺中的尺寸精度可控。

表 2-27 含锆铝及铝硅合金粉末的陶瓷坯体试样组分

组别	质量分数/%	
	$ZrAl_3$	$Al_{75}Si_{25}$
1	1	4
2	2	6
3	3	4
4	3	6

根据上面研究设计了四种材料配方，$ZrAl_3$ 以及 $Al_{75}Si_{25}$ 各组分质量分数如表 2-27 所示。制备了固相体积分数为 60% 的陶瓷浆料并浇注标准试样；试样经冷冻干燥后进行脱脂预烧结，预烧结最高温度为 1100℃，测量试样预烧结前后的尺寸变化。浸渍质量分数为 40% 硅溶胶后进行终烧结处理，并测量试样终烧结前后的尺寸变化。终烧结最高温度分别定为 1300℃、1400℃，对比了终烧结温度对试样收缩率的影响。

表 2-28 为四种配方试样在脱脂预烧结与终烧结后的尺寸变化，添加两种粉末后试样尺寸变化规律与单独添加两种粉末时的变化规律基本一致。两种粉末的相互耦合作用主要体现在预烧结阶段。上节中添加质量分数为 2% 的 $ZrAl_3$ 时，即可实现对预烧结收缩的控制，而本节研究中当添加质量分数为 2% $ZrAl_3$ 与 6% $Al_{75}Si_{25}$ 时，仍有 0.23% 的预烧结收缩。可以认为在预烧结阶段，铝硅合金由于烧结温度较低未能实现氧化膨胀，仅起到了烧结助剂的作用，促进了基体烧结，增大了烧结收缩。当 $ZrAl_3$ 质量分数为 3% 时才能实现预烧结收缩的控制，此时预烧结后铸型有轻微的膨胀。在此基础上，继续对比研究 $Al_{75}Si_{25}$ 质量分数与终烧结温度对终烧收缩率的影响。2.5.4 节研究中质量分数为 6% 的 $Al_{75}Si_{25}$ 时，终烧结 1400℃ 时，可以实现对终烧结收缩的控制。而当两种烧结膨胀剂混合使用时，在终烧结温度为 1300℃，$ZrAl_3$ 质量分数为 3%，$Al_{75}Si_{25}$ 质量分数为 4% 时，终烧结收缩率仅为 0.01%，可认

为终烧结收缩得到完全抑制。在终烧结阶段锆铝粉末的添加促进了基体的膨胀，这种现象是由于 $ZrAl_3$ 反应分解产生的氧化锆在降温过程中晶型转化带来的体积膨胀导致的。最终，选用材料体系为配方3，铸型试样的烧结工艺：预烧结最高温度为1100℃，终烧结最高温度为1300℃，此时铸型试样在整个烧结过程中的收缩率仅为 -0.045%，可以认为铸型试样在整个烧结过程"零"收缩。

表 2-28 不同材料配方及烧结工艺时，铸型试样的预烧结与终烧结收缩率

组别	1		2		3		4	
预烧结收缩率/%	0.55		0.23		-0.035		-0.165	
终烧温度/℃	1300	1400	1300	1400	1300	1400	1300	1400
终烧结收缩率/%	0.61	0.21	0.16	-0.47	-0.045	-0.53	-0.3	-0.87

2.6.5　型芯烧结蠕变变形控制方法

陶瓷铸型内的型芯决定了空心涡轮叶片内部的冷却通道。陶瓷型芯结构细长、刚度低，在整体式陶瓷铸型制备过程中受工艺限制型芯无法采用包埋的方式烧结，脱脂后偏芯、断芯等情况难以避免，这种情况对于 U 形型芯尤其明显。U 形型芯顶部与铸型叶尖部位相连，而底部自由悬空在铸型中部，整体刚度偏低，预烧结过程中最易出现偏芯、断芯等情况。采用在型芯底部添加芯撑的方式，提高结构刚度，可有效抑制型芯的预烧变形，但这种方法增加了制造难度，同时也改变了型腔的内部结构[53]。本书中提出了一种不改变铸型结构，通过调整铸型在烧结过程中相对于水平面空间位置的方法，来抑制烧结过程中 U 形型芯的漂移，这种方法称为重心面法。

铸型烧结摆放位置未优化时，U 形型芯在重力的作用下受到弯曲载荷，在该载荷的作用下 U 形型芯烧结后会出现较大的变形。该变形由两部分组成：第一，沿叶盆或叶背向的变形。通常陶瓷铸型设计时，以叶片底面作为基准平面，此时 U 形型芯并不与水平面垂直，烧结后型芯底部朝叶盆或叶背向偏移。第二，朝叶片前缘或尾缘方向的变形。U 形型芯的重心对两端面的面心不满足力矩平衡条件时，预烧后会出现朝前缘或者尾缘向的偏移。在此，提出了一种方法，通过优化铸型设计基准面相对于水平面的空间方位，来抑制 U 形型芯烧结过程中的弯曲变形。优化后，U 形型芯主要受到沿重力向拉应力作用，所受应力大幅减小，烧结后的蠕变变形得到抑制。

1. 重心面法优化设计过程

优化设计过程在三维造型软件 UG 中实现，选取了某型航空发动机叶片铸型 U 形型芯作为研究对象，如图 2‑107 所示。该型芯长度 70mm，长径比约为 25。

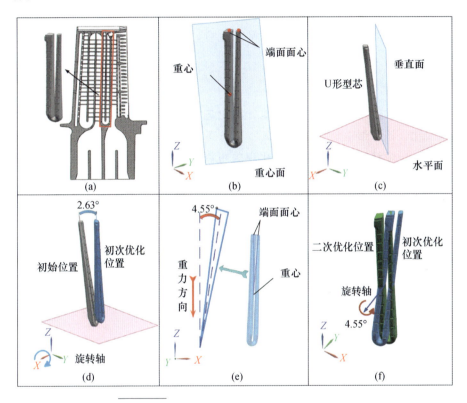

图 2‑107　重心面法优化铸型烧结方位示意图

优化过程按照型芯的变形分量分两步实现：首先，做出包含有 U 形型芯重心，型芯两端面面心的空间三角形，定义该空间三角形所在平面为重心面。重心面空间法向量 $e_1 = (0.7863，-0.6173，-0.0283)$，其中 Z 坐标分量不为 0，即重心面不垂直与水平面。U 形型芯绕 X 轴逆时针旋转 2.63°后，可实现重心面与水平面垂直，型芯朝叶盆或叶背向的变形得以抑制。旋转角度计算如下式：

$$\theta = -\arctan\frac{0.0283}{0.6173} = -2.63° \qquad (2-41)$$

第二步优化过程时，在构建的空间三角形中，重心并不满足对两端面面心力矩平衡的条件。将该空间三角形近似为等腰三角形，重力方向与底边对应中线间的夹角为 4.55°，当重力方向与底边对应的中线方向重合时，可以满足力矩平衡，型芯朝前缘或尾缘方向的变形可以得到抑制。因此，以重心为旋转中心，重心面的法向量为旋转轴，将 U 形型芯旋转 4.55°，得到了最终 U 形型芯的空间方位。根据此时 U 形型芯的空间方位，重新设计铸型的基准平面，铸型烧结时仅需基准平面与水平面重合，U 形型芯的蠕变变形就可以得到有效的抑制。

2. 重心面法蠕变有限元验证

基于线黏性本构，可以准确地计算出坯体烧结过程中由重力导致的几何形状变化，该变形由烧结致密化变形与蠕变塑性变形共同组成[54-57]。本研究中发现，预烧结过程中烧结致密化现象可以忽略，坯体的形状变化仅与蠕变变形相关，因此采用商业有限元软件中的蠕变模型就可以预测烧结后 U 形型芯的变形。

根据蠕变应变-时间曲线中蠕变应变率的变化，一般可将蠕变变形划分为三个阶段：第一阶段是减速蠕变，即应变率（应变-时间曲线的切线）随着时间的增加而逐渐减小；第二阶段是恒速蠕变，即应变率随着时间的增加不变，近似为一常数；第三阶段是加速蠕变，即随着时间的增加，应变率不断增大，最终导致试样的蠕变破坏，典型的蠕变应变-时间曲线如图 2-108 所示。

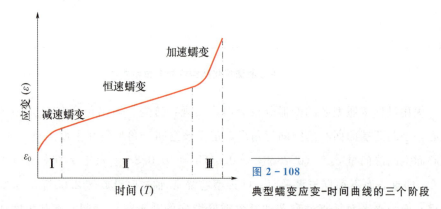

图 2-108
典型蠕变应变-时间曲线的三个阶段

陶瓷材料脆性较强，在发生蠕变破坏时，一般不会出现第三阶段的加速蠕变区，而是在第二阶段恒速蠕变的过程中突然发生断裂破坏。因此，应使用可描述蠕变前两个阶段的方程来预测陶瓷材料的蠕变变形，Bailey-Norton

方程是一个用来描述蠕变前期阶段的一个典型实用的本构方程，在有限元软件 ANSYS 中可选用联合时间硬化模型（combined time hardening）去实现 Baily-Norton 本构方程的模拟，其本构方程为

$$\begin{cases} \varepsilon_t = \varepsilon_p + \varepsilon_s \\ \dot{\varepsilon}_p = c_1 \sigma^{c_2} t^{c_3} e^{-\frac{c_4}{T}} \\ \dot{\varepsilon}_s = c_5 \sigma^{c_6} e^{-\frac{c_7}{T}} \end{cases} \qquad (2-42)$$

式中：ε_t 为总蠕变应变；ε_p 为减速蠕变区蠕变应变；ε_s 为恒速蠕变区蠕变应变；$\dot{\varepsilon}_p$ 为减速蠕变区蠕变应变率；$\dot{\varepsilon}_s$ 为恒速蠕变区蠕变应变率。

$C_1 \sim C_7$ 是与材料蠕变性能相关的常数，可通过单轴压蠕变测试拟合求得。单轴压蠕变测试采用荷重软化仪（CHY-1600，湘潭湘仪公司）进行测试，测量试样在 1250℃、0.2MPa 载荷作用下的压蠕变曲线，单轴压蠕变测试系统如图 2-109 所示[58]。（部分研究中未采用经复合凝胶体系强化的试样作为研究对象，仅讨论蠕变的工艺控制方法。）

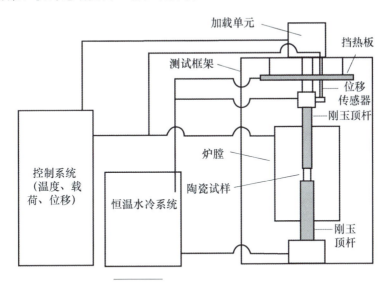

图 2-109 单轴压蠕变测试系统

单轴压蠕变测试中，试样仅存在两个方向的变形，即轴向变形与径向变形，因此总应变可分解为轴向应变 ε_z 和径向应变 ε_r。R. Raj 等经实验发现，轴向应变与径向应变之间存在如下线性关系：

$$\varepsilon_r = K\varepsilon_z \qquad (2-43)$$

式中：K 为应变各向异性系数，为一个常数。

当 $K=1$ 时，烧结过程中只存在致密化变形；当 $K=-0.5$ 时，烧结过程只存在蠕变变形。一般而言，陶瓷试样烧结过程中既存在致密化又存在蠕变，因此 K 值介于 $-0.5\sim1$ 之间[59]。前期研究发现，在预烧结脱脂的过程中，K 值为 -0.49，接近于 -0.5，可以认为试样在该阶段几乎没有烧结致密化现象。同时，通过扫描电子显微镜观察了试样坯体预烧后的断口微观形貌，如图 2-110 所示。图中大小氧化铝颗粒之间边界清晰，颗粒与颗粒间并没有形成明显的烧结颈，同时大量孔隙均布于基体中，同样可以推断此时铸型几乎没有发生烧结致密化现象。因此，可以确定在预烧结脱脂阶段试样的变形完全由蠕变导致。

图 2-110
预烧结脱脂后试样的断口微观形貌

通过单轴压蠕变测试，得到了试样的显式蠕变应变曲线，通过拟合求得了材料常数 $C_1\sim C_7$，如表 2-29 所示。其中稳态蠕变应力指数 C_6 近似与 1，符合 R. Coble 提出的边界扩散蠕变模型[60-61]。

表 2-29 联合时间硬化模型的蠕变参数

C_1	C_2	C_3	C_4	C_5	C_6	C_7
1.89×10^5	0.703	-0.680	4.46×10^4	0.909×10^2	0.818	4.48×10^4

在商业有限元软件 ANSYS Workbench 中，选择瞬态（transient）分析模块，材料本构选用联合时间硬化模型，给定初始弹性模量为 $E=205\text{MPa}$，设置环境温度为 1250℃，仿真时间为 18000s(5h)，计算步长为 300s。U 形型芯

两端面固定，仅受重力作用，计算了采用重心面法优化前后 U 形型芯蠕变变形情况，型芯变形云图如图 2-111 所示。

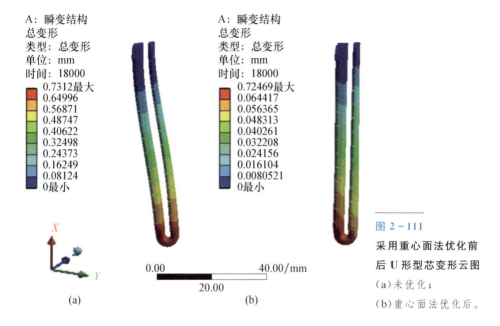

图 2-111

采用重心面法优化前后 U 形型芯变形云图
(a) 未优化；
(b) 重心面法优化后。

未优化时 U 形型芯底部最大位移为 0.73mm，在所有三个位移分量中，沿非重力方向的位移占主导，U 形型芯在重力作用下发生了弯曲变形。此时，U 形型芯底部朝叶盆与尾缘方向偏移，与相邻型芯发生干涉的可能性较大。采用重心面法优化后，U 形型芯底部的最大位移减为 0.07mm，型芯此时主要受到沿重力方向的拉应力作用，沿非重力向的位移得到抑制。优化后的 U 形型芯产生在 1250℃保温 5h 后的蠕变变形量较小，满足精度的要求。

图 2-112 为优化前后 U 形型芯蠕变应变随时间变化关系图。两条蠕变应变曲线都存在减速蠕变区与稳态蠕变区，减速蠕变区的长度大约为 4500s，随后为稳态蠕变区。优化后，蠕变应变率(稳态蠕变曲线的斜率)有了明显的下降，从 7.7×10^{-8} 下降至 4.1×10^{-8}。当物体受到的应力降低时，蠕变应变率将相应的下降。优化前，型芯受到的最大应力为 0.19MPa，优化后仅为 0.08MPa，根据稳态蠕变应变率公式，当应力减小 70% 时，稳态蠕变应变率将降低 58%，蠕变应变率得到了有效的降低，因此在相同的保温时间内，蠕变变形更小。

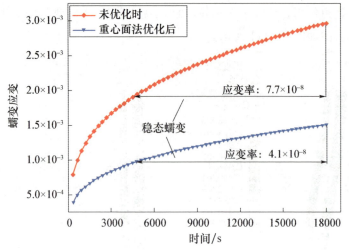

图 2-112 重心面法优化前后 U 形型芯蠕变应变随时间变化关系

3. 重心面法抑制型芯蠕变变形的实验验证

为验证重心面法在抑制 U 形型芯蠕变变形中的有效性，试制了两组某型航空发动机叶片陶瓷铸型，一组铸型底部基准平面未进行调整，另一组底部基准平面按重心面法重新进行了设计。两组铸型经冷冻干燥后进行脱脂，铸型脱脂完成后，吹除内部树脂残留灰烬，采用 CT 评估铸型内部 U 形型芯的蠕变变形情况。

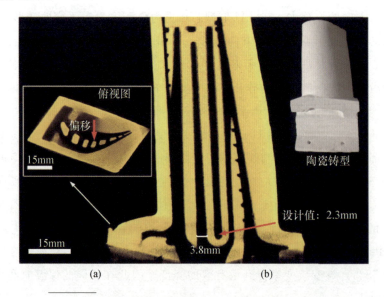

图 2-113 未优化时铸型预烧后 U 形型芯偏芯情况 CT 图
（a）未优化时陶瓷铸型内部结构；（b）整体式陶瓷铸型。

图2-113(a)和(b)为优化前后铸型内部结构图。未优化时，脱脂预烧结后铸型U形型芯朝叶盆和尾缘方向偏移。U形型芯与相邻型芯的间距为3.8mm，大于设计值2.3mm。优化后，U形型芯的偏移得到了有效的抑制，与相邻型芯的间距缩小至2.2mm，基本满足了精度的要求。有限元分析结果中，未优化时最大偏移量为0.7mm，而在实验中偏移量为1.5mm，仿真值较实际值偏低。原因为，有限元仿真时仅计算了保温5h内的蠕变变形，实际情况中整个铸型预烧一共经历了48h，一般认为当环境温度超过熔点的1/2时，蠕变变形便不可忽略。因此，实际烧结时铸型蠕变变形时间要长于5h，导致了实验值较仿真值偏高。

为了进一步验证重心面法的有效性，继续研究了旋转角度与U形型芯偏移量之间的关系，如图2-114所示。在第一步优化中，计算得出的最优旋转

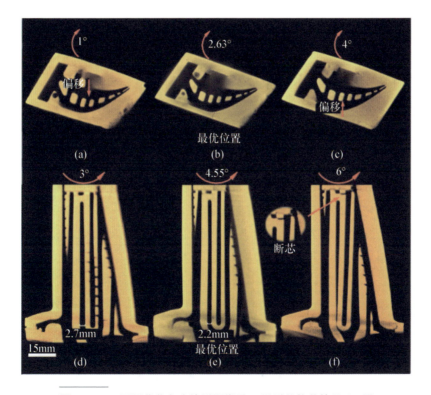

图2-114 不同优化角度铸型预烧后U形型芯偏芯情况CT图
(a)第一步优化：1°；(b)第一步优化：2.63°；(c)第一步优化：4°；
(d)第二步优化：3°；(e)第二步优化：4.55°；(f)第二步优化：6°。

角为 2.63°，为做对比，U 形型芯分别以 X 轴为旋转轴逆时针旋转 1°和 4°。旋转角度为 1°时，朝叶背向的偏移没有得到有效的抑制，而当旋转角度为 4°，型芯已朝叶盆方向偏移，意味着该角度已过度优化。随后在第二步优化中，研究了旋转角度与型芯沿前缘尾缘向偏移量之间的关系。当旋转角度为 3°时，相邻型芯间距从 3.8mm 降低为 2.7mm，依旧大于设计值。当旋转角度为 6°时，U 形型芯向前缘方向偏移，并与相邻型芯发生干涉，型芯顶端出现了断裂，显然是由于蠕变变形过大导致。上述方法虽不能准确试验出最优的旋转角度值，但从侧面验证了重心面法原理的正确性。

本节中，仅考虑了型芯在预烧结过程中的蠕变变形，而型芯在后续处理中的蠕变变形并未考虑。原因是预烧后陶瓷铸型强度得到提升，型芯抗变形能力提高，在后续烧结处理过程中发生蠕变变形的倾向降低，因此并未考虑在后续过程中的蠕变变形。同时需要指出的是，采用重心面法抑制型芯蠕变只适用于铸型中存在单一型芯结构刚度偏低的情况，若铸型内部存在多根空间方位不一致的 U 形型芯，或同时存在 U 形型芯与排气边型芯的状况，该方法的使用效果将降低。

2.7 基于光固化树脂原型的整体铸型应用实例

综合采用上面所述技术，完成了某型号航机涡轮叶片陶瓷铸型的成形，并通过定向凝固铸造技术得到了金属叶片，如图 2-115 所示。该实例中，合金材料为 DZ125 高温合金，引晶方式为叶尖引晶，浇注温度和铸型保温温度均为 1500℃。铸型及叶片制造过程：首先制造光固化树脂模具（图 2-115(a)）；其次在树脂模具中浇注陶瓷浆料，待浆料固化后，分别对铸型进行冷冻干燥、预烧脱脂和高温烧结，得到整体式陶瓷铸型（图 2-115(b)）；再次，在铸型中浇注高温合金液，待合金冷却凝固后去除型壳，得到定向晶空心叶片（图 2-115(c)）；最后，对叶片叶身部位进行 X 射线检测（图 2-115(d)），可以看到叶片内部结构完整，排气边中的扰流柱和冷却流道中的扰流肋等细小结构特征均被铸造出来，无明显的偏芯和断芯现象。该实例说明铸型的力学性能满足了航空发动机定向晶叶片的铸造使用要求。

第2章 基于光固化树脂原型的氧化铝铸型成形技术

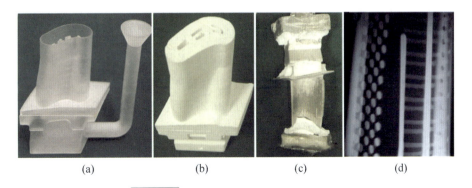

图 2-115 航机叶片铸型制备及叶片铸造
(a)树脂原型；(b)陶瓷铸型；(c)金属叶片；(d)金属叶片叶身部位 X 射线检测。

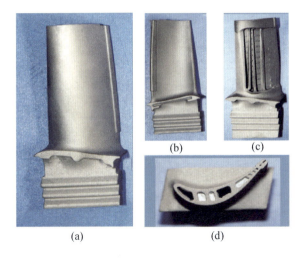

图 2-116
航空发动机涡轮叶片定向晶铸件及其剖切图
(a)叶背；(b)叶盆；
(c)叶身纵向剖切图；
(d)叶身横向剖切图。

图 2-116 为采用本技术制备的某型航机叶片，铸件表面仅做喷砂处理，从图 2-116(a)、(b)中可以看出，铸件完整、表面光洁、无缺陷可见。图 2-116(c)为同一批次叶片的纵向剖切图，叶片内部流道结构完整、通畅，局部微细扰流肋、扰流柱等结构完整；图 2-116(d)为叶片的横向剖切图，流道空腔居中性好，铸件壁厚精度较高，叶片尾缘排气边结构完整性好。

采用三维光学面扫描系统对上述叶片叶身部位进行了三维反求，并与原始 CAD 数据比对。叶片叶背与叶盆部位的精度云图如图 2-117、图 2-118 所示，叶片最大偏差：-0.412mm/+0.462mm，平均偏差：-0.118mm/+0.106mm，标准偏差 0.131mm。偏差较大位置位于尾缘凸台及缘板处。尾缘凸台是在铸型设计时,为了满足排气边薄壁结构金属液充型要求,人为设计的工艺边。尾缘凸台与缘板在叶片后续机加工中同属于可加工部位,因此该部位精度不作为评价叶片精度的主要依据。除去尾缘凸台及缘板,叶身其余非可加工部位精度较高,平均偏差在 0.1mm 以下。叶身精度云图中整体呈现负偏差,前缘与尾缘处偏差相对较大,最大偏差为 -0.27mm,这种负偏差的现象是由于铸造过程中金属液凝固收缩导致的。根据 HB6103—2004《铸件尺寸公差和机械加工余量》标准,该叶片铸件精度达到 CT3 级,好于传统高温合金熔模精密铸件 CT5～CT7 的精度。采用非接触式球面测量仪测量了叶片内外结构的表面粗糙度,其中叶身部位外表面粗糙度 Ra 为 4.33μm,内表面粗糙度 Ra 为 7μm,与熔模铸造铸件表面粗糙度 Ra 3.2～12.5μm 相当。结合铸件精度与表面粗糙度的结果,可以认为型芯/型壳一体化陶瓷铸型技术在航空发动机叶片制造精度方面与目前主流的熔模铸造技术相当,与本工艺初始技术水平相比,在铸件制造精度控制中取得了一定的突破。

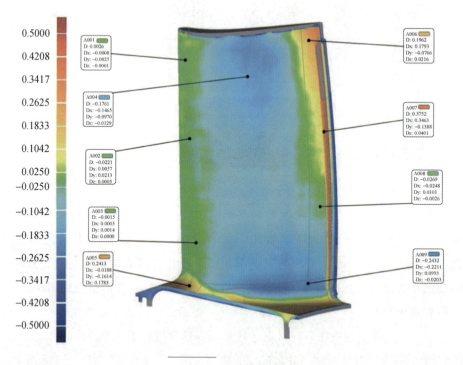

图 2-117 叶背精度云图

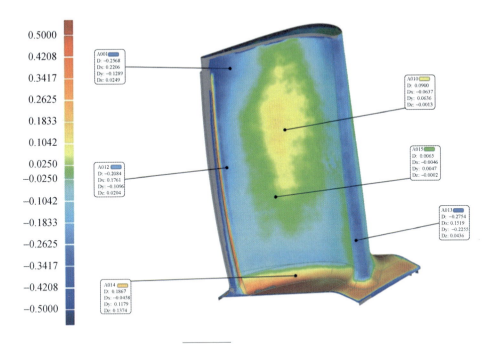

图 2-118 叶盆精度云图

结合本型号叶片,西安航空发动机集团有限公司对本技术进行了技术验证与应用,采用本技术后,该型号叶片的研制周期可由熔模铸造的 6 个月缩短至 1 个月,制造成本由 60 万元以上降低至约 1 万元,具有显著的社会效益和经济效益。

2.8 小结

本章研究基于光固化树脂原型的整体式铸型成形技术,重点研究光固化树脂原型的设计与制造工艺、陶瓷铸型凝胶注模成形方法、铸型冷冻干燥工艺、陶瓷铸型烧结工艺,实现了面向高温合金叶片的型芯/型壳一体化铸型的控形控性高效制造,为航空发动机及燃气轮机先进涡轮叶片的快速制造提供了一种新方法。主要结论如下:

(1) 提出光固化树脂原型内外表面台阶效应同步消除的高压雾化覆膜方法。制备满足涡轮叶片型面精度及表面粗糙度要求的铸型树脂原型。按铸型功能要求，设计树脂原型结构；采用高压雾化覆膜工艺消除原型内外表面台阶效应。选取聚乙烯蜡乳液作为雾化覆膜原材料，搭建雾化覆膜平台，研究覆膜关键工艺参数对原型表面微观台阶效应及粗糙度的改善机制，制定雾化覆膜工艺。覆膜后 SL 树脂原型表面粗糙度得到显著改善，Ra 由 8.5μm 降低至 1μm 左右。

(2)结合颗粒多级级配技术与真空注型工艺，实现陶瓷铸型三维微细结构的凝胶注模精确复型。推导适用于非规则颗粒的多级级配最紧密实堆积公式，设计陶瓷浆料中粗细颗粒粉末的配比方案。研究颗粒级配数、固相体积分数对浆料流变性能的影响，确定最优的级配方案，制备低黏度、高固相体积分数的陶瓷浆料。固相体积分数为 62% 的陶瓷浆料，黏度仅为 0.29Pa·s。采用真空注型技术，进一步提高了陶瓷浆料的复型能力，在腔体真空度为 0.02MPa 时，可实现最高固相体积分数为 65% 的陶瓷浆料充型。

(3)揭示凝胶注模陶瓷铸型冷冻干燥过程中的裂纹形成机理，制定铸型冷冻干燥工艺，消除铸型冷冻干燥裂纹。确定铸型冷冻坯体升温过程中的冰晶融化点温度为 -3.2℃。发现当陶瓷坯体待干燥层温度高于 -3.2℃ 后，冻结状态的冰晶融化，致使坯体强度急剧下降，同时湿态坯体中液态水的毛细作用力引起干燥应力急剧上升，导致坯体内部产生裂纹。通过改变工艺参数，制定铸型坯体冷冻干燥裂纹控制方法，确定预冻温度为 -40℃、干燥机箱体真空度为 1~10Pa，并建立不同坯体厚度与隔板温度间的对应关系，为控制不同厚度铸型坯体冷冻干燥开裂提供了工艺数据参考。

(4)设计铸型中温强化组分，保证脱脂预烧结过程中铸型结构完整性。结合仿真计算，确定铸型在各温度段所需的临界强度。利用耐烧失聚合物，聚二甲基硅氧烷，解决铸型中温"零"强度的问题，提升铸型脱脂预烧结性能，铸型在 500℃ 的最低强度由 0MPa 提升至 1.037MPa，脱脂预烧结后铸型完整性得到保障；基于莫来石相增强原理，提出铸型高温结构强度的调控方法。在铸型中添加 $AlF_3·3H_2O$ 和 SiO_2，制备莫来石晶须增强铸型。当添加体积分数为 12%SiO_2 和 10%$AlF_3·3H_2O$ 时，铸型内部生成大量莫来石晶须，通过晶须的桥接牵拉增强，铸型 1500℃ 高温强度达到 16.9 MPa。设计双组分膨胀剂，分步调控烧结，实现铸型全流程烧结"零"收缩。分别选用 $ZrAl_3$ 金属间化合物与 $Al_{75}Si_{25}$ 合金作为预烧结与终烧结的收缩抑制剂，研究粉末添加量、烧结温度对烧结精度的影响规律，优化后铸型的预烧结收缩仅为

-0.035%,终烧结收缩仅为-0.045%;提出控制型芯烧结蠕变的重心面法,采用重心面法优化后,U形型芯仅受沿重力向拉应力作用,弯曲变形得到抑制,烧结后最大变形由1.5mm降低至0.1mm以内,型芯位置精度得到提高。

基于型芯/型壳一体化陶瓷铸型,实现了某型航空发动机定向晶叶片的高效、高精度制造。

参考文献

[1] 姚君,刘红. 叶片表面粗糙度对透平叶栅气动性能影响的试验研究[J]. 燃气轮机技术,2008,21(2):28-31.

[2] 张立同. 近净形熔模精密铸造理论与实践[M]. 北京:国防工业出版社,2007.

[3] 孙晓霞. 超声波雾化喷嘴的研究进展[J]. 工业炉,2004,26(1):19-23.

[4] 梁荣,党新安,赵小娟. 超声波雾化喷嘴的设计[J]. 上海有色金属,2006,27(4):14-17.

[5] 张睿,王留方,张卫国,等. 高压无空气喷涂的应用[J]. 涂料工业,2003,33(5):33-35.

[6] 范明豪,周华,杨华勇. 高压细水雾灭火喷嘴的雾化特性研究[J]. 机械工程学报,2002,38(9):17-21.

[7] YUAN Z,ZHANG Y,ZHOU Y,et al. Effect of solid loading on properties of reaction bonded silicon carbide ceramics by gelcasting[J]. Rsc Advances,2014,4(92):50386-50392.

[8] WAN W,YANG J,ZENG J,et al. Effect of solid loading on gelcasting of silica ceramics using DMAA[J]. Ceramics International,2014,40(1):1735-1740.

[9] DERBY B,REIS N. Inkjet printing of highly loaded particulate suspensions[J]. Mrs Bulletin,2003,28(11):815-818.

[10] DINGER D R,FUNK J E. Particle-packing phenomena and their application in materials processing[J]. Mrs Bulletin,1997,22(12):19-23.

[11] BROUWERS H J H. The role of nanotechnology for the development of sustainable Concrete[J]. Acie Special Publication,2008,7:69-91.

[12] FASCHING C,GRUBER D,HARMUTH H. Simulation of micro-crack formation in a magnesia spinel refractory during the production process[J]. Journal of the European Ceramic Society,2015,35(16):4593-4601.

[13] MANDELBROT B B. The fractal geometry of nature[J]. Journal of the Royal Statistical Society,1982,147(4):46.

[14] FARRIS R J. Prediction of the viscosity of multimodal suspensions from unimodal viscosity data[J]. Transactions of The Society of Rheology (1957 – 1977),1968,12(2):281 – 301.

[15] TRIPATHY S,KHILARI S,SAINI D S,et al. A green fabrication strategy for $MgAl_2O_4$ foams with tunable morphology[J]. Rsc Advances,2016,6(40):33259 – 33266.

[16] SUN Y,SHIMAI S,PENG X,et al. A method for gelcasting high – strength alumina ceramics with low shrinkage[J]. Journal of Materials Research,2014,29(2):247 – 251.

[17] BARNES H A. Shear – thickening ("dilatancy") in suspensions of nonaggregating solid particles dispersed in newtonian liquids[J]. Journal of Rheology,1989,33(2):329 – 366.

[18] WEGST U G,SCHECTER M,DONIUS A E,et al. Biomaterials by freeze casting. [J]. Philosophical Transactions,2010,368(1917):2099.

[19] GENOVESE D B. Shear rheology of hard – sphere,dispersed,and aggregated suspensions,and filler – matrix composites. [J]. Advances in Colloid & Interface Science,2012,171 – 172(1):1.

[20] SUN Y,SHIMAI S,PENG X,et al. Gelcasting and vacuum sintering of translucent alumina ceramics with high transparency[J]. Journal of Alloys & Compounds,2015,641:75 – 79.

[21] 金晓. 氧化铝陶瓷凝胶注模成型工艺中固化应力的测试与表征[D]. 太原:中北大学,2011:32.

[22] TONG J,CHEN D. Preparation of alumina by aqueous gelcasting[J]. Ceramics International,2004,30(8):2061 – 2066.

[23] 李飞,翟长生,王俊,等. PEG对陶瓷凝胶注模成型坯体表面起皮的抑制作用研究[J]. 材料导报,2004,18(9):86 – 88.

[24] NAM J H,SONG C S. Numerical simulation of conjugate heat and mass transfer during multi – dimensional freeze drying of slab – shaped food products[J]. International Journal of Heat and Mass Transfer,2007,50(23):4891 – 4900.

[25] TANG X C,PIKAL M J. Design of freeze – drying processes for pharmaceuti-

cals:practical advice[J]. Pharmaceutical research,2004,21(2):191-200.

[26] FUKASAWA T,ANDO M,OHJI T,et al. Synthesis of porous ceramics with complex pore structure by freeze-dry processing[J]. Journal of the American Ceramic Society,2001,84(1):230-232.

[27] TALLÓN C,YATES M,MORENO R,et al. Porosity of freeze-dried γ-Al_2O_3 powders[J]. Ceramics international,2007,33(7):1165-1169.

[28] 吴海华. 空心涡轮叶片型芯/型壳一体化陶瓷铸型快速制作技术研究[D]. 西安:西安交通大学,2009.

[29] BELLOWS R J,KING C J. Freeze-drying of aqueous solutions:Maximum allowable operating temperature[J]. Cryobiology,1972,9(6):559-561.

[30] KIENNEMANN J,CHARTIER T,PAGNOUX C,et al. Drying mechanisms and stress development in aqueous alumina tape casting[J]. Journal of the European Ceramic Society,2005,25(9):1551-1564.

[31] SCHERER G W. Bending of gel beams:method for characterizing elastic properties and permeability[J]. Journal of Non-Crystalline Solids,1992,142(1-2):18-35.

[32] SCHERER G W. Crack-tip stress in gels[J]. Journal of Non-Crystalline Solids,1992,144(2-3):210-216.

[33] 庞师坤. 整体式氧化铝基陶瓷铸型冷冻干燥缺陷控制研究[D]. 西安:西安交通大学,2014.

[34] RAMBHATLA S,PIKAL M J. Heat and mass transfer scale-up issues during freeze-drying,Ⅰ:atypical radiation and the edge vial effect[J]. Aaps Pharmscitech,2003,4(2):22-31.

[35] TANG X C,NAIL S L,PIKAL M J. Freeze-drying process design by manometric temperature measurement:design of a smart freeze-dryer[J]. Pharmaceutical research,2005,22(4):685-700.

[36] RAMBHATLA S,RAMOT R,BHUGRA C,et al. Heat and mass transfer scale-up issues during freeze drying:Ⅱ. Control and characterization of the degree of supercooling[J]. Aaps Pharmscitech,2004,5(4):54-62.

[37] PATEL S M,PIKAL M J. Freeze-drying in novel container system:Characterization of heat and mass transfer in glass syringes[J]. Journal of pharmaceutical sciences,2010,99(7):3188-3204.

[38] DA ROCHA R M,GREIL P,BRESSIANI J C,et al. Complex-shaped ceramic composites obtained by machining compact polymer-filler mixtures[J]. Materials Research,2005,8(2):191-196.

[39] DISA E,GUÉRIN K,DUBOIS M,et al. Synthesis of carbon-silica core-shell nanofibers from a dispersion of fluorinated carbon nanofibers in solvated polysiloxane[J]. Carbon,2013,55(2):23-33.

[40] FRIEDEL T,TRAVITZKY N,NIEBLING F,et al. Fabrication of polymer derived ceramic parts by selective laser curing[J]. Journal of the European Ceramic Society,2005,25(2-3):193-197.

[41] KUMAR B V M,ZHAI W,EOM J H,et al. Processing highly porous SiC ceramics using poly(ether-co-octene) and hollow microsphere templates[J]. Journal of Materials Science,2011,46(10):3664-3667.

[42] KIM Y W,JIN Y J,CHUN Y S,et al. A simple pressing route to closed-cell microcellular ceramics[J]. Scripta Materialia,2005,53(8):921-925.

[43] FRANDSEN H L,OLEVSKY E,MOLLA T T,et al. Modeling sintering of multilayers under influence of gravity[J]. Journal of the American Ceramic Society,2013,96(1):80-89.

[44] DELONG X,YONGQIN L,YING J,et al. Thermal behavior of aluminum fluoride trihydrate[J]. Thermochimica Acta,2000,352:47-52.

[45] YANG G Y,SHI Y C,LIU X D,et al. TG-DTG analysis of chemically bound moisture removal of $AlF_3 \cdot 3H_2O$[J]. Drying Technology,2007,25(4):675-680.

[46] 张锦化. 莫来石晶须的制备,生长机理及其在陶瓷增韧中的应用[D]. 武汉:中国地质大学,2012.

[47] OKADA K,OTSUKA N. Synthesis of mullite whiskers by vapour-phase reaction[J]. Journal of Materials Science Letters,1989,8(9):1052-1054.

[48] MENG J,CAI S,YANG Z,et al. Microstructure and mechanical properties of mullite ceramics containing rodlike particles[J]. Journal of the European Ceramic Society,1998,18(8):1107-1114.

[49] ZHU L,DONG Y,LI L,et al. Coal fly ash industrial waste recycling for fabrication of mullite-whisker-structured porous ceramic membrane supports[J]. RSC Advances,2015,5(15):11163-11174.

[50] CLAUSSEN N, LE T, WU S. Low-shrinkage reaction-bonded alumina[J]. Journal of the European Ceramic Society, 1989, 5(1): 29-35.

[51] HOLZ D, PAGEL S, BOWEN C, et al. Fabrication of low-to-zero shrinkage reaction-bonded mullite composites[J]. Journal of the European Ceramic Society, 1996, 16(2): 255-260.

[52] GEßWEIN H, BINDER J R, RITZHAUPT-KLEISSL H J, et al. Fabrication of net shape reaction bonded oxide ceramics[J]. Journal of the European Ceramic Society, 2006, 26(4-5): 697-702.

[53] DAVIS RM. Composite, internal reinforced ceramic cores and related methods: US5947181A[P]. 1999-09-07.

[54] OLEVSKY E A, GERMAN R M. Effect of gravity on dimensional change during sintering—Ⅰ. Shrinkage anisotropy[J]. Acta Materialia, 2000, 48(5): 1153-1166.

[55] OLEVSKY E A, GERMAN R M, UPADHYAYA A. Effect of gravity on dimensional change during sintering—Ⅱ. Shape distortion[J]. Acta Materialia, 2000, 48(5): 1167-1180.

[56] FRANDSEN H L, OLEVSKY E, MOLLA T T, et al. Modeling sintering of multilayers under influence of gravity[J]. Journal of the American Ceramic Society, 2013, 96(1): 80-89.

[57] ALVARADO-CONTRERAS J A, OLEVSKY E A, GERMAN R M. Modeling of gravity-induced shape distortions during sintering of cylindrical specimens[J]. Mechanics Research Communications, 2013, 50(4): 8-11.

[58] WERESZCZAK A A, BREDER K, FERBER M K, et al. Dimensional changes and creep of silica core ceramics used in investment casting of superalloys[J]. Journal of Materials Science, 2002, 37(19): 4235-4245.

[59] RAJ R. Separation of Cavitation Strain and Creep Strain During Deformation[J]. Journal of the American Ceramic Society, 2010, 65(3): C-46-C-46.

[60] COBLE R L. A model for boundary diffusion controlled creep in polycrystalline materials[J]. Journal of Applied Physics, 1963, 34(6): 1679-1682.

[61] CANNON W R, LANGDON T G. Creep of ceramics[J]. Journal of Materials Science, 1988, 23(1): 1-20.

第3章
基于光固化树脂原型的石膏/氧化钙基铸型成形技术

3.1 概述

石膏由于具有化学性质稳定、来源广泛、成本低廉等优势,成为人类生产生活中重要的基础材料,长期以来在建筑工程、工业生产等领域应用广泛。在机械制造领域,石膏主要应用于注塑成形、消失模铸造等工艺中[1]。石膏铸型在模具制造成形领域的应用,可根据其对石膏铸型的性能要求分为两类:一类是将原型模具或机械加工制成的石膏铸型模具,作为注塑成形、注浆成形用;另一类是用于金属铸造成形的石膏铸型,通常使用预制模具(包括木模、蜡模等)翻制成形。两类石膏铸型的材料组成不同,这主要由二者工作条件与性能要求差异所致。其中,前者通常工作温度较低,且石膏铸型多次重复使用,因此,对此类石膏铸型的耐磨性、耐热冲击能力、耐腐蚀性等具有较高要求;而石膏铸型由于一次性使用,更加关注材料强度、尺寸精度、表面质量及易脱除性能等。

传统的石膏铸型精铸工艺流程如图3-1所示,使用钢箍或砂箱作为外壳,防止石膏铸型在焙烧、搬运过程中由于强度不足而开裂。此工艺虽然可以利用钢制外壳保证铸型完整性,但一方面,大大增加了铸型冗余重量,以外形尺寸为$\phi 400\text{mm} \times 400\text{mm}$的机匣零件为例,若使用钢箍则铸型总质量可达200kg以上,不仅搬运困难,还将导致铸型本身负重增加,增加铸型断裂风险;另一方面,砂箱、钢箍尺寸与制造零件的尺寸不匹配将造成材料的大量浪费,增加其生产成本。

石膏铸型熔模精密铸造技术自问世以来已经有50余年的发展历史,成形工艺及成形机理已有较为广泛的研究,现有制造技术可实现尺寸公差范围

图 3-1 传统的石膏铸型精密铸造工艺流程

($\pm 0.05 \sim \pm 0.1$)mm/25mm 或($\pm 0.08 \sim \pm 0.05$)mm/25~50mm、表面粗糙度 $Ra < 1.6\,\mu m$，部分制造中甚至实现了表面粗糙度 Ra 为 $0.8\,\mu m$ 的铸件制造，广泛应用于航空、航天、电子和卫星通信的铝合金零件制造，波导管的内腔尺寸精度可达 $\pm 0.05 mm/23 mm$，表面粗糙度 Ra 达到 $1.6\,\mu m$。

我国在 20 世纪 80 年代初开始引进石膏铸型精密铸造（精铸）技术，1982 年初，原三机部科技局组织部属厂、高校、研究所成立石膏铸型精铸攻关组，以两种复杂薄壁的军用铝铸件为研制对象进行技术攻关[2]。在不到两年的时间里成功铸造出两种复杂薄壁铝铸件，填补了国内在石膏铸型精密铸造方面的空白。此后，西北工业大学张立同团队在石膏铸型熔模精密铸造方面进行了深入研究，先后研制出高强石膏铸型、水溶性石膏芯等，并应用该技术实现了多种波导管及中小型复杂薄壁铝铸件的制造[3]。

随后，国内多家高校与研究院所对石膏铸型成形技术展开了更加广泛全面的研究。重庆大学彭家惠等对石膏铸型的宏微观性能进行了综合的研究，提出了多种石膏铸型配方调节优化的方法与成形工艺的改进方案[4-5]。广西大学针对石膏铸型的溶解性进行了研究，提出使用易溶性盐类作为添加剂提高石膏铸型溶解速率的方法[6-7]。而对石膏铸型成形的研究，也逐渐从以技术工艺研究为主深入到对其成形机理的研究。伊尔迪兹科技大学对石膏及填料粒径对石膏铸型成形影响进行了研究[8]，浙江大学就石膏颗粒级配对石膏铸型的增强作用进行了详细分析[9]。荷兰埃因霍芬理工大学[10]、西安科技学院[11]等对半水石膏遇水后水化的石膏成形机理进行了探索。美国威斯康星麦迪逊大学[12]、美国国家标准与技术研究院[13]等对石膏板材在高温下的力学性能进行了研究。沈阳理工大学对石膏铸型快速干燥工艺进行了优化设计，通过微波干燥大大加快了石膏铸型干燥速率[14]。

然而，随着机械制造中各类零件的集成度、复杂度越来越高，消失模具铸造中零件原型的复杂度也大大增加，传统铸造中原型模具制造方法已无法满足要求。例如，美国 Tec‐Cast 公司运用传统石膏铸型铸造波音 767 飞机航空发动机燃油增压泵壳体，该零件外形复杂、内部有多个变截面的弯曲油路歧管，气密性要求极高，中心孔距保持在 ±0.25mm 的公差；其原型零件由多个加工件组合而成，采用 22 个分体蜡模组合成整体蜡模，在组合时嵌入了 12 个形状尺寸不同的型芯[15]，因此制造周期长、制造成本高。由于复杂零件采用传统工艺制造石膏铸型的难度不断加大，因此，随着增材制造技术的产生与快速发展，基于增材制造技术的快速原型成形在石膏铸型精密铸造中获得了广泛的应用。

制造快速原型是增材制造技术的重要应用之一，使用快速原型翻制石膏铸型用于注塑模具、陶瓷模具和快速精铸铸型的工艺均已获得较为全面的研究和较为广泛的应用。20 世纪末以来，增材制造技术得到了长足的进步，发展出了 LOM、SL、SLS、FDM、3DP 等多种成形快速原型的方法。就快速精密铸造技术本身而言，快速原型的具体制造方法对后续工艺影响不大，但原型件自身的制造精度、表面质量、烧失残灰率等技术指标都将影响铸型铸件的最终成形质量。

作为最早兴起的增材制造技术之一，LOM 技术在快速原型制造中应用也较早，合肥工业大学开展了基于 LOM 技术的快速原型制造，用于制造锡铋合金，表面粗糙度 Ra 达到 1.6 μm，抛光后 Ra = 0.8 μm，尺寸精度为 ±0.128mm/100mm[16]。但是受成形工艺局限，LOM 技术在复杂零件成形能力和成形精度上均有明显的不足，因此近年来，LOM 技术与基于 LOM 制造的快速原型铸造技术进展较为缓慢。

SLS 技术制造的快速原型在石膏铸型精密铸造中的应用较多，原型材料以聚苯乙烯粉末（PS 粉）为主，SLS 聚苯乙烯原型具有成本低廉、精度较高的优势，国内外针对该工艺均已有较为完善的研究和成熟的商业化应用，现有商用石膏铸粉也主要面向 SLS 聚苯乙烯原型。重庆大学、华中科技大学[17]等高校分别基于 SLS 原型进行了铝合金、铝镁合金零件的快速制造（图 3-2），针对石膏铸型的尺寸精度、强度、脱除性能等进行了全面研究，设计了与 SLS 聚苯乙烯原型及铝合金相匹配的石膏铸型材料体系及处理方法。然而受限于成形工艺本身的局限性，SLS 成形复杂零件（尤其是含有内腔结构零件）时，表面成形质量仍显不足。因此，该技术目前仍主要用于制造毛坯原型、饰品及设备外壳、支架等对表面质量及尺寸精度要求不高的零件。

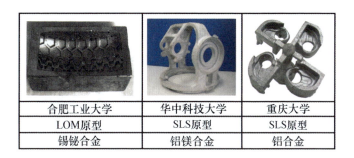

图 3-2 国内部分高校基于快速原型的石膏铸型铸造零件

光固化树脂原型具有精度高、成形复杂结构零件能力强的优势,但光固化树脂原型在石膏铸型的快速原型中应用以直接翻制注塑模居多,由于烧失温度高,发气量大的问题,在石膏铸型制备中应用较少。俄罗斯彼尔姆国立科研理工大学[18]和西安电子科技大学[19]等就基于光固化树脂原型的石膏铸型成形进行了研究,但其成形零件结构较简单,难以体现光固化树脂原型加工能力强、表面质量高的优势,兰州理工大学[20]制造了较为复杂的金属铸件,但其表面质量较差,远不能达到精密铸造成形要求。如何实现对复杂结构光固化树脂原型精确、完整地复型,是实现光固化树脂原型在石膏铸型制备中广泛应用的关键要素。而现有的石膏铸型成形方法铸型强度不足(尤其是高温强度较低),强度精度难以兼顾,对精细结构的复型能力不强,因此尚未在复杂精细结构快速精密铸造成形中获得广泛应用。

3.2 石膏铸型整体成形工艺

3.2.1 制备工艺

基于石膏铸型的铝合金零件制造流程通常分为石膏粉料混制、石膏浆料制备、石膏灌注成形、石膏铸型焙烧脱脂脱水、合金浇铸、石膏铸型脱除等阶段。因此,结合石膏铸型成形特征,基于光固化树脂原型,初步设计了面向复杂机匣零件快速制造的工艺流程,如图 3-3 所示。

该工艺中,使用光固化快速成形设备制造零件树脂原型,混制石膏粉料并配制浆料,灌注成形石膏铸型后,经凝固、干燥、脱壳、焙烧、清理等处

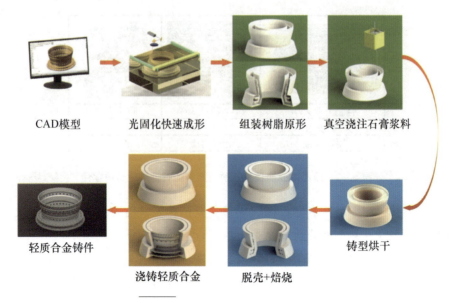

图 3-3　机匣快速制造工艺路线图

理后获得可用于合金铸造的石膏铸型,浇注后脱除石膏铸型及石膏铸型芯,获得合金铸件,具体内容为图 3-3 所示工艺链中各环节的具体实现方法、工艺参数及设计制造方案。

石膏浆料配制是石膏铸型成形的关键工序,浆料流动性关系到成形效果,而配制浆料的成分配方、固相体积分数等还将显著影响材料精度、力学性能及表面质量。因此,首先选定石膏材料体系的基体材料,作为后续研究的基础。

3.2.2　石膏基体材料的对比

石膏是对水合硫酸钙($CaSO_4 \cdot H_2O$)体系材料的统称,硫酸钙是石膏铸型中提供强度的主要物相,也是石膏粉料的基体材料。石膏铸型成形过程即为 $CaSO_4 \cdot 0.5H_2O$ 发生水化反应生成 $CaSO_4 \cdot 2H_2O$ 的过程,其反应方程式为

$$CaSO_4 \cdot \frac{1}{2}H_2O + \frac{3}{2}H_2O \longrightarrow CaSO_4 \cdot 2H_2O + Q \quad (3-1)$$

市场中现有用于石膏铸型成形的石膏粉料包括两类:第一类是用于模型

制作的石膏粉，通常由较高纯度的半水硫酸钙构成，表3-1列出了三种高纯石膏粉的相关性能参数，此类铸粉强度较高，但高温变形开裂严重；第二类是用于铸造的铸造石膏粉，此类石膏粉在半水硫酸钙粉料中混入大量填料以提高材料导热能力并抵制收缩，因而其力学性能较差，表3-2列出了实验测得的三种铸造石膏粉的最低膏水比、素坯强度、焙烧后尺寸精度等相关性能参数。

表3-1 三种高纯石膏粉相关性能参数

生产厂家	半水硫酸钙含量	目数	最低膏水比	素坯强度	焙烧后尺寸精度
青岛优索	95%	未标明	100∶60	3～5MPa	收缩3%～4%
济南宏图	99.8%	280	100∶50	4～10MPa	收缩3%～4%
北京金蝶	98%	325	100∶27	10～12MPa	收缩4%～5%

表3-2 三种精密铸造石膏粉相关性能参数

生产厂家	半水硫酸钙含量	填料	最低膏水比	素坯强度	焙烧后尺寸精度
广州艺辉	41.10%	SiO_2	100∶36	1～2MPa	±0.1%以内
北京金蝶	31.20%	SiO_2、MgO等	100∶45	1～2MPa	±0.3%以内
青岛英泰	33.24%	SiO_2	100∶35	1.87MPa	±0.5%以内

通过X光荧光光谱分析仪测定四种商用石膏粉的成分，测定结果如图3-4所示。

表3-3列出了部分高校在研究中使用的铸造石膏粉配方。

表3-3 部分高校铸造石膏粉配方

高校	铸造石膏粉配方
合肥工业大学	半水硫酸钙30%、莫来石50%、锆英粉20%
内蒙古工业大学	半水硫酸钙30%、莫来石70%
重庆大学	半水硫酸钙34%、石英19%、铝矾土41%、滑石粉6%
华中科技大学	半水硫酸钙30%、石英25%、铝矾土25%、硫酸镁20%

以图3-4中四种石膏粉为原料，以其可满足流动性要求的最高膏水比制作试样，测试其室温及高温下弯曲强度，实验结果如表3-4所示。

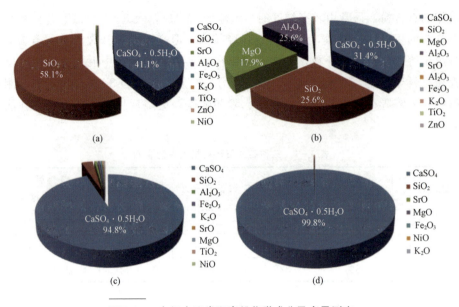

图 3-4 市场中四类石膏粉化学成分及含量测定

(a)精密铸造石膏粉—广州艺辉；(b)精密铸造石膏粉—北京金蝶；
(c)模具石膏粉—青岛优宇；(d)模具石膏粉—济南宏图。

表 3-4 铸造石膏与模具石膏强度对比

温度/℃	铸造石膏(a)	铸造石膏(b)	模具石膏(c)	模具石膏(d)
20	1.089MPa	1.423MPa	3.150MPa	3.070MPa
300	<0.05MPa	<0.05MPa	2.232MPa	2.670MPa
600	<0.05MPa	<0.05MPa	0.975MPa	2.174MPa

以上测试结果可知：铸造石膏粉焙烧后精度较好但强度明显不足；而模具石膏粉由于半水硫酸钙含量较高，强度较高但加热焙烧后收缩严重。例如，对广州艺辉铸造石膏粉试样进行分析，经720℃高温焙烧2h，焙烧前后收缩率不超过0.1%；使用表3-4中半水硫酸钙含量为99.8%的石膏粉(半水石膏粉)按100∶70膏水比制作试样，其收缩率高达4%。尝试使用铸造石膏粉制造小型叶轮铸型，使用如图3-3所示工艺路线制造钢箍铸型，虽然焙烧后铸型在钢箍支持下仍保持完整，但铸型表面出现裂纹(图3-5绿色圈内)，从X射线检测结果可以看出，铸型内部细小结构已出现严重断裂缺损(图3-5黄色圈内)。

因此，在选定石膏体系基体材料时，有两种方案：①以铸造石膏粉为基体材料，提高铸型强度(尤其是中高温段强度)；②以模具石膏粉为基体材料，

在保证其强度的前提下设法提高铸型精度。针对第一种方案,采取方案提交石膏铸型强度,分析可知:

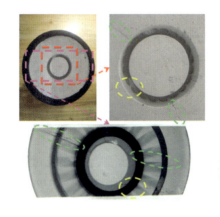

图 3-5
焙烧后开裂的小型叶轮的箱式铸型

(1)与成形陶瓷材料不同,石膏粉不以颗粒堆积方式存在,而是以石膏晶粒相互黏连形成整体,因此通过高熔点物质熔融包覆等提高陶瓷材料中温强度的方法[21]不适用于石膏铸型。

(2)由于铸造石膏中提供强度的半水硫酸钙所占比例过低,材料基体强度极为有限(素坯强度一般不超过 1.5MPa),添加纤维等物理增强方法通常可以有效提高材料强度[22],添加碳纤维、玻璃纤维增强石膏铸型强度,虽可将铸造石膏在室温下的强度带来较大的提高,但其 350℃ 弯曲强度甚至仍未达到 0.05MPa,增强效果不佳。

(3)与陶瓷材料高温烧结产生强度不同,石膏在 1300℃ 以上分解为 CaO 而难以烧结,也未见有研究提出硫酸钙与其他物质产生反应。由于铸造石膏以 SiO_2 为主要填料,故添加少量 Al_2O_3 与 SiO_2 烧结生成莫来石($3Al_2O_3 + 2SiO_2 \rightarrow 3Al_2O_3 \cdot 2SiO_2$)提高强度,加入氧化铝升温至 1000℃ 后,铸型材料力学性能显著提高,当加入质量分数为 5% 的氧化铝时,焙烧后铸型室温强度可达 3MPa 左右且在室温 0~700℃ 温度区间内力学性能保持稳定。然而,如图 3-6 所示的 XRD 分析表明,铸型力学性能提高是由于 1000℃ 以上焙烧时 $CaSO_4$ 与 Al_2O_3 反应生成铝酸钙 $Ca(AlO_2)_2$ 所致,而铝酸钙是白水泥成分之一,其强度较高且耐腐蚀性极强,若用于铝合金铸造则无法实现脱芯[23]。此外,Al-Si/Al-Ca 系物质反应烧结温度远高于 350℃ 光敏树脂的分解温度,因此 1000℃ 烧结产生强度仅能提高铸型浇铸强度,并不能有效提高首次焙烧过程中铸型的力学性能。

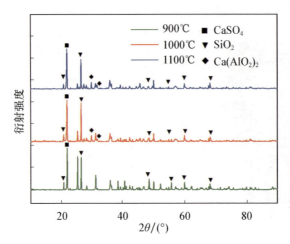

图 3-6 添加 5% 氧化铝的铸造石膏径 900℃、1000℃、1100℃ 焙烧后 XRD 图

综上，提高铸造石膏粉强度极为困难，因此，选用模具石膏（高纯半水硫酸钙）为基体材料，寻求其精度强度调控方法。

3.2.3 膏水比的影响分析

石膏成形是半水石膏颗粒在水中悬浊分散并与水反应凝固生成二水石膏凝块的过程。理论上，仅需 18.6g 的水即可与 100g 半水石膏粉完全反应生成二水石膏，而实际中，石膏粉配制过程中，膏水比通常不会高于 100∶30，有时膏水比甚至达到 100∶100。其中，除占半水硫酸钙质量 18.6% 的水与 $CaSO_4 \cdot 0.5H_2O$ 发生反应成为 $CaSO_4 \cdot 2H_2O$ 中的结合水外，其他水分子仅起到分散粉料颗粒、增强浆料流动性以满足浆料灌注需求的作用；在浆料凝固为石膏素坯过程中挥发或作为自由水留存于铸型内，在后续的干燥或焙烧阶段中完全蒸发形成孔隙。石膏在半水硫酸钙水化结晶过程中产生强度，现有解释半水石膏成形的理论主要包括溶解析晶理论[24]和胶体理论[25]两种。

在石膏浆料配制中，常以膏水比，即配制浆料时粉料（包括半水硫酸钙与其他填料、添加剂等）与水的质量比表示材料固相体积分数。固相体积分数高低不仅影响石膏浆料的流动性和凝固时间，也将是材料尺寸精度、力学性能等指标的重要影响原因。在石膏浆料灌注成形过程中，其流动性好坏与凝固时间长短是关系到铸型能否充型完整、浆料分布是否均匀的关键因素。显然，高固相体积分数在提升强度的同时将会减少浆料中用于分散悬浮石膏颗粒的自由水数量，从而降低浆料流动性。

根据表3-5配制浆料制作试样研究膏水比对浆料及铸型性能的影响。选用480目高纯半水石膏(纯度99.5%以上)作基体材料，测得其中位径 $D50 = 33.1\mu m$，粒径跨度为3.602。

表3-5 膏水比实验参数

成分	高纯石膏	去离子水
质量分数/%	100	40~100

石膏浆料凝固过程中，$CaSO_4 \cdot 0.5H_2O$ 在水中分散、溶解并与水反应直至晶粒间连接形成强度，石膏浆料黏度上升失去流动性，图3-7展示了不同膏水比石膏浆料表观黏度随时间变化的趋势。为实现细小结构的浆料完整充型，通常要求浆料表观黏度低于 $1Pa \cdot s$，由图3-8可知，当膏水比高于100∶55时，浆料流动性极差，浆料搅拌均匀后立即测试浆料黏度发现已超过 $1Pa \cdot s$，难以直接用于灌注成形；当膏水比处于100∶55~100∶60时，浆料黏度随膏水比降低而显著减小，膏水比为100∶60时，浆料黏度可在较长时间内维持在 $1Pa \cdot s$ 以下；当膏水比低于100∶60时，石膏浆料黏度极低，且稳定维持时间更长。

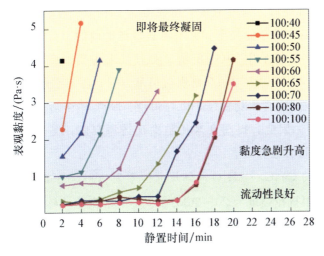

图3-7
不同膏水比石膏浆料表观黏度随时间变化的趋势

石膏浆料注型过程中，浆料初凝时间(在凝固过程中，粉体与水混合后到大量颗粒产生相互连接致使浆料失去流动性的时间)，决定了浆料可用于浇注充型的时间长短。图3-8更直接地反映了膏水比对石膏浆料凝固时间的影响，当膏水比高于100∶60时，浆料的初凝时间急剧缩短，难以满足复杂结构的完整均匀充型需求。

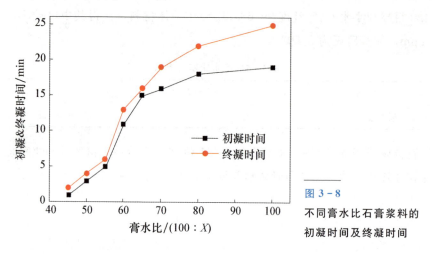

图3-8 不同膏水比石膏浆料的初凝时间及终凝时间

降低固相可以获得更好的浆料流动性与更充足的凝固时间，但固相体积分数不仅影响配制过程中浆料的流动性，还显著影响铸型材料的强度与收缩率，需对三者综合考虑，择优选择膏水比，进而对膏水比对成形石膏铸型的综合性能影响进行研究。测定不同膏水比石膏材料在完全凝固干燥后的室温弯曲强度及经750℃焙烧后的尺寸收缩，测试结果如图3-9(a)所示；测试300℃下不同膏水比石膏的弯曲强度（300℃下石膏铸型内的自由水与结合水已完全脱除），测试结果如图3-9(b)所示。实验结果表明，高固相体积分数石膏（膏水比高于100∶50）在300℃焙烧后仍可以保持原有强度60%以上，而低固相体积分数石膏（膏水比低于100∶60）在300℃焙烧后强度仅为原有强度的30%~50%。因此，提高膏水比是保证铸型强度，尤其是铸型经高温焙烧后强度的关键方法。

相关研究表明，常见的$CaSO_4 \cdot 2H_2O$晶体尺寸一般为25~50μm，这一尺寸范围的石膏单晶体极限抗拉强度为20~30MPa[26]，通常脆性材料的弯曲强度大于其抗拉强度，本实验中实测弯曲强度不超过10MPa，远低于理论值。造成该现象的原因：一方面是因为$CaSO_4 \cdot 2H_2O$晶体间存在着微小裂纹，当材料受外力破坏时，裂纹附近出现应力集中，导致开裂；另一方面则是由于石膏材料并非完全致密，浆料成形中大量自由水及微小气泡被包裹于$CaSO_4 \cdot 2H_2O$晶粒间隙中，当材料被烘干后，形成孔隙，孔隙的存在加大了

相同载荷下 $CaSO_4 \cdot 2H_2O$ 晶体的受力。此外，此类孔隙的存在，也加剧了 $CaSO_4 \cdot 2H_2O$ 受热分解后产生的收缩变形，从而影响了材料的尺寸精度。

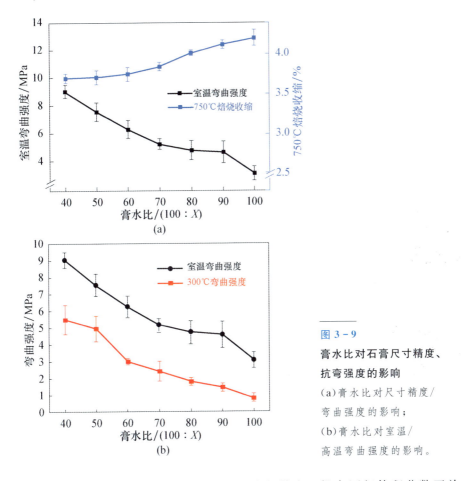

图 3-9

膏水比对石膏尺寸精度、抗弯强度的影响

(a)膏水比对尺寸精度/弯曲强度的影响；
(b)膏水比对室温/高温弯曲强度的影响。

综合以上分析，如想要获得较高的强度与精度，提高固相体积分数至关重要，但这与石膏浆料的流动性要求相悖。

3.2.4 注浆工艺的影响分析

膏水比对石膏力学性能的影响，主要是由材料内固相体积分数不同导致的，试样的开气孔率可以在一定程度上反应实际的固相体积分数高低。按照表 3-5 中的实验配方制备浆料成形试样，分别在大气环境及真空度 0.085MPa 条件下。图 3-10 展示了不同膏水比石膏开气孔率的理论值与实测值变化趋势。

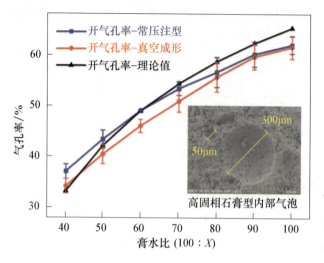

图 3-10 不同膏水比石膏开气孔率理论值与实测值变化趋势

对于常压注型的石膏，当膏水比较高时（大于 100∶60），实测开气孔率大于理论值，且二者差值随固相升高而增加；反之，当膏水比小于 100∶60 时，实测开气孔率则小于理论值，二者差值同样随固相体积分数降低而增加。造成这种变化趋势的主要原因与浆料夹气和沉降现象有关：高固相浆料搅拌过程中易混入气泡，部分气泡未能在浆料凝固失去流动性之前上浮，被凝固的 $CaSO_4·2H_2O$ 包裹，增加气孔比例；而固相较低时，由于凝固时间较长，$CaSO_4·2H_2O$ 结晶析出后不能稳定悬浮，易产生沉淀，导致悬浊液分层，上层的水层蒸发后致使下层实际固相高于理论值，故开气孔率低于理论值。

对比真空及常压状态下灌注成形的石膏开气孔率（图 3-10 中蓝线与红线）也可印证以上结论。固相体积分数越高，浆料的真空处理对降低其开气孔率的效果越明显；而当膏水比低于 100∶80 时，是否采用真空处理对材料开气孔率影响低于 1%。因此，可认为浆料固相体积分数较低时，浆料中夹杂气体极少；而固相较高时由于浆料黏度大，搅拌时混入浆料的气泡上浮时受到阻力较大，如果浆料初凝时间内气泡仍不能排出，则会在凝固结晶后夹杂于材料内形成气孔缺陷从而降低材料力学性能。而弯曲强度测试也表明，固相较高时，真空灌注浆料制得石膏铸型相对常压下成形有明显提升，如图 3-11 所示，对于膏水比高于 100∶70 的石膏铸型，真空成形对提高力学性能效果更加明显，平均可将铸型强度提高 1MPa 左右。

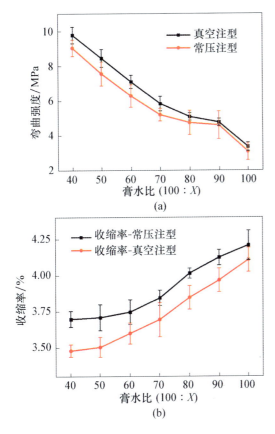

图 3 – 11
真空浇注对石膏铸型弯曲强度及尺寸精度的影响
(a)真空成形对石膏铸型弯曲强度的影响；
(b)真空成形对石膏铸型焙烧收缩的影响。

真空注型可以进一步提高高固相浆料的力学性能，但并不能解决其流动性差的问题。鉴于浆料流动性与高固相的矛盾，需要寻求降低高固相浆料黏度的方法——相关研究指出，使用减水剂是提高石膏浆料流动性的重要方法。

减水剂是减少质量相同石膏配制为同等流动性的浆料的需水量的一种添加剂，其作用与分散剂较为类似，可以促进颗粒分散提高浆料流动性，本实验中选用聚羧酸减水剂(PCS)。与传统分散剂仅通过调节 pH 改变微粒表面电性增强分散效果不同，聚羧酸减水剂的吸附量与 ζ 电位均较低，但其对石膏的分散作用和分散性保持能力却优于传统分散剂[27]。

根据表 3－6 制备浆料，研究聚羧酸减水剂对改善浆料流动性的作用规律。

表 3-6 减水剂对浆料流动性影响规律实验参数

成分	高纯石膏	去离子水	聚羧酸减水剂
质量分数/%	100	40~70	0~1

前面对不同膏水比石膏浆料进行黏度测试，发现每 100g 石膏粉加水量低于 55g 时即会导致浆料表观黏度超过 1Pa·s，从而影响浆料充型效果。添加聚羧酸减水剂后，浆料流动性得到极大改善，膏水比为 100∶55~100∶40 的纯石膏浆料，在分别添加质量分数为 0.1%、0.15%、0.75%、0.8% 的聚羧酸减水剂后浆料黏度均下降到 1Pa·s 以下，且力学性能测试表明，减水剂添加量较小（质量分数为 1% 以下）时，不会对材料强度影响不明显。然而，由于聚羧酸同样可以起到缓凝剂的作用，减水剂添加量较大时，可能出现浆料凝固时间过长导致石膏与水分层并产生沉淀现象（图 3-12）。

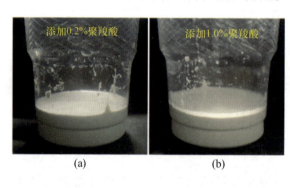

图 3-12

添加不同剂量聚羧酸静置 30min 后膏水比 100∶50 石膏浆料

对膏水比 100∶40~100∶70 的石膏浆料，测试减水剂剂量对其流动性改善的影响，实验结果如图 3-13 所示。对于膏水比 100∶40 和 100∶45 的纯石膏浆料，添加聚羧酸减水剂使其流动性降至 1Pa·s，即会使浆料产生沉降分层现象，因此在这两种膏水比下，无法通过聚羧酸减水剂使其黏度满足注型要求且不产生沉降。为获得流动性良好且不发生沉降的石膏浆料，使用减水剂最高可达到 100∶50 的膏水比。此时，聚羧酸减水剂量可添加范围为 0.15%~0.5%，可在该范围内通过调节减水剂用量控制浆料凝固时间。

3.2.5 石膏铸型填料的影响分析

应用减水剂可以有效解决石膏浆料高固相体积分数与低黏度之间的矛盾，而石膏铸型的力学性能与尺寸精度的矛盾是石膏铸型成形面临的另一关键困难。

提高固相体积分数可以显著提高石膏铸型强度,但对提交石膏铸型精度效果不明显;同样,真空注型可以通过降低气泡夹杂现象减少收缩,但效果极为有限,收缩率仅能降低0.25%左右,无法从根本上解决焙烧后铸型尺寸收缩问题。

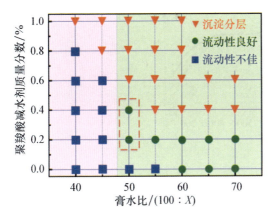

图3-13 减水剂对石膏流动性及沉降的影响

焙烧过程中,若石膏铸型仅发生各向均一的整体收缩,则尺寸精度可通过等比例放大原型的方式加以补偿,然而事实上,焙烧过程中石膏铸型收缩在时间上和空间上都不是绝对均匀的,由此引起的局部尺寸变化差异极易导致铸型开裂。根据完全凝固干燥后的石膏铸型在750℃焙烧过程中热膨胀曲线和热重-热流量曲线可以发现,高温焙烧阶段,石膏铸型的尺寸收缩可分为三个阶段:

(1) 100~180℃阶段自由水蒸发与$CaSO_4 \cdot 2H_2O$的分解失水。该阶段中,铸型中自由水在100℃完全蒸发;$CaSO_4 \cdot 2H_2O$发生$CaSO_4 \cdot 2H_2O \rightarrow CaSO_4 \cdot 0.5H_2O + 1.5H_2O$和$CaSO_4 \cdot 0.5H_2O \rightarrow CaSO_4 + 0.5H_2O$的分解反应,结晶水几乎完全从$CaSO_4 \cdot 2H_2O$中脱离,铸型发生约0.4%的尺寸收缩,该过程与图3-14(b)中的吸热峰①相对应。

(2) 350~420℃阶段$CaSO_4$相变。$CaSO_4$(Ⅲ)发生$CaSO_4$(Ⅲ)$\rightarrow CaSO_4$(Ⅱ)相变,晶体结构由三斜晶转化为斜方晶,宏观尺寸发生1.5%左右的收缩,该过程与图3-14(b)中的吸热峰②相对应。

(3) 600℃以上$CaSO_4$发生相变。推测石膏铸型尺寸收缩应为$CaSO_4$(Ⅱ)发生$CaSO_4$(Ⅱ)$\rightarrow CaSO_4$(Ⅰ)相变所致,600~750℃区间石膏宏观尺寸收缩与温度大致呈线性变化,该阶段无明显的吸放热过程与质量变化。实验表明,这种收缩现象在600~1000℃区间均存在,且收缩率几乎仅与最高焙烧温度有关,与最高温度下的保温时间几乎无关。

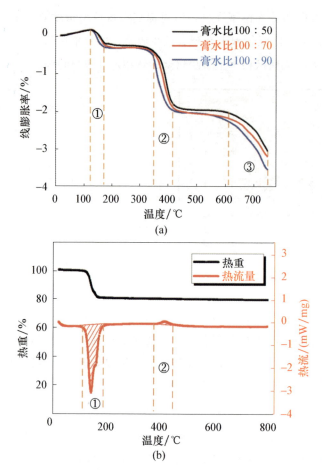

图 3-14
石膏铸型在 20~750℃ 温度区段的热膨胀曲线及 TG/DSC 曲线
(a)不同膏水比石膏线膨胀曲线；(b)纯二水硫酸钙石膏的 TG/DSC 曲线。

上述分析表明，石膏铸型的尺寸变化在整个升温区间内极不均匀，本分区段内线膨胀系数极大，而石膏铸型导热性差（石膏制品的导热系数在 0.17~0.28W/(m·K)之间），因此，石膏铸型焙烧过程中，常由于铸型表面与内部受热不均匀导致收缩不一致，产生表面开裂，此类裂纹尤以边缘处尖角处的开裂最为常见（图 3-15(a)）。添加填料是解决尺寸精度与收缩开裂问题的通行方法，例如添加质量分数为 40% 氧化镁填料后，相同膏水比石膏试样经相同的工艺焙烧，试样表面平整，无可见裂纹（图 3-15(b)）。

混制的铸造石膏的各项工艺性能、机械物理性能受填料种类、粒径等因素影响。适用于石膏铸型的填料种类主要包括以下类别：

(1) $SiO_2 - Al_2O_3$ 系填料，包括石英粉、石英玻璃粉、玻璃纤维、高岭土、硅线石粉、铝矾土粉、莫来石粉、煤矸石粉等。由于具有来源广，价格便宜的优势，硅铝系填料石膏体系中应用最广泛的填料种类。

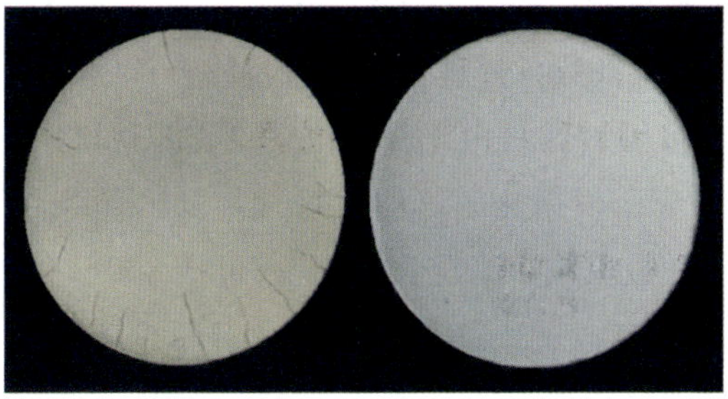

图 3-15
焙烧后(750℃)的纯石膏试样和添加 40%MgO 填料的石膏试样

(2)SiO_2-ZrO_2 系填料，包括氧化锆粉和锆英石粉。此类填料导热系数大、耐火度高，属中性材料，高温下化学性能稳定。

(3)MgO 系填料，包括氧化镁、尖晶石、镁橄榄石。此类材料也是常用的石膏铸型填料，有利于提高石膏铸型的耐火度等性能。

(4)耐火黏土类填料，耐火黏土的特点是熔点比较高、线膨胀系数较小、来源广、成本低，但所含杂质成分较多，稳定性差，可能与石膏粉和合金液起化学反应。

从 SiO_2-Al_2O_3 系填料、SiO_2-ZrO_2 系填料、MgO 系填料中选择部分材料作为填料进行填料控制石膏铸型尺寸收缩效果实验，选用各类质量分数为 40% 的填料制作试样进行实验，实验设计方案及选用各类填料的热膨胀系数在表 3-7 中列出。

表 3-7 填料对铸型热膨胀影响效果实验参数

序号	填料种类	目数/目	线膨胀系数/(%/℃)	质量分数/%	膏水比
1	MgO	160	1.42×10^{-5}	40	100∶50
2	$ZrSiO_4$	325	5.1×10^{-6}		
3	SiO_2	325	5.0×10^{-6}		
4	Al_2O_3	400	8.4×10^{-6}		
5	铝矾土	400	—		
6	石英	120	1.65×10^{-5}		

测定添加各类填料后石膏铸型材料的热膨胀曲线如图 3-16(a)所示，冷

却后的最终焙烧线膨胀率如图3-16(b)所示。相较于纯石膏在焙烧中的线性收缩，添加填料后，材料的收缩率都有较为明显的降低。对比图中添加SiO_2、MgO、Al_2O_3、锆英粉、铝矾土5种填料的石膏热膨胀曲线与纯石膏的热膨胀曲线，此5类填料的膨胀曲线较为接近，这是由于在20~750℃温度区间内，填料没有可产生宏观体积变化的反应。根据热膨胀曲线可知，加入填料抵制尺寸收缩主要是通过减少石膏体积分数以减小高温收缩阶段(包括350~420℃和600℃以上两阶段的收缩)的收缩量实现的。此外，填料材料的热膨胀系数通常略高于石膏，升温阶段石膏铸型由热膨胀导致的尺寸膨胀增加，降温阶段填料颗粒的冷却收缩则不会增加作为框架材料的石膏的收缩程度，然而，由于此类填料热胀系数仅为10^{-6}~10^{-5}/℃量级，这种热膨胀率差异导致的收缩率降低极为有限，本实验中测定仅为0.2%左右。

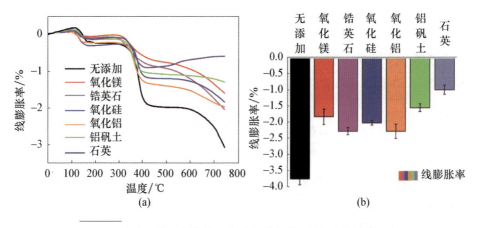

图3-16 不同填料石膏铸型的热膨胀曲线及最终焙烧线膨胀率

(a)热膨胀曲线；(b)最终焙烧线膨胀率。

上述两种填料减小收缩的原理中，石膏与填料间均未发生可产生体积变化的相互作用，膨胀可以认为是独自膨胀状况的线性相加。因此，由于焙烧过程中石膏本身将发生分解、相变导致体积收缩，故理论上即使使用再多的填料也无法完全抵制石膏收缩；而由于填料与石膏线膨胀率的不同，其在升降温过程中的膨胀行为并不是二者的简单叠加，事实上，通过添加填料可以实现完全抵消石膏铸型收缩，尽管如此，以上几类填料也需在质量占比超过粉体80%时才可以达到750℃焙烧后的近零收缩，显然，这种控制石膏铸型收缩的能力有限且效率太低。

观察热膨胀曲线可发现相较以上几种填料,石英填料展现出更好的膨胀效率,是实验采用的几种填料中唯一一种质量分数为 40% 时可使铸型材料在高温段表现为随温度升高而膨胀的填料。这一方面是由于石英粉主要由 SiO_2 构成,其热膨胀系数较大,且采用的石英粉粒径较大,抵抗收缩作用更加明显;另一方面由于石英在 573℃ 产生 α 相→β 相转化(图 3-17),Si 与 O 原子间键角改变,导致宏观体积产生膨胀,从而补偿了石膏收缩。在温度下降阶段,石英填料的 α 相→β 相转变是可逆的,但由于作为基体材料的硫酸钙在该降温阶段尺寸稳定,铸型在 573℃ 的整体尺寸变化不可逆,因此降低了焙烧前后的尺寸收缩。

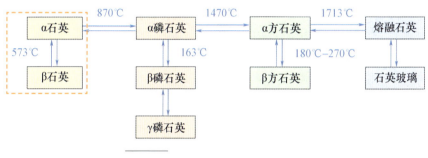

图 3-17 石英相变转化关系及温度

然而,尽管较高的热膨胀系数和相变膨胀使以石英为填料的石膏铸型收缩率明显低于其他填料,但 α 石英相变热膨胀的膨胀效率有限,为实现铸型材料近零收缩,120 目石英粉的质量分数也要接近 80%。因此,为提出更加有效的铸型强度精度调控方法,还需要对石膏材料在升温过程中力学性能的变化进行进一步研究,发现铸型强度下降的关键温度区段与强度下降机理。

3.3 石膏铸型高温性能

本书对石膏铸型材料的强度研究已较为充分,但其中涉及中高温阶段石膏铸型强度变化的研究则极少。本研究中应用光固化树脂原型成形复杂结构石膏铸型,原型件的热解特性和铸型结构特点决定了本工艺对石膏铸型中高温强度精度提出了更高的要求,为保证石膏铸型脱脂焙烧过程中尺寸稳定、控制高温变形、避免产生开裂，需对石膏铸型脱脂焙烧过程中的行为进行系统地分析研究。

3.3.1 纯石膏铸型高温性能分析

由于力学性能测试无法同尺寸变化测试一样，测得力学性能随温度升高的连续变化规律，因此，本节中研究石膏铸型中高温下的强度变化规律首先需明确关键的温度节点。根据中高温下光固化树脂原型及石膏铸型发生反应、相变的温度段，选取的关键温度节点在表3-8中列出。

表3-8 材料强度测试温度节点

测试温度/℃	选取原因
20	素坯干燥后储存温度
200	石膏铸型完全失水后的温度
300	树脂原型与石膏铸型线膨胀率之差最大的温度
350	石膏铸型400℃以下强度最低点
400	石膏铸型350℃发生相变
500	代表高温力学性能
750	代表铸造温度及焙烧后室温强度

石膏铸型强度在半水硫酸钙水化结晶过程中产生，随铸型干燥石膏强度不断增强，至完全干燥后石膏强度达到最大值。

由于石膏铸型由众多细长杆状的石膏晶粒堆叠连接而成，晶粒间结合能力不强，因此强度随温度升高呈下降趋势。本节将着重研究焙烧过程中石膏铸型强度下降的规律，根据图3-14(b)中的热重分析，温度升高至200℃时，纯石膏的残留质量为80.63%，减重19.37%，而理论上石膏完全脱除结合水将损失20.93%的质量，二者基本吻合，因此，可认定该阶段的脱水以结合水脱除为主，自由水已经在之前的干燥工艺中几乎完全脱除。由图3-18可知，在脱水阶段中，纯石膏的强度将下降10%~20%，其中低固相石膏的强度下降幅度明显高于高固相石膏。这是由于该温度段中，石膏铸型在失去结合水过程引发尺寸变形，而低固相石膏材料导热性能差，各部分变形的不均匀性更强，导致铸型内应力增大，进而加剧了强度下降。

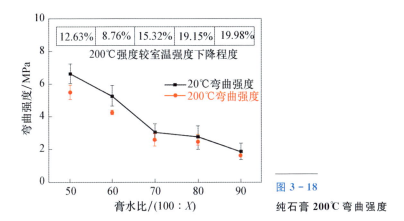

图 3-18 纯石膏 200℃弯曲强度

在本工艺中，300~400℃区间内石膏铸型的强度是焙烧过程中保证铸型完整性的关键区段。由图 3-19 中石膏铸型高温强度测试结果可知，在室温至石膏发生硬石膏（Ⅲ）转化为硬石膏（Ⅱ）的反应前，该阶段内的强度下降主要由热应力所致的铸型内部微裂纹扩展所致，强度成单调递减变化，高固相石膏铸型在 200~350℃温度段内下降最为明显，至 350℃时强度降至其素坯强度的 70%左右。350~400℃温度段间，由于石膏相变产生收缩，使石膏铸型内部致密化，故而 400℃强度较 350℃略微提高。

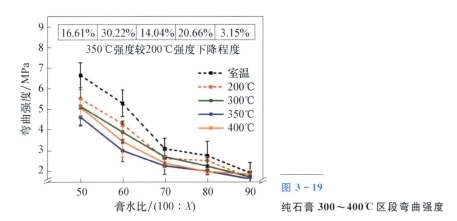

图 3-19 纯石膏 300~400℃区段弯曲强度

400~750℃的温度段内，石膏铸型尺寸收缩率与强度变化均较为平缓，如图 3-20 所示，高固相石膏在该温度段下强度缓慢下降，至 750℃保温后强度降至室温强度的 40%，低固相石膏铸型在该温度段的强度下降则不明显。

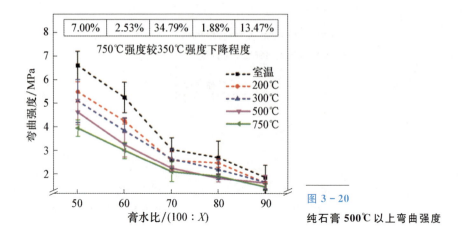

图 3 - 20 纯石膏 500℃ 以上弯曲强度

综合上述分析可知，350℃以下的中低温度段时石膏铸型强度随温度升高而下降最为剧烈的阶段，而光固化树脂原型的烧失温度高于该温度，在该温度段中光固化树脂原型的热膨胀率大，对该阶段铸型强度要求高，需对该阶段的铸型强度加以关注。

3.3.2 含填料石膏铸型高温性能分析

进一步研究含填料铸型力学性能随温度升高的变化趋势，根据表 3 - 9 设计实验测定石膏 - 填料比对铸型中低温力学性能的影响规律。

表 3 - 9 锆英石石膏 - 填料比对铸型中低温力学性能影响规律实验参数

序号	半水硫酸钙质量分数/%	石英质量分数/%	膏水比	聚羧酸减水剂质量分数/%
1	99.6	0	100∶50	0.4
2	89.7	10		0.3
3	79.7	20		0.3
4	69.8	30		0.2
5	59.8	40		0.2
6	49.9	50		0.1
7	39.9	60		0.1
8	29.9	70		0.1
9	19.9	80		0.1

若要实现石膏收缩的完全抵制，必须大幅提高填料在粉体中所占比例，而石膏粉所占比例的下降又将显著影响材料强度。填料热膨胀虽然可以抵制石膏收缩，但这种抵制作用将不可避免地导致铸型内应力增大，出现开裂倾向并导致强度降低。图3-21展示了不同锆英石添加量试样在室温及350℃下的弯曲强度。实验结果表明，当填料所占比例超过60%后，其350℃高温强度迅速下降(下降至0.05MPa以下，该数值低于设备的有效分辨率，可认为强度接近0)，远远无法满足本工艺对铸型材料中高温强度的要求。因此，采用此类填料的方法难以同时满足铸型精度强度要求。

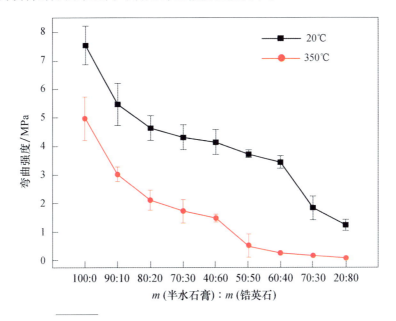

图3-21 不同锆英石添加量试样在室温/350℃弯曲强度

进而研究存在相变膨胀材料在中高温阶段力学性能变化趋势，这里选用在573℃产生相变膨胀的石英填料进行测定，实验设计方案如表3-10所示。

表3-10 石膏-填料比对铸型高温力学性能影响规律实验参数

序号	半水硫酸钙质量分数/%	石英质量分数/%	膏水比	聚羧酸减水剂质量分数/%
1	99.6	0	100∶50	0.4
2	89.7	10	100∶50	0.3

续表

序号	半水硫酸钙质量分数/%	石英质量分数/%	膏水比	聚羧酸减水剂质量分数/%
3	79.7	20	100∶50	0.3
4	69.8	30	100∶50	0.2
5	59.8	40	100∶50	0.2
6	49.9	50	100∶50	0.1
7	39.9	60	100∶50	0.1

实验结果如图 3-22 所示。与纯石膏材料不同，添加石英填料后，石膏铸型的强度不仅相较相同固相的纯石膏大幅下降，随温度升高石膏铸型强度相较室温下下降程度也明显更大，尤其在 300℃ 以下的中低温阶段，铸型强度急剧下降，降低至室温强度的 50% 左右；而在 300℃ 以上的中高温阶段，铸型强度下降反而并不明显，发生在 573℃ 的石英相变引起的体积膨胀对铸型整体强度影响较小。石英质量分数小于 50% 时，铸型收缩率较其他填料明显减小，其 300~600℃ 高温强度可维持在 1MPa 以上；而当质量分数达到 60% 时，石膏铸型的焙烧收缩率可以控制在 1% 以内，但其高温阶段强度已下降 0.5MPa 左右，难以满足铸型维型要求。

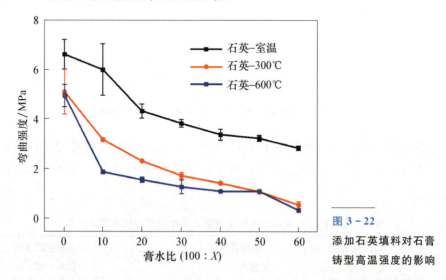

图 3-22 添加石英填料对石膏铸型高温强度的影响

实验结果表明，含填料铸型在 0~300℃ 的中低温温度段强度下降更加明显，尤其是石英添加量较多时，铸型强度在 300℃ 即下降到极低水平，而继续升温至600℃时强度已经趋于稳定。造成这一现象与石英过高的热膨胀率过大有关，其中低温段过高的膨胀率对铸型强度产生了影响。为保证该阶段铸型完整，通常要求铸型在350℃以内保持2MPa以上的强度，而商用石膏铸粉在焙烧至200℃时强度已降至0.05MPa以下，极易产生整体开裂，不能满足光固化树脂原型烧失对铸型强度的要求。实验证明，石膏-填料体系难以兼顾高温强度与尺寸精度，这是由石膏与现有常规体系固有的高温变化特性所致。为实现强度与精度的综合提升，则需要建立新的石膏-填料体系。

3.4 高强度低收缩石膏铸型的性能调控方法研究

通过调节石膏铸型膏水比，添加减水剂、填料，控制成形及焙烧工艺等可有效提高石膏铸型尺寸精度及高温强度，但对于含有内芯结构的复杂零件而言，仍难以同时满足铸型强度与精度要求。因此，需进一步研究石膏铸型强度形成及破坏机理，寻求更高效的填料及增强相，提高石膏铸型综合性能以满足制造要求。本章将以勃姆石为填料，研究勃姆石填料的高效膨胀作用效果，优化勃姆石-石膏材料体系，并探索勃姆石填料膨胀作用机理；基于勃姆石为填料的石膏铸型寻求其进一步增强方法，研究利用增强相及纤维晶须增强提高石膏铸型高温强度。

3.4.1 基于勃姆石填料的精度与强度调控

在铸造石膏尺寸精度控制中，面临的核心问题是如何兼顾材料焙烧前后尺寸收缩率与材料的高温力学性能，尤其是对于300～350℃中温强度，添加石英填料虽然也可以实现焙烧前后收缩率接近0，但过高的填料添加量使其在300～350℃的强度低于1MPa，远无法满足铸型脱壳强度要求。因此，寻找一种在350℃以下线膨胀系数较小，而在350℃以上膨胀效率较高的材料作为填料，将是解决精度强度矛盾的可行方法。通过对适合作为填料的Al、Si、Mg系矿石材料的调研与实验，选取可在400～500℃发生反应相变分解的矿石——勃姆石作为本工艺中的填料进行实验。

勃姆石(Boehmite)是铝土矿的成分之一，又称薄水铝石、一水软铝石，化学式为$\gamma-Al_2O_3·H_2O$或者$\gamma-AlOOH$，属正交晶系。勃姆石是一种重要的化工原料，具有独特的晶体结构，广泛应用于催化剂载体、造纸填料、无机阻燃剂等多个领域。勃姆石具有层状结构，每一层中，Al^{3+}离子与周围6个O^{2-}离子构成AlO_6八面体单元，Al在八面体中央，O在八面体顶点，八面体通过共面形成褶皱层，层间以氢键连接，晶格结构如图3-23(a)所示；勃姆石颗粒的微观形貌图3-23(b)所示，粒径10～100μm的勃姆石颗粒是由更细小的粒径为1～2μm的勃姆石颗粒堆积连接而成。

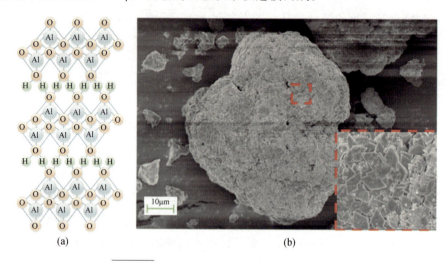

图3-23 勃姆石的层状晶格结构及微观形貌

勃姆石作为填料与石膏混合，其高温焙烧下的理化反应和体积变化将直接影响石膏铸型尺寸精度与强度，因此，对其进行热失重/热流量曲线与热膨胀曲线测定如图3-24(a)所示(为便于测试，热膨胀曲线测定时以丙烯酰胺为单体，N,N-二甲基双丙烯酰胺为交联剂，通过凝胶注模将勃姆石制成试样进行测试)。由上述两项测试可以清晰看出，在测试温度段内，勃姆石在400～600℃区段内发生了化学反应，根据相关资料可以断定，其于500℃左右发生分解反应转化为$\gamma-Al_2O_3$和H_2O，其反应式为

$$2AlOOH \xrightarrow{500℃} Al_2O_3 + H_2O \qquad (3-2)$$

由室温上升至350℃时，勃姆石性质稳定且体积膨胀以热膨胀为主，热膨胀系数约为$5\times10^{-6}\%/℃$；350℃时，勃姆石颗粒开始出现质量损失和吸热，至450℃以上质量减少和吸热峰更加明显，伴随剧烈的体积膨胀(约3%)，至550℃左右反应完全；温度高于550℃时，生成的氧化铝在800℃以下无化学反应相变，体积膨胀以热膨胀为主。

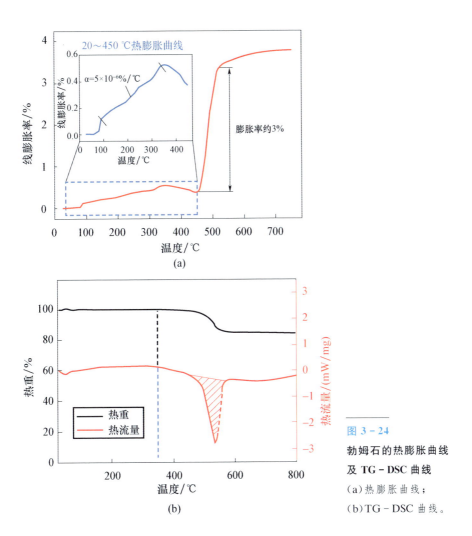

图 3-24　勃姆石的热膨胀曲线及 TG-DSC 曲线

(a) 热膨胀曲线；
(b) TG-DSC 曲线。

由于勃姆石具有高温产生膨胀的特性，因此，使用 D_{50} 为 20 μm 的勃姆石作为填料制作石膏铸型试样进行尺寸精度和力学性能测试。设计如表 3-11 的实验方案研究勃姆石对石膏铸型焙烧收缩及力学性能的影响。

表 3-11　勃姆石对石膏铸型焙烧收缩及力学性能影响规律实验配方设计

序号	半水硫酸钙质量分数/%	勃姆石质量分数/%	膏水比	聚羧酸减水剂质量分数/%
1	99.6	0	100∶50	0.4
2	89.7	10	100∶50	0.3

续表

序号	半水硫酸钙质量分数/%	勃姆石质量分数/%	膏水比	聚羧酸减水剂质量分数/%
3	79.7	20	100∶50	0.3
4	69.8	30	100∶50	0.2
5	59.8	40	100∶50	0.2
6	49.9	50	100∶50	0.1
7	39.9	60	100∶50	0.1
8	30	70	100∶50	0

勃姆石在低温段线膨胀系数较低，而在高温段发生显著膨胀。利用这一特性，使用勃姆石作为填料，在相同的填料质量分数时，其对石膏铸型的膨胀作用更加显著，而这种膨胀作用发生在350℃以上，故而可以较好地保证350℃以下的石膏铸型强度，保障树脂原型脱除阶段石膏铸型的强度。

填料质量分数是影响石膏铸型尺寸收缩的主要因素，采用不同质量分数的勃姆石，测试质量分数对焙烧尺寸收缩的影响如图3-25所示。与其他填料通常需要将填料质量分数增加至70%以上才能将石膏铸型收缩率控制在0.5%以内不同，勃姆石是由于自身具有膨胀作用，其在质量分数为46%左右时即可将750℃焙烧后的石膏铸型尺寸收缩补偿至接近于0，试样尺寸收缩偏差可控制在±0.4%以内。对比添加勃姆石与其他填料的石膏铸型热膨胀曲线（图3-26(a)），相同填料质量分数的勃姆石石膏铸型在高温段的线膨胀率明显高于其他填料。

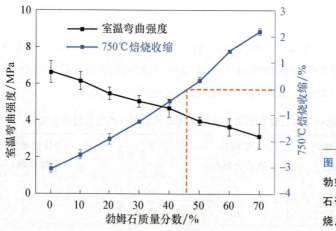

图3-25 勃姆石质量分数对石膏素坯强度及焙烧尺寸收缩的影响

在勃姆石质量分数为 0%～70% 的区间内，石膏铸型的素坯强度与勃姆石质量分数明显成线性关系，这在一定程度上反映了石膏与勃姆石产生了较好的结合；石膏铸型的焙烧尺寸收缩与勃姆石质量分数也极明显地成线性关系，这为通过调整勃姆石质量分数控制石膏铸型收缩提供了极大的方便。

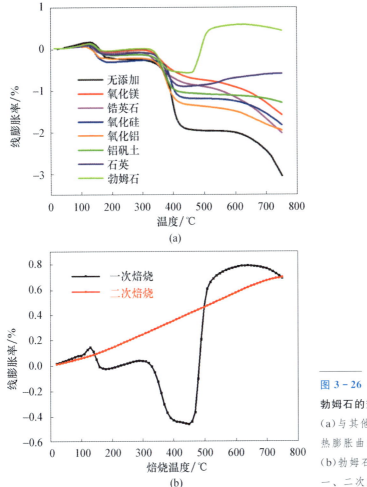

图 3-26

勃姆石的热膨胀曲线

(a) 与其他填料石膏铸型热膨胀曲线对比；

(b) 勃姆石填料石膏铸型一、二次焙烧热膨胀曲线。

作为一种填料，勃姆石的添加必定会导致石膏铸型强度的下降，图 3-27 中测得 100∶50 膏水比的纯石膏完全干燥后弯曲强度约为 7MPa，添加勃姆石后，石膏铸型素坯强度随质量分数增加大致呈线性下降趋势。与以石英为填料的石膏铸型素坯强度比较，在填料质量分数超过 20% 后，添加勃姆石的石膏铸型展现出更好的素坯强度。对勃姆石石膏铸型的高温强度进行进一步测定,图 3-27 对比了分别以石英(图中虚线)与勃姆石(图中实线)为填料的石膏铸型在室温、300℃和 600℃时的弯曲强度。可以看出,相同质量分数下勃姆石对石膏铸型强度减损相对更小,这一现象室温及高温条件下均有体现,其中填料质量分数为 20%以上,室温及 300℃条件下二者差异明显。

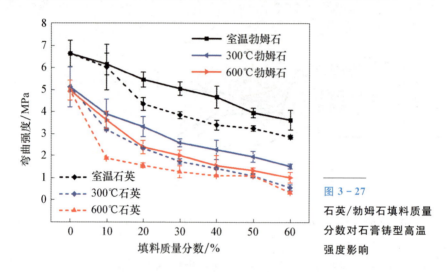

图 3-27 石英/勃姆石填料质量分数对石膏铸型高温强度影响

对于勃姆石及石英填料石膏铸型的差异(尤其体现在中低温阶段),造成二者强度差异的原因之一是填料表面形貌的不同,通过图 3-23 中填料颗粒及素坯断口的微观形貌观察,可以对这一差异加以解释。

石英颗粒(图 3-28(a))通常为非球形,形状不规则,表面较平滑规整;单个勃姆石微粒形状呈不规则球状,由大量细小晶粒堆积黏结而成,细小晶粒的尺寸在 500nm~2μm 范围内,这种特殊的微观结构导致其表面粗糙、内部多孔,这一差别对石膏与填料颗粒之间形成更加坚固有效的连接创造了条件。通过对图 3-28(c)、(d)的石膏铸型断口形貌观察可以发现,对于两种填料,断口视野中均由大量的填料颗粒均匀分散在石膏晶粒之中,但石英填料颗粒在视野中分布更多,也更加明显。而由于二者密度接近(石英密度为 $2.65g/cm^3$,勃姆石密度为 $3.00\sim3.07g/cm^3$),添加相同质量分数时填料颗粒在端口中分布不应存在显著区别,由图 3-28(e)、(g)中可以进一步看出,石英填料颗粒表面更加光滑,石英颗粒表面几乎不与石膏晶粒产生任何连接,这表明试样断裂时,裂纹主要沿石英颗粒与石膏晶粒的界面扩展;与之相反,图 3-28(f)、(h)中可见,由于勃姆石颗粒表面粗糙,为其与石膏晶粒形成更可靠的连接提供条件，图3-28(h)中也可发现断口处勃姆石颗粒表面仍附着有硫酸钙晶粒，因此图3-28(f)中勃姆石颗粒分布较少并非表明材料中填料颗粒数量更少，而是由于断口形成时并非所有裂纹都沿填料颗粒与石膏的结合界面扩展，导致断口表面可以观测到的勃姆石颗粒较少。

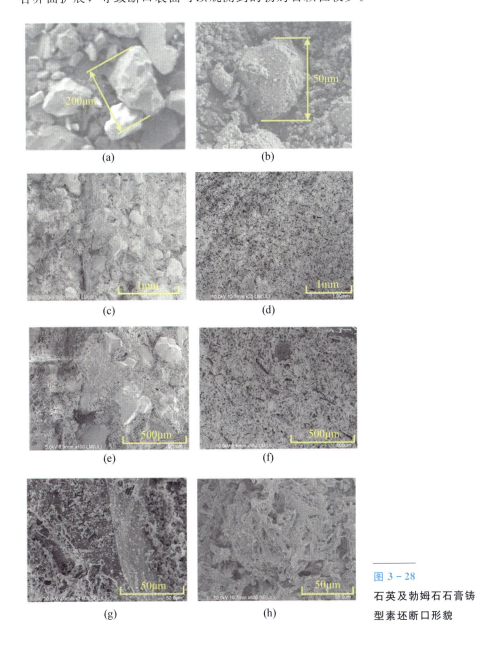

图3-28 石英及勃姆石石膏铸型素坯断口形貌

综上，勃姆石颗粒由于表面形貌复杂粗糙，从而与石膏基体形成了更好的界面结合强度，并在断裂过程中一定程度上避免裂纹的快速扩展；而更高的结合界面强度也解释了勃姆石填料石膏铸型在相同的填料添加量时，强度高于石英填料的原因。因此，综合考虑填料抑制铸型收缩和减轻强度下降的效果，勃姆石填料与较为通用的石英填料相比均具有一定的优势。然而，由图 3-27 可以看出，勃姆石相对于石英填料的这种对铸型强度的提升在中低温阶段（300℃左右）较为明显，至 600℃时勃姆石与石英填料石膏铸型的强度差别有所减小。这是由于勃姆石在 450～550℃区间发生分解产生体积膨胀，填料颗粒与石膏的在该温度段线膨胀率差异较大，从而产生微裂纹，降低了整体强度。因此，勃姆石填料石膏铸型在铸型强度方面面临的主要问题是勃姆石分解膨胀后（450℃以上）铸型的整体强度问题。

为实现对铸型强度（尤其是高温强度）、精度的进一步提高，对填料用量、粒径等工艺参数进行进一步优化，需要对勃姆石产生膨胀的作用机理进行探索。

3.4.2 勃姆石填料的膨胀原理研究

利用勃姆石填料可以较好地兼顾石膏铸型的强度与精度，保障石膏铸型 400℃以下的整体强度与焙烧后的尺寸精度。陶瓷工业中常将勃姆石用作氧化铝材料的前驱体，以浸渍或直接添加的方式实现高温下抵制收缩的作用，但这种降低收缩的作用常发生于 1000℃以上的陶瓷烧结阶段。勃姆石的膨胀作用是与其 500℃下的分解作用相关的（图 3-29），这种膨胀作用勃姆石分解之间的作用机制仍不明确，制约了对该工艺的进一步优化。

物质分解通常在宏观尺寸上表现为收缩，但显然勃姆石的分解其宏观膨胀作用具有显著的同步性，据此从化学反应和物理行为方面提出两种假设。

（1）化学反应自身导致微观结构改变产生膨胀。化学反应将导致晶体结构的改变，无论原子排布或是键角与键长的改变都将导致宏观尺寸的变化，但该反应中，勃姆石分解为氧化铝和水，而 450℃的温度下 H_2O 将迅速以气态形式散失，此类失水分解反应伴随体积变化通常为体积收缩。相关研究也表明，$\gamma\text{-AlOOH} \rightarrow \gamma\text{-Al}_2\text{O}_3$ 的反应是微观上层间氢离子与相邻氧原子形成自由水脱除的过程，尽管这样的微观结构变化通常将导致尺寸收缩而非膨胀,但尚未有相关研究明确揭示该过程对宏观尺寸的影响,需通过实验加以分析。

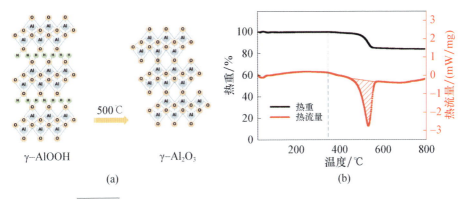

图 3-29　500℃勃姆石分解时的原子排布变化及 TG/DSC 曲线
(a)原子排布结构;(b)勃姆石 TG/DSC 曲线。

(2)物理行为导致填料颗粒的膨胀。化学反应本身不导致体积膨胀,但化学反应引发了颗粒的不可逆变形,包括孔隙率的变化、整体形状的畸变以及颗粒的开裂等,以上伴随化学反应发生的物理行为均有可能引起铸型宏观尺寸的变化,起到抵制石膏铸型收缩的作用。

针对上述两种假设,设计实验加以证明或证伪。

1. 化学膨胀原理

针对 3.4.1 节中的假设,选取两种与勃姆石微观结构近似的矿石作为填料进行实验。重水铝石、拟薄水铝石和勃姆石均为氧化铝的水合物重水铝石,即氢氧化铝,可写作 $Al_2O_3 \cdot 3H_2O$ 的形式;拟薄水铝石化学式为 $Al_2O_3 \cdot nH_2O(n=1.08\sim1.62)$ 或 $AlOOH \cdot nH_2O(n=0.08\sim0.62)$ 的形式,是一种不饱和的水合氧化铝;勃姆石化学式可写作 $Al_2O_3 \cdot H_2O$ 的形式。三种物质具有类似的化学组成和晶体结构(如图 3-30 所示,拟薄水铝石为图中二者的过渡状态),高温时发生较类似的失水反应,最终分解产物也相同。因此,通过对这三种粉料热膨胀特性的分析,可以确定氧化铝的水合物失水时是否伴随宏观膨胀,进而推断勃姆石膨胀是否由此类化学分解反应分解导致。设计实验如表 3-12 所示,测定添加三类物质的收缩率以验证勃姆石膨胀与其原子结构改变的相关性。

表 3-12 勃姆石填料对铸型焙烧收缩与力学性能影响规律实验

添加物质	分解温度/℃	质量分数/%	膏水比	聚羧酸减水剂质量分数/%
勃姆石	460~520	0~60	100∶50	0~0.3
拟薄水铝石	100~500			0~0.5
重水铝石	200~350			0~0.3

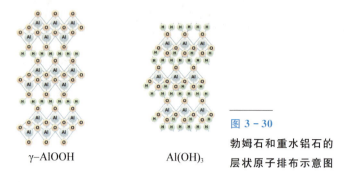

图 3-30 勃姆石和重水铝石的层状原子排布示意图

首先分别对上述三类氧化铝水合物粉末测定 TG/DSC 曲线以确定其高温分解温度。图 3-31 为三种填料热重/热流量曲线及颗粒微观形貌，分析表明：重水铝石在 300℃ 左右发生失水反应；拟薄水铝石在 100℃ 及 400℃ 左右分别发生自由水蒸发与结合水分解；勃姆石在 500℃ 左右发生分解失去结合水。

图 3-32 为三种填料的热膨胀曲线与收缩率-质量分数关系。测定三者热膨胀曲线则发现：重水铝石、拟薄水铝石在其发生分解反应的同时均未伴随体积膨胀现象，其中重水铝石在 300℃ 左右发生分解时还伴随有 0.2% 左右的尺寸收缩；而与其他填料相比，相同添加量的重水铝石与拟薄水铝石收缩率甚至更高，这说明二者的分解特性不仅不产生膨胀，反而常伴随收缩。因此，尽管勃姆石填料的高温分解与其体积膨胀同时发生，但体积膨胀并非有化学反应本身直接导致。

通过实验验证勃姆石颗粒在分解失水过程中会伴随形态改变且这种颗粒形态改变最终导致宏观体积的膨胀。

2. 物理膨胀原理

为进一步排出其他干扰因素，对 3.4.2 节中实验中勃姆石颗粒在分解过程中的物理形态变化进行分析，对上述三种进行了不同温度的焙烧，对焙烧

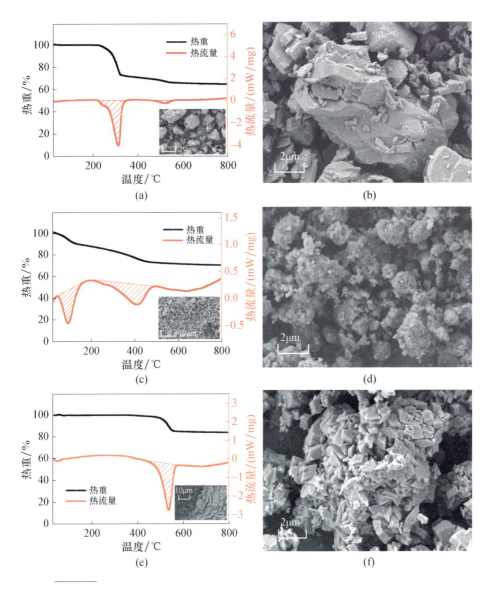

图 3-31 重水铝石/拟薄水铝石/勃姆石的热重/热流量曲线及颗粒微观形貌

(a) 重水铝石的热重/热流量曲线；(b) 重水铝石颗粒微观形貌；
(c) 拟薄水铝石的热重/热流量曲线；(d) 拟薄水铝石颗粒微观形貌；
(e) 勃姆石的热重/热流量曲线；(f) 勃姆石颗粒微观形貌。

前后的颗粒粒径变化进行测试分析，图 3-33 为 0～700℃不同温度下焙烧后三类填料颗粒的中位径变化曲线。由图可见，拟薄水铝石和重水铝石在整个焙烧温度区段内颗粒中位径几乎不发生任何变化；而勃姆石在 400～600℃ 区

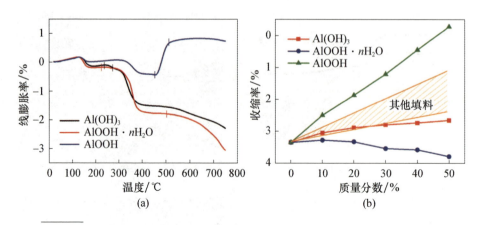

图 3-32 重水铝石/拟薄水铝石/勃姆石的热膨胀曲线与收缩率-质量分数关系

(a)热膨胀曲线；(b)收缩率-质量分数关系。

间平均中位径明显降低，颗粒粒径 $D50$（此处为体积平均径）降低接近 70%，而此温度恰好为勃姆石产生分解失水的温度，由此可以断定勃姆石的分解反应是伴随着颗粒粒径显著减小的过程。

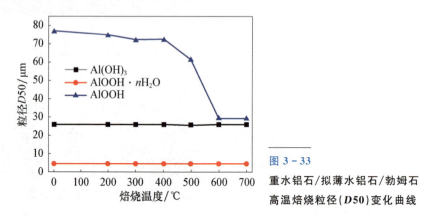

图 3-33 重水铝石/拟薄水铝石/勃姆石高温焙烧粒径（$D50$）变化曲线

如此大幅度的颗粒粒径减小显然是由于颗粒分裂而非颗粒收缩所致，这说明在 450~550℃ 区间内的失水分解过程中，勃姆石颗粒发生了分裂，导致颗粒粒径的减小。

图 3-34 为经 700℃ 焙烧后勃姆石石膏铸型断口表面形貌，可以发现部分勃姆石颗粒发生了开裂，这种断裂的产生可能由颗粒经分解反应后变形导致的，大颗粒分裂为几部分后，所占空间较原有单个颗粒增加，因此在宏观上产生了体积膨胀。

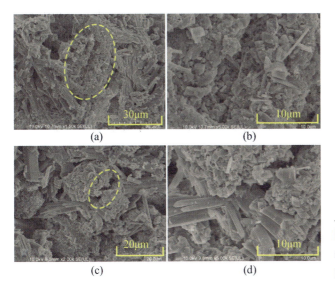

图 3-34 焙烧后勃姆石膏铸型断口表面形貌

进一步研究填料粒径对勃姆石膨胀效率的影响可以进一步证明这一观点。前面，以粒径 $D50$ 为 60 μm 的勃姆石质量分数为 46% 制造石膏铸型，焙烧后石膏铸型收缩率接近 0 且二次焙烧时尺寸稳定；但在实际成形实验中发现，对于不同粒径的勃姆石填料，实现 0 收缩的质量分数并不总是维持在 46%，且质量分数的变化幅度较大。显然，除显而易见的质量分数以外，颗粒自身粒径也是影响勃姆石膨胀率的关键因素。因此，采用 3 种不同粒径的勃姆石作为填料进行膨胀效果测试，3 种勃姆石粒径分布如表 3-13 和图 3-35 所示。

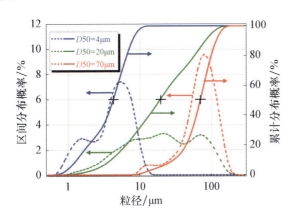

图 3-35 3 种勃姆石粒径分布图

表 3-13 3 种粒径勃姆石的部分粒径分布参数

勃姆石目数	D10	D50	D90	跨度
225	31.96 μm	70.12 μm	117.6 μm	1.194
800	4.087 μm	19.76 μm	89.57 μm	4.325
4000	1.310 μm	4.041 μm	7.863 μm	1.541

分别使用 3 种粒径的勃姆石作为填料与半水硫酸钙混制粉料，以填料质量分数 40%，膏水比 100∶50 配制浆料，设定焙烧温度 750℃ 制作试样，进行热膨胀曲线的测定测试。图 3-36 给出了粒径对填料高温膨胀性能的影响，实验结果可以定性地表明，勃姆石的高温膨胀与粒径大小存在显著的正相关性。

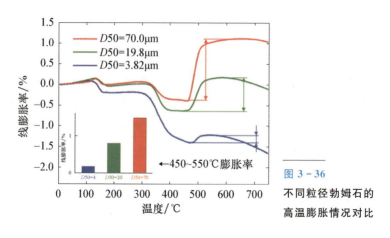

图 3-36 不同粒径勃姆石的高温膨胀情况对比

由于勃姆石对石膏铸型补偿收缩的作用体现在两个方面：其一，加入填料降低了石膏铸型自身收缩；其二，勃姆石在 450～550℃ 发生体积膨胀，其粒径对尺寸精度的这种补偿作用也体现在两个方面。在 0～150℃ 温度段中，不同粒径填料的石膏铸型膨胀曲线接近，在 100～350℃ 温度段中 4000 目勃姆石填料的线性收缩明显大于其他两种填料，而在 350℃ 以上 800 目勃姆石的收缩率也略大于 225 目勃姆石。当焙烧至 460℃ 时，加入质量分数为 40% 的 4.0 μm 勃姆石的填料收缩达到 1.379%，相较于纯石膏该温度下的收缩率仅减小 0.531%；而 20 μm 和 70 μm 勃姆石作为填料时，其 460℃ 线收缩率仅为 0.612% 和 0.415%，收缩率略小于同等粒径的其他填料（例如，$D50 = 100\ \mu m$ 石英粉添加质量分数为 40% 在 460℃ 时线线收缩率为 0.894%，$D50 = 50\ \mu m$

氧化镁粉添加质量分数为 40% 在 460℃ 时线线收缩率为 0.705%）。

这种不同粒径填料收缩率的差异是由大小颗粒抵抗硫酸钙晶粒收缩的能力差异导致的。通常材料中大颗粒填料可以有效地提高材料高温尺寸稳定性，高温阶段石膏出现尺寸收缩而填料受热膨胀，石膏受到大粒径填料颗粒的限制而无法自由收缩，从而有效地抵制了材料宏观尺寸收缩。而观察图 3-37 可以发现，结晶生成 $CaSO_4 \cdot 2H_2O$ 后针状晶粒长度为 20～40 μm，直径为 5 μm 左右，单束晶粒直径仅为 1 μm 左右。填料粒径较大时（图 3-37(a)），由于铸型中存在大量粒径大于硫酸钙晶粒的填料，填料颗粒与硫酸钙晶粒间产生更为充分的连接，大粒径颗粒在焙烧过程中起支架作用，限制硫酸钙晶粒的收缩；而粒径较小的填料颗粒（图 3-37(b)）由于粒径小于硫酸钙晶粒，无法出现大量硫酸钙晶粒连接于其上的现象，不能对高温下产生收缩的硫酸钙晶粒起到空间位置限制的作用，其膨胀或收缩的体积变化都难以对铸型宏观尺寸造成显著影响。

图 3-37　石膏铸型中的大粒径填料与小粒径填料

在 450～550℃ 区间内，勃姆石发生分解反应，伴随宏观体积膨胀。根据图 3-36 对该温度区间内不同粒径勃姆石填料对铸型产生宏观膨胀率进行的比较可知，该温度段的膨胀率大小与勃姆石颗粒的粒径关系显著，质量分数为 40% 的 $D50$ 为 70 μm 勃姆石颗粒在该温度段内分解膨胀产生 1.495% 的线性膨胀，然而 $D50$ 为 4 μm 的勃姆石只能产生 0.183% 的膨胀，而二者膨胀率差异巨大。据此，可以认为勃姆石的粒径是决定其 460～540℃ 膨胀率的决定性因素。

对比勃姆石颗粒开裂前后的粒径分布可以进一步分析粒径对膨胀量的作用原理。图3-38列出了800目勃姆石在焙烧前后的粒径分布曲线,在焙烧前后,勃姆石分布曲线形状仍然接近,而焙烧后曲线位置存在明显左移,及各分位数对应粒径有一定程度减小,图3-38(b)中焙烧前粒径分布密度存在的8μm、20μm、70μm三个峰值,焙烧后峰值对应粒径减小约为4μm、7μm、15μm,粒径分析中中位径由20μm下降至11μm,可检测到的最大粒径由200μm以上降至50μm以下。

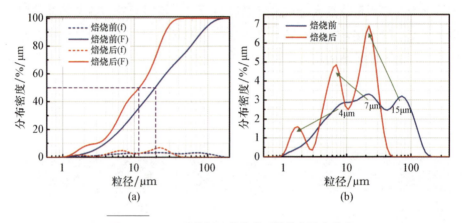

图3-38 800目勃姆石焙烧前后的粒径分布曲线

综上,可以认为不同粒径的勃姆石都具有一定的开裂膨胀倾向,但实际中不同粒径勃姆石的破裂产生的膨胀率差别极大。从表3-14和表3-15可以看出,焙烧后不同位径对应的粒径虽然都出现不同程度减小,但是减小程度不尽相同。

表3-14 焙烧前后颗粒位径对应尺寸及变化率

a	焙烧前/μm	焙烧后/μm	该位径尺寸变化率
$D3$	2.241	1.422	1.58
$D6$	3.103	1.740	1.78
$D10$	4.087	3.048	1.34
$D16$	5.561	4.340	1.28
$D25$	7.978	5.577	1.43
$D50$	19.76	11.67	1.69

续表

α	焙烧前/μm	焙烧后/μm	该位径尺寸变化率
$D75$	54.54	20.30	2.69
$D84$	73.25	23.32	3.14
$D90$	89.57	26.01	3.44
$D97$	124.3	31.76	3.91
$D98$	134.0	33.50	4.00

表 3-15　焙烧前后颗粒位径($D50\sim D80$)对应尺寸及变化率

α	焙烧前/μm	焙烧后/μm	该位径尺寸变化率
$D50$	19.76	11.67	1.69
$D53$	22.09	12.90	1.71
$D56$	24.49	14.18	1.73
$D59$	27.27	15.30	1.78
$D62$	30.67	16.22	1.89
$D65$	35.22	17.20	2.05
$D68$	40.37	18.07	2.23
$D71$	46.57	19.12	2.44
$D74$	52.46	20.05	2.62
$D77$	58.64	21.07	2.78
$D80$	64.58	22.01	2.93

设粒径分布的分位数为 α，焙烧前后粒径分布相应分位数对应的颗粒粒径为 $X_0(\alpha)$ 及 $X_1(\alpha)$，其中 $\int_0^{X_0(\alpha)} f(x)\,\mathrm{d}x = \alpha$，$\int_0^{X_1(\alpha)} f(x)\,\mathrm{d}x = \alpha$，取焙烧前后同一分位数对应的粒径之比，设比值为 $K = X_0(\alpha)/X_1(\alpha)$ 作为参考值进行定量分析，绘制 $K-\alpha$ 关系图如图 3-39 所示。可以发现，$K-\alpha$ 关系曲线呈明显分段：分位数小于 60 时，该比值缓慢变化，几乎处于一恒定值；而分位数大于 $D60$ 时，比值 K 与分位数 α 成显著的正相关性且随分位数增加而迅速增大。分位数 $D60$ 对应焙烧前后勃姆石粒径分别为 28 μm 和 15 μm 左右。而 $D25$ 以下比值变化趋势不稳定，甚至出现下降趋势，这可能是由 5 μm 以下

颗粒继续分裂的能力极弱及测试误差导致的。

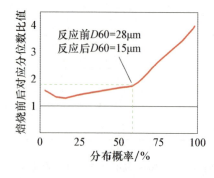

图 3-39 焙烧前后对应粒径分位数比值分布规律

造成这种曲线分段现象的原因可能有两种：①仅大于某一粒径的勃姆石具有分裂倾向，分裂后粒径较大的颗粒仍将继续分裂，直至粒径降至某一"稳定粒径"以下，因而其分裂过程可分裂成的颗粒粒径覆盖整个粒径范围，勃姆石可维持不再发生分裂的"稳定粒径"，即为焙烧后曲线 $D100$ 对应的 $40\,\mu m$。②所有的勃姆石均发生碎裂，但分裂倾向大小与分裂后粒径与其本身粒径有关，大粒径颗粒更具有分裂为多块的倾向，粒径小于 $28\,\mu m$ 时，颗粒的开裂倾向大小与粒径大小基本无关；粒径大于 $28\,\mu m$ 时，颗粒在焙烧中的分裂倾向随粒径的增加而不断增大。

由于 $D50$ 为 $4.0\,\mu m$ 的勃姆石颗粒实际上并不含有粒径大于 $40\,\mu m$ 的组分，但在 460~540℃ 区间仍表现出一定的膨胀趋势，与第一种假设相矛盾，第二种假设更加符合实验结果。事实上，第二种假设过于模糊，难以为勃姆石填料粒径的优化选择提供支持，依据现有实验结果无法确认 $28\,\mu m$ 即为勃姆石膨胀效率高低的分界线，仅能粗略认为大约该粒径的勃姆石膨胀效率更高，少量勃姆石的添加即可实现高效的膨胀，如图 3-40 所示。

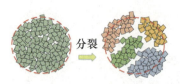

图 3-40 勃姆石分裂膨胀模型示意图

由于实验证明大粒径勃姆石具有更显著的膨胀效果，因此选用大粒径颗粒作为填料，可以进一步降低实现近零收缩时所需的勃姆石添加量，进而提高石膏铸型强度，利于复杂结构铸型的维型。例如，通过对添加的 225 目勃姆石进行筛分处理，以 200 目筛去除粉料中颗粒较小的颗粒，选用大粒径勃姆石作为填料进行测试，在质量分数为35%时即可实现近零收缩。

上述研究表面，勃姆石伴随其分解产生的体积膨胀是由勃姆石分解失水过程中，发生颗粒分裂，导致颗粒占据空间位置增加造成的。由于空间膨胀与颗粒开裂有关，而颗粒粒径直接关系颗粒的开裂倾向和分裂次数，因此，粒径是影响勃姆石高温膨胀效率的关键因素。

3.4.3 石膏铸型高温性能增强方法研究

与陶瓷材料不同，石膏材料在高温下发生相变与分解，而非烧结，因此使用强化相提高铸型强度的方法不仅效果不佳，也将严重影响铸型其他性能。因此，添加特殊形状添加剂与石膏形成复合材料，是增强石膏铸型高温力学性能的另一思路。

复合材料中的添加项，按照其物理形态可分为纤维状、片状、颗粒状增强，其中具有高长径比的纤维状材料具有强度高、密度小和弹性模量大的优点，被广泛用于提高韧性、减小材料高温蠕变及高温挠度，在石膏铸型材料增强增韧应用广泛。由于通常硫酸钙在1000℃以下难与纤维材料发生反应，因而在石膏铸型材料中添加不同种类纤维实现增强的作用机理并无实质区别，具体选用的纤维种类、长度及表面处理工艺则应根据石膏铸型具体工作条件确定。常用作增强材料的纤维有有机纤维和无机纤维两类，有机纤维包括植物纤维、尼龙纤维、聚丙烯纤维等；而无机纤维包括金属纤维、玻璃纤维、碳纤维、石棉纤维等。本工艺石膏铸型中添加纤维的目的在于增强铸型高温力学性能，防止铸型开裂变形，因此要求选用的纤维具有高温稳定性和一定的高温强度，表3-16列出了几种常用增强纤维空气下加热的分解温度。

表 3-16 几种常见增强纤维的分解温度

纤维种类	分解温度
碳纤维	大气环境下400℃发生氧化
聚丙烯纤维	165~173℃软化
聚酰胺纤维	170℃软化，215℃分解
蒲绒纤维	170℃分解
玻璃纤维	耐火温度超过700℃
氧化铝纤维	耐火温度超过1500℃

本工艺中，为保证 SL 树脂原型和铸型内有机添加剂的完全烧失，最高焙烧温度至少应在 600℃以上，且脱脂过程要求铸型暴露于大气中。因此，在空气环境中拥有良好热稳定性的玻璃纤维、氧化铝纤维等高熔点纤维成为本研究的首选添加材料。通过前期实验，我们发现两种纤维在中高温阶段提高材料强度、增强铸型维型能力的效果相近，而两者的成本相差巨大，短切玻璃纤维成本仅为 15～200 元/kg，而每千克氧化铝纤维价格高达数千元，相关文献指出，氧化铝纤维较玻璃纤维具有熔点高的优势，而在 700℃以下两种纤维的力学性能并无显著差异。因此，这里主要针对玻璃纤维增强进行研究分析与工艺优化。

通用的短切玻璃纤维单束直径约为 7μm，长度可根据需要切为数十微米至数厘米不等，由于本实验中生成的硫酸钙晶粒的长度已经达到 20～40μm，长度在 100μm 以下的玻璃纤维显然难以起到良好的增强效果，因此，选取了长度分别为 6mm、3mm、1mm、0.5mm、0.15mm 的短切玻璃纤维进行石膏铸型增强实验。

首先，对不同长度短切纤维在浆料中的分散效果进行实验。实验发现，对于长度 1mm 及以下的短切玻璃纤维，其在浆料中具有较好的分散性，将纤维置于水中进行分散或置于粉料中混合搅拌均可使其分散为单束纤维；而对于长度 3mm、6mm 短切纤维，一旦加入量过大，其在水中分散极易产生团聚现象，而将其置于粉料中球磨，则会导致粉料与纤维混合团聚为致密的蚕茧状椭球（图 3-41）。显然，一旦此类球团混入浆料，必将导致铸型中缺陷的产生，对于含有流道结构的铸型，还可能导致流道阻塞从而影响浆料的充型。

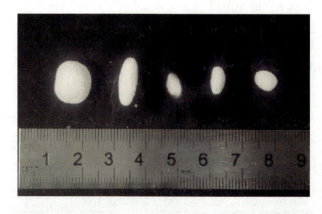

图 3-41
石膏粉料与 3mm 短切玻璃纤维混合球磨后发生团聚

因此，首先测试不同长度纤维在石膏浆料中的最大质量分数，如前面所述，确定添加短切纤维的用量，此处确定最大质量分数的标准包括：一方面保证浆料的流动性，即表观黏度不超过 1Pa·s；另一方面要确保混料、浆料制备过程中纤维不会在水中或粉料中团聚成球状。根据上述要求，实验测得各长度短切纤维对应的最大质量分数如图 3-42 所示。实验发现，0.15mm 及 0.5mm 短切玻璃纤维由于呈粉状，其在粉料及水中都有较好的分散性，质量分数增加易导致黏度上升而不会产生团聚，可容许质量分数较高；长度超过 1mm 的短切纤维则极容易团聚或引起浆料黏度急剧上升，因而允许质量分数极低。

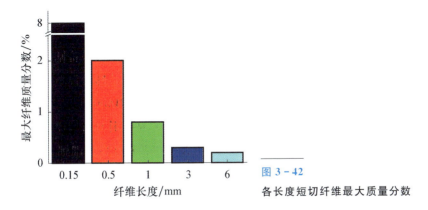

图 3-42 各长度短切纤维最大质量分数

确定浆料中各长度玻璃纤维的最大质量分数后，制作不同纤维长度及质量分数试样的高温力学性能及抗蠕变性，具体实验条件如表 3-17 所示。

表 3-17 玻璃纤维对勃姆石石膏铸型高温力学性能影响规律实验参数

玻璃纤维 长度/mm	纤维质量 分数/%	勃姆石 质量分数/%	膏水比	聚羧酸减水剂 质量分数/%
0.15	0~2	46	100:50	0.2
0.5	0~2			
1	0~0.5			
3	0~0.2			

石膏类材料的脆性较大，加入适量纤维能够在一定程度上抵制裂纹扩展、提高强度。材料受力开裂萌生裂纹时，裂纹扩展需将纤维从材料中拔出。纤维的存在阻碍了材料中微裂纹的扩展，从而有效提升了材料强度。显然，长

纤维的桥连作用更加明显，当加入少量 6mm 短切纤维后，材料抗脆断能力显著提高，试样甚至在断裂后仍然彼此分离，有利于铸型保持完整。但在细小结构充型过程中长纤维的存在大大降低了浆料的流动性，当 3mm 短切纤维质量分数达到 1% 时，浆料流动性上升至 4Pa·s 以上，并产生大量团聚小球，甚至产生纤维聚集在细长管入口阻塞充型的情况。

图 3-43　添加纤维后石膏断口及微观形貌

(a)、(b)石膏断口；(c)微观形貌。

实验发现，对于 0.15mm 和 0.5mm 的短切纤维，虽然高质量分数时仍能保证浆料流动性，但极易出现分散不均匀或局部纤维聚集的情况，造成局部缺陷。因此，实验中所有纤维的质量分数限制在 2% 以下，选定测试温度室温、300℃ 和 600℃ 测试不同质量分数及不同长度纤维的高温弯曲强度，测试结果如图 3-44 所示。

与预想情况相反，实验结果表明 0.15mm、0.5mm 短纤维的添加对石膏材料的中高温（300℃ 及 600℃）抗弯强度的提升，较 1mm、3mm 长纤维的强度提升作用反而更加明显，加入 3mm 长纤维甚至导致铸型整体强度下降。对于短纤维，同样出现了质量分数较大时，铸型弯曲强度随纤维质量分数增加而降低的现象。

造成添加长纤维及纤维质量分数过多时强度反而下降，很大程度上是由纤维分散不均匀造成的，如图 3-45 所示，玻璃纤维在石膏浆料中分散不均匀时，玻璃纤维不能完全分散为单束纤维，出现多束纤维并列排布的现象；在此类纤维分散不均的情况下，不仅无法起到增强作用，实际上反而在铸型材料中形成局部缺陷，材料高温受力时，缺陷出形成应力集中极容易造成缺陷与裂纹的迅速萌生与扩展。同样，对于长度为 0.15mm 和 0.5mm 的玻璃纤

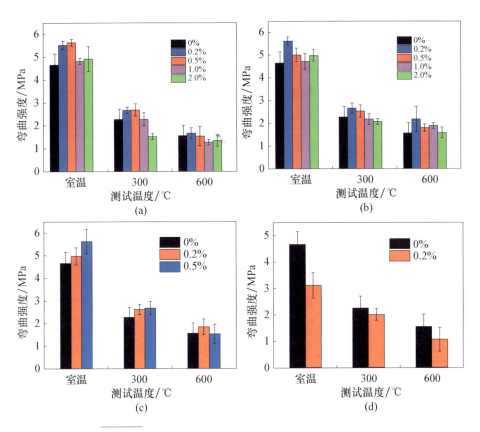

图 3-44 不同质量分数/不同长度玻璃纤维的弯曲强度

(a)0.15mm 短切纤维；(b)0.5mm 短切纤维；(c)1mm 短切纤维；(d)3mm 短切纤维。

维，虽然添加此类纤维可以提高铸型强度，但石膏铸型强度并不随纤维质量分数增加而持续增强，当质量分数超过 0.5% 后，铸型强度均出现随质量分数增加而降低的情况，这种现象均与纤维的聚集有关，尽管该长度的纤维未出现宏观可见的团聚，但类似图 3-43 的纤维分散不均现象仍难以避免。

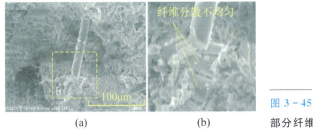

图 3-45 部分纤维未能充分分散

此外，玻璃纤维表面光滑，难以与石膏在凝固结晶时形成稳固结合，有文献指出，使用强酸等对纤维表面进行腐蚀可以增加纤维表面粗糙度，加强纤维与石膏的结合以提高强度，本实验中用 70% 硫酸对玻璃纤维进行腐蚀，腐蚀后的纤维表面粗糙度看似有增加，但强度测试显示腐蚀并不能有效提高铸型强度，这可能是由于腐蚀过程也影响了纤维自身性能造成的（图 3-46）。

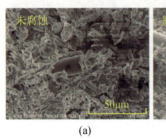
(a)

(b)

图 3-46 未经腐蚀的玻璃纤维和经过腐蚀的玻璃纤维

尽管如此，通过添加纤维增强石膏铸型的方法仍然是可行有效的，适合的纤维长度、质量分数和分散方式是获得良好的纤维增强效果的关键因素。实验结果表明，选用 0.15mm 和 0.5mm 的短切纤维增强效果较好，尤其是 0.5mm 纤维可以显著增强 300~600℃ 的铸型强度，但两种纤维的质量分数都不应超过 0.5%，以 0.2% 左右为宜；综合经济因素考虑（0.15mm 纤维造价高于 0.5mm 纤维），以添加 0.5mm 纤维为主。

添加纤维对铸型性能的改变不仅体现在对铸型强度的提升，在保证细长管结构成形精度，减小铸型整体高温变形方面同样起到积极作用。3.4.2 节中，利用勃姆石作为填料，通过对质量分数和填料粒径的优化，实现了在较好保证铸型 500℃ 以下中温强度的前提下，有效调控焙烧前后铸型尺寸精度。但该方法仅能较好地保证 500℃ 以下温度段材料的强度，高温段勃姆石分解膨胀后材料强度明显下降，部分细长管结构由于强度不足发生断裂或变形，因此，为获得结构完整、表面质量优良、符合铸造要求的复杂石膏铸型，还需要对材料高温性能进行提高。

由于铝合金的浇注温度不高（通常仅为 600~800℃），且凝固时间较短（一般为 5~30min），因此应尤其关注细长悬臂结构的高温抗蠕变性能，以减少此类结构的高温变形，保证尺寸精度。对纯石膏材料与质量分数为 40% 勃姆石及 0.2% 玻璃纤维的石膏铸型材料进行热蠕变测试，实验温度 700℃，施加压力 0.05MPa，由于通常铝合金凝固时间在 30min 以内，故测试该压力下

30min 内石膏的蠕变变形，实验结果如图 3-47 所示。实验结果表明，铸型蠕变变形主要发生在开始施加载荷 15min 内，纯石膏材料该时间内蠕变率达 1.2% 以上，添加勃姆石及玻璃纤维的试样在该区段内蠕变率降低至 0.4% 以下，700℃ 热蠕变降低近 70%，可较好满足铸造要求。

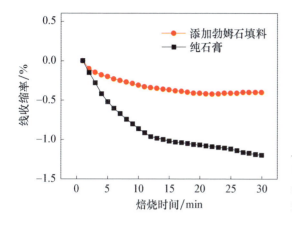

图 3-47
纯石膏与质量分数为 40% 勃姆石石膏铸型的热蠕变测试（700℃）

本工艺面向机匣零件的石膏铸型，铸型中存在大量细长管等复杂结构，此类结构在高温加热过程中，极易发生高温蠕变及弯曲变形，这对材料的高温挠度提出了更高的要求。由于机匣存在内部管路，焙烧时无论铸型选择哪种摆放方式，均无法避免存在细长管芯结构平放的情况。为了控制此类结构在高温下长时间加热的变形，保证铸型中管芯结构的精度，按照表 3-18 制备长度 150mm 以上的细管状试样，进行细管挠度变形测试。

表 3-18 铸型挠度测试实验参数

序号	细管直径/mm	勃姆石质量分数/%	膏水比	挠度/mm
1	4	40	100:50	14.15±2.43
2	5			9.11±0.84
3	6			7.87±0.77
4	10			1.96±0.41

四组细长直管素坯直线度误差[①]均小于 0.5mm，将细管水平放置（图 3-48）加热至 750℃ 并保温 2h，跨距 $L=150$mm。焙烧后部分直径 4mm

---

① 直线度误差：直线上各点跳动或者偏离此直线的程度。

细管出现断裂，其与 4mm 细管挠度较高；5mm 及以上细管成品率高，但其中 5mm、6mm 细管挠度平均值分别为 9.11mm、7.87mm，远不能满足成形精度；10mm 细管的挠度平均值低于 2mm，可以认为重力对其弯曲变形影响较小。因此，以 5mm 细管为例进行挠度实验。

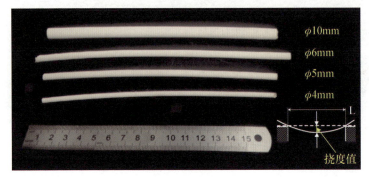

图 3-48 挠度测试后的部分细管试样

按照表 3-19 设计实验，制备长度 180mm 的细长直管，取跨距 $L = 150$mm，升温至 750℃焙烧 2h 测试其挠度，测试玻璃纤维对细管挠度的改善作用。

表 3-19 玻璃纤维降低铸型挠度实验参数

序号	玻璃纤维长度/mm	纤维质量分数/%	勃姆石质量分数/%	膏水比
1	0.15	0~0.5	40	100∶50
2	0.5			

焙烧后对试样挠度进行测量，其结果如图 3-49 所示，0.15mm 短切玻璃纤维对降低石膏材料挠度效果较弱，而 0.5mm 玻璃纤维提升高温强度效果较好，其降低挠度的效果同样较好，这与前面纤维提高材料强度的结果也较为相符。

显然，随着 0.5mm 短切玻璃纤维质量分数增加，细长管的高温挠度降低效果明显；然而，同浆料流动性与铸型强度的类似，纤维的加入一方面降低了材料的挠度，另一方面也势必导致浆料充型能力的降低。焙烧烧失原型模具后发现，部分添加了较大质量分数的 0.5mm 短切纤维 5mm×180mm 细长管出现充型不满的情况，如图 3-50 所示，添加达到质量分数 0.5%时即发生无法充满的现象。

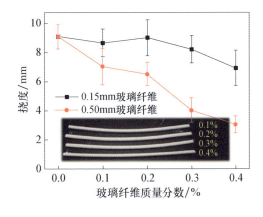

图 3-49 添加短切玻璃纤维降低材料高温挠度

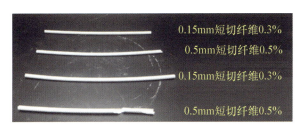

图 3-50 部分细管出现充型不满的情况

事实上，无论用何种种类、长度的纤维进行添加，添加的纤维都必将引起浆料流动性的下降，从而严重影响浆料充型能力，这一点在管径更小的管芯中表现更加明显，例如图 3-51 中，即使仅添加质量分数为 0.5%、长度为 0.15mm 的短切玻璃纤维，使用其充型 ϕ4mm 竖直细管时，也存在近一半的管芯发生管道堵塞不能充满的情况；而不添加纤维时，相同配方的石膏浆料可以完整充型直径仅为 2mm 的细管。

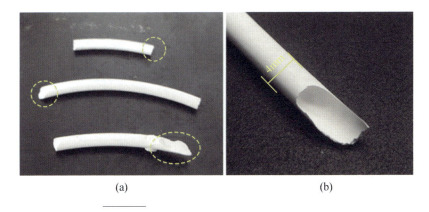

图 3-51 添加纤维的浆料充型细管出现缺陷

综上所述，在保证充型能力的情况下，ϕ5mm 管芯成形中，添加质量分数为 0.4%左右的 0.5mm 短切玻璃纤维可以有效降低石膏高温挠度；但添加短切玻璃纤维以降低石膏高温挠度的操作中，其最佳的纤维种类、添加量等工艺的确定取决于目标零件的具体结构尺寸。

添加玻璃纤维虽然可以有效提高强度降低挠度，但其强度提升幅度不高，且对浆料流动性影响显著，还易团聚形成局部缺陷。因此，需要寻找一种在石膏浆料中分散性能更好且易与石膏产生紧密结合的高长径比材料作为添加剂，以获得更好的综合性能。根据这一思路，选用硫酸钙晶须作为添加剂增强石膏铸型。硫酸钙晶须是一种以单晶形式生长的针状、具有均匀横截面、内部结构完善的纤维装材料。其纤维状形态是由晶体在轴向和侧面生长速率的差异造成的，晶须主要沿轴向方向的螺旋错位生长，其侧面是低能面，生长非常缓慢，通过表面扩散给晶须的尖端或基面上露头螺旋供料。硫酸钙晶须根据成分可分为无水硫酸钙晶须、半水硫酸钙晶须和二水硫酸钙晶须，图 3-52 为实验使用的硫酸钙晶须的微观形貌，单束硫酸钙晶须的长度可达上百微米，远超过半水硫酸钙结晶时生成的硫酸钙晶粒（20~40μm），因此，使用大尺寸的硫酸钙晶须代替部分石膏粉作为浆料原材料，利用硫酸钙晶须大尺寸高长径比的特点使之形成骨架结构，起到类似玻璃纤维的增强效果。

图 3-52 硫酸钙晶须微观形貌

实验分别使用无水硫酸钙晶须、半水硫酸钙晶须和二水硫酸钙晶须作为原料代替部分石膏基体，晶须相关参数在表 3-20 中列出。

表 3-20 硫酸钙晶须相关参数

硫酸钙晶须相关参数	数值
平均直径/μm	1~8
平均长度/μm	30~200
平均长径比	10~200
$CaSO_4$ 含量/%	≥98
抗张强度/GPa	20.5
水溶性(22℃)	$<1200×10^{-6}$

与纤维不同,由于硫酸钙晶须较玻璃纤维在直径和长度尺寸上都更小(硫酸钙晶须长度普遍在 200 μm 以下,而常见玻璃纤维至少为 150 μm),其在水中具有良好的分散性,可均一稳定地悬浮于水中,因而不会产生团聚或聚集于某处形成缺陷,浆料黏度也不会因其加入而产生剧烈升高,可实现较大的添加量。制作试样测试硫酸钙晶须对石膏铸型力学性能及尺寸精度的影响规律,具体实验条件如表 3-21 所示。

表 3-21 硫酸钙晶须对勃姆石石膏铸型高温力学性能影响规律实验参数

硫酸钙晶须种类	晶须质量分数/%	勃姆石质量分数/%	膏水比	聚羧酸减水剂质量分数/%
无水硫酸钙晶须	1/5/10/15/20	46	100:50	0.2~0.4
半水硫酸钙晶须	1/5/10/15/20			
二水硫酸钙晶须	1/5/10/15/20			

实验结果如图 3-53 所示,实验结果表明,对于三种硫酸钙晶须,选用合适的质量分数均可以有效提高铸型强度,铸型材料的高温弯曲强度基本体现为随硫酸钙晶须质量分数增加而增强的趋势,尤其以对高温强度提升最为明显。

如图 3-54 中,硫酸钙晶粒长度可达 100 μm 量级,硫酸钙晶粒与硫酸钙晶须共同堆积,大尺寸的硫酸钙晶须起到类似于纤维的桥接作用。

三种硫酸钙晶须中,无水硫酸钙晶须与半水硫酸钙晶须的增强效果类似,两种晶须在水中的溶解度都较小,浸于水后可以较好地维持自身形态,与其他生成的二水硫酸钙形成较好的结合,产生增强作用,尤其在勃姆石产生膨

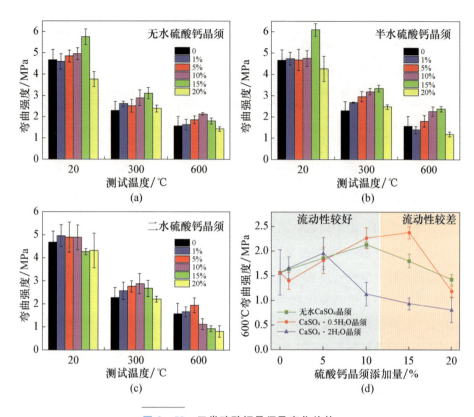

图 3-53 三类硫酸钙晶须及变化趋势

胀后的 600℃ 条件下，添加质量分数为 15% 的无水/半水硫酸钙晶须时，铸型强度可提高 50% 左右。而二水硫酸钙晶须的增强效果较弱，可能与二水硫酸钙在高温下失水变形更大，产生微观裂纹更多有关。与纤维不同，作为同类物质，硫酸钙晶须可以与铸型中的硫酸钙晶粒形成更为紧密的结合，因而不需要对其表面进行处理，即可形成稳定结合；此外，硫酸钙晶须在浆料中的分散也不需要特殊工序，从而简化了制造工艺流程。对于三种硫酸钙晶须，在质量分数为 12% 以下时均可保证浆料表观黏度在 1Pa·s 以下，在硫酸钙晶须质量分数为 12% 时，浆料流动性可以较好地满足直径 4mm 以上细长管芯的成形。

然而，添加硫酸钙晶须增强石膏高温强度的方法也会造成负面效果：一方面，由于硫酸钙晶须的高长径比结构，其在水中分散性能不及石膏颗粒，而聚羧酸减水剂的吸盘长链结构对与表面经防水处理的硫酸钙晶须锚固效能

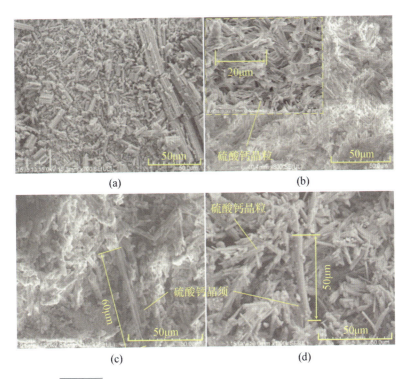

图 3-54 添加质量分数为 5% 硫酸钙晶须的石膏断口形貌

较弱,过高的添加量将导致浆料流动性下降,在质量分数为 12% 以上时,部分结构可能出现充型不完全的情况;另一方面,与石膏基体中的硫酸钙晶体相同,高长径比且尺寸较大的硫酸钙晶须在收入过程中同样经历相变收缩,而其高长径比的特性使得这种收缩在宏观尺度上表现更加明显,如图 3-55 所示,使用三种硫酸钙晶须代替部分石膏粉料,都会造成石膏铸型收缩增加,且收缩随硫酸钙晶须质量分数增加而愈加明显。

综上所述,0.15mm 与 0.5mm 短切玻璃纤维以及无水硫酸钙晶须、半水硫酸钙晶须都对提高石膏铸型高温强度有积极效果。玻璃纤维增强效果明显,成本低廉,但对浆料流动性影响较大,适用于结构相对简单较少且细小的零件铸型制造;硫酸钙晶须对提高高温强度的效果与玻璃纤维接近,600℃高温强度可达 1.91MPa,虽然成本较高,但质量分数为 12% 以下时不会显著影响浆料流动性,适合含有细小结构、管状结构的零件铸性成形。在具体应用中,最佳的增强添加剂种类及用量需要针对零件具体结构进行分析确定。

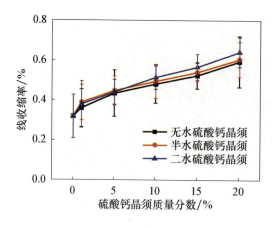

图 3-55 添加硫酸钙晶须对尺寸精度的影响

3.5 氧化钙基陶瓷铸型快速制造

氧化钙作为一种性能优异的碱性耐火材料，相比其他氧化物陶瓷材料具有很高的使用温度和优良的高温稳定性，易于获取、价格低廉、易脱除，且铸件质量优良，是一种优异的铸型材料，但是氧化钙易水化的缺点严重限制了它的生产与应用。在20世纪50—60年代出现过一个氧化钙基耐火材料的研究热潮，当时日本、德国、波兰等国家对氧化钙基耐火材料开展了大量深入的研究，并且在70年代初期，开始了氧化钙基耐火材料制品的工业化实验及应用[28-29]。但易水化的缺点导致其无论是在原材料的预处理、成形制备和氧化钙陶瓷制品的存储方面都存在许多的问题，这也严重制约了氧化钙陶瓷产品的生产应用，导致在后续一段时间内鲜有对氧化钙基耐火材料的报道。近年来，随着钛合金和钛铝合金精密铸造技术的发展需要，氧化钙基陶瓷铸型因为其良好的高温化学稳定性又逐渐得到了研究人员的关注[30-31]。

3.5.1 氧化钙粉体预处理

采用凝胶注模工艺制备氧化钙基陶瓷铸型，获得均匀稳定分散的高固相、低黏度浆料至关重要，研究表明陶瓷粉体的表面性状对浆料的流变特性具有重要的影响[32]。由于本研究采用的氧化钙粉体原料为普通工业级氧化钙粉末，其表面性状很难满足凝胶注模成形工艺中浆料的制备要求，对粉体进行表面预处理,改善粉体的表面性状,获得符合凝胶注模工艺要求的粉体就成为了本研究的首要任务。

目前,常用的陶瓷粉体预处理方法主要包括对粉体表面的水洗、酸洗、碱洗、包覆及煅烧等[33-35],但氧化钙是一种极易水解和强碱性的物质,因此水洗、酸洗、碱洗的方法均不适用于对其进行预处理,只有煅烧和包覆可用于氧化钙粉体的预处理。但是粉体的包覆处理通常对包覆材料的要求较高,工艺复杂,且周期较长,而煅烧是一种非常简单有效的处理手段,因此本书将围绕对氧化钙粉体的煅烧预处理展开相关研究,以期改善粉体的表面性状,获得满足凝胶注模浆料制备要求的氧化钙粉体。

粉体的表面性状对于制备陶瓷浆料具有直接的影响,会影响到陶瓷颗粒在溶剂中的分散效果。对于氧化钙粉体来说,通过二次煅烧处理可以去除粉体表面的杂质,而且二次煅烧有利于消除"母盐假象",促进晶粒的发育生长,还能提高粉体的抗水化性。在本研究中将氧化钙粉体在大气气氛中升温至1300℃,保温3h进行煅烧,之后随炉冷却至常温。由于煅烧后的粉体会产生团聚现象,因此粉体需经破碎、球磨(300 rad/min,30min)和过筛处理(160目),最终得到煅烧预处理后的粉体。对煅烧处理前后的粉体进行对比研究,煅烧前后粉体颗粒的微观形貌如图3-56所示,煅烧前后的颗粒粒径分布如图3-57所示。

(a) (b)

图3-56 煅烧前后氧化钙粉末的微观形貌

(a)煅烧前;(b)煅烧后。

从图3-56和图3-57可以看出,通过煅烧处理后,氧化钙粉末的粒度相比未煅烧的粉末粒径 $D50$ 粒度有所减小,由原来的35.86μm减小到22.05μm,

粉体的粒度分布的离散度(离散度=($D90-D10$)/$D50$)从2.93变为2.96,这表明粉体的粒度分布范围并未发生变化,只是因为球磨时将粉末的粒径整体减小了。

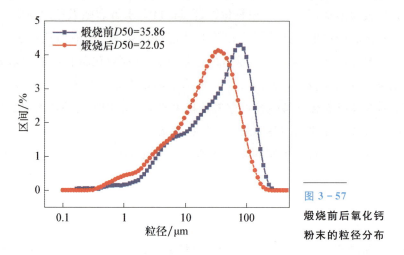

图3-57 煅烧前后氧化钙粉末的粒径分布

氧化钙粉体在经二次煅烧处理后,氧化钙晶粒在高温作用下可经历二次生长发育,降低晶粒中的晶格缺陷,提高了氧化钙的稳定性,降低了其化学活性,因此在一定程度上能够提高氧化钙粉末的抗水化能力。为了验证这一方法的有效性,本研究对未经煅烧处理的粉体和煅烧处理后的氧化钙粉体采用恒温恒湿法对其抗水化性能进行测试,测试结果如图3-58所示。

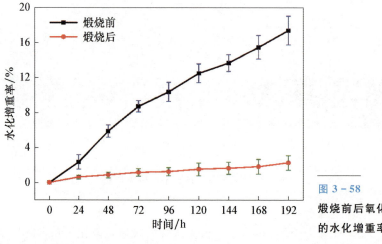

图3-58 煅烧前后氧化钙粉末的水化增重率

由图3-58可以看出，相较于未进行煅烧处理的氧化钙粉体，其水化增重率出现大幅度下降。在温度为20℃，湿度为50%的环境中，经过8天时间的静置测试后其水化增重率仅为2.26%，而未经处理的氧化钙粉体在同样条件下，其水化增重率达到了17.38%。说明氧化钙粉体在经过二次煅烧处理后，确实可以有效地降低氧化钙粉体在空气中的水化速率，提高粉体在空气中的抗水化性。

采用非水基凝胶注模工艺成形氧化钙基陶瓷铸型，因此二次煅烧处理后的粉体在溶剂中的分散性能对于陶瓷浆料性能也会产生很大的影响，尤其是会影响到氧化钙陶瓷浆料的黏度和充型能力。为了获得煅烧对氧化钙粉体分散性的影响，本研究采用煅烧前后粉体在叔丁醇（TBA）溶剂中的沉降实验方法来分析煅烧对氧化钙粉体在溶剂中的分散性的影响，沉降实验的结果如图3-59所示。

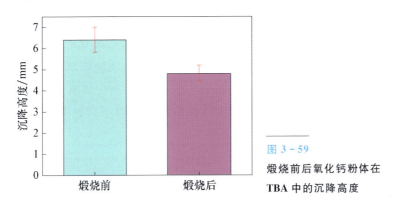

图3-59
煅烧前后氧化钙粉体在TBA中的沉降高度

从图3-59的结果可以看出，未煅烧氧化钙粉体在TBA中48h的沉降高度为6.4mm，而煅烧后的氧化钙粉体的48h沉降高度为4.8mm，粉体的沉降高度下降了25%，这说明粉体的分散性在经过二次煅烧后得到了一定的提升。这主要是因为在粉末的二次煅烧过程中，将粉体表面的一些易产生团聚或者易于溶剂发生轻微反应的杂质全部烧失了，提高了粉体表面的质量。通过沉降实验说明煅烧工艺有利于提高粉体在溶剂中的分散性，从而提升非水基氧化钙陶瓷浆料的固含量和稳定性。

综合上述分析发现，工业级氧化钙粉末在经过二次煅烧至1300℃，再经球磨破碎过筛后的粉末，其粒度出现了轻微的减小，但是其粒径分布范围并未出现显著变化。由于二次煅烧消除了"母盐假象"，而且能够促进CaO晶粒的生长,有效地提升粉体的抗水化性。同时经过煅烧后的粉体,在溶剂中的分散性也得到了提升,非常有利于制备出分散均匀和高稳定性的陶瓷浆料。这表明,氧化钙粉末的二次煅烧预处理工艺对于整个氧化钙陶瓷铸型的制备工艺是非常有必要的。

3.5.2 叔丁醇基氧化钙陶瓷浆料的制备

陶瓷浆料中的粉体发生沉降的原因是陶瓷颗粒之间由于范德瓦尔斯力作用团聚在一起,目前消除团聚的常用方法主要有以下三种[36]:①改变分散介质的性质,降低悬浮液体系的 Hamaker 常数,减小范德瓦尔斯力;②增加粉体颗粒的表面电荷,增加双电子层的厚度,利用静电斥力增加排斥能;③选择合适的高分子聚合物为分散剂,吸附在粉体表面,增加粉体颗粒之间的空间位阻,增加排斥能。

在氧化钙粉体和 TBA 溶剂已经确定的前提下,第一种方法显然已经无法满足要求,对于第二种方法,因为 TBA 是醇类,电离能力非常小,浆料本身的电荷量就很小,所以这种方法也不适合。因此,只有第三种方法通过空间位阻增加斥力的方法可用,其原理如图 3-60 所示。但该方法中选择一种合适的高分子分散剂是关键,同时分散剂的添加量对于陶瓷浆料的性能同样重要。

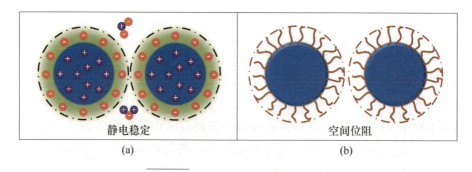

图 3-60 陶瓷浆料分散原理示意图
(a)水基体系中的静电稳定;(b)非水基体系中的空间位阻稳定。

1. 分散剂种类对浆料性质的影响

张景贤等研究发现聚乙烯吡咯烷酮(PVP K30)在非水体系中分散性很好,具有很好的成膜性,能够有效地对陶瓷颗粒实现吸附增大陶瓷颗粒之间的空间位阻,从而提高陶瓷浆料的分散性[37]。X. Gan 等采用聚乙烯亚胺(PEI-10000)作为分散剂,制备出了体积分数为 58%,表观黏度为 1.5Pa·s 的 AlN 陶瓷浆料。X. Xu 等发现 Solsperses 24000 在非水基 AlN 陶瓷浆料中对陶瓷粉体具有很好的分散性,当陶瓷浆料的体积分数为 55%时,在剪切速率为 $100s^{-1}$ 时浆料的黏度仅为 0.28Pa·s[38]。

因此本书选用 PVP K30、PEI-10000 和 Solsperses 24000 作为分散剂来研究,采用沉降实验和黏度测试实验,来确定氧化钙非水基体系最合适的分散剂种类,提高陶瓷浆料的分散性,从而配制出高固相、低黏度料的陶瓷浆料。实验分别测定添加了质量分数为 2%的不同分散剂的浆料沉降高度和添加了质量分数为 2%的不同分散剂的氧化钙陶瓷(体积分数为 40%)浆料黏度,实验结果如图 3-61 和图 3-62 所示。

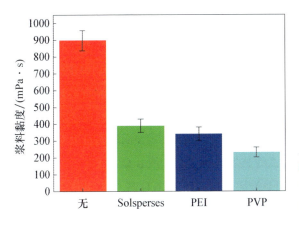

图 3-61 添加不同分散剂氧化钙浆料的沉降高度

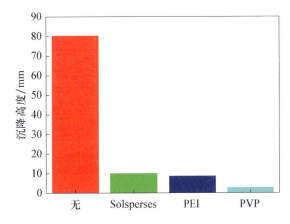

图 3-62 添加不同分散剂氧化钙浆料的黏度

由图3-61可以看出，在不添加任何分散剂的情况下，浆料的沉降高度高达80.4mm，而添加了分散剂后沉降高度会出现大幅下降，当添加质量分数为2%的Solsperses 24000和PEI-10000时，沉降高度为10.1mm和8.5mm，但是当添加质量分数为2%的PVP K30时，沉降高度仅为2.6mm。由此可见，PVP在本研究的分散体系中对氧化钙颗粒具有较好的分散性。再由图3-62可以得知，在体积分数为40%的TBA基氧化钙浆料中同样添加了质量分数为2%不同种分散剂后，其表观黏度也呈现出与沉降实验相同的情况，当未添加分散剂时，浆料的黏度较大，达到896mPa·s，当添加质量分数为2%的Solsperses 24000和PEI-10000时，浆料的黏度下降至386mPa·s和338mPa·s，当添加质量分数为2%的PVP K30时，浆料的黏度仅为227mPa·s。这同样说明了，对于TBA基氧化钙陶瓷浆料，PVP K30具有很好的分散效果，可以优选作为本研究的分散剂。

2. 分散剂的质量分数对浆料性质的影响

当分散剂的种类确定后，分散剂的质量分数就会对氧化钙陶瓷浆料的流变性产生直接的影响。为了寻找到合适PVP K30分散剂的质量分数，本研究通过实验的方法制备了添加不同含量分散剂的氧化钙陶瓷（体积分数为50%）浆料，测试流变性，分析分散剂的质量分数对浆料流变性的影响，从而确定出最佳的分散剂质量分数，实验结果如图3-63所示。

由图3-63可以得知，TBA基氧化钙陶瓷浆料随着剪切速率的增大呈现出明显的剪切变稀特性。随着PVP K30分散剂的质量分数从0增加到3%，浆料的黏度呈现出明显的下降趋势。这主要因为随着分散剂的添加，PVP K30在氧化钙陶瓷颗粒表面的包裹效应逐渐增强，提升了氧化钙陶瓷颗粒之间的空间效应，减弱了颗粒之间的范德瓦耳斯力，提高了浆料的分散性，减低了黏度。当分散剂的质量分数为3%时，此时氧化钙陶瓷浆料的黏度达到最低，仅为0.24Pa·s。但是当分散剂的质量分数超过3%时，浆料的黏度开始上升。这是因为当陶瓷颗粒表面包裹的高分子膜已经达到饱和状态以后，再继续增加分散剂的量，会使浆料的分散平衡被打破，引起局部的陶瓷颗粒的团聚，从而造成浆料黏度的上升。从上述的实验与分析结果可以得知，3%的分散剂质量分数为最佳添加量。

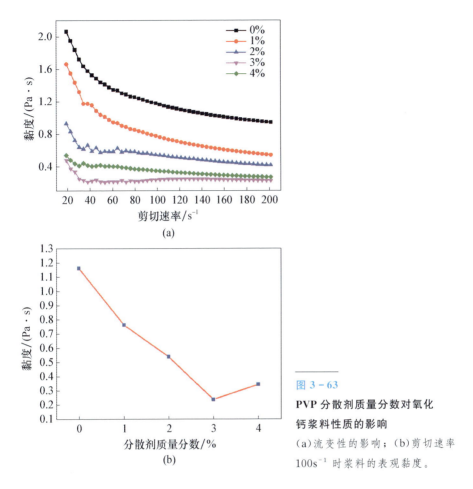

图 3-63

PVP 分散剂质量分数对氧化钙浆料性质的影响

(a)流变性的影响；(b)剪切速率 $100s^{-1}$ 时浆料的表观黏度。

球磨分散工艺能够快速打开粉体直接的团聚，增大陶瓷颗粒之间的空间位阻，提高浆料的分散性和稳定性，并且球磨工艺操作简单、效果明显，因而在浆料制备过程中得到了广泛的应用[39]。在球磨工艺中，两个关键的因素对球磨分散的效果起着决定性作用：一个是球磨时间；另一个是球磨时磨球的加入量。对于球磨时间来说，如果球磨时间过短，则球磨分散的效果不明显，无法达到有效分散浆料降低浆料黏度的目的；如果球磨时间过长，则陶瓷颗粒会被进一步磨碎，改变了陶瓷颗粒的粒径分布，造成浆料黏度的变化。对于磨球的加入量来说，如果磨球的加入过少，则在球磨过程中难以实现磨球与陶瓷颗粒的充分碰撞，分散效果不明显，分散效率低；如果磨球加入过多，则磨球与陶瓷颗粒之间的碰撞过于激烈，导致浆料还未达到最佳分散效果，陶瓷颗粒已经被磨损，造成粉体粒度分布已经发生畸变，最终无法有效地分散陶瓷浆料，降低浆料的黏度[40]。

为了得到最佳的球磨时间与料球比(浆料质量/磨球质量比)，实验制备了体积分数为56%的氧化钙基陶瓷浆料，分别添加不同磨球量(料球比分别为3∶1、2∶1、1∶1、1∶2)和不同的球磨时间，测试浆料的黏度变化，实验结果如图3-64所示。

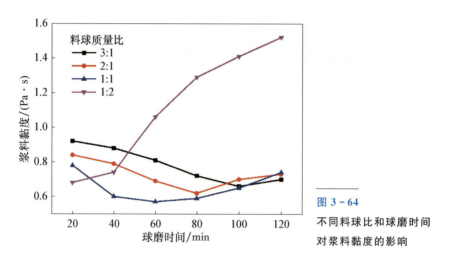

图3-64 不同料球比和球磨时间对浆料黏度的影响

由图3-64可以看出，当料球比为3∶1和2∶1时，浆料分散效率较低，需要较长的时间才能降低浆料的黏度，且料球比3∶1时的分散效果不如2∶1时。这表明磨球较少时，无法通过球磨对陶瓷颗粒实现快速有效地分散，而且这两种情况下均不能使浆料的黏度达到最低。当料球比为1∶1时，此时浆料黏度出现一个先下降后上升的过程，在60min时浆料的黏度为0.57Pa·s，此时浆料的黏度值最小，表明此时浆料的分散效果最好，但是随着球磨时间的增长，浆料的黏度又出现轻微的上升，这主要是因为球磨时间增长，将浆料中的大颗粒陶瓷颗粒磨损后破坏了原来陶瓷颗粒的粒度分布，导致了浆料黏度的上升。当料球比为1∶2时，此时浆料中的磨球过多，在很短的时间内就可以将浆料中的大颗粒磨碎，破坏原来浆料中陶瓷颗粒的粒度分布，造成浆料黏度的不断上升。由实验结果和分析可知，球磨时的料球比1∶1，球磨时间60min时的球磨效果最好。

在凝胶注模工艺中，高固相体积分数对于陶瓷坯体的致密度、均匀性以及强度有着直接的影响，因此配制高固相体积分数的陶瓷浆料一直是凝胶注模工艺追求的目标[41]。尤其是在制备用于精密铸造用的陶瓷铸型,其力学性能是陶瓷铸型的关键技术指标之一,因此,制备高固相体积分数的氧化钙陶瓷浆料也是本研究的重点工作。为了寻找到合适的固相体积分数,本研究同样采用实验方法对其进行了分析确实。实验制备了添加3%分散剂的不同固相体积分数的氧化钙陶瓷浆料,通过测试其流变性,来分析固相体积分数对浆料流变性的影响,确定出最佳的固相体积分数,实验结果如图3-65所示。

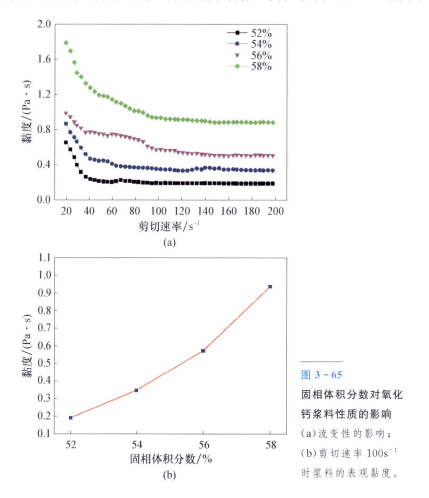

图 3-65

固相体积分数对氧化钙浆料性质的影响

(a)流变性的影响;
(b)剪切速率 $100s^{-1}$ 时浆料的表观黏度。

由图3-65可以看出,TBA基氧化钙陶瓷浆料随着剪切速率的增大仍然呈现出剪切变稀特性,且随着固相体积分数的增加浆料的黏度随之急剧增大,当固相体积分数超过56%达到58%时,浆料的黏度已经上升至1.08Pa·s,超过凝胶注模工艺成形复杂结构对浆料的黏度要求(≤1Pa·s)。因此,固相体积分数为 56%，表观黏度为 0.57Pa·s 的 TBA 基氧化钙陶瓷浆料可用于制备具有复杂结构的氧化钙陶瓷铸型素坯。

综合上述研究与实验分析，得到了制备出高固相、低黏度 TBA 基氧化钙陶瓷浆料的最佳的工艺参数，如表 3-22 所示。

表 3-22 TBA 基陶瓷浆料制备工艺参数

浆料 工艺参数	分散剂 种类	分散剂质量 分数/%	料球比	球磨 时间/min	固相体积 分数/%
参数值	PVP K30	3.0	1:1	60	56

3.5.3 可控固化凝胶工艺

凝胶注模工艺的成形主要是依靠浆料中的凝胶体系发生原位固化，将陶瓷颗粒包裹固定，从而形成所需的结构和形状，所以凝胶工艺的可控和凝胶质量的优劣不仅会关系到陶瓷坯体的成形精度和素坯的强度，还会影响到坯体的后续性能表现。在氧化钙基陶瓷铸型的非水基凝胶注模成形过程中，凝胶固化速率必须适中，既不能固化太快也不能固化太慢。固化太快会使注模过程尚未完成而浆料已经开始发生固化，导致注模失败；固化太慢会造成浆料长时间的不固化，浆料中的大颗粒开始出现沉降，导致坯体组织不均匀。一般来说，凝胶时间控制在 20min 左右比较合适，这个时间既预留出足够的注模操作时间，还可以避免浆料中的大颗粒发生沉降。此外，陶瓷浆料在凝胶固化过程中，若出现不均匀固化，则会在坯体局部形成较大的应力集中，在后续的坯体干燥、排胶脱脂过程中会造成因应力释放形成的坯体开裂缺陷。因此通过控制优化凝胶过程，获取高质量的凝胶，对于获取性能良好的陶瓷铸型坯体很有必要。

凝胶固化过程主要是有机单体和交联剂发生了聚合反应的过程，包括链的引发反应、链的增长反应和链的终止反应三个过程。链的引发反应，是引发剂在催化剂的作用下分解出两个初级自由基，并引发单体形成单体自由基；链的增长反应，是单体自由基继续与单体聚合成链自由基，并与交联剂发生交联反应生成三维网状聚合物；链的终止反应，是单体自由基消失导致链终止的一个过程。本研究选用的 DMAA-MBAM 凝胶体系的聚合反应如图 3-66 所示。在凝胶注模工艺中，影响凝胶固化的不确定性因素很多，不仅与影响链引发速率的引发剂添加量有关，还与单体浓度、单体/交联剂配比、催化剂添加量以及固化温度都有较大的关系[42]。

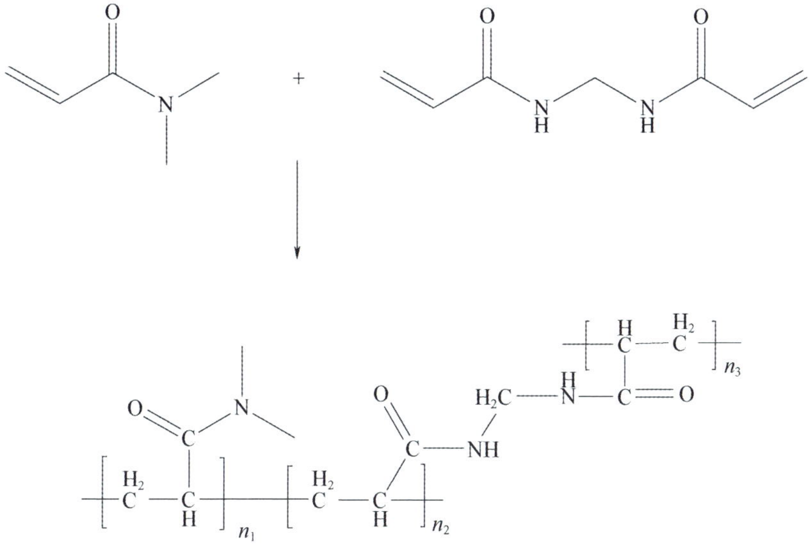

图 3-66 DMAA-MBAM 凝胶体系聚合反应原理图

本节采用对比实验和理论分析相结合的方法，通过研究单体质量分数、交联剂/单体比例、引发剂的添加量以及固化温度对凝胶时间和坯体强度的影响规律，探讨各因素之间的相互影响，优化出最佳的凝胶工艺参数，为了获取高质量的陶瓷铸型坯体提供技术和理论支撑。

凝胶注模工艺的凝胶主要是依靠单体的聚合产生的高分子长链，在通过交联剂的交联，最终形成一种空间网状结构的高分子凝胶，对陶瓷颗粒进行包裹定位来实现陶瓷材料的成形，因此单体的聚合质量对于陶瓷铸型坯体的性能有着非常重要的影响。有机单体的聚合速率和聚合质量与有机单体质量分数有着直接的关系，有机单体质量分数，即有机单体质量占预混液质量的比例，因此，研究有机单体质量分数对聚合速率和坯体强度的影响对于获得高质量的铸型坯体很有必要。

为了考察单体质量分数对凝胶过程的影响规律，实验选取不同的单体，质量分数分别为 5%、10%、15%、20%、25%，配制出固相体积分数为 56% 的 TBA 基氧化钙陶瓷浆料，其他实验参数如表 3-23 所示，进行凝胶工艺实验。测定浆料聚合凝胶时间和坯体强度，实验结果如图 3-67 所示。

表 3-23 实验参数值

固相体积分数	交联剂/单体比例	催化剂质量分数/%	引发剂质量分数/%	固化温度/℃
56%	1∶12	0.1	20	40

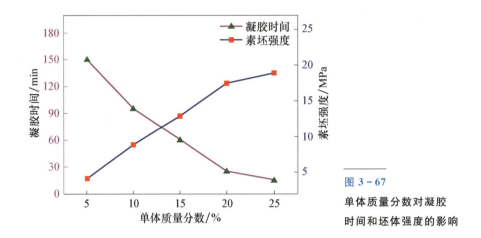

图 3-67 单体质量分数对凝胶时间和坯体强度的影响

由图 3-67 可以看出，随着单体质量分数的增大，凝胶固化的速率明显增快，固化时间大幅减少，与此同时，坯体的强度随着单体质量分数的增加也呈现出逐渐增加的趋势。当单体质量分数低于 5% 时其凝胶时间已经超过了 2h，当单体质量分数为 10% 和 15% 时，凝胶时间分别为 100min 和 60min，均超过了 1h，凝胶速率太慢，而且单体质量分数较低时，素坯的强度也比较低。当单体质量分数超过 20% 时，凝胶速率很快，仅 15min 就开始凝胶，这会导致尚未完全注模，浆料就已经固化，最终造成浆料充型失败，而且单体过多也会影响浆料的均匀性。此外，随着单体质量分数的增加，陶瓷坯体中残留的有机物就会增多，从而对脱脂工艺要求也会变高，如不能彻底排除有机物则会导致铸型性能的下降。因此，当单体质量分数为 20% 时，比较适合氧化钙的凝胶注模工艺。

交联剂的作用是在聚合中将自身的一个碳碳双键聚合入单体聚合成的线性高分子长链中，同时其他侧基上的碳碳双键聚合到别的线型长链中去。这样通过交联剂聚合到不同的高分子长链中，使得高分子长链形成网状结构。在形成网络结构以后，由于其溶解性发生变化，使得整个聚合物网络在溶液中的溶解能力下降，进而发生凝胶效应形成凝胶，因此交联剂对于单体聚合与胶体强度有着重要的影响。

由于交联剂主要是对单体聚合物起交联作用，因此其加入量一般是参考单体的量。为了考察交联剂对凝胶过程的影响规律，实验选取不同的交联剂/单体，比例分别为1∶50、1∶25、1∶16、1∶12、1∶8，配制出固相体积分数为56%的 TBA 基氧化钙陶瓷浆料，其他工艺参数如表3-3所示。进行凝胶工艺实验，测定浆料聚合凝胶时间和坯体强度，实验结果如图3-68所示。

表 3-24　实验参数值

固相体积分数	单体质量分数/%	催化剂质量分数/%	引发剂质量分数/%	固化温度/℃
56%	20	0.1	20	40

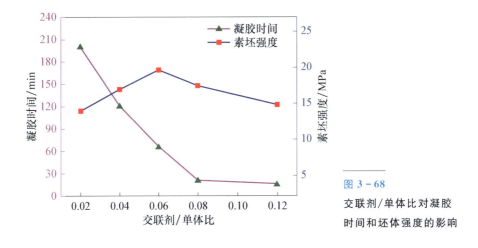

图 3-68　交联剂/单体比对凝胶时间和坯体强度的影响

由图3-68可以看出，随着交联剂含量的增加凝胶时间出现了明显的下降，当交联剂与单体比低于0.04时，浆料的凝胶时间都超过2h，显然凝胶时间太长，不符合要求，而且形成的凝胶网络结构不充分，其坯体的强度也较低。当交联剂与单体比为0.06时，凝胶的质量较好，陶瓷坯体的质量达到了最大值18.4MPa，但是此时需要的凝胶时间仍然较长，需要约60min才能凝胶，因此也不符合要求。当交联剂与单体比为0.08时，此时的凝胶时间大幅缩短至20min，但是其坯体的强度仅出现了轻微的下降，仍然保持了17.8MPa的强度，这比较符合本工艺要求。而随着交联剂的进一步增大，凝胶时间的变化已经不太明显，但是坯体的强度开始出现了明显的下降，这主要是因为随着交联剂的增多，单体聚合的分子链被多余的交联剂打断，减小了单体分子链的长度,进而降低了坯体的强度。可见,交联剂的添加量不能过多,且交联剂/单体比保持在 1∶12 较为合理。

由于单体需要在引发剂的诱导作用下,才能生成自由基,进而发生聚合反应形成高分子链,因此引发剂的作用十分重要。根据聚合化学动力学可知,聚合反应速率与引发剂质量分数的平方根成正比[43]。引发剂质量分数即引发剂的量与预混液质量的比例。因此引发剂质量分数不仅可以影响凝胶的快慢,同时还会影响到凝胶后坯体的性能。

为了考察单研究引发剂质量分数对凝胶过程的影响规律,实验选取不同的引发剂质量分数分别为 0.25%、0.5%、0.75%、1%、1.25%,配制出固相体积分数为 56% 的 TBA 基氧化钙陶瓷浆料,其他实验参数如表 3-25 所示,进行凝胶工艺实验。测定浆料聚合凝胶时间和坯体强度,实验结果如图 3-69 所示。

表 3-25 实验参数值

固相体积分数	单体质量分数/%	交联剂/单体比	催化剂质量分数/%	固化温度/℃
56%	20	1∶12	0.1	40

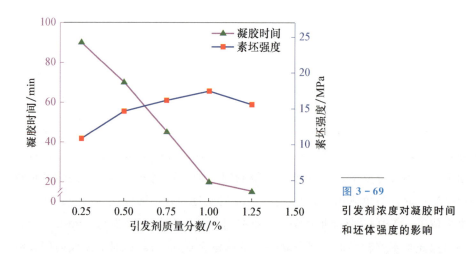

图 3-69
引发剂浓度对凝胶时间和坯体强度的影响

由图 3-69 可以得知,当引发剂的质量分数为 0.25% 时,凝胶固化的时间长达 90min,且凝胶并不完全,随着引发剂质量分数的增加,凝胶反应的固化时间逐渐缩短;当引发剂的质量分数达到 1.25% 时,凝胶时间已经缩短至 15min。当引发剂的加入量较少时,凝胶反应基本上很难发生固化,这是由于当凝胶反应处于链引发阶段时，生成的歧化反应而消耗自由基，且很容易与浆料中的氧结合形成性能稳定的过氧自由基，从而没有足够的自由基去促发单体自由基的产生，进而无法引发链增长发生；当引发剂用量增加之后，产生的初级自由基的数量增加，为链增长反应提供了足够的条件，因此固化诱导时间大大降低。当引发剂用量超过一定量时，引发剂产生的初级自由基超过链增长反应的需求，多余的自由基没有参与反应，从而诱导期趋于一个平衡值，但是这会大大地加快凝胶聚合速率，缩短凝胶时间。

由图 3-69 还可以看出，随着引发剂加入量的增加，坯体的强度出现了先上升后下降的现象，这是因为当引发剂的加入量较少时，链引发受到抑制，诱导时间过长，导致浆料固化时间太长，凝胶不完全，影响了坯体的均匀性，所以其强度相对较低。但是引发剂加入量过多，浆料中形成的初级自由基浓度增大，链引发速率大于链增长的速率，导致生成的聚合物分子量较低，链长较短，从而降低了坯体强度。同时，引发剂加入量过多，浆料会出现局部的快速聚合，从而影响了坯体的凝胶均匀性。另外，快速聚合还会导致浆料中的气体无法及时排出，残留在坯体中形成气孔，也会导致坯体强度的降低。综合上述分析，可以发现，当引发剂质量分数为 1.0% 时，凝胶时间为 20min，坯体强度达到 17.8MPa，能够满足实验的要求。

在凝胶注模工艺中，温度对凝胶过程的影响是非常显著的，因为凝胶聚合是一个吸热放热反应，在反应初始阶段属于吸热反应，当吸收的热量足以激发引发剂分解产生自由基时，链的引发反应才能开始，后续的反应才能够继续促进聚合反应的发生和维持高分子链的增长。陶瓷浆料的起始反应温度即陶瓷浆料温度，C. Gelfi 等的研究表明，温度对陶瓷坯体的均匀性存在很大的影响，过低的反应温度会导致反应无法进行，只有当起始反应温度高于某一温度值之后，才能够促使引发剂分解，凝胶反应才能进行[44]。此外，引发剂的分解反应也是一个吸热反应，升高温度有利于自由基的形成，有利于提高引发反应的速率，所以固化温度对于凝胶过程有着非常重要的影响。

为了研究固化温度对凝胶过程的影响规律，实验选取不同的固化温度 20℃、30℃、40℃、50℃、60℃为考察对象，配制出固相体积分数为 56% 的 TBA 基氧化钙陶瓷浆料，其他实验参数如表 3-26 所示，进行凝胶工艺实验。

测定浆料聚合凝胶时间和坯体强度，实验结果如图3-70所示。

表3-26 实验参数值

固相体积分数	单体质量分数/%	交联剂/单体比	催化剂质量分数/%	引发剂质量分数/%
56%	20	1∶12	0.1	1.0

由图3-70可以得知，随着固化温度的升高，凝胶时间逐渐变短，说明聚合速率是随着温度的升高在逐渐加快的。当固化温度为20℃时，凝胶时间长达180min，凝胶固化时间太长。当固化温度升至40℃时，凝胶聚合速率明显加快，可在20min内可以发生凝胶固化。但是，当进一步升高固化温度为50℃时，凝胶固化时间为15min，固化温度为60℃时，凝胶固化时间为12min，这说明聚合凝胶反应在超过一个临界温度时，固化时间的变化不是很大，进一步提高固化温度的意义已经不大。而且当温度高于40℃时，本工艺中所采用的树脂模具会发生软化，导致铸型精度的下降。

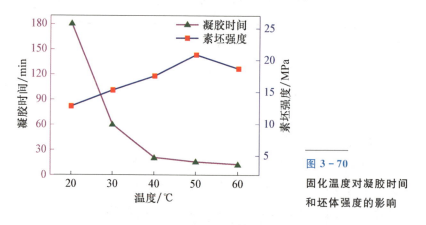

图3-70 固化温度对凝胶时间和坯体强度的影响

由图3-70还可以得知，固化温度对坯体的强度也存在一定影响，素坯强度随着固化温度的升高而提高，说明固化温度的升高有利于凝胶反应过程发生的更加充分，单体聚合的分子链较长，生成的三维网络结构更加坚固，因而坯体的强度也较高。但是，当温度升高到50℃以上时，坯体的强度反而出现了下降，这是由于当固化温度较高时，陶瓷浆料的温度与外界温度差异太大，固化过程中存在一个明显的温度梯度，导致坯体内部产生凝胶内应力，最终造成了坯体力学性能的下降。由上述分析可知，当固化温度为40℃时，凝胶固化时间为20min，且坯体的强度可以达到17.8MPa，能够较好地满足后续的铸型制备要求。

综合上述实验与分析,得到了 DMAA-MBAM 凝胶体系可控固化的最佳的凝胶工艺参数,如表 3-27 所示。

表 3-27 可控固化凝胶工艺参数

凝胶工艺参数	单体质量分数/%	交联剂/单体比	引发剂质量分数/%	固化温度/℃
参数值	20	1:12	1.0	40

3.5.4 铸型微细结构负压吸注成形工艺

复杂结构陶瓷铸型内部常常会分布着一些复杂、曲折和细长的结构,在常规凝胶注模的重力灌注方式下,仅依靠浆料自身的重力很难实现这些微细结构的完整充型,造成陶瓷铸型的复型失败,影响陶瓷铸型的结构完整性。因此,通过适当的注型工艺,提高陶瓷浆料的充型能力,实现陶瓷铸型中的微细结构的精确成形对于保持陶瓷铸型的复形精度和结构完整性非常关键。

在凝胶注模充型过程中,影响微细结构充型完整性的主要因素可以归结为两个方面:首先,陶瓷浆料的流变特性会直接影响其流动性和充型能力[45],一般来说凝胶注模的陶瓷浆料黏度在剪切速率为 $100\ s^{-1}$ 时不应超过 $1Pa \cdot s$,且黏度越低其充型能力越好;其次,浆料的充型动力会影响其充型的速率和浆料在微细结构中的流动情况,进而影响到浆料的充型能力。根据上述研究,已经可以制备出固相体积分数为 56%,表观黏度为 $0.57Pa \cdot s$,具有良好流动性的陶瓷浆料。然而在使用此种陶瓷浆料完成一些具有微细结构的陶瓷铸型制备过程中,仍然存在充型不足或者夹气造成的结构缺陷,导致陶瓷铸型无法用于后续的精密铸造。这表明在已经制备出满足流动性要求的低黏度陶瓷浆料后,需要从提高浆料的充型动力方面来提高浆料的充型能力和凝胶注模的复形精度。

陶瓷浆料在微细结构中的流动可以看作是在细长管道中的流动,如图 3-71 所示。陶瓷浆料在充型动力 P 的作用下充填树脂模具型腔的过程中,其前端受到了一系列的阻力,主要包括:模具内空气产生的压力,细小结构内的表面张力引起的毛细阻力以及浆料与模具内壁的摩擦力。

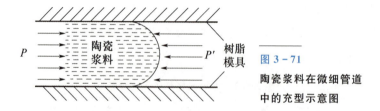

图 3-71 陶瓷浆料在微细管道中的充型示意图

因此,陶瓷浆料能够完成流动充型需满足的条件为

$$P \geqslant P_1 + P_2 + f \tag{3-3}$$

式中:P 为陶瓷浆料充型的动力,包括陶瓷浆料浇注过程中的重力作用下的液位压力和外力场形成的压力(如加压、真空、离心等);P_1 为模具内气体产生的压力;P_2 为陶瓷浆料表面张力形成的毛细阻力;f 为陶瓷浆料与模具表面摩擦以及其他因素形成的阻力。

由式(3-3)可以看出,由于陶瓷浆料表面张力形成的毛细阻力 P_2 与陶瓷浆料与模具表面摩擦力 f 需要从陶瓷浆料或者树脂模具的本身性质上改变才能改变,因此这两个因素的改变比较困难。而减少出口端的气体压力 P_1,则可以相对提高浆料的充型动力 P。因此,本书提出了负压吸注这一工艺方法,通过在浆料出口端抽真空减小出口端的气体压力 P_1,在浆料进出口两端形成压力差来提高浆料的充型动力,以提高浆料在微细结构处的充型能力。

1. 负压吸注装置设计

为了研究负压吸注对陶瓷浆料充型能力的影响,一套简易的凝胶注模负压吸注实验装置被设计与组装出来,该装置的原理图和实物图如图 3-72 所示,其中,浆料的流动方向自左向右。

其中,各部分的作用为:

(1)真空泵为吸注过程提供动力,根据要求选取小功率的真空泵。

(2)压力气罐保证浆料充型过程动力的均匀性,起到一个缓冲的作用,并可以通过调节两端的阀门来调节充型压差的大小。

(3)过渡罐为了避免多余的陶瓷浆料吸入到储气罐中,起到一个防护作用且便于清洗。

(4)零件的树脂模型要根据要求做成一个只有进口和出口的密封零件。

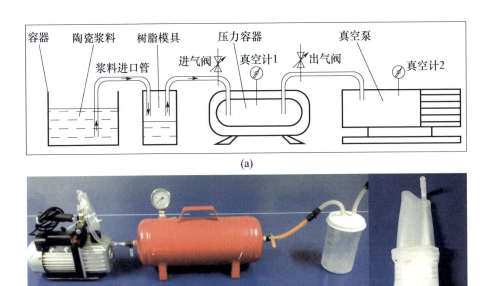

图 3-72 负压吸注的装置结构原理图及其实验装置图

(a)负压吸注原理图；(b)负压吸注装置；(c)零件树脂模型。

负压吸注的工艺操作过程如下：

(1)根据所要制作的陶瓷铸型的需求设计好零件的 CAD 模型，采用光固化 3D 打印工艺制备树脂零件模型，保证零件的密封性。

(2)用气路管道连接好设备，并将制备好的树脂模具用气路管道连接到所用的仪器设备中，并保证系统的密封性。

(3)将制备好的陶瓷浆料盛放到容器之中，配置好所需的催化剂和引发剂待用。

(4)在凝胶注模开始之前，接通电源并打开真空泵，打开压力气罐与真空泵相连一侧的阀门，关闭另一侧的阀门，直至真空泵的示数不再变化。

(5)向制备好的陶瓷浆料中先后加入适量的催化剂和引发剂，搅拌均匀后，将零件模具的浆料进口插入到陶瓷浆料中，调节压力气罐两端的阀门，保证压力容器罐内的示数保持在实验设定值，直到浆料充满模具，关闭真空泵。

(6)待树脂模具内的陶瓷浆料完成固化后，取下模具放置好，实验结束。

2. 负压吸注实验

为确定负压吸注工艺能够实现陶瓷铸型微细结构完整复形的进出口压力

差,利用前期研究制备的固相体积分数为 56%,黏度值为 0.57Pa·s 的 TBA 基氧化钙陶瓷浆料[46],展开负压吸注成形工艺实验,分别采用-0.08MPa、-0.06MPa、-0.03MPa 的压差对微细梁结构模型和含有冷却孔的叶片模型进行负压吸注凝胶注模实验。

首先采用光固化快速成形技术制造出如图 3-73(a)所示的带有微细梁结构树脂模具,其最小的微细梁结构尺寸仅为 1.5mm。采用负压吸注工艺将制备好的陶瓷浆料吸注至树脂模具中,待浆料固化成形后,待彻底干燥后,再将陶瓷坯体放入真空脱脂炉中 1000℃脱脂预烧,得到预烧的陶瓷坯体。最后对该简化模型的陶瓷坯体进行工业 CT 检测,观察微细梁结构的复形情况,CT 结果如图 3-73 所示。由图中可以看出,当压差为 0.08MPa 和 0.06MPa 时,在微细梁结构处均存在浇注不足和夹气现象造成的结构缺陷,而当压差为 0.03MPa 时,结构尺寸仅为 1.5mm 微细梁结构处则充型完整,无复形缺陷,这说明压差为 0.03MPa 时可以满足负压吸注充型微细结构的要求。

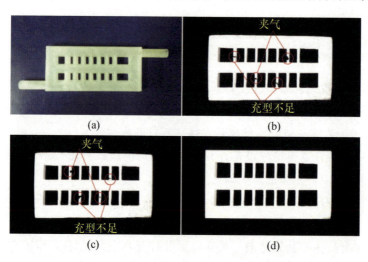

图 3-73 微细梁结构树脂模型和负压吸注脱脂后 CT 图像
(a)树脂模具;(b)0.08MPa;(c)0.06MP;(d)0.03MPa。

为进一步获得合理的压差以实现对含有微细结构的陶瓷铸型完整充型,实验选取了某型带有冷却孔结构的空心涡轮叶片为研究对象,模型中的冷却孔直径为 1.2mm,属于较难充型完整的部位。通过开展负压吸注实验,需找到合理的压差参数,以实现其完整充型。首先设计含有冷却孔结构的叶片

CAD 模型，如图 3-74(a)所示，然后再采用光固化快速成形技术制造出凝胶注模用树脂原型，如图 3-74(b)所示。

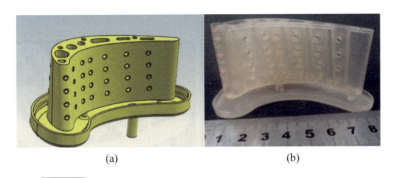

图 3-74 带冷却流道微孔的叶片局部 CAD 模型及其树脂模具

将上述制备好的树脂原型与型壳组装完成，形成可用于负压吸注工艺的树脂模具，然后将制备好的 TBA 基氧化钙浆料采用负压吸注工艺，仍然采用 -0.08MPa、-0.06MPa 和 -0.03MPa 的压差，充型至叶片树脂模具中完成凝胶注模成形，待坯体彻底干燥后，再将陶瓷坯体放入真空脱脂炉中慢速升温至 1000℃ 脱脂，得到预烧的陶瓷铸型坯体。最后对脱脂后的叶片铸型进行工业 CT 检测，观察叶片及冷却孔结构的充型情况，如图 3-75 所示。

由图 3-75 可以看出，实验结果与模拟分析结果相符，当压差为 0.08MPa 时，叶片尾缘与冷却流道微孔型芯处均存在因浇注不足和夹气现象造成的缺陷；当压差为 0.06MPa 时，叶片的冷却流道微孔结构处也存在缺陷；而当压差为 0.03MPa 时，叶片及冷却流道微孔结构均浇注完整，不存在充型缺陷，实现了叶片的完整复形。最终采用 0.03MPa 的进出口压差，用负压吸注工艺成功制备出含冷却流道微孔结构的叶片陶瓷铸型，如图 3-75(d)所示。陶瓷铸型坯体干燥、脱脂后，观察发现直径 1.2mm 的冷却微孔陶瓷型芯全部完整，不存在因浆料充型不足或夹气现象造成的冷却微孔型芯断裂缺陷，且叶片的前缘与尾缘等部位也不存在裂纹等缺陷，陶瓷铸型的复形质量良好。

负压吸注工艺可以明显改善陶瓷浆料的充型和复形能力，减少充型不足和夹气现象的出现，提高陶瓷铸型的复形精度。但负压吸注工艺对凝胶注模陶瓷铸型性能的影响，同样是衡量负压吸注工艺能否成功应用于陶瓷铸型凝胶注模中一个重要因素。

为此制备了三种不同固相体积分数（52%、54%、56%）的氧化钙基陶瓷浆料，分别在负压吸注和常压浇注两种情况下获得实验试样，测试成形后陶瓷铸型坯体的体积密度和素坯的抗弯强度。图3-76为负压吸注与常压浇注两种不同的浇注方式下陶瓷坯体的体积密度与素坯强度的对比情况。

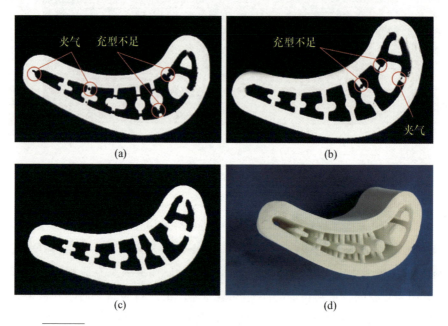

图3-75 不同压差下负压吸注冷却流道微孔结构叶片铸型的工业CT图
(a)0.08MPa；(b)0.06MPa；(c)0.03MPa；(d)负压吸注制备的无缺陷叶片陶瓷铸型。

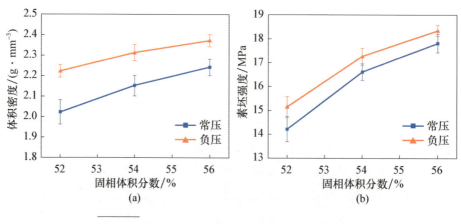

图3-76 负压吸注工艺对陶瓷铸型坯体性能的影响
(a)对体积密度的影响；(b)对素坯强度的影响。

由图 3-76 可以看出，采用负压吸注工艺之后，对于不同固相体积分数的陶瓷浆料成形的坯体，其体积密度和素坯强度均有所提高。对于固相体积分数为 56% 的浆料，素坯的体积密度提高了 7% 左右，抗弯强度提高了 3% 左右，达到 18.3MPa。由此可以说明负压吸注工艺可提高成形陶瓷坯体的体积密度和抗弯强度，有利于提高陶瓷铸型的综合性能。

3.6 小结

本章探索基于立体光固化树脂原型的石膏铸型快速整体成形技术，优化浆料性能与铸型焙烧工艺，探究高温下石膏铸型力学性能变化规律，提出基于勃姆石填料的石膏铸型中精度与强度综合调控方法，并揭示勃姆石中低温膨胀原理，研究针对勃姆石填料石膏铸型增强方法，开展面向复杂机匣零件的典型结构的成形工艺优化。

根据光固化快速原型特性及复杂机匣零件特征，确定针对复杂机匣零件的快速制造技术方案。研究膏水比、减水剂、真空注型等工艺条件对石膏浆料的流动性及其成形石膏铸型强度的影响规律，制备膏水比为 100：50 的高固相浆料。研究膏水比、填料等工艺参数对成形石膏铸型强度、尺寸精度、开裂倾向等性能的影响。探明室温至 750℃ 温度区间内石膏铸型强度与尺寸精度随温度升高的变化规律，发现 0~350℃ 温度段内铸型强度衰减速率最高，实验表明，现有的铸型材料配方无法同时满足铸型精度及强度的要求。

提出以勃姆石为填料调控石膏铸型性能的方法，研究勃姆石填料用量对石膏铸型尺寸精度的影响规律，使实现近零收缩时所需的填料质量分数由近 80% 降低至 46%，试样挠度由 9.11mm 下降至 3.07mm，较现有填料体系实现近零收缩时铸型 600℃ 强度由 0.05MPa 提升至 1.36MPa。探明勃姆石填料产生膨胀的原理，提出勃姆石体积膨胀是由其高温分解时颗粒分裂导致占据空间增加所致，并通过粒径测试及微观形貌观测加以验证。研究了粒径对勃姆石膨胀效果的影响规律，实验发现 28μm 以上勃姆石颗粒的膨胀效果更加明显，通过优化填料粒径分布将实现近零收缩时填料质量分数进一步降低至 35% 左右，提高铸型 600℃ 弯曲强度至 2MPa 以上。研究了基于勃姆石填料石膏铸型体系的铸型增强方法：研究了短切玻璃纤维的长度、质量分数等对提升铸型强度的影响规律,0.5mm 短切玻璃纤维质量分数为 0.5%时,铸型 600℃弯曲强度由 1.36MPa 提升至 1.8MPa;研究了硫酸钙晶须提高铸型高温强度的方法,优化添加硫酸钙晶须种类及用量,选用半水硫酸钙晶须质量分数为 15%时,铸型 600℃弯曲强度由 1.36MPa 增加至 1.91。

同时研究氧化钙基型芯、型壳一体化陶瓷铸型坯体的非水基凝胶注膜成形工艺,重点研究了高固相、低黏度 TBA 基氧化钙陶瓷浆料的制备,DMAA-MBAM 凝胶体系的可控固化以及负压吸注工艺,制备出高性能的氧化钙陶瓷铸型坯体。针对铸型中的微细结构难以充型,影响铸型结构完整性的问题,提出了负压吸注工艺,搭建了负压吸注设备,并对负压吸注最关键的工艺参数进出口压差进行了模拟计算和实验验证,最终发现 0.03MPa 的压差为最佳工艺参数,并采用负压吸注工艺制备出了含有冷却微孔的叶片铸型。同时,负压吸注工艺还将陶瓷铸型素坯的体积密度提高了 7%左右,抗弯强度提高了 3%左右,有利于提高陶瓷铸型的综合性能。

参考文献

[1] 宗学文,熊聪,张斌,等. 基于快速成型技术制造复杂金属件的研究综述[J]. 热加工工艺,2019,48(01):5-9.

[2] 成丹. 基于快速成型技术的精密铸造石膏铸型熔模研究[D]. 重庆:重庆大学,2008.

[3] 程鲁. 复杂薄壁镁合金石膏铸型精密成形工艺研究[D]. 武汉:华中科技大学,2011.

[4] 张立同. 石膏铸型熔模铸造用模料[J]. 铸造技术,1986,(02):47-51.

[5] 朱登玲. 注浆成型陶瓷模具石膏改性研究[D]. 重庆:重庆大学,2014.

[6] 李青. 模型石膏的制备、性能及应用研究[D]. 重庆:重庆大学,2004.

[7] 丰霞. β型模具石膏的增强研究[D]. 南宁:广西大学,2007.

[8] 陈宗雨,郭伟,曾建民. 精密铸造可溶性石膏芯的研究[J]. 航空精密制造技术,2002,(03):25-28.

[9] YAMAN B,CIGDEM M. Effect of particle size variations of gypsum bonded investment powders on metallurgical quality of investment castings[J]. International Journal of Cast Metals Research,2010,23(1):60-64.

[10] 叶青青. 颗粒级配对 α 半水石膏水化和强度的影响[D]. 杭州:浙江大学,

2010.

[11] YU Q Q,BROUWERS H J. Microstructure and mechanical properties of β-hemihydrate produced gypsum:an insight from its hydration process[J]. Construction & Building Materials,2011,25(7):3149-3157.

[12] 牟国栋. 半水石膏水化过程中的物相变化研究[J]. 硅酸盐学报,2002(04):532-536.

[13] CRAMERA S M,FRIDAYA O M,WHITE R H. Mechanical properties of gypsum board at elevated temperatures[C]. California:Proceedings of the Fire and Materials 2003 Conference,Hyatt Hotel Fisheman's Wharf,San Francisco,2003.

[14] PARK S H,MANZELLO S L,BENTZ D P,et al. Deter mining thermal properties of gypsum board at elevated temperatures[J]. Fire & Materials,2010,34(5):237-250.

[15] 赵忠兴,石颖科,叶锦华. 石膏铸型快速烘干工艺的研究[J]. 特种铸造及有色合金,2008,(06):460-461.

[16] ROSOCHOWSKI A,MATUSZAK A. Rapid tooling:the state of the art[J]. Journal of Materials Processing Technology,2000,106(1):191-198.

[17] 李晓蓓. 基于快速成形技术的石膏铸型快速模具制造技术[D]. 安徽:合肥工业大学,2004.

[18] 丁浩,王春华,唐一平,等. 基于光固化树脂原型的环氧树脂制模技术[J]. 西安交通大学学报,1998(10):29-32.

[19] Shumkov A ,Ablyaz T R,Muratov K R. Assessing the surface distortion of plaster molds made with the use of SLA models[J]. Archives of Foundry Engineering,2007,3(17):123-126.

[20] 曹驰. 基于SLA原型的快速铸造工艺研究[D]. 西安:西安电子科技大学,2006.

[21] 刘洪军,李亚敏,郝远. SLA原型和石膏铸型相结合快速精密铸造工艺[J]. 热加工工艺,2007(13):47-50.

[22] MIAO K,LU Z L,CAO J W. Effect of polydimethylsiloxane on the mid-temperature strength of gelcast Al_2O_3 ceramic parts[J]. Materials & Design,2016,89(1):810-814.

[23] 黄韡,姜会钰,杨海浪. 碳纤维增强石膏的力学性能及其制备方法[J]. 武汉纺

织大学学报,2014,27(3):74-77.

[24] 秦景燕,王玉江,任和平,等. 低温烧成纯铝酸钙水泥的机理研究[J]. 硅酸盐通报,2002(03):51-54.

[25] 袁润章. 胶凝材料学[M]. 武汉:武汉工业大学出版社,1996.

[26] BAHHITEHH G K. 现代结晶学[M]. 吴自勤,译. 合肥:中国科学技术大学出版社,1990.

[27] 彭家惠,瞿金东,张建新,等. 聚羧酸系减水剂在石膏颗粒表面的吸附特性及其吸附-分散机理[J]. 四川大学学报(工程科学版),2008(01):91-95.

[28] 古瑞琴. 氧化钙基耐火材料的结构与性能[D]. 郑州:郑州大学,2006.

[29] 钟香崇. 展望新一代优质高效耐火材料[J]. 耐火材,2003,37(1):1-10.

[30] 李婷. 钛合金熔模铸造用氧化物陶瓷型壳的制备工艺研究[D]. 南京:南京航空航天大学,2013.

[31] 张振兴. 氧化钙铸型与精密铸件[J]. 钛工业进展,1991,(2):7-8.

[32] SHIMODA K,PARK J S,HINOKI T,et al. Influence of surface structure of SiC nano-sized powder analyzed by X-ray photoelectron spectroscopy on basic powder characteristics[J]. Applied Surface Science,2007,253(24):9450-9456.

[33] LI W,CHENG P,GU M. Influence of surface cleaning and calcination on rheological properties of silicon carbide aqueous suspensions[J]. Journal of the American Ceramic Society,2005,88(5):1145-1149.

[34] ZHOU Y,HONDA A,TAKEDA T,et al. Effect of Surface Treatment on Dispersibility and EPD Behavior of Fine SiC Powder in Aqueous Suspension[J]. Journal of the Ceramic Society of Japan,Supplement Journal of the Ceramic Society of Japan,Supplement 112-1,PacRim5 Special Issue. The Ceramic Society of Japan,2004:S94-S99.

[35] 赵娟,宋丽岑,王瑞雨,等. SiC粉体预处理对浆料流变性能的影响[J]. 硅酸盐通报,2014,33(11):2818-2821.

[36] YIN J,LIU X,CHEN J,et al. Polyacrylic acid,a highly efficient dispersant for aqueous processing of tantalum carbide[J]. Ceramics International,2017,43(4):3654-3659.

[37] ZHANG J X,JIANG D L,AND LIN Q L. Poly(Vinyl Pyrrolidone),A dispersant for non-aqueous processing of silicon carbide[J]. J. Am. Ceram. Soc,2005,88(4):1054-1056.

[38] SHEN L, XU X, LU W, et al. Aluminum nitride shaping by non-aqueous gelcasting of low-viscosity and high solid-loading slurry[J]. Ceramics International,2016,42(4):5569-5574.

[39] 张桂芳,吴伯麟,钟连云. 湿法球磨过程粉体表面与水的作用研究[J]. 山东陶瓷,2007,30(1):36-37.

[40] WAN W, YANG J, ZENG J, et al. Effect of solid loading on gelcasting of silica ceramics using DMAA[J]. Ceramics International,2014,40(1):1735-1740.

[41] 黄学辉,尹炳坤,张丽丽,等. MgO-CaO 陶瓷抗热震稳定性研究[J]. 陶瓷学报,2010,31(2):229-233.

[42] 仝建峰,陈大明,李宝伟,等. 氧化铝陶瓷凝胶注模成型凝固动力学研究[J]. 航空材料学报,2008,28(3):49-52.

[43] MOAD G, SOLOMON D H. The chemistry of radical polymerization[M]. 北京:科学出版社,2007.

[44] GELFI C, RIGHETTI P G. Polymerization kinetics of polyacrylamide gels I. Effect of different cross-linkers[J]. Electrophoresis,1981,2(4):213-219.

[45] PRABHAKARAN K, PAVITHRAN C. Gelcasting of alumina using urea-formaldehyde I. Preparation of concentrated aqueous slurries by particle treatment with hydrolysed aluminium[J]. Ceramics international,2000,26(1):63-66.

[46] YANG Q, ZHU W, LU Z, et al. Rapid Fabrication of High-Performance CaO-Based Integral Ceramic Mould by Stereolithography and Non-Aqueous Gelcasting[J]. Materials,2019,12(6):934.

第 4 章
基于选区激光烧结的铸造高分子材料成形技术

铸造工艺具有生产工序简单、成本低、应用合金种类广泛等特点,广泛应用于航空、航天、汽车和船舶等领域的复杂关键零件制造。然而,对于基础核心部件,其大多是具有非对称、不规则自由曲面和内腔结构的复杂金属零件(如进气歧管、发动机缸体、水轮机转轮等)。传统的铸造工艺通常将砂芯分成几块分别制备组装,需考虑装配定位和精度问题,制作周期长,成本高,难以制造复杂型腔模具,成为制约关键领域新产品开发的瓶颈。

作为增材制造技术的重要分支,选区激光烧结(SLS)技术可有效实现任意三维结构的快速成形,有效解决复杂零件制造难的问题。在选择合适的 SLS 材料后,可以直接制造复杂结构铸型(芯)。因此,这种方法对大尺寸复杂铸件的制造极为有利,可减少从设计到铸件的过渡时间和费用,无缝集成到标准的精密铸造工作流程中。本章就 SLS 成形机理、聚苯乙烯及其复合材料的制备与成形,以及 SLS 蜡模在精密铸造中的应用展开论述。

4.1 选区激光烧结成形过程及机理

4.1.1 选区激光烧结成形过程

SLS 工艺是增材制造技术的一种,基于"离散/堆积"的思想,将三维模型二维化,在 $X-Y$ 平面内进行烧结,Z 向逐层黏结累加直至模型制作完成,其具体成形工艺过程如图 4-1 所示。

首先利用 Pro/E、UG 等三维建模软件或三维扫描重建手段建立打印零件的三维数据模型;其次将零件的三维数据模型进行三角面片逼近处理,按照零件的轮廓信息对激光扫描路径的规划做出准备;再次利用 Magics 9.55 软件按照打印零件的需要添加相应的支撑并进行分层切片处理,生成打印设备可

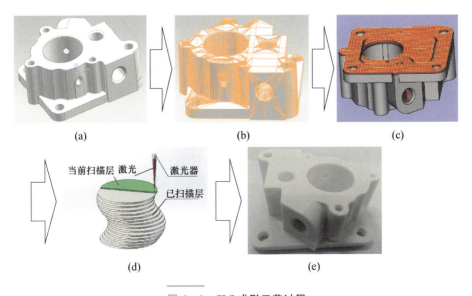

图 4-1 SLS 成形工艺过程

(a)建立三维模型；(b)模型预处理；
(c)添加支撑及分层处理；(d)分层烧结；(e)实物模型。

识别的 STL 文件；最后将模型的 SLC 文件导入至 SLS 成形设备中，成形设备根据三维数据模型的分层切片和激光扫描路径规划信息层层烧结，逐层黏结累加直至零件制作完成。

4.1.2 选区激光烧结成形机理

大部分高分子粉末材料的黏流活化能相对较低，而烧结过程中黏性流动是高分子粉末材料主要的运动方式，也是其主要的成形机理。在高能量的激光束的作用下粉末颗粒在接触的部位之间产生"烧结颈"，进而发生凝聚成形。粉末成形烧结是一个十分复杂的热物理过程，人们对此提出许多不同的成形机理和烧结模型，如蒸发-凝聚、体积扩散、表面扩散、黏性流动等[1]。

1. Frankel 两液滴模型

1945 年，美国学者 Frankel 采用两个对心运动的球形液滴模型来模拟烧结过程中粉末之间的黏结运动[2]，图 4-2 为成形烧结过程中 2 个粉末颗粒黏结合并示意图。

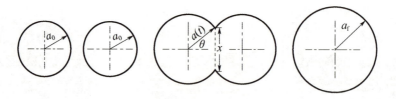

图 4-2 成形烧结过程中颗粒黏结合并示意图

根据表面张力所做的功与黏性流动所消耗的功相平衡的原理，建立了 t 时刻的"Frankel 烧结颈长方程"：

$$\left(\frac{x}{a}\right)^2 = \frac{3}{2} \cdot \frac{\gamma}{a\eta} \cdot t \tag{4-1}$$

式中：x 为烧结颈的半径；a 为粉末颗粒半径；γ 为材料表面张力；η 为材料黏度。

由式(4-1)可知，粉末颗粒的烧结黏结速度同粉末颗粒大小、材料黏度、表面张力和烧结时间均有关系。对于大部分高分子材料而言，在180℃以下时材料的表面张力为20～30mN/m且相差较小。同时，选用较大的粉末粒径会造成烧结速率较慢并影响成形件的表面质量；选用较小的粉末粒径虽然可以提高烧结速率，但是在铺粉过程中粉末会因静电吸附在铺粉辊上而不利于铺粉。综上所述，对于 SLS 工艺，通过控制表面张力和调节颗粒大小来提高烧结速率意义不大。因此，黏度成为提高 SLS 工艺烧结速率的唯一方法，并且黏度随着温度的升高而降低。

2."烧结立方体"模型

SLS 工艺实际烧结过程的粉末床是由大量粉末颗粒在空间堆积而成的，而 Frenkel 两液滴黏结模型只是表征两个球形液滴模型的成形烧结过程。为了突破此局限性，M. S. M. Sun[3] 在 Frenkel 两液滴"黏结"模型的基础之上，开创性地提出了基于粉末床的 SLS 工艺"烧结立方体"实验模型，如图 4-3 所示，该理论认为 SLS 成形工艺中粉末床中的粉末颗粒在空间的堆积形态和一个立方体堆积粉末床结构相类似。

经过一系列公式推导，得到粉末颗粒空间堆积时烧结速率方程：

$$\dot{x} = -\frac{3(1-\rho)\pi\gamma r^2}{24\eta\rho^3 x^3}\left\{r-(1-\xi)x+\left[x-\left(\xi+\frac{1}{3}\right)r\right]\times\frac{9(x^2-r^2)}{18rx-12r^2}\right\} \tag{4-2}$$

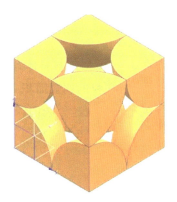

图 4-3 立方体堆积粉末床体结构

从式(4-2)烧结速率方程能够看出最一般的烧结行为,可以发现致密化速率正比于材料的表面张力 γ,反比于粉末的黏度 η 和半径 a ($0<\xi<1$, $P=r/x$)。由于非晶态聚合物在烧结过程中,非晶态高分子材料在玻璃化转变温度(T_g)以上时才开始烧结,此时的黏度较大(约 10^{12} Pa·s),导致烧结速率较低,因而力学性能较差。

4.1.3 选区激光烧结工艺粉末烧结驱动力

SLS 工艺的成形过程中,在激光照射下粉末颗粒之间黏结和融合的过程称为烧结。小的粉末表面具有较高的表面自由能,经过成形烧结之后,由于粉末颗粒表面积的减小,导致整个材料体系的自由能就降低。因为成形烧结是一个由高能态往低能态转换的不可逆的过程,所以自由能降低的过程就是产生烧结驱动力的过程[4]。

假设完全分散的粉末颗粒经过成形烧结之后形成一个致密的实体,则材料体系表面能的存在以下关系:

$$\Delta E = E_p - E_d \tag{4-3}$$

式中:E_p 为烧结之前松散粉末的表面自由能;E_d 为烧结之后形成致密实体的表面自由能。将材料相关的物理量代入式(4-3)有

$$\Delta E = \gamma_{sv}\left[\omega_m S_p - 6\left(\frac{\omega_m}{d}\right)^{\frac{2}{3}}\right] \tag{4-4}$$

由于 $\omega_m S_p \gg 6\left(\dfrac{\omega_m}{d}\right)^{\frac{2}{3}}$,则式(4-4)可近似变换为

$$\Delta E = \gamma_{sv}\omega_m S_p \tag{4-5}$$

式中：γ_{sv} 为材料的固 – 气表面自由能（J/m^2）；ω_m 为材料的摩尔质量（g/mol）；S_p 为粉末颗粒的比表面积（cm^2/g）。

由式（4 – 5）可知，当材料的摩尔质量 ω_m 一定时，材料体系的烧结驱动力的大小与材料的固 – 气表面自由能 γ_{sv} 和粉末颗粒的比表面积 S_p 成正比。即固 – 气表面自由能高的材料和粉末颗粒越小或形貌越复杂的粉末材料，由于烧结过程产生的驱动力也就越大，因此，其烧结性能也越好。

4.1.4 选区激光烧结热量的传递方式

在 SLS 工艺中对粉末进行激光烧结，粉末吸收激光能量立刻转换成热能。由于粉末表面辐射与对流能量密度很低，粉层无法吸收大部分的能量。激光光束入射至材料深度的提高，会影响激光的光强，使其以几何级数的方式衰减。因此，通过（热）传导的形式来传递能量是粉末材料内部的主要加热方法。由于激光束的照射让表层粉末区域的温度瞬间升高，通过传导、辐射和对流的形式和周围的粉末区域与环境不断进行换热。如图 4 – 4 所示，Q_1 表示粉末吸收的激光能量，Q_2 表示以透射的方式传递给粉末的热量，Q_3 表示以反射的方式向空气中散热的能量。

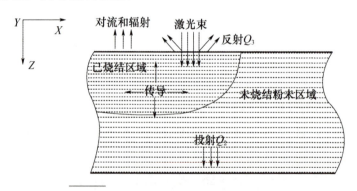

图 4 – 4　SLS 工艺激光烧结粉末原理示意图

激光光束的热源是不断运动变化的，扫描照射材料的时间非常短暂，而材料的加热和冷却又是比较迅速的，从而在材料内部出现一定的温度梯度。在 SLS 工艺烧结过程中，激光会影响粉末材料的物性参数，随着温度的不断增加而一直发生变化。所以，SLS 的烧结过程是一个非平衡动态变化的导热过程[5]。

激光具有能量高度集中和发散性小的优点，粉末材料瞬间就会被高温融化。在 SLS 工艺中，具有一定功率和速度的激光束入射到粉末表面会发生吸收、透射和反射，激光与粉末相互作用的过程中激光能量的变化遵循能量守恒定理：

$$E_{总} = E_{吸收} + E_{透射} + E_{反射} \tag{4-6}$$

式中：$E_{总}$ 为入射至粉床表面的激光能量；$E_{吸收}$ 为被粉末表面吸收的能量；$E_{透射}$ 为透过材料后的激光能量；$E_{反射}$ 为由材料表面反射的能量。

对式(4-6)进行适当的变形：

$$1 = \frac{E_{吸收}}{E_{总}} + \frac{E_{透射}}{E_{总}} + \frac{E_{反射}}{E_{总}} = a_r + \varepsilon + R \tag{4-7}$$

式中：a_r 为激光在材料中的吸收系数；ε 为激光在粉层中的透射系数；R 为材料表面的反射系数。

SLS 工艺中由于激光在粉末表面的停留时间较短，激光的能量不能完全被粉末材料所吸收。对于高分子粉末烧结材料，一般选用波长为 $10.6\ \mu m$ 的远红外 CO_2 激光器作为热源，透过率较低，但对粉末材料也有一定的加热作用，由于透射系数 ε 较小可忽略不计。因此，成形粉末吸收激光能量的高低由吸收系数 a_r 和反射系数 R 决定。如果 a_r 越大，则 R 就越小，那么被成形粉末吸收的激光能量就越大，烧结效果也越好。由于激光器发出的能量一部分被粉末表面反射，另一部分透过粉层被吸收并且高能量的激光束在(峰-谷侧壁)照射穿透粉末过程中会产生多次的反射和干涉。同时，高分子材料由于表面粗糙，会对激光的能量产生强烈的吸收，吸收系数达到 $0.95 \sim 0.98$[6]。

4.2 选区激光烧结聚苯乙烯成形机理及基础烧结实验

4.2.1 聚苯乙烯基本性质

1. 聚苯乙烯简介

聚苯乙烯(PS)是一种由苯乙烯单体聚合成的无色、无味、无臭而有光泽的热塑性树脂，它的分子式为 C_8H_8，其结构示意图如图 4-5 所示。它是热塑性材料中比较适合于 SLS 工艺的成形材料之一，也是成形较稳定的材料之一[7]。

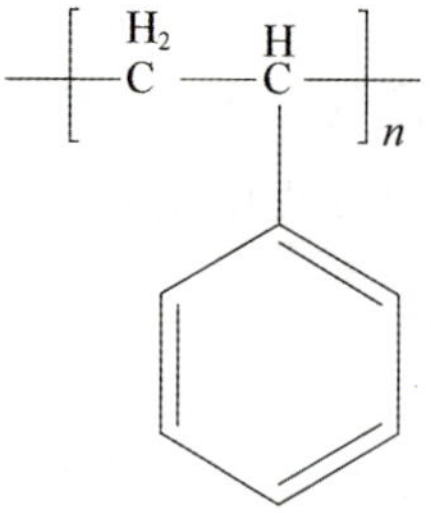

图 4-5 聚苯乙烯结构示意图

聚苯乙烯于 1930 年由德国的一家化工公司首次进行工业化，随后 1937 年美国对其进行了商业化。我国的聚苯乙烯由中国石油化工集团有限公司、中国石油天然气集团有限公司及它们的子公司通过引进国外设备生产制作而成。目前，市面上的聚苯乙烯主要存在四种不同类型：通用级聚苯乙烯（GPPS）、高抗冲聚苯乙烯（HIPS）、发泡级聚苯乙烯（EPS）和间规聚苯乙烯（SPS）[8]。

(1) 通用级聚苯乙烯：以苯乙烯为单体材料经过离子型聚合或自由基聚合而成。该类聚苯乙烯有着流动性能好、易加工、尺寸稳定性好、刚性优良和耐腐蚀性好等优点，可是存在着耐老化性较差的缺点。

(2) 高抗冲聚苯乙烯：由弹性体对聚苯乙烯改性处理后而成。该类聚苯乙烯除了具有通用级聚苯乙烯尺寸稳定性好、易加工等优点外，还有着较好的刚性和更高的冲击强度，但是其耐高温性和紫外线稳定性较差。

(3) 发泡级聚苯乙烯：又称为可发性聚苯乙烯，是由苯乙烯单体通过悬浮法，而后加入发泡剂制得。该类聚苯乙烯有着介电性能良好、热导率低、吸水性小等优点，但是存在着材料自身强度低的缺点。

(4) 间规聚苯乙烯：是一种通过茂金属催化剂而生产的具有间同结构的新型聚苯乙烯品种，与普通聚苯乙烯不同之处在于为结晶化产品，生产成本较高。

聚苯乙烯的基本性质如表 4-1 所示。

表 4-1 聚苯乙烯基本性质

	玻璃化温度/℃	黏流态温度/℃	分解温度/℃
热学性质	75～105	175～195	>300
	密度/(g/cm³)	洛氏硬度/HRC	收缩率/%
物理性质	1.04～1.065	65～90	0.2～0.6

续表

光学性质	透光率/%	折射率/%	雾度/%
	88~90	1.59	3
力学性能	拉伸强度/MPa	弯曲强度/MPa	拉伸模量/GPa
	27~35	39~51	2.07~2.74

由表 4-1 的聚苯乙烯基本性质并结合 SLS 工艺，可以分析出以下几点特性：

(1) PS 是一种无定型聚合物（非结晶化合物），没有相对固定的熔点，理论上可加工温度为玻璃化转变温度与分解温度之间，针对 SLS 成形工艺，材料成形温度范围为熔融温度与分解温度之间[9]，而 PS 的此温度区间范围宽，所以较宽的成形温度范围使得 PS 与 SLS 成形工艺更为适应。

(2) PS 吸湿率较小，一般介于 0.02%~0.3%，加工前大多不需要进行烘干处理。另外，在成形过程也不会产生因水分蒸发，消耗能量造成的制件孔隙增多、强度大幅降低等问题。

(3) PS 收缩率变化范围较小，一般在 0.2%~0.8%，在成形过程中，由于材料自身热变形引起的热翘曲、热错层、热收缩现象就会越少，相应的制件精度就更高、尺寸更稳定。

(4) PS 热学特性对温度极其敏感，其 SLS 成形质量也与温度有着明显关系，受工艺参数影响较大，这主要是因为工艺参数的选取间接确定了其 SLS 烧结的最终温度，决定着 PS 粉因抵抗热变形、热冲击等因素而产生尺寸偏差的幅度。

(5) PS 制品存在内应力，这是因为在由熔融态向固态转变时，其分子链未充分松弛就已快速冷却至玻璃态，分子链冻结而存在内应力[10]。

2. 聚苯乙烯玻璃化转变温度

玻璃化转变温度（通常表示为 T_g）是指无定型聚合物（包括结晶型高分子中的非结晶部分）由高弹态向玻璃态转变时的温度[11]，也是无定型高分子材料分子链由冻结到发生运动的最低转变温度。它是材料的一个重要热学参数，在此温度附近，材料的许多性质（如比热容、热膨胀系数、黏度）都会发生较大变化。在玻璃化温度以下时，材料分子链冻结，不能运动，表现为脆性；在玻璃化温度以上时，材料表现为弹性，如果温度继续升高，就表现出流体特性。

玻璃化转变温度可通过差示热扫描法进行测定。图4-6为两组PS粉末的DSC曲线（曲线1：样本质量为10.08mg，升温速率为10℃/min；曲线2：样本质量为14～32mg，升温速率为20℃/min）。曲线X轴表示加热温度（℃），Y轴表示热流率（试样与参比物的功率差，dH/dt），设备以设定的升温速率由室温加热至240℃。

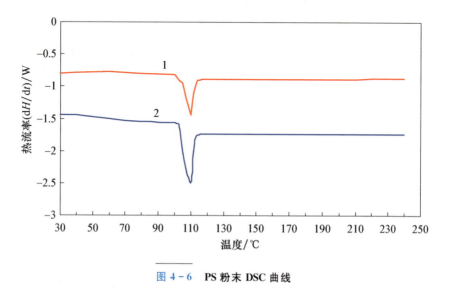

图4-6　PS粉末DSC曲线

从图4-6中曲线可以看出，当温度升高至110℃附近时，两条曲线都出现了明显的台阶，结合DSC实验原理和相关文献分析，可知这个台阶代表PS粉末的一个状态变化过程，它表明PS粉末在此温度附近吸收热量由玻璃态向高弹态转变，最终确定110℃为PS的玻璃化转变温度。

玻璃化转变温度的测定对于SLS工艺的选取非常重要，在PS粉末烧结过程中常常需要设定预热温度，而预热温度的设定值常常略低于玻璃化转变温度，如此保证在预热过程中PS粉不会发生黏结，同时只需要较低的能量吸收便可熔融，减小了成形前后温差引起的热变形，更利于精度的保持。

3. 聚苯乙烯热重分析

热重（thermogravimetrc，TG）分析主要用来研究材料在高温时的稳定性和材料成分分析。当被测物质受热升华、分解、汽化时，其质量就会发生变化，此时质量曲线就不是一条直线，根据质量曲线就可以得到材料在受热过程中的热学状态变化。

如图 4-7 所示，为实验所获得的 PS 粉 TG 曲线，实验时取少量 PS 粉末（约 8.6mg）置于 Al_2O_3 坩埚中，氮气流速为 50mL/min，空坩埚为参照，控制升温速率为 5℃/min，升温范围 30~800℃，放入热重-差热分析仪中进行分析。曲线 1 为 PS 粉质量残留率随温度变化曲线，随温度的变化，曲线可分为三个阶段：在 0~340℃ 温度范围内，曲线近似为一条平直线；在 340~420℃ 范围内，曲线逐渐下降；大于 420℃ 时，曲线又变成直线。曲线 2 为 PS 粉质量变化率（dm/dt）随温度变化曲线，即曲线 1 各点切线斜率，在 0~340℃ 范围内，分解速度为 0，质量无变化；在 340~420℃ 范围内，分解速度由 0 逐渐增加，约在 400℃ 时达到最大，而后又逐渐降低为 0，此过程 PS 粉末由于受热分解，质量逐渐减小；在 420℃ 左右后分解速度为 0，说明 PS 粉末完全分解无残留。

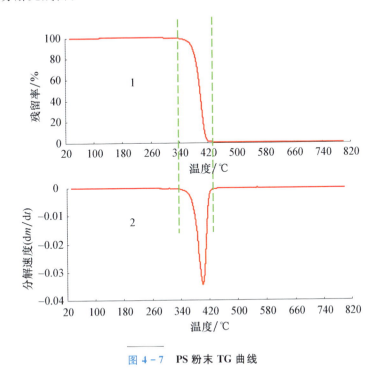

图 4-7 PS 粉末 TG 曲线

PS 粉的分解温度随升温速率的不同而不同，如图 4-8 所示，为 PS 粉在不同升温速率（5℃/min、10℃/min、20℃/min、40℃/min）下的 TG 曲线，图中 4 组曲线走势大体一致，可分解温度却不相同，升温速率为 5℃/min 时，质量残留率在 340℃ 就开始下降，在 420℃ 时趋近为 0，而在升温速率为 40℃/min 时，质量残留率却在 380℃ 开始下降，在 460℃ 时趋近为 0，总体可以总结出这样的变化规律：升温速率越小，PS 粉末的分解温度就越小。

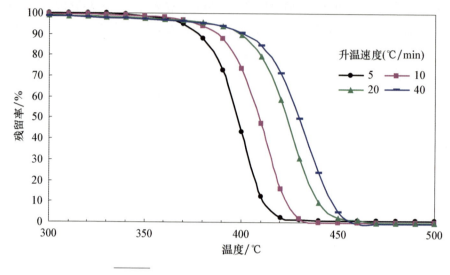

图 4-8 不同升温速率下的 PS 粉末 TG 曲线

如表 4-2 所示，为根据图 4-8 中的 TG 曲线数据总结的 PS 粉末分解温度范围表，其分解温度最小为 340℃，针对 SLS 工艺，为了保证 PS 粉末烧结成形过程中避免温度过高而产生分解，其烧结温度上限为 340℃。

表 4-2 PS 分解温度范围表

升温速率/(℃/min)	5	10	20	40
分解温度范围/℃	340~420	360~430	370~450	380~460

4.2.2 选区激光烧结聚苯乙烯成形机理

1. 聚苯乙烯 SLS 成形机理

基于 SLS 快速成形工艺的 PS 粉末烧结成形过程其实就是材料接收能量发生相变的过程，粉末状的固体 PS 接收高能激光束能量，固体小颗粒变为熔融态流体，然后冷却为块状固体，这就是 PS 粉末的 SLS 烧结过程。

激光能量照射到材料表面后，会出现吸收、传导和辐射现象，在此过程中将满足能量守恒定律[12]：

$$E_0 = E_1 + E_2 + E_3 \tag{4-8}$$

式中：E_0 为激光总能量；E_1 为从粉末表面辐射到空气的总能量；E_2 为被 PS 粉末吸收的总能量；E_3 为传导至周围和底部烧结层的总能量。

如图 4-9 所示，为 PS 粉末 SLS 成形机理图，E_0 为粉体接收的激光总能量，由于激光的单向性较好，往往 E_1 热辐射总量较少。E_2 热吸收量主要用于当前烧结层 PS 粉末的烧结成形以及当前层与上一层的黏结成形，由于 PS 粉末表面粗糙，其表面往往会存在许多大大小小的沟壑，激光在粉末表面就会发生多次反射，进而提高了能量吸收率，因此 E_2 占 E_0 的百分比最高。E_3 热传导量不足以使粉末熔化而发生化学变化，往往较多的积累于底部烧结层，这样可以提高粉末预热温度，减小成形区与未成形区的温差，进而减小变形。

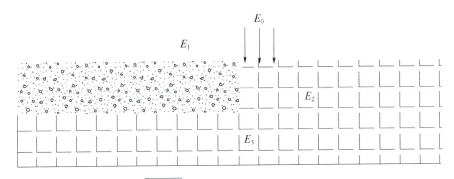

图 4-9　PS 粉末 SLS 成形机理图

PS 粉末的烧结成形过程是一个激光能量吸收、传递、转换的过程，在此烧结过程，还具有以下特征：

(1) PS 粉末对激光能量的吸收极快，激光能量往往使 PS 粉末在几十毫秒甚至几毫秒间就可发生固态到熔融态的相变。

(2) 整体上，成形区 $X-Y$ 平面的温度分布比较均匀，而在 Z 向上，初始阶段温度成梯度分布，顶层粉料温度较高，底层粉料温度较低，随着底部热量的不断积累，上下温差逐渐较小并趋于平衡。

假设 PS 粉末颗粒为球体，其整个 SLS 烧结过程大体可以分为图 4-10 所示的三个不同的烧结阶段。

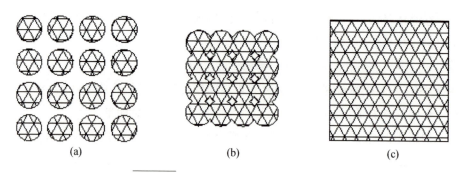

图 4 – 10　PS 粉末 SLS 成形过程示意图
(a)颗粒堆积；(b)烧结颈长大；(c)熔合致密化。

第一阶段：颗粒堆积阶段。如图 4 – 10(a)所示，激光能量作用前，粉末颗粒间相互接触并存在间隙，相互之间独立，松散堆积。这种状态主要由粉末颗粒的流动性、粉末颗粒尺寸大小分布和形状以及铺粉方式决定的。

第二阶段：烧结颈长大阶段。如图 4 – 10(b)所示，颗粒开始吸收激光能量，表面逐渐熔化，相互黏结，形成"烧结颈"，并产生热收缩现象[13]，随着能量的继续吸收，粉体温度不断升高，颗粒继续熔化，流动，烧结颈不断增长。

第三阶段：熔合致密化阶段。如图 4 – 10(c)所示，伴随着能量的增加，粉料完全熔化并相互黏结，烧结颈完全填充颗粒之间的空隙，内部不存在大小孔隙，形成完整的"熔池"。

PS 粉末的烧结根据所接收能量的大小而停留在不同的成形阶段。吸收的能量过低，颗粒之间勉强黏结或不能黏结，制件无法成形，即便成形，强度也难以保证后续加工的要求。吸收的能量过高，就会使 PS 粉末过深烧结，变形严重，甚至产生分解，难以保证精度要求，因此对于 PS 粉末 SLS 烧结还必须选取合适的工艺参数来提供适当的能量，使烧结过程处于烧结颈较大或熔合致密化阶段，以此满足制件精度和强度的加工要求。

2. 翘曲与错层

由于 PS 粉末自身的热特性(热变形、热冲击、热收缩)，如果工艺参数不合适，就很容易出现成形缺陷问题，图 4 – 11 所示为 PS 粉末制件的两种常见失效形式。

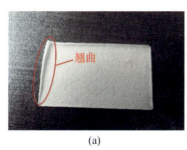
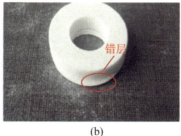

图 4-11　PS 粉末制件的两种常见失效形式

图 4-11(a)为 PS 粉末单层烧结的翘曲失效形式在薄片四边出现严重凸起，向上卷曲现象，这主要是由烧结过程中 PS 粉末受热不均匀造成的，其影响因素主要有以下几点：

1) PS 粉末具有受热变形的热性质

当 PS 粉末突然吸收高能激光时，产生高温使粉末瞬间熔化，热冲击会引起材料的热变形，并且未接收激光能量的粉末温度较低，如此便产生了温差，温差引起收缩不均也会造成翘曲。

2) 激光是高斯光源

高斯光源能量密度分布为正态分布(图 4-12)，其能量密度绕 z 向对称分布。

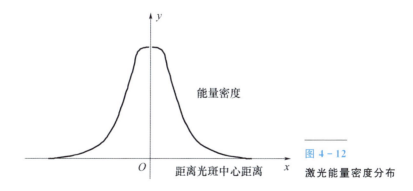

图 4-12　激光能量密度分布

激光光斑中心位置处能量密度最大，边缘处能量密度最小。同等时间范围内，激光光斑中心处粉末获得的能量最多，边缘处粉末获得的能量最少。当激光作用到粉体表面时，光斑中心与边缘处粉体材料的熔融深度和速度是不同的，中心处材料熔化深度最大，边缘处熔化深度最小。

图 4-13 激光单点烧结深度

图 4-13 为激光单点烧结深度图,其整体结构类似一个"螺钉"。由图所示,$L_z \gg L_{xy}$,说明激光能量在粉体表面可沿 $x-y$ 方向传导,也可沿 z 向传导,但传导速度在 z 向远大于 $x-y$ 向。当能量沿 z 向传导时,随着传导深度的增加,能量不断被吸收,而光斑中心处能量又大于边缘处激光能量,因此随着 z 向深度的增加,底部逐渐表现为尖端,而非柱形。当激光能量沿 $x-y$ 向传导时,表现为光斑中心处传导深度最大,边缘处传导深度最小的锥形,因此能量密度分布的不均会造成 PS 粉末受热不均进而发生变形。

3)激光能量传递的阶梯性

激光作用到粉体表面后,自上而下沿着粉体颗粒间的空隙进行传导。随着热传导深度的增加,能量因不断被吸收而减少,因此粉末下表面吸收的能量较少,上表面吸收的能量较多。而 PS 粉末吸收的能量越多,热变形引起的收缩就越严重,如此粉末上下表面之间产生收缩应力,上表面趋于致密,而下表面趋于扩张,呈现出中凹周凸现象[14]。

图 4-11(b)为制件错层失效形式。在铺粉过程中,当翘曲量过大,超过分层厚度时,已成形部分就会受到铺粉推力的作用而发成偏移,逐层的累积便形成错层[15]。随着加工的进行,翘曲现象表现出逐渐减小甚至消失,这主要是因为激光能量的积累使得层间存在能量约束和补偿。当一层烧结后,在进行下一烧结层铺粉时就会造成铺粉不均匀,中间部位由于上一层的凹陷,因此相对于边缘部位,其铺粉厚度较大。边缘部位粉层薄,因此接收的能量比较均匀,冷却后会在层间产生约束,而中间部位粉层较厚,粉料接收的平均能量就小,变形也就小。在同样的工艺参数下,即便层间没有约束,翘曲

也会变小。原因是随着烧结过程的继续，更多的能量积累于制件内部，上下层之间的温差减小，翘曲现象就会逐渐不明显。

由于 PS 粉末材料的热特性和 SLS 烧结成形工艺的特点，PS 粉末在烧结过程中必须需要进行固—液—固的相变过程才能成形，因此热变形引起的翘曲现象几乎是无法避免的，但是可以通过选取合适的工艺参数来改善 PS 粉末的受热熔化过程，减小翘曲以及错层现象并改善成形质量，提高制件精度和强度。

3. 翘曲与错层现象产生原因

在烧结实验过程中发现，绝大多数烧结件底部数层会出现一定程度的翘曲现象，随着烧结过程的进行接近到烧结件顶部时，翘曲现象逐渐减弱直至消失，其翘曲变形的产生规律如图 4-14 所示，翘曲模型如图 4-15 所示，M_1 为顶部正常区域，M_2 为底部翘曲区域。翘曲产生的原因主要来源于以下两点：

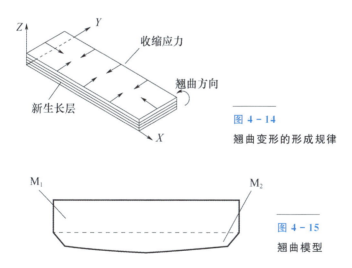

图 4-14 翘曲变形的形成规律

图 4-15 翘曲模型

（1）PS 粉末在烧结过程中由于接收到可移动的 CO_2 激光器发射出的高能量使得粉末瞬间被熔化而产生一定程度的热变形，同时未接收到激光能量的粉末仍然是颗粒状其温度为预热温度 75℃，这样在同一层轮廓中便出现了粉末内的温度差，温度差会造成收缩不均匀而产生翘曲现象[16]。

（2）激光能量成高斯分布，中心处的能量最大，边缘处的能量最小。在相同时间内中心处粉末获得的能量最多，熔致密化程度最高，边缘处粉末获得的能量最少熔致密化程度最低。熔致密化程度的差异也会产生翘曲现象。

翘曲现象的出现会导致烧结件底部表现为中部向下凹、两边向上翘的情况，其翘曲烧结件如图 4-16 所示。翘曲现象产生的根本原因是烧结层受热不均匀造成的不均匀收缩所引起。当第一层粉末烧结加工完毕后存在一定的翘曲现象，而后在该层粉末上铺上的一层新粉末则会呈现出凹凸不平的迹象，中间向下凹陷的粉末厚度较大，两边向上翘曲的粉末厚度较小，这层松软的粉末便会有向上一层铺展的趋势，但是上一层轮廓已经固定下来，如此一来铺展趋势受到上一烧结层的抑制而得到缓解，使之产生的翘曲也随之减弱[17]。不难发现翘曲现象主要出现在烧结件底部数层。从翘曲产生的原因出发为了在一定程度上缓解翘曲现象，以达到提高成形尺寸精度的目的，考虑通过添加支撑层的方法对其进行改善，即在烧结模型开始之前通过计算机控制系统预先设定一定层数的支撑层，在烧结过程中底部支撑层缓解了不均匀收缩情况，使得烧结件底层的翘曲现象大大减弱。

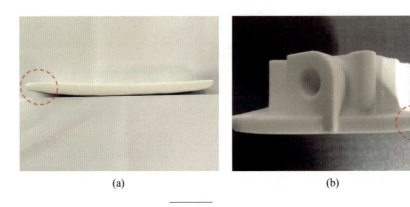

(a)   (b)

图 4-16 翘曲烧结件

4.2.3 聚苯乙烯选区激光烧结实验研究

1. 影响聚苯乙烯选区激光成形质量的因素

SLS 成形过程比较复杂，对成形质量的影响因素有很多，主要包括材料性能参数和工艺参数两大方面。

1) 材料性能参数

材料性能如黏度、粒度大小、颗粒态及熔融态流动性等均会对成形质量产生影响。①材料黏度主要间接影响流动性来影响烧结质量。材料的黏度大，熔体流动性较差，不利于烧结颈的生长。对于黏度较高的材料可以通过加入填料来降低其黏度，使其更适合于 SLS 成形工艺。②材料的粒度大小和分布可以影响制件精度和表面粗糙度。粉末颗粒太大就会限制最小分层厚度的选取，导致产生较大的台阶效应而制约制件精度，同时粉末颗粒太大，制件表面就更粗糙。当颗粒较小时，相应的分层厚度就会降低，这就降低了 SLS 工艺的原理误差。使用较薄的粉末层也能进一步增强层与层之间的黏结，进而提高制件烧结密度，但是粉末颗粒太小，静电以及团聚现象就会严重，铺粉过程难以进行，铺粉平整性和致密性较差，影响成形强度。粉末的粒度分布会影响铺粉质量，大小不同的粉末可以提高铺粉致密性，因为小尺寸颗粒可以填补大颗粒之间的空隙，为得到较高的铺粉密度，针对于 PS 粉末 SLS 成形工艺，其颗粒尺寸也应广泛分布，而不是单一的颗粒尺寸。

2) 工艺参数

工艺参数对成形质量的好坏有着至关重要的影响，不合理的工艺参数往往会导致制件各种缺陷甚至难以成形。SLS 所涉及的工艺参数主要有以下几种：

(1) 预热温度。合适的预热温度可以为材料预置能量，降低激光能量的提供，同时由于预热温度的存在，在成形前，材料不会发生状态变化，在成形后，材料由高温冷却至预热温度，如此便可降低材料成形前后的温差。在传统覆膜砂、高分子树脂等材料成形时，一般将预热温度设定在黏结材料 T_g 以下附近，如此仅需要较少的激光能量就可使材料熔化黏结成形，并保证熔融前后材料温差不大，避免翘曲和错层。在 4.1.2 节中，实验测得 PS 的玻璃化转变温度 T_g 为 110℃，因此理想的预热温度应略低于 110℃。但是，由于所使用的 SLS 成形机自身装置的限制，其预热系统最高安全预热温度为 75℃，因此选定 PS 粉末 SLS 成形工艺的预热温度为 75℃。

(2) 激光功率。SLS 成形技术是粉末材料吸收激光能量熔化再凝固成形制件的，激光功率在成形过程中作为重要的能量输入源，有着极其重要的地位。激光功率是指单位时间内提供的激光能量大小，当其他工艺参数一定时，提供的激光功率越小，PS 粉末就不能充分熔融，颗粒之间的相互黏结就不牢固，同时烧结深度也会降低，制件 Z 向尺寸就变小，而层间的烧结不足也会导致层与层之间黏结不牢,甚至无法成形,得到的制件强度和精度都较差。激光功率越大,激光能量在粉体 X、Y 和 Z 向的热传导宽度和深度将越大,这样可以保证足够的线间黏结和层间黏结,就可以得到高质量的制件。如果激光功率过大,材料就会因吸入过多的能量严重变形甚至分解,因此激光功率对成形质量影响显著,是 SLS 工艺的主要参数。

(3)扫描速度。从成形效率的角度来看,扫描速度越大,加工每层的时间就会变短,成形效率就越高,同时粉料接收的能量也会变低,变形量就会减小,有利于制件精度的提高。但是扫描速度也不能太大,如果扫描速度过大,相同的激光功率下粉料所吸收的能量就会变少,就有可能导致粉末不能熔化,材料熔体也不能充分扩散与流动,相邻 PS 粉末间的烧结颈就会变小,烧结强度就会降低,但是扫描速度太小,会使制件产生翘曲变形甚至分解,因此扫描速度的取值还需根据材料的热特性和其他工艺参数进行选择。

(4)分层厚度。SLS 成形工艺是逐层累加来形成三维实体的,所以制件在 Z 向的分层厚度 H 非常关键。由于 SLS 工艺的成形原理,只要对三维模型进行分层切成薄片,就不可避免地产生台阶效应,一般来说分层厚度越小,制件精度越高。

图 4-17 所示为分层加工原理引起的台阶效应,实线代表实际制件,虚线代表建模三维实体。由此可见,由于分层厚度的存在,便会造成实际模型与理论模型之间的轮廓偏差。只有分层厚度足够小,理论模型与实际制件才会完全相同。然而,分层厚度并非是越小越好,分层厚度取值小,就必须选用较小的粉末颗粒,而粉末越小就容易引起团聚和静电现象,造成铺粉困难或不能铺粉,同时成形效率也会大大降低,因此分层厚度的选取还应与粉末粒径大小以及其他工艺参数相匹配。

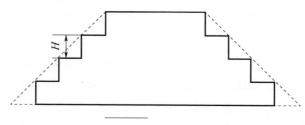

图 4-17 台阶效应

(5) 扫描间隔。在 SLS 成形过程中，制件由点—线—面—体逐步成形，扫描间隔 C（图 4-18）指的是相邻两条扫描线之间的距离。实验所用激光光斑直径为 0.30mm，为了保证同一层的粉末能够完全接收激光能量，理想状态下扫描间隔应低于 0.30mm，由于激光高斯光源的特性，边缘处能量较弱，为了保证相邻扫描线间的黏结强度，也需要扫描间隔小于 0.30mm，但是由于激光可在 $X-Y$ 向传导的特性，PS 粉末激光单线扫描宽度又会大于 0.30mm。在不同的工艺参数下，扫描线宽度也会产生明显差异，如果扫描间隔过大，相邻扫描线间就会难以黏结而导致制件不能成形，扫描间隔过小，扫描线重叠部分就会因接受过多能量而产生分解，因此扫描间隔的选取也应与其他工艺参数相匹配。

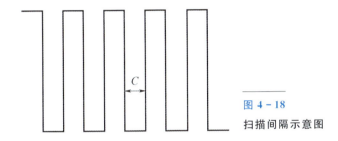

图 4-18
扫描间隔示意图

(6) 铺粉方式。铺粉方式的选取主要取决于材料的性质，不合适的铺粉方式会导致铺粉质量差，影响成形精度。一般常用的铺粉工具有刮板和辊子两种。使用刮板铺粉时，仅仅是将粉末铺平摊开，一旦产生微小翘曲，刮板就会使制件发生严重偏移甚至将其刮至回收缸，此时整个制作过程就完全失败。采用辊子铺粉不仅可以将粉末铺平，而且还有将粉末压实的作用，其压实作用主要是通过辊子的自转及其弧度轮廓实现的。虽然翘曲现象可能导致制件偏移，但是相对于刮板铺粉，辊子铺粉可明显减小偏移现象，因此对于 PS 粉末 SLS 工艺选取辊子铺粉方式。

传统辊子铺粉是一个铺粉辊进行工作，但是这种铺粉方式也存在一些问题。第一，虽然铺粉具有压实效果，但是一般所使用的辊子直径较小，压实效果并不明显；第二，铺粉过程中可能产生粉料溢回至已铺粉表面，造成铺粉不平整。针对这两种问题，提出了"一种增材制造双辊阶梯铺粉装置"（专利号 ZL201420842811.1），如图 4-19 所示为该双辊阶梯铺粉装置，图 4-20 为其工作原理示意图。

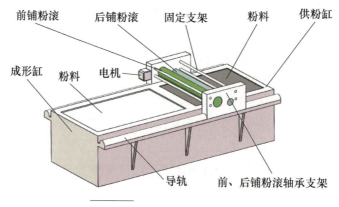

图 4-19 双辊阶梯铺粉装置图

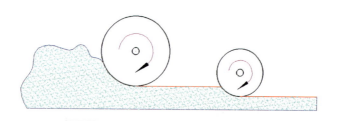

图 4-20 双辊阶梯铺粉工作原理示意图

双辊阶梯铺粉装置主要有以下 8 部分构成：前铺粉辊、后铺粉辊、固定架、导轨、成形缸、前铺粉辊轴承支架、后铺粉辊轴承支架、电机粉料。整个装置的作用过程是：固定架在外力驱动下，沿导轨完成铺粉动作。电机可带动后铺粉辊滚动，前铺粉辊在固定架的前移推力下滚动。两铺粉辊的阶梯铺粉原理如图 4-20 所示，两个辊子一先一后将粉料推至成形缸表面，前铺粉辊首先将粉料粗铺至成形缸上表面，第一次将粉料铺平压实，此时铺粉面高于成形缸上表面，然后再由后铺粉辊对高出成形缸上表面的粉料进行二次铺粉，再次将粉料铺平压实，最终完成整个铺粉过程。

该装置的特别之处还在于前后铺粉辊的高度差是可以调节的，主要通过前铺粉辊轴承支架和后铺粉辊轴承支架的上下移动来适应不同粉末材料的铺粉要求。

(7) 扫描方式。

扫描方式指的是激光点光源移动成线的路径。SLS 快速成形机一共有 $X-X$、$X-Y$、$Y-Y$、$XYSTA$ 四种扫描方式。$X-X$ 和 $Y-Y$ 方式是在

每层截面上单一沿 X 向或 Y 向烧结。X-Y 是 X 向和 Y 向交替扫描,即当前层如果是 X 向方式,下一层就是 Y 向方式。$XYSTA$ 方式是在同一层上先进行 X 向扫描然后再进行一次 Y 向扫描,即在同一层扫描两次。

经过实验对比,在相同的工艺参数下,X-X 和 Y-Y 扫描方式下的扫描线间黏结力较差,线间强度较低,因此制件就容易沿 Y 向或 X 向断裂。X-Y 方式得到的制件强度也较低,而 $XYSTA$ 方式可以在同一层进行两次不同方向的扫描,避免了制件强度的单向性,并且成形表面质量也较高,因此对于 PS 粉末 SLS 成形工艺,最终选取 $XYSTA$ 扫描方式。

2. 工艺参数范围

不同工艺参数的组合直接决定了 PS 粉末可吸收激光能量的大小。吸收的能量过少,粉末微熔甚至不熔,这样 PS 粉末的烧结过程就停留在颗粒堆积阶段或者烧结颈初生较小阶段,烧结强度较低。粉末吸收的能量过多,热变形越严重,会导致翘曲、错层、Z 向尺寸变大、材料分解等现象,因此合适工艺参数的选取对于 PS 粉末的烧结极为重要。

实验设计 60mm×30mm×6mm 长方体试样,通过控制单一变量法,分别调节激光功率、分层厚度、扫描速度,在预热温度 75℃、扫描方式 $XYSTA$ 不变的条件下进行实验,测量试样长、宽、高,并计算其尺寸精度,图 4-21 所示为试样实物。其中(a)试样所用功率为 30W,扫描速度为 2800mm/s,分层厚度为 0.2mm;(b)试样所用功率为 30W,扫描速度为 3800mm/s,分层厚度为 0.2mm;(c)试样所用功率为 30W,扫描速度为 4500mm/s,分层厚度为 0.2mm;(d)试样所用功率为 30W,扫描速度为 4800mm/s,分层厚度为 0.2mm。

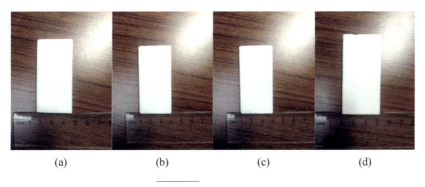

图 4-21 试样实物图

为了便于数据处理结果更能反映实际尺寸与理论尺寸的大小关系,试样尺寸精度的计算采用如下计算公式:

$$\varepsilon = \frac{A}{A_0} \times 100\% \qquad (4-9)$$

式中:ε 为尺寸精度;A 为试样实际尺寸;A_0 为设计模型的理论尺寸。

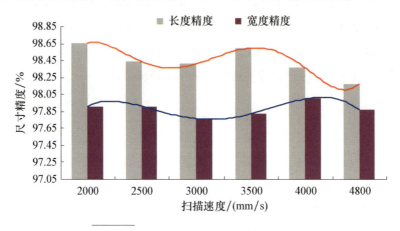

图 4-22 长、宽精度随扫描速度变化规律

由图 4-22 可以看出长、宽精度随着扫描速度的变化,分别在 98.35% 和 98.75% 上下微小范围内波动,未表现出严格的递增或递减规律。在 SLS 成形加工中,每层截面的成形是激光根据每层截面轮廓数据进行烧结的,长、宽精度的主要影响因素如下:

1) STL 模型

在 SLS 加工中,第一步就是将建好的三维模型转换为 STL 文件,而 STL 文件其实就是用无数个小四面体单元堆积成原三维模型。对于复杂结构的模型,尤其是具有曲面的结构,四面体单元的面均为平面,无法堆积出复杂曲面结构,只能无限逼近,因此便产生误差,这种误差属于原理误差,无法避免。图 4-23 所示为三维建模模型与 STL 文件模型,原模型为表面光滑的球体,而转换为 STL 文件模型后就会变成表面为许多微小平面围成的 N 面体。

2) 振镜运动

SLS 工艺中,激光的扫描轨迹是依靠激光振镜的偏转运动来实现的,其运动轨迹误差在微米级,这就需要振镜运动具有较高的精度,然而在加工过程中,受制件轮廓信息和扫描方式的限制,振镜需要频繁地快速启停,机械

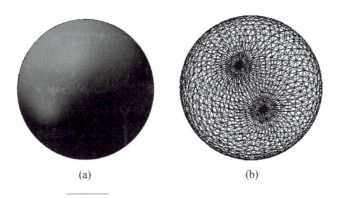

图 4-23 三维模型与 STL 文件模型对比

(a)三维模型；(b)STL 文件模型。

运动响应较慢，这就造成扫描滞后，进而产生误差，这属于机械误差。

3）激光光斑尺寸

激光光斑不是一个点，而是具有一定尺寸的圆形域，光斑直径的大小决定了扫描线的宽度。理论上，光斑直径越小，X-Y 向尺寸精度就越高，在加工中往往通过轮廓偏置对尺寸误差进行补偿，确保加工精度。

4）材料收缩性

在机械误差和原理误差一定的条件下，X-Y 向尺寸精度主要取决于材料的热收缩率。激光能量在 X-Y 方向上的传导较小，大部分能量沿 Z 向粉末间隙传导，如此 X-Y 向尺寸精度受工艺参数影响就小。同时，由于 PS 粉的热收缩率较小，因此 X-Y 向尺寸受收缩变形程度就越小，受工艺参数影响就越小，因此随扫描速度变化，其值上下波动。

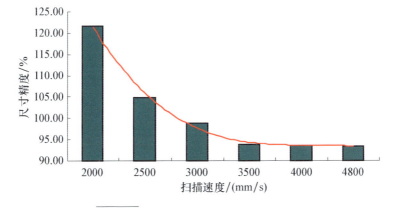

图 4-24 高度精度随扫描速度变化规律

如图 4-24 所示，高度精度随着扫描速度的增大，其值由 123.00% 逐渐变化至 93.00%，高度值由大于理论值—接近理论值—小于理论值逐步变化，表现出明显的规律性。和 $X-Y$ 向尺寸精度一样，制件 Z 向尺寸精度也受 STL 模型和材料收缩性的影响，此外还受成形缸 Z 向运动精度的影响。成形缸 Z 向运动是由步进电机带动丝杠螺母进行上下运动的，每次运动一个分层厚度（一般为 0.1~0.5mm），每次 Z 向运动的累计误差会造成制件 Z 向尺寸误差。

Z 向尺寸精度呈现出如此变化规律的主要原因是激光能量的传导存在方向性。激光与粉料作用时，较大部分的激光能量从粉料间隙向 Z 向传导，能量较大时，在 Z 向传导的较深，这样就会产生因过深烧结造成的 Z 向尺寸的增大；相反，能量较小时，能量在 Z 向就传导的较浅，这样就会产生因烧结不足造成的 Z 向尺寸的减小。

综上所述，PS 粉末 SLS 制件 $X-Y$ 尺寸精度受工艺参数影响较小，而 Z 向尺寸精度受工艺参数影响较大，因此在选取工艺参数时应首先保证制件的 Z 向尺寸精度。

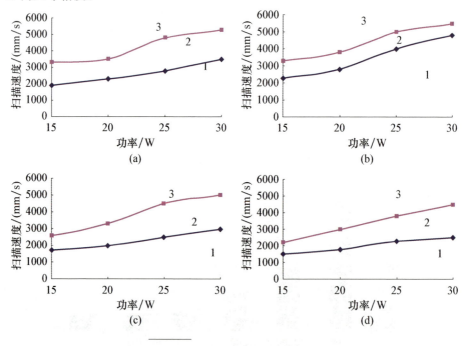

图 4-25 高度精度工艺参数区域

(a) $h = 0.15$mm；(b) $h = 0.20$mm；
(c) $h = 0.25$mm；(d) $h = 0.30$mm
（h：分层厚度）。

图 4-25 所示为不同工艺参数下，保证 Z 向尺寸相对误差在 ±4% 以内，实验所得的各工艺参数界限。针对不同工艺参量，PS 粉末烧结工艺参数整体可以分为三个区域，即过烧区 1、过渡区 2、微熔区 3。过烧区 1 扫描速率偏小，在同样的激光功率、分层厚度及扫描间隔下，所接受的激光能量较大，所透射的深度也较大，因此过烧区 Z 向尺寸普遍高于理论值。过渡区 2 扫描速率适中，激光能量可以很好地保证每层的 Z 向尺寸。微熔区 3 扫描速率较大，相应地所接受的激光能量较小，能量难以传递到各层底部，造成烧结不足，Z 向尺寸普遍低于理论值。

3. 实验验证

PS 粉末的烧结过程是粉料接收激光能量熔化以及激光能量在各层传递的过程。在进行每层烧结时，同一烧结层不同深度的粉料所接受的激光能量是不同的，每层粉料上表面所接受的激光能量较大，下表面所接受的激光能量较小，为保证每层 Z 向尺寸，从上表面透射到下表面的激光能量必须保证能够使下表面的粉料烧结成形，因此就需要较大的激光能量，但是激光能量过大会使 Z 向过深烧结以及每层粉料上表面的过度烧结而分解，因此就需要合适的激光能量密度。

激光能量密度 E 指的是单位时间提供给单位面积粉料的激光能量大小，单位是 J/mm^2，主要由三个因素决定：激光功率、扫描速度和扫描间隔，TEXA 大学的 Nelson 等定义激光能量密度为[18]

$$E = \frac{P}{v \times c} \quad (4-10)$$

式中：P 为激光功率(W 或 J/s)；v 为激光扫描速率(mm/s)；c 为扫描间距(mm)。

由此可见激光功率、扫描速度和扫面间距三个工艺参数的不同组合便可得到不同的激光能量密度。激光能量密度考虑的是单位面积粉料接收的能量大小，如果计算单位时间单位体积粉料所接受的能量，即激光能量体密度 E_v，则需引入分层厚度 h，计算如下：

$$E_v = \frac{E}{h} \quad (4-11)$$

PS 粉末的 SLS 烧结质量主要取决于其能量吸收的大小，能量吸收的大小又直接决定了其烧结温度，因此烧结温度可以一定程度反映烧结质量。假设 PS 粉对激光能量的吸收率为 100%，无任何热量散失，则可由以下热力学公式算出其平均烧结温度：

$$Q = CM\Delta t = CM(T - T_0) \quad (4-12)$$

式中：Q 为热量(J)；C 为 PS 比热容(J/kg·℃)；M 为成形粉末的质量(kg)；T 为烧结温度(℃)；T_0 为初始温度(℃)。

如果设定时间为单位时间，扫描面积为单层成形面积，则

$$Q = ES \tag{4-13}$$

$$S = vc \tag{4-14}$$

式中：S 为扫描面积(mm²)。

单位时间内成形粉末的质量 M 满足以下公式：

$$M = \rho hvc \tag{4-15}$$

式中：ρ 为 PS 密度(g/cm³)。

联立式(4-10)～式(4-12)、式(4-14)、式(4-15)，可得

$$T = \frac{P}{C\rho vhc} + T_0 \tag{4-16}$$

因此只要确定激光功率 P、扫描速度 v、分层厚度 h 以及扫描间隔 c 等工艺参数值，便可求出烧结温度 T，将其作为判别标准，可大大减少工艺参数选取的实验量。

实验中预热温度为 75℃，但由于机器密闭性原因，保温效果较差，粉体表面温度未能达到 75℃，用测温枪测得的粉体表面温度为 40℃，即 $T_0 = 40$℃。取比热容 C 为 1.3kJ/(kg·℃)，密度 ρ 为 1.05g/cm³，扫描间隔 c 为 0.30mm，将图 4-25 各分图中所示过渡区 2 上下分界线所对应的各工艺参数值(激光功率 P、分层厚度 h、扫描速度 v)代入式(4-16)，可得 T 为 160～250℃，即在 PS 粉末平均烧结温度在此范围时，烧结质量较好，有较高的 Z 向精度。

分别设定激光功率 P 为 10W、20W、30W，在预热温度 75℃、扫描速度 v 为 2000mm/s，扫描间隔 c 为 0.32mm，分层厚度 h 为 0.25mm，再次进行烧结实验，观察其成形特征。

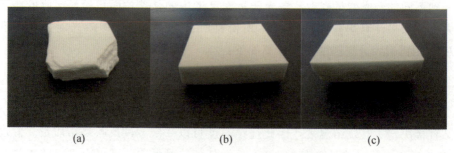

图 4-26 不同激光功率下的 PS 制件
(a)10W；(b)20W；(c)30W。

图 4-26 所示为不同激光功率下所获得的 PS 制件。图 4-26(a)为激光功率 $P=10\text{W}$ 下的制件，代入式(4-16)，其平均烧结温度 $T=142\text{℃}$，低于 160℃，烧结温度的不足使其成形后粉料颗粒之间黏结不牢、强度极低，容易遭到破坏。图 4-26(b)为激光功率 $P=20\text{W}$ 下的制件，其平均烧结温度 $T=233\text{℃}$，介于 160~250℃，烧结质量较好，没有出现因烧结不足而产生的无法成形现象，也没有产生过烧引起的严重变形现象。图 4-26(c)为激光功率 $P=30\text{W}$ 下的制件，其烧结温度 $T=324\text{℃}$，高于 250℃，由于过烧，制件出现了严重变形，精度较差。

4.3 选区激光烧结聚苯乙烯工艺参数优化

4.3.1 工艺参数耦合与制件精度关系

为了研究不同工艺参数耦合下制件尺寸精度的变化规律，实验在激光功率 20W，扫描间隔 0.30mm，预热 75℃等工艺参数不变的条件下，采用在分层厚度 H（0.18mm、0.20mm、0.22mm、0.24mm），扫描速度 v（1800mm/s、2100mm/s、2400mm/s）等不同工艺参数耦合下，制备长方体试样，其尺寸为 50mm×40mm×5mm，共计 12 组，各组工艺参数耦合如表 4-3 所示。为避免试样性能在制备过程中出现偶然性，每组工艺参数下各制备 5 个试样，采用并行排列的成形方式，试样排布图如图 4-27 所示。

表 4-3 工艺参数耦合表

组号	1	2	3	4	5	6
分层厚度 H/mm	0.18	0.18	0.18	0.2	0.2	0.2
扫描速度 v(mm/s)	1800	2100	2400	1800	2100	2400
组号	7	8	9	10	11	12
分层厚度 H/mm	0.22	0.22	0.22	0.24	0.24	0.24
扫描速度 v(mm/s)	1800	2100	2400	1800	2100	2400

关于实验数据的处理，试样精度以尺寸相对误差来衡量，用游标卡尺(精度为 0.01mm)测量试样的长 L、宽 B、高 H；并计算其长度相对误差 ε_L、宽

度相对误差 ε_B 及高度相对误差 ε_H。取各组 5 个试样相对误差的均值作为该组长度相对误差 ε_L、宽度相对误差 ε_B、高度相对误差 ε_H。相对误差的计算采用试样实际尺寸值与设计值的差值与设计值的比的计算方法，其计算公式为

$$\varepsilon = \frac{A - A_0}{A_0} \qquad (4-17)$$

式中：ε 为尺寸相对误差；A 为试样实际尺寸；A_0 为设计模型的理论尺寸。

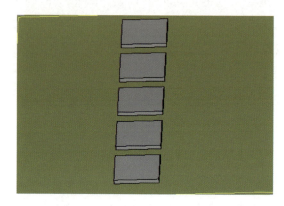

图 4-27 试样排布图

1. 长度精度分析

由表 4-4 可见，12 组试样长度相对误差值均为负值，这是由 PS 材料自身的热收缩变形性质引起的。在烧结过程中，PS 粉末会由粉末颗粒受热转变为熔融态，而在熔融态又向固态转变时会发生收缩变形，因此 PS 粉末试样的实际烧结长度值会小于理论值。

表 4-4 烧结试样的长度相对误差　　　　　　　　（单位：%）

组号	1	2	3	4	5	6
L/mm	48.92	49.02	49.18	49.08	49.1	49.32
ε_L	-0.022	-0.02	-0.016	-0.018	-0.018	-0.014
组号	7	8	9	10	11	12
L/mm	49.32	49.22	49.12	49.12	49.22	49.22
ε_L	-0.014	-0.016	-0.018	-0.018	-0.016	-0.016

图 4-28 所示为试样在不同工艺参数耦合下的长度相对误差变化规律。长度相对误差值在整个分层厚度与扫描速度耦合范围内出现了一个较为明显的阶梯，分为熔融区（M 区）和微熔区（N 区）。斜线 I 为两区的分界线，其显

著特征是分层厚度越大,相应的扫描速度就越小[18]。对于一定质量的 PS 粉末,若要使其熔化,所需要的能量是固定的,分层厚度较小时,较大的扫描速度就可使 PS 粉末发生熔化。同理,分层厚度较大时,需要较小的扫描速度才能达到同样的激光能量体密度,因此分界线 I 就表现为一条斜线。M 区相对误差大于 N 区,由于此相对误差值计算方式的不同,相对误差值越接近 0,尺寸精度越高,也就是说与 N 区相比,M 区的尺寸精度更高。N 区虽然接受的激光能量少,对应的收缩变形也就小,但是微熔态下的 PS 粉颗粒之间黏结不够牢固,并且产生掉粉现象,这就会加大尺寸误差。PS 粉自身的收缩率较小,而 M 区尺寸误差主要是 PS 粉由于产生热收缩变形引起的误差,因此 M 区尺寸精度较高。在 M 区,分层厚度越大,精度越高,扫描速度越大,精度也越高,因为在 M 区,尺寸误差主要来源于热收缩变形,扫描速度和分层厚度越小,单位粉料接收的能量就越大,收缩变形就越严重,尺寸误差就越大;反之,扫描速度和分层厚度越大,收缩变形就越小,尺寸精度就越高。N 区分层厚度较大,PS 粉末所接受的能量较小,热收缩变形对尺寸的影响作用就会减小,主要是由于 PS 粉末颗粒之间黏结不牢,产生掉粉现象对制件的尺寸产生影响,尺寸精度较低。

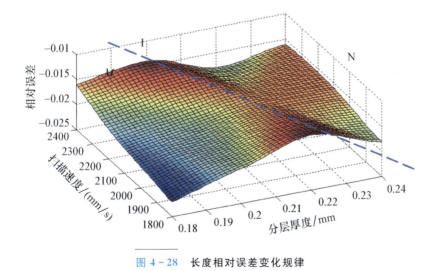

图 4-28 长度相对误差变化规律

2. 宽度精度分析

由表 4-5 可见,试样的宽度相对误差与长度相对误差一致,所有值也均为负值,这也是由于材料存在热收缩变形,因此实际试样宽度值会小于理论值。

表 4-5　烧结试样的宽度相对误差　　　　　　　　（单位：%）

组号	1	2	3	4	5	6
B/mm	39.06	39.14	39.32	39.22	39.22	39.38
ε_B	-0.024	-0.022	-0.017	-0.02	-0.02	-0.016
组号	7	8	9	10	11	12
B/mm	39.20	39.04	39.24	39.24	38.94	39.32
ε_B	-0.020	-0.024	-0.019	-0.019	-0.027	-0.017

图 4-29 所示为试样在不同工艺参数耦合下的宽度相对误差变化规律，与长度相对误差所不同的是，在宽度相对误差中，阶梯和分界线 I 并不明显，主要是由于 M 区宽度相对误差较低，与非熔融区 N 宽度相对误差比较接近。理论上来说，长宽相对误差随不同的工艺参数的变化规律应保持一致，但是表 4-4 和表 4-5 数据显示，M 区的长度尺寸精度却高于宽度尺寸精度，因为 M 区熔融区激光能量密度大，PS 粉熔融的较为充分，在当前层成形过程中，上一成形层并没有充分凝固，在铺粉过程中由于铺粉压力和铺粉推力的存在[18]，会对长度方向收缩变形引起的尺寸误差进行补偿，因此长度尺寸精度相对于宽度尺寸精度较高。在分层厚度一定时，扫描速度越小，宽度尺寸精度就越低，因为较小的扫描速度下，粉料接收的激光能量就越多，热变形引起的收缩也就越大，尺寸精度就低。

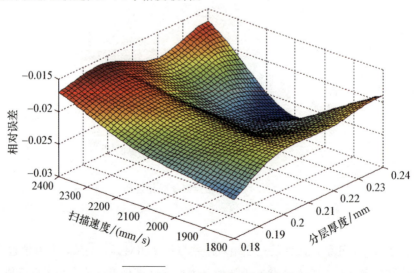

图 4-29　宽度相对误差变化规律

3. 高度精度分析

由表4-6可见，高度相对误差值正负均有，这说明在不同的工艺参数下，试样高度出现较大范围的数值变动，部分高于理论值，部分低于理论值，由此说明试样高度精度受工艺参数影响较大。

表4-6　烧结试样的高度相对误差　　　　　　（单位:%）

组号	1	2	3	4	5	6
H_A/mm	5.96	5.3	5.16	5.64	4.96	4.9
ε_H	0.192	0.06	0.032	0.128	-0.008	-0.02
组号	7	8	9	10	11	12
H_A/mm	4.88	4.68	4.6	4.86	4.92	4.64
ε_H	-0.024	-0.064	-0.08	-0.028	-0.016	-0.072

图4-30所示为试样在不同工艺参数耦合下的高度相对误差变化规律，在同样的扫描速度下，高度相对误差随着分层厚度的减小而逐渐变大。分层层厚越小，可接收的激光能量体密度就越大，激光能量在 Z 向透射过深，底部粉料就会过多烧结并伴随翘曲现象，在 Z 方向上，试样高度就偏高，此时高度相对误差表现为正值。当分层厚度变大时，激光能量体密度就会减小，能量过低就难以使当前烧结层在 Z 向上过深烧结或完全烧结，高度方向上就表现为烧结不足，此时试样高度就偏低，高度相对误差表现为负值。

随着扫描速度的减小，试样高度相对误差逐渐由负值变为正值。扫描速度越小，粉料可接收的激光能量就相应地增大，PS 粉末的烧结进程就会由低能量下的烧结不足逐渐过渡为适中能量下的收缩变形，最终达到高能量的过深烧结，试样高度逐渐变大。

4. 孔隙率

SLS 工艺采用铺粉辊层层将粉料铺平、压实，粉末颗粒之间存在间隙，而在成形时，粉料仅依靠熔融态的流动性与自身重力进行烧结颈的长大和粉料间隙的填充，因此针对于 SLS 成形工艺，其制件内部往往存在较大的孔隙，而大量孔隙的存在往往又作为一种成形缺陷来影响烧结强度[18]。

孔隙率的计算一般采用密度比的计算方式，其计算公式如下：

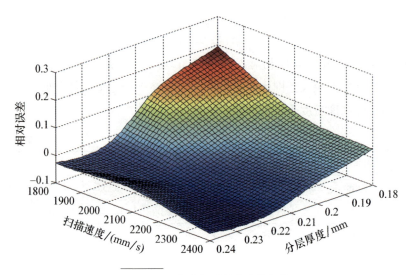

图 4-30 高度相对误差变化规律

$$\begin{cases} \lambda = 1 - \dfrac{\rho}{\rho_0} \\ \rho = \dfrac{M}{V} \\ V = L \times B \times H \end{cases} \quad (4-18)$$

式中：λ 为孔隙率；ρ 为试样密度；ρ_0 为 PS 的密度；M 为试样质量；V 为试样体积；L 为试样长度；B 为试样宽度；H 为试样高度。

用天平多次测量每组烧结试样的质量 M，取其平均值作为该试样的质量 M，代入式（4-18）计算其密度 ρ 和孔隙率 λ；计算每组试样孔隙率 λ 的平均值作为该组工艺参数下的孔隙率；表 4-7 为计算所得的烧结试样的孔隙率。

表 4-7 烧结试样的孔隙率 （单位：%）

组号	1	2	3	4	5	6
M/g	6.072	4.921	4.482	5.724	4.622	4.19
$\rho/(\text{g/cm}^3)$	0.533	0.484	0.449	0.527	0.484	0.44
λ	0.492	0.539	0.572	0.498	0.54	0.58
组号	7	8	9	10	11	12
M/g	4.97	4.238	3.905	4.88	4.347	3.851
$\rho/(\text{g/cm}^3)$	0.527	0.471	0.44	0.521	0.461	0.429
λ	0.498	0.551	0.58	0.504	0.561	0.592

图 4-31 所示为不同工艺参数下试样孔隙率变化规律,在该工艺参数范围内,孔隙率在 50%~60%,内部填充存在较大的空隙。如图 4-31 所示,在同样的分层厚度下,扫描速度越小,试样孔隙率就越小,因为扫描速度越小,PS 粉末就可以接收更多的能量而充分熔融,同时扫描速度越小,熔融态的 PS 就具有更好的流动性,可以与周围熔融的 PS 形成较大的烧结颈,孔隙率就会变小,制件内部更密实。

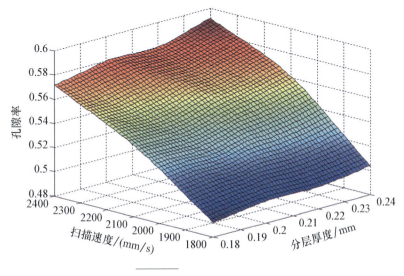

图 4-31 孔隙率变化规律

在扫描速度一定时,试样的孔隙率随着分层厚度的增大而逐渐变大,分层厚度越大,相对应的激光能量体密度就越小,PS 粉末熔融的不够充分甚至难以熔融,熔融态的 PS 流动性也较差,所以试样孔隙率就会增大[19]。由图中还可以观察出扫描速度和层厚对试样孔隙率变化的影响程度,当分层厚度为 0.20mm 时,随扫描速度的增大,试样孔隙率由 0.498 变为 0.580,增加了 16.4%,而当扫描速度为 2100mm/s 时,随分层厚度的由小变大,试样孔隙率由 0.539 变为 0.561,增加了 4.01%,因此数据显示,相对于扫描速度,分层厚度对孔隙率的影响较小。

5. 微观组织

扫描电子电镜(SEM)具有较宽的放大倍数范围,成形图像清晰等特点,常被用来观察材料断口、原始表面以及各个局部区域的微观细节。实验随机对组 1、2、5、8、11 各取一个试样，机械折断后对断口进行喷金，然后在 SEM 电镜下观察其微观组织结构。

图 4-32 所示为试样在不同工艺参数下的内部组织形貌。一般来说，SLS 制件内部孔隙越大，缺陷越多，强度也就越低。如图 4-32(a)所示，在该组工艺参数下，试样内部烧结颈较大，内部孔隙又小又少，致密度较高。如图 4-32(b)、(c)所示为较大扫描速度下的试样内部组织，其烧结颈明显减小，孔隙又大又多，尤其是图 4-32(c)内部出现较多小颗粒，这是微熔化的 PS 粉末[20]。由于扫描速度较大，PS 粉末因接受的激光能量较小而不能充分熔融，并且熔融态流动性较差，固化速度也较快，导致相邻颗粒间仅靠熔融表面微黏结，烧结颈较小，相应的孔隙也比较多。图 4-32(d)~(f)三组的扫描速度相同，分层厚度不同，微观组织差别较小，这也证明了分层厚度对孔隙率的影响高于扫描速度对孔隙率的影响的结论。相对于图 4-32(e)~(d)孔隙较小，颗粒间结合的较为紧凑，而图 4-32(e)、(f)工艺下的试样，由于分层厚度较大，粉料接收激光能量小，PS 粉末未能充分熔融，表现为仅仅靠微熔表面黏结的颗粒状。

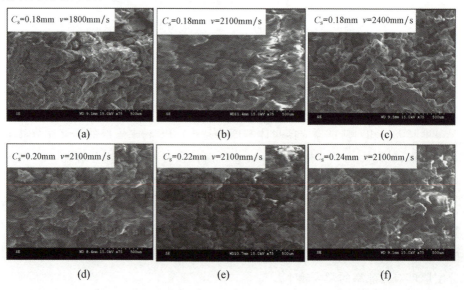

图 4-32 试样在不同工艺参数下的内部组织形貌（C_S：层厚　v：扫描速度）

(a) $C_S = 0.18$mm，$v = 1800$mm/s；(b) $C_S = 0.18$mm，$v = 2100$mm/s；
(c) $C_S = 0.18$mm，$v = 2400$mm/s；(d) $C_S = 0.20$mm，$v = 2100$mm/s；
(e) $C_S = 0.22$mm，$v = 2100$mm/s；(f) $C_S = 0.24$mm，$v = 2100$mm/s。

4.3.2 工艺参数耦合与制件强度关系

在4.2.3节中提出了激光能量密度的概念，不同工艺参数耦合可以得到不同的激光能量密度，激光能量密度的大小又一定程度上决定了PS粉的烧结强度。为了提高PS粉末制件的烧结强度，有必要对工艺参数对制件强度的影响规律进行研究。

1. 试样制备与实验方法

制件的强度指标一般有弯曲强度、拉伸强度、抗冲击强度等，而弯曲强度是在制件受拉力、压力、剪切力等复杂受力情况下所得到的综合力学性能的衡量，其一般采用三点弯曲的测量方法。

实验设计基于ISO178：2010《塑料——弯曲性能的测定》，抗弯试样尺寸选为80mm×10mm×4mm，根据抗弯实验要求，其他实验参数如表4-8所示：

表4-8 抗弯实验参数值

实验参数	压头半径 R_1	支撑半径 R_2	跨距 S	下降速度 v
参数值	5mm	5mm	64mm	2mm/min

实验设计在预热温度为75℃，激光功率为20W，轮廓补偿半径为0.15mm，铺粉速率为150mm/s等工艺参数不变的条件下，选取分层厚度 H（0.15mm、0.20mm、0.25mm）、扫描速度 v（1500mm/s、1900mm/s、2300mm/s）、扫描间距 c（0.26mm、0.28mm、0.30mm）三因素三水平下制备共计27组抗弯试样，每组试样各5个，各组工艺参数值如表4-9所示。

表4-9 实验设计表

组号	1	2	3	4	5	6	7	8	9
分层厚度 H/mm	0.15	0.15	0.15	0.15	0.15	0.15	0.15	0.15	0.15
扫描间隔 c/mm	0.26	0.26	0.26	0.28	0.28	0.28	0.30	0.30	0.30
扫描速度 v/(mm/s)	1500	1900	2300	1500	1900	2300	1500	1900	2300
组号	10	11	12	13	14	15	16	17	18
分层厚度 H/mm	0.20	0.20	0.20	0.20	0.20	0.20	0.20	0.20	0.20

续表

组号	10	11	12	13	14	15	16	17	18
扫描间隔 c/mm	0.26	0.26	0.26	0.28	0.28	0.28	0.30	0.30	0.30
扫描速度 v/(mm/s)	1500	1900	2300	1500	1900	2300	1500	1900	2300
组号	19	20	21	22	23	24	25	26	27
分层厚度 H/mm	0.25	0.25	0.25	0.25	0.25	0.25	0.25	0.25	0.25
扫描间隔 c/mm	0.26	0.26	0.26	0.28	0.28	0.28	0.30	0.30	0.30
扫描速度 v/(mm/s)	1500	1900	2300	1500	1900	2300	1500	1900	2300

图 4-33 所示为抗弯试样，利用游标卡尺测量所制备的试样的长、宽、高，多次测量取其平均值。利用生物力学疲劳试验机（图 4-34）对每个试样进行弯曲实验，测其最大弯曲力，并计算其弯曲强度，取每组试样弯曲强度均值作为该组工艺参数下试样的弯曲强度 σ，弯曲强度 σ 的计算公式为

$$\sigma = \frac{3FS}{2BH_A^2} \qquad (4-19)$$

式中：F 为试样所能承受的最大弯曲力，由生物力学疲劳试验机所得；S 为跨距，本实验跨距为 64mm；B 为试样宽度；H_A 为试样高度。

图 4-33
抗弯试样

2. 试样强度分析

如表 4-10 所示，样件弯曲强度最大为第 1 组试样，弯曲强度为 11.71MPa，最小为第 27 组试样，弯曲强度为 2.04MPa。第一组弯曲强度较大，说明该工艺参量下 PS 粉末接收的激光能量较大，熔融黏结的比较充分，而第 27 组强度较小，说明 PS 粉末接收能量较小，仅靠粉末表层熔融黏结。选取不合理的工艺参数会导致试样致密性较差，内部存在大量的孔隙，强度

就会降低，而注塑工艺下 PS 粉末制件的弯曲强度在 39.2~51.94MPa，目前的可烧结强度还存在较大的差距。在三个工艺参数不同水平值的影响下，试样弯曲强度发生了较大范围的变化，由此表明工艺参数取值对试样弯曲强度有较大的影响[21]，因此研究不同工艺参数耦合下弯曲强度的变化规律，对于 PS 粉末制件弯曲强度的提高有重要的指导作用。

图 4-34
生物力学疲劳试验机

表 4-10 弯曲强度结果表

组号	1	2	3	4	5	6	7	8	9
弯曲强度 σ/MPa	11.71	6.06	5.21	8.39	5.45	3.39	6.26	4.17	3.01
组号	10	11	12	13	14	15	16	17	18
弯曲强度 σ/MPa	8.55	5.06	3.15	7.57	4.01	2.72	5.53	3.37	2.41
组号	19	20	21	22	23	24	25	26	27
弯曲强度 σ/MPa	6.62	4.12	2.45	5.74	3.54	2.29	4.54	2.81	2.04

图 4-35 为扫描间隔与扫描速度耦合情况下对弯曲强度的影响，在扫描速度一定时，弯曲强度随扫描间隔的增大而减小，在扫描间隔一定时，弯曲强度随扫描速度的增大而减小。从激光能量密度的角度来看，激光功率一定时，扫描速度和扫描间隔越大，单位 PS 粉末所接受的激光能量就越小，导致粉料不能充分熔融流动而黏结在一块，仅仅是靠粉料表面微熔部分黏结在一起，微观组织上其内部孔隙又大又多，因此弯曲强度表现出随扫描速度和扫描间隔增大而逐渐变小的趋势[22]。

图 4-36 为扫描速度与分层厚度耦合情况下对弯曲强度的影响，在扫描速度一定的条件下，弯曲强度随分层厚度的增加而逐渐降低；在分层厚度一定的条件下，随着扫描速度的增加，弯曲强度呈现逐渐变小的趋势。在激光功率和

扫描速度一定时,即激光能量密度 E 一定,分层厚度越大,激光能量体密度 E_v 就越小,激光能量就难以透射到该层底部,造成底部粉料微熔或未熔融。同理,在激光功率和分层厚度一定时,扫描速度越大,激光能量密度 E 就越小,进而激光能量体密度 E_v 就越小,单位粉料接收的能量就越小,因此弯曲强度呈现随扫描速度和分层厚度增大而逐渐变小的趋势[23]。此变化规律与4.3.1节中孔隙率变化规律相对应,与4.3.1节中高度精度变化规律相反,这充分说明 PS 粉末 SLS 制件的弯曲强度与孔隙率的对应性,而与制件精度的矛盾性。

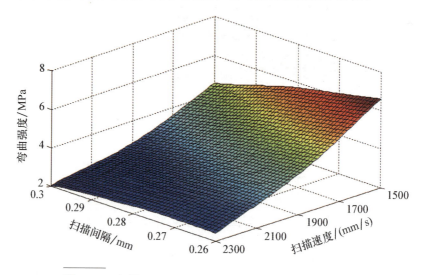

图 4-35　扫描间隔与扫描速度耦合情况下的弯曲强度变化

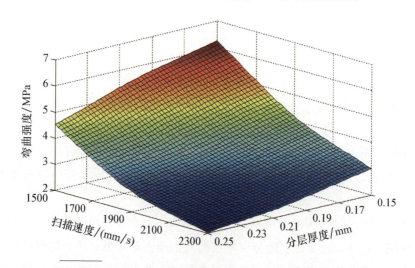

图 4-36　扫描速度与分层厚度耦合情况下的弯曲强度变化

图 4-37 为扫描间隔与分层厚度耦合情况下对弯曲强度的影响,在扫描间隔一定时,随分层厚度的增加,弯曲强度逐渐减小。在分层厚度一定时,随着扫描间隔的增加,弯曲强度表现为逐渐降低的变化趋势,因为扫描间隔的增大减小了激光能量密度 E,而分层厚度的增大减小了激光能量体密度 E_v。

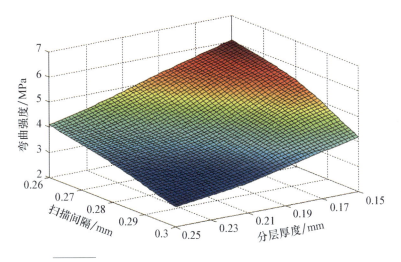

图 4-37 扫描间隔与分层厚度耦合情况下的弯曲强度变化

4.3.3 工艺参数优化

通过分析不同工艺参数下 PS 粉末制件精度和强度的变化规律,不难发现制件精度和强度是一对矛盾数值,制件强度越高,其精度就越低;而精度越高,其强度就越低,为了兼顾二者,保证烧结制件具有良好的尺寸精度和烧结强度,在前面所获得,在保证一定 Z 向尺寸精度条件下,选取主要工艺参数及各自水平值,设计正交实验,利用方差分析法进行工艺参数的优化选取,提高烧结质量。

1. 实验材料及仪器

1) 实验材料

PS 粉末:平均粒度 100 目,购买于西安交通大学国家快速成形中心。

2) 主要实验仪器

SLS300 快速成形机:成形尺寸大小为 300mm×300mm×300mm,激光功率调节范围为 0~60W，激光光斑直径大小为 0.3mm，安全预热温度范围为 0~75℃；

游标卡尺：量程为 0~150mm，精度为 0.01mm。

疲劳试验机：测力范围为 0~5000N，由陕西力创材料检测公司生产。

2. 实验方法

正交实验法是一种多因素、多水平下能够有效减小实验工作量的科学方法，它通过选择一部分典型水平值进行耦合实验，来大大减小实验次数。对于正交实验数据结果，常采用方差分析法进行处理，以便进行取值的优选以及影响程度的判断。方差分析的基本原理就是把实验数据的总波动分解成两部分：前一部分是由不同的因素和不同水平值引起的波动而存在的方差，它是产品所固有的，称为产品方差；后一部分是由实验误差（原理误差和随机误差）引起的方差，称为实验方差[24]。方差分析把总偏差平方和 T 分为产品偏差平方和（T_1、T_2、T_3、T_4 等）与实验偏差平方和 T_0，然后比较平均偏差平方和，找出对实验结果影响较为显著的因素作为定量分析的依据。

如表 4-11 所示，为通过数次改变激光功率、分层厚度和扫描速度下进行烧结实验所得到的 PS 粉末在烧结过程中不发生明显翘曲、错层，且保证较高 Z 向尺寸精度条件下的工艺参数范围表。根据正交实验对各因素水平选取应满足"均匀分散，齐整可比"的基本准则，各因素水平值选取原因如下：

表 4-11 工艺参数范围表

功率 P/W	分层厚度 H/mm			
	0.15	0.2	0.25	0.3
	扫描速度 $v/(mm/s)$			
15	2300~3300	2000~3200	1800~3000	1600~2800
20	2500~3500	2200~3300	2000~3100	1800~3000
25	4500~5000	2300~5000	2200~4800	2000~4500
30	4800~5000	3500~5000	3000~5000	2800~5000

（1）当激光功率为 30W 时，分层厚度在 0.15~0.30mm 时，扫描速度只有在 2800mm/s 以上时才能满足 Z 向尺寸的精度要求。而在 15~20W 的激光功率下，2800mm/s 的扫描速度处于各层厚下合理扫描速度范围值上限附近，

此时各工艺参数下扫描速度交叉范围较小，以激光功率 15W，分层厚度 0.30mm 工艺参数为例，此时合适的扫描速度范围为 1600~2800mm/s，扫描速度无交叉，所以 30W 激光功率不合适[25]。

（2）当分层厚度为 0.15mm 时，对于 25W 的激光功率，扫描速度需大于 4500mm/s；但是当激光功率为 15~20W 时，4500mm/s 的扫描速度超过其上限值 3500mm/s，所以分层厚度 0.15mm 的取值不合适。

（3）由于激光光斑直径为 0.30mm，同时激光又具有高斯光源的特性，理论上为保证相邻扫描线间的充分黏结，扫描间隔的选取应小于光斑直径 0.30mm，但是由于激光在 $X-Y$ 向的能量传导和材料变形，单线条的烧结宽度往往又会大于 0.30mm，因此扫描间隔取值应在 0.30mm 附近。

最终选用激光功率（15W、20W、25W）、分层厚度（0.20mm、0.25mm、0.30mm）、扫描速度（2000mm/s、2400mm/s、2800mm/s）、扫描间隔（0.28mm、0.30mm、0.32mm）设计四因素三水平正交实验，如表 4-12 所示为正交实验方案设计表。

表 4-12 正交实验方案设计表

组号	激光功率 A/W	分层厚度 B/mm	扫描速度 C/(mm/s)	扫描间隔 D/mm
1	15(1)	0.20(1)	2000(1)	0.28(1)
2	15(1)	0.25(2)	2400(2)	0.30(2)
3	15(1)	0.30(3)	2800(3)	0.32(3)
4	20(2)	0.20(1)	2400(2)	0.32(3)
5	20(2)	0.25(2)	2800(3)	0.28(1)
6	20(2)	0.30(3)	2000(1)	0.30(2)
7	25(3)	0.20(1)	2800(3)	0.30(2)
8	25(3)	0.25(2)	2000(1)	0.32(3)
9	25(3)	0.30(3)	2400(2)	0.28(1)

实验根据上述正交实验表中各组工艺参数设定值，利用 SLS300 成形机烧结抗弯试样（尺寸为 80mm×10mm×4mm），每组各 5 个，多次测量试样 3 个方向的尺寸，取其平均值作为每个方向的尺寸值，并计算每个试样的尺寸相对误差，取其均值作为该组工艺参数下试样的尺寸相对误差，尺寸相对误差

计算方法同 4.3.1 节计算方法，取其绝对值作为尺寸相对误差 ε。

用生物力学疲劳试验机对各组试样进行抗弯实验，取每组试样弯曲强度均值作为该组工艺参数下试样的弯曲强度 σ，弯曲强度 σ 的计算方法同 4.3.2 节计算方法。

3. 实验结果及分析

由表 4-13 所示，为正交实验各组试样弯曲强度与尺寸相对误差结果表，试样弯曲强度最大值为 3.19MPa，最小为 0.47MPa，尺寸相对误差范围为 1.85%～3.59%。9 组试样中第 8 组工艺参数为最好耦合，该组试样尺寸精度最高，弯曲强度最大。为了寻求最优的工艺参数耦合，还需进一步利用方差分析法对实验数据进行处理和分析。

表 4-13　正交实验结果表

组号	1	2	3	4	5	6	7	8	9
弯曲强度 σ/MPa	0.811	1.109	0.471	1.142	1.366	1.194	2.046	3.191	2.334
尺寸相对误差 ε	0.0396	0.0206	0.0290	0.0302	0.0198	0.0314	0.0251	0.0185	0.0359

1) 弯曲强度方差分析

$$S_j = \frac{k}{n}\sum_{i=1}^{k} M_{ij}^2 - \frac{1}{n}T^2 \quad \left(T = \sum_{i=1}^{n}\sigma_i\right) \quad (4-20)$$

$$R_j = \max_{1 \leqslant i \leqslant j}\{m_{ij}\} - \min_{1 \leqslant i \leqslant j}\{m_{ij}\} \quad (4-21)$$

$$m_{ij} = \frac{k}{n}M_{ij} \quad (4-22)$$

式中：S_j 为第 j 列方差；R_j 为第 j 列极差；M_{ij} 为第 j 列水平号为 i 的 σ 值之和；m_{ij} 为因子 j 的第 i 个水平均值；n 为实验次数；k 为水平数。

表 4-14 为试样强度方差分析表，图 4-38 为试样强度与四因素关系图，结合表 4-14 与图 4-38，可以得到如下结论：

表 4-14　强度方差分析表

因素	激光功率 A	分层厚度 B	扫描速度 C	扫描间隔 D
M_1/MPa	2.391	3.999	5.196	4.511
M_2/MPa	3.702	5.666	4.585	4.349

续表

M_3/MPa	7.571	3.999	3.884	4.805
m_1/MPa	0.798	1.333	1.732	1.503
m_2/MPa	1.234	1.889	1.529	1.449
m_3/MPa	2.524	1.333	1.295	1.601
R_j/MPa	1.726	0.556	0.437	0.152
S_j	4.834	0.617	0.287	0.036

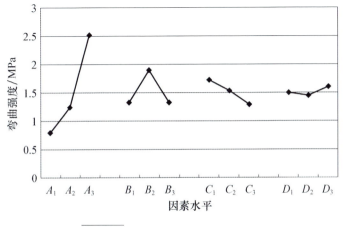

图 4-38 试样强度与四因素关系图

(1)激光功率 A 取值优选 A_3，激光功率越大，其他工艺参数一定时，激光能量密度就越大，PS 粉末熔融程度就越高，烧结颈越大，强度也就越大。

(2)分层厚度 B 取值优选 B_2，在其他工艺参数一定时，如果分层厚度太小，激光能量体密度就越大，PS 粉末在烧结过程中就会因得到过得多的能量而产生分解，此时烧结强度就会降低，而分层层厚太大，PS 粉末在烧结时会因得不到足够的能量而微熔或不熔，粉末颗粒间靠表面微熔相黏结，烧结颈较小，强度也较低。

(3)扫描速度 C 取值优选 C_1，扫描速度越小，PS 粉末接收的能量就越多，熔融就越充分，流动性也高，制件内部孔隙小，强度就高；而扫描速度越低，粉末熔融程度就越低，颗粒间黏结力较小，强度就变低。

(4)扫描间隔 D 取值优选 D_3，在该实验所选用的工艺参数下，扫描间隔 0.32mm 可使扫描线间充分重叠黏结，而在扫描间隔较小时，相邻扫描线的重叠部分就会接收过多的激光能量,一旦接收的能量过多,重叠部分就会产生过烧分解现象,线与线间就不能够充分黏结,此时强度就会降低。

(5)从极差 R 的大小可以看出各工艺参数对制件强度的影响程度,按由大到小顺序排列依次是:激光功率 A、分层厚度 B、扫描速度 C、扫描间隔 D。

由此可得,由弯曲强度方差分析所得的最优工艺耦合为 $A_3B_2C_1D_3$,即在 25W 激光功率、0.25mm 分层厚度、2000mm/s 扫描速度、0.32mm 扫描间隔工艺下,PS 粉制件的弯曲强度最高,而此工艺耦合恰为实验组第 8 组,弯曲强度为 3.19MPa,由此看出弯曲强度方差分析与 9 组实验结果保持一致。

2)精度方差分析

表 4-15 为尺寸相对误差分析表,图 4-39 为尺寸相对误差与四因素关系图。表 4-15 各数据计算方式与表 4-14 原理相同。结合表 4-15 与图 4-39,可以得到如下结论:

表 4-15 尺寸相对误差方差分析表

因素	激光功率 A	分层厚度 B	扫描速度 C	扫描间隔 D
M_1	0.0891	0.0949	0.0894	0.0952
M_2	0.0813	0.0589	0.0866	0.0770
M_3	0.0794	0.0962	0.0738	0.0777
m_1	0.0297	0.0316	0.0298	0.0317
m_2	0.0271	0.0196	0.0289	0.0257
m_3	0.0265	0.0321	0.0246	0.0259
R_j	0.0032	0.0124	0.0051	0.0061
$S_j/10^{-5}$	1.7641	29.9873	4.5863	7.0802

(1)激光功率 A 取值优选 A_3,在 9 组实验选取的工艺参数下,尺寸相对误差表现出激光功率越大,相对误差越小的变化规律。激光功率越大,相应的激光能量密度就越高,就越能避免能量密度不足引起的 Z 向烧结过浅,更利于精度的保持。

(2)分层厚度 B 取值优选 B_2,在其他工艺参数不变的条件下,分层厚度越小,制件就越容易产生翘曲现象,同时在烧结过程中也越容易产生 Z 向的过深烧结,造成 Z 尺寸误差较大。而分层厚度越大,相应的粉料接收的能量就越少,当能量过低不足以使激光完全透射每个粉层时,就会造成 Z 向尺寸

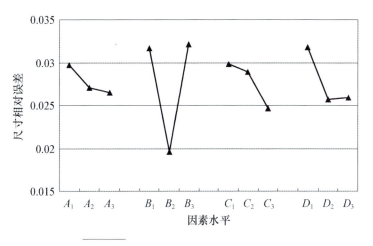

图 4-39 尺寸相对误差与四因素关系图

变小,同时产生黏结不足掉粉现象,尺寸相对误差就会变大。

(3)扫描速度 C 取值优选 C_3,如图 4-39 所示,在正交实验所选取的工艺参数范围内,尺寸相对误差表现为随扫描速度越大而变小的变化规律,这说明此时制件处于熔融区 M,扫描速度越大,粉料接收的能量就越少,由热变形和热收缩引起的尺寸误差就越小。

(4)扫描间隔 D 取值优选 D_2,扫描间隔的选取往往与其他工艺参数匹配,扫描间隔太小,容易产生翘曲和分解,间隔过大,线间不能黏结,制件 X-Y 向尺寸误差就会变大。

(5)从极差 R 的大小可以看出各工艺参数对制件精度的影响程度,按由大到小顺序排列依次是:分层厚度 B、扫描间隔 D、扫描速度 C、激光功率 A。

由此可得,由精度方差分析所得的最优工艺耦合为 $A_3B_2C_3D_2$,即在 25W 激光功率、0.25mm 分层厚度、2800mm/s 扫描速度、0.30mm 扫描间隔工艺下,制件精度最高。

3)最优工艺参数确定

由强度方差分析得到工艺耦合为 $A_3B_2C_1D_3$,由精度方差分析得到的工艺耦合为 $A_3B_2C_3D_2$,两者所选的各因素水平值不一致,只有激光功率 A 和分层厚度 B 的取值完全相同,均为 A_3B_2,因此还需以选取不同因素水平时,试样的精度和强度的相对变化率为参考依据,来进一步进行扫描速度 C 和扫描间隔 D 取值的优化。

如表 4-16 所示，为扫描速度对比分析表，由强度指标，扫描速度 C 取 $C_1=2000\mathrm{mm/s}$，而从精度指标评价扫描速度 C 取值为 $C_3=2800\mathrm{mm/s}$。若 C 取为 C_1，则精度变化率为 $\left|\dfrac{m_1-m_3}{m_3}\right|=0.211$；若 C 取为 C_3，则强度变化率为 $\left|\dfrac{m_3-m_1}{m_1}\right|=0.252$，由此可得 C 取为 C_1，强度最大，此时精度变化较小，所以扫描速度 C 取为 $C_1=2000\mathrm{mm/s}$。

表 4-16 扫描速度对比分析表

指标	水平号			变化率
	m_1	m_2	m_3	
强度指标/MPa	1.732	1.529	1.295	21.1%
精度指标	0.0298	0.0289	0.0246	25.2%

如表 4-17 所示，为扫描间隔对比分析表，由强度指标分析，扫描间隔 D 取 $D_3=0.32\mathrm{mm}$，而从精度指标分析，扫描间隔 D 取值为 $D_2=0.30\mathrm{mm}$。若 D 取为 D_3，则精度变化率为 $\left|\dfrac{m_3-m_2}{m_2}\right|=0.008$；若 D 取为 D_2，则强度变化率为 $\left|\dfrac{m_2-m_3}{m_3}\right|=0.095$，由此可得 D 取为 D_3，强度最大，此时精度变化较小，所以扫描间隔 D 取为 $D_3=0.32\mathrm{mm}$。

表 4-17 扫描间隔对比分析表

指标	水平号			变化率
	m_1	m_2	m_3	
强度指标/MPa	1.503	1.449	1.601	0.8%
精度指标	0.0317	0.0257	0.0259	9.5%

因此从制件强度和制件精度双指标评价，可得 $A_3 B_2 C_1 D_3$ 为最优工艺参数耦合，此工艺耦合与第 8 组工艺参数耦合完全相同，因此无需进一步进行实验验证，该组工艺下制件弯曲强度为 3.19MPa，尺寸相对误差为 1.85%。图 4-40 所示为第 8 组试样截面 SEM 图，PS 粉颗粒间也并未形成较大的烧结颈，出现了 PS 粉末微熔颗粒，且内部存在着大小孔隙，造成弯曲强度仅有 3MPa 左右。在烧结时，激光极易沿 Z 向透射，过大的激光能量会造

成 Z 向的过深烧结，为了保证制件的 Z 向尺寸精度，激光能量密度不宜过大，这也就造成了 PS 粉末微熔现象。

图 4-40
第 8 组试样截面 SEM 图

4.3.4 支撑烧结研究

1. 二次烧结现象

在 SLS 成形工艺中，制件翘曲现象往往会随着烧结过程的进行而逐渐消失，因此表现出底部前几层出现微翘曲，而顶部无翘曲现象的性质。其翘曲模型如图 4-41 所示，4.3.3 节已对翘曲现象的原因进行了解释，主要是由于激光能量的高斯分布性和材料热特性（热变形与热冲击）造成材料粉体烧结区域与未烧结区域温差较大，导致制件底部最初几层表现为中部向底层凸，四周向上的翘曲现象。图 4-41 中 L_1 所示轮廓线为过渡弧角，随着烧结的继续进行，底层热量积累逐渐缩小与新烧结层的温差，翘曲现象逐渐消失，轮廓线棱角分明，如图 4-41 中 L_2 所示。

图 4-41 翘曲模型

在 SLS 烧结过程中，粉料底层能量的积累还常常导致出现"二次烧结"现象。"二次烧结"现象是指在成形过程中，底层已成形部分的热量在下一层烧结前未完全散失,因此就会与下一层的激光能量相结合,在加工最初几层时,各层之间剩余能量积累到一定程度时,就会使过多的能量沿底部第一层向下渗透造成 Z 向的过深烧结,随着烧结层数的增加,过多的能量往往不足以沿 Z 向渗透到第一层,主要渗透到在当前烧结层附近,如此既可以使层与层之间的黏结更充分,也可以起到保温作用,减小温差[26]。

利用"二次烧结"现象,如果在第一层烧结之前,预先提供一定能量,便可有效减小第一烧结层与底部粉末的温差,进而使产生的翘曲现象较小,提高烧结精度,而能量的提供可以通过扫描支撑的方法,即在第一层开始烧结之前,通过程序控制预先烧结一定层数和一定形状的支撑层。

2. 支撑层数研究

支撑层数越多,相应的在第一层烧结之前能量就积累得越多,但是由于二次烧结现象的存在,过多的能量积累会导致过烧现象,因此支撑层数的选取需要一定的合理值。

在支撑烧结时,为了保证支撑与制件实体不黏结,因此支撑扫描速度的选取不宜过小,而又为了快速增加能量积累,减少支撑层数,同时减小能量散失,提高加工效率,支撑扫描速度又不易过大,因此支撑扫描速度存在临界值。在 4.3.3 节所得最优工艺参数下,经实验确定此临界值为 4500mm/s,在此扫描速度下,支撑层并未熔化,不与制件实体黏结。支撑是由线条搭建的框架结构,为了快速实现能量的积累过程,同时从机器寿命考虑,支撑扫描间隔为 3mm。

实验设计 100mm×20mm×10mm 长方体试样,在最优工艺参数耦合下分别设定支撑层数(0 层、4 层、8 层、12 层、16 层)进行烧结实验,每组 5 个,用游标卡尺对试样中部和两端进行 Z 向尺寸测量,每个部位各测两次。根据 PS 粉末 SLS 制件的成形特性,当制件翘曲现象不明显时,其 Z 向高度在制件中部与两端相差无几,而在翘曲明显时两者相差较大,因此采用中部与两端 Z 向高度的方差值 δ 对烧结质量进行评价。

图 4-42 所示为 Z 向尺寸随支撑层数的变化关系,随着支撑层数增加,Z 向尺寸最大值逐渐增加,其原因是随着支撑层数的增加,底层能量积累越大,加之在烧结过程中,激光能量从顶层逐渐渗透,就会造成底层粉末能量过大而熔化变形,因而 Z 向尺寸逐渐增加,在 8 层支撑以后此现象更为明显。

图 4-43 所示为 Z 向尺寸方差与支撑层数关系。理论上随着支撑层数的增加，底部积累的激光能量就越多，上下烧结层的温差就越小，因而翘曲现象就越不明显，在数值上表现为 Z 向尺寸方差越来越小，由图 4-43 可知在 8 层支撑以前 Z 向尺寸方差符合此规律，但在 8 层以后 Z 向尺寸方差值反而增大。实际上，在无支撑时，烧结过程就可通过自身能量积累在顶部避免翘曲现象（图 4-44 中 a 所示），而在有支撑时，底部支撑也可提供能量，由于激光能量施加的过程性和传递性，往往是烧结层中心部位温度高，当支撑能量适中时，就可更快地减小翘曲现象（图 4-44 中 b 所示）。当支撑层数过多，积累能量过多时，底层中心部位能量过多，就会导致试样发生二次烧结又产生明显翘曲[27]（图 4-44 中 c 所示），δ 值就会增大。

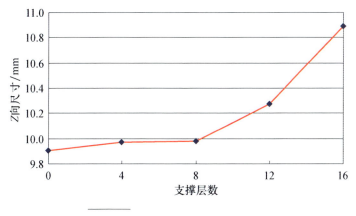

图 4-42　Z 向尺寸与支撑层数关系

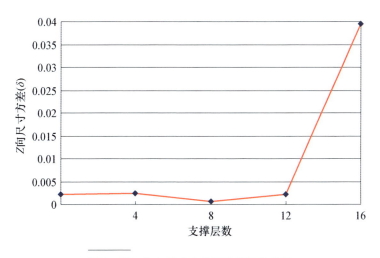

图 4-43　Z 向尺寸方差与支撑层数关系

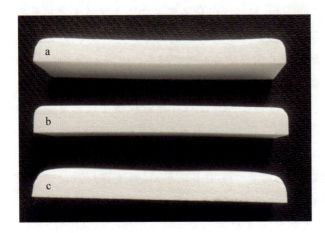

图 4-44 不同支撑层数下 PS 粉末制件

3. 支撑类型

不同的支撑类型对于底部能量的积累速度与热场均匀性有着重要影响，SLS300 成形机可提供的支撑类型方式如图 4-45 所示，主要有网格形、轮廓形、八边形三种支撑方式。

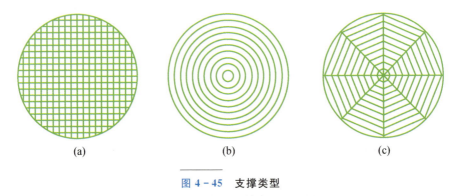

图 4-45 支撑类型

（a）网格形；（b）轮廓形；（c）八边形。

为了选取较优的支撑类型，实验设计 100mm×20mm×10mm 长方体试样，在支撑层数为 8 层和最优工艺参数下，分别设定网格形、轮廓形、八边形支撑方式，进行烧结实验，每组试样 5 个，用游标卡尺对试样中部和两端进行 Z 向尺寸测量，每个部位各测 3 次，取测量数据平均值为试样的 Z 向尺寸，并计算中部与两端 Z 向高度的方差值 δ，同样以方差值 δ 对烧结质量进行评价。

图 4-46 所示为不同支撑类型下试样的 Z 向尺寸，网格型支撑试样 Z 向尺寸最接近设计值，轮廓形支撑和八边形支撑 Z 向尺寸值远大于设计值，因

此网格形支撑类型可以保证较高的精度。

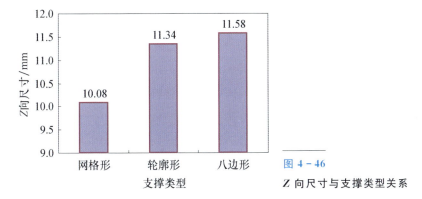

图 4-46　Z 向尺寸与支撑类型关系

图 4-47 为试样 Z 向尺寸方差与支撑类型的关系，网格形支撑方差最小，表明该支撑方式下翘曲现象最小，各部位 Z 向尺寸值较为一致，而八边形支撑方差值最大，翘曲现象尤为突出，结合图 4-46 和图 4-47 可得，无论从试样 Z 向尺寸精度还是从制件各部位 Z 向尺寸稳定性来讲，网格形支撑都是最优的支撑类型。

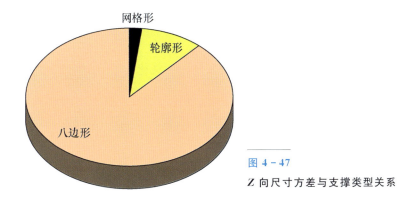

图 4-47　Z 向尺寸方差与支撑类型关系

4.4　选区激光烧结聚苯乙烯/玻璃纤维复合材料成形工艺

4.4.1　聚苯乙烯/玻璃纤维复合材料的制备

聚苯乙烯的性质 4.3 节已经讲述，本节重点阐述玻璃纤维的性质。

1. 玻璃纤维性质

玻璃纤维(GF)是一种性能优越的无机非金属材料,它是以玻璃球为原料经高温熔制、拉丝、络纱、织布等一系列工艺制作而成。每根原丝是由成百上千根单丝组成,单丝直径可做到 6μm 以下,相当于普通成年人一根头发丝的 1/20[28],是一种常用于复合材料中的增强材料,具有增加强度、提高尺寸稳定性、降低收缩率、减小翘曲变形等作用。虽然玻璃纤维的形状与玻璃形状不同,但是两者之间的结构仍然一致。其结构示意图如图 4-48 所示。

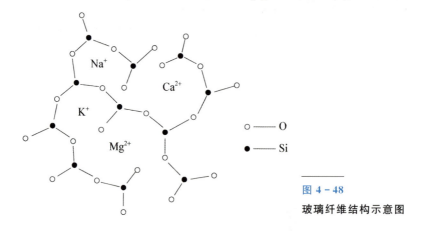

图 4-48

玻璃纤维结构示意图

玻璃纤维内部主要化学成分为二氧化硅、氧化钙、三氧化二铝、氧化硼和氧化钠等一些氧化物,这些氧化物对玻璃纤维的性质起着重要作用。玻璃纤维有着机械强度高、绝缘性能好和抗腐蚀性好等优点,是一种常用于塑料补强的无机填充材料[29]。玻璃纤维的基本性质如表 4-18 所示。

表 4-18 玻璃纤维的基本性质

密度/(g/cm³)	拉伸强度/MPa	延伸率/%	导热系数/(W/(m·K))	熔点/℃
2.6~2.7	2000	3.0	0.034	>1000

选用玻璃纤维作为聚苯乙烯增强材料原因如下:

(1)玻璃纤维自身强度很高(2000MPa),约为聚苯乙烯强度的 70 倍。加入少量玻璃纤维到聚苯乙烯中便能获得强度高的 PS/GF 复合粉末材料,在理论上从材料自身性质分析具有一定的可行性。

(2)玻璃纤维的密度为 2.6~2.7g/cm³,约是聚苯乙烯密度的 2.5 倍。从理论上分析，在实验条件一定的情况下烧结同样尺寸制件时，PS/GF 烧结件的致密度要大于纯 PS 烧结件的致密度，从致密度方面考虑，加入玻璃纤维后能使制件更为密实。

(3) 玻璃纤维的价格低廉，从经济性方面考虑，降低了实验成本。

玻璃纤维在传统意义上来说一般以连续纤维和短切纤维的形式存在，纤维长度过长会对烧结过程中的铺粉造成不利影响，从而影响到烧结件成形质量，纤维长度过短在烧结过程中则易出现小颗粒之间的团聚现象，不利于烧结加工过程中微熔态粉末的良好流动。结合 SLS 工艺，认为玻璃纤维的平均长度应该在 75μm 左右，以保证复合粉末烧结件的成形质量。

玻璃纤维放置一定时间后其自身强度会有所下降，其原因是因为玻璃纤维暴露在空气中会受到空气中水分子侵蚀，从而损坏玻璃纤维的结构。根据含碱量与否可将玻璃纤维分为有碱玻璃纤维和无碱玻璃纤维两类，通常认为含碱量越少的玻璃纤维暴露在空气中强度下降得越小[30]。从制件应用与强度两方面考虑，优选无碱玻璃纤维。

2. 聚苯乙烯/玻璃纤维热重分析

热重分析是测量待测样品质量随温度变化的一种热学分析，一般用于检测待测样品的稳定性和组分。

聚苯乙烯/玻璃纤维的热分解温度可由热重分析仪测定，图 4-49 所示为聚苯乙烯/玻璃纤维的 TG 曲线图。实验所用设备为 HS-TGA-101 热重分析仪；所用实验材料为质量 5.4mg 的 PS/GF 粉末(比例为 9∶1)；起始温度为 30℃，上限温度为 800℃；升温速率为 10℃/min。

从图 4-49(a) 中曲线 1 可以看出当温度从 30℃ 逐渐升高到 350℃ 附近时，样品 PS/GF 粉末的残留率基本没变化，约为 100%，说明样品未发生分解，当超过 350℃ 后残留率迅速下降到 10% 左右，此时温度约为 450℃，继续升温后残留率保持不变；从图 4-49(b) 中曲线 2 可以发现随着温度由 30℃ 逐渐升高至 350℃ 附近时，分解速率为 0，当温度处于 350~450℃ 区间内时，分解速度呈现出由零增大后减小至零的变化规律，大约在 410℃ 附近其值最大，超过 450℃ 后分解速率为 0。

从两条曲线中能总结出如下结论：PS/GF 粉末的起始分解温度为 350℃、完全分解温度为 450℃；PS/GF 粉末的分解实际是 PS 粉末的分解，其残留下

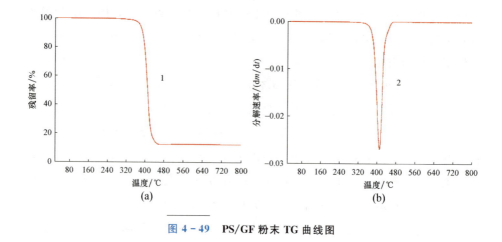

图 4-49　PS/GF 粉末 TG 曲线图

的 10% 样品是 GF 粉末；为避免 PS/GF 粉末成形过程中由于温度过高而造成 PS 粉末产生分解，其上限烧结温度为 350℃。

3. 聚苯乙烯/玻璃纤维复合材料表面处理

复合材料的性能不仅取决于增强纤维与基体材料的性能，在很大程度上取决于材料的界面结合能力。GF 是一种无机填充剂，而 PS 是一种高分子聚合物，二者之间的结构与性能存在较大差异。GF 表面缺少与 PS 这类高分子聚合物结合的基团，并且未经表面处理的 GF 粉由于其表面分子活性较低，二者简单混合存在 GF 分子与 PS 分子间结合程度差的问题，无法满足复合粉末高性能的要求，为此需要对 GF 提前进行表面处理。关于 GF 表面处理的方式有很多，大致可分为表面氧化法、表面接枝法、低温等离子法、稀土处理法、偶联剂处理法等[31]。结合多种表面处理的处理效果及操作的简易程度，最终选用效果良好、操作简单的偶联剂处理法。

偶联剂是一种含有两类不同性质基团的塑料添加剂，大致分为以下三种：硅烷类、钛酸酯类和有机铬类。其中，钛酸酯类偶联剂常被用于碳酸盐、硅酸盐与树脂之间的界面结合；有机铬偶联剂虽然能用于玻璃纤维的表面处理，但是存在着种类单一的问题；硅烷偶联剂作为一种品种多样，用于改善玻璃纤维和树脂之间结合能力的偶联剂，目前已从玻璃纤维增强塑料扩大到玻璃纤维增强热塑性塑料用的表面处理剂，其通式为 R_nSiX_{4-n}。硅烷偶联剂分子中存在着两个不同性质的基团——X 水解基团和 R 有机官能团，其中 X 水解基团能与无机材料（玻璃纤维）结合，R 有机官能团能与树脂（聚苯乙烯）发生反应，如此硅烷偶联剂在两种材料之间起到桥梁搭接的作用。利用硅烷偶联剂可将 PS 与 GF 两种结构与性能完全不同的材料结合在一起形成 PS/GF 复合材料，实现有效的改性处理。

4. 材料制备过程

制备 PS/GF 复合粉末的具体过程如下：

(1) 将适量的硅烷偶联剂(KH-550)溶于无水乙醇溶液中(比例约为1:100)，用搅拌棒均匀搅拌约 2min，再加入一定量 75μmGF 粉末，均匀混合后将其置于烘干箱中以 120℃ 进行烘干。

(2) 将烘干后的块状 GF 装入球磨机中，并以 400r/min 的转速球磨 10min，接着通过细筛子过筛，选取平均粒径在 75μm 左右的粉末，从而获得经过 KH-550 表面处理后的 GF 粉末。

(3) 将 PS 粉末在球磨机中以 400r/min 的转速球磨 10min，然后通过筛子过筛，选取粒径在 150μm 左右的粉末，获得所需 PS 粉末。

(4) 将上述的 PS 粉末和 GF 粉末装入高速混合机均匀混合，即获得实验所需 PS/GF 复合粉末。

4.4.2 聚苯乙烯/玻璃纤维选区激光烧结工艺

1. 预热温度

对于 PS/GF 复合粉末材料而言，预热温度的控制是否合理将会影响到整个烧结过程以及烧结件的成形质量，预热温度的控制需要从以下两个方面进行说明：

(1) PS 是一种非晶态聚合物，非晶态聚合物在玻璃化温度 T_g 时其黏度较大，可以达到 1TPa·s，一般认为黏性流动是 PS 这类高分子聚合物材料的主要成形机理。黏度越大在烧结过程中粉末的流动性能越差，对烧结件的成形质量会产生不利影响，因此预热温度不应超过其玻璃化温度，即不能设置过高；同时，预热温度也不宜设置过低，预热温度过低，PS/GF 复合粉末内的大分子颗粒活性很低，颗粒间的黏结性能会很差，并且加工层粉末的上表面温度较高，底层温度较低，上下间的温度差会产生内应力影响到烧结件的成形质量。

(2) 当温度不断升高接近黏流态温度时,粉床内的粉末开始出现结块现象,这是由于在接近材料自身黏流态温度时,非晶态聚合物 PS 的大分子链或链段有了较大的活性,使未烧结的粉末出现结块现象,这样会导致后续清理烧结件表层粉末的过程中出现困难,甚至出现粉末颗粒附着在烧结件上的情况,造成烧结件失效;此外,结块后的粉末其性能会发生一定变化,为此必须重新对粉末进行球磨处理,如此一来会造成粉末的重复利用率降低。

根据以上分析并对结合机器参数与使用寿命考虑,预热温度最高设定为 75℃。

2. 激光能量

二氧化碳激光器发出的激光是一种高斯光束,该能量分布规律遵循高斯分布如图 4-50 所示。

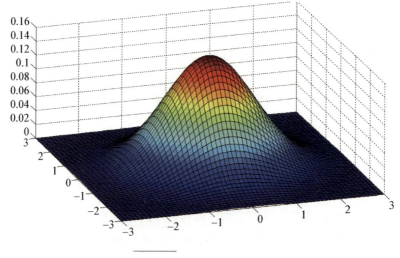

图 4-50　激光能量分布图

SLS 工艺中激光束的光强分布可用下式表示:

$$I(r) = I_0 \exp(-2r^2/r_0^2) \tag{4-23}$$

式中:r_0 为激光光斑半径;r 为测量点距光斑中心点的距离;I_0 为光斑中心点的光强。

从式(4-25)可以看出,在激光照射中心处粉末所吸收到的能量最大,随着测量点与光斑中心之间距离的不断增大,粉末吸收到的能量逐渐减小,在边缘处的能量最小。

能量密度是激光器的固有属性,它是指激光器发射出的激光束在单位面积上给粉末提供热量的密集程度,由激光功率、扫描速度以及扫描间距这三个因素组成,它们都在一定程度上影响了烧结件的微观结构和烧结质量。它们共同作用结果表现为能量密度,能量密度的计算可用下式表示:

$$E = k\frac{P}{vh} \tag{4-24}$$

式中:k 为能量系数;P 为激光功率(W);v 为加工时激光的扫描速度(mm/s);h 为激光的扫描间距(mm);E 为能量密度(J/mm^2)。

SLS 工艺中的能量来源于激光器发出的激光束,因此激光功率在整个成形过程中有着十分重要的作用。激光功率的大小是衡量烧结过程中粉末接收能量大小的一个指标。在其他工艺参数一定的条件下,激光功率越大,PS/GFT 复合粉末接收的能量越大,粉末熔化程度越高,在烧结过程中发生状态变化的粉末越多,产生的内应力越大,从而导致烧结件尺寸变形严重;激光功率越小,PS/GF 复合粉末接收的能量越小,粉末熔化程度越低,大多数的粉末未有效黏结在一起或者只是表层,从而导致烧结件的强度越低,因此激光功率的选取需要从以下两个方面进行综合考虑。首先,激光功率的大小能够确保烧结件有较高的尺寸精度,以获得轮廓清晰的烧结件,不能出现由于激光能量过大而将扫描区域周围的粉末黏结在一起的现象;其次,激光功率的大小能够保证粉末基本熔化,以获得一定强度的烧结件,根据实验材料的性质和初步实验,确定合适的激光功率为 25W。

扫描速度是指激光束扫描照射到粉床内粉末时在单位时间内所走过的路程,扫描速度的大小可间接地反映出激光能量强弱。在其他工艺参数一定的情况下,激光束的扫描速度越小,相同区域内的粉末在相同时间内吸收到的能量越高,使得熔化的粉末越多,烧结件的强度越高;扫描速度越大,SLS 工艺的成形效率越高,加工一层所需的时间越少,烧结件的尺寸精度越高。但是扫描速度不能过高,相关 SLS 烧结成形实验表明当扫描速度高于 2000mm/s 后,由于烧结过程中两条相邻扫描线之间存在着热影响会造成烧结程度加深,使得粉末热变形严重,反而导致烧结件的尺寸精度降低。因此从烧结件的成形质量出发,需要综合考虑到烧结件的尺寸精度和弯曲强度,对扫描速度进行合理的选取。

扫描间距代表两条相邻激光束扫描线间的水平距离。图 4-51 所示为 SLS 工艺下三种不同扫描情形的示意图。

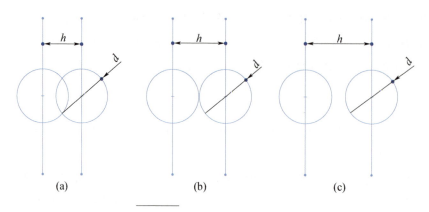

图 4-51　三种扫描情形示意图
(a) $h<d$；(b) $h=d$；(c) $h>d$。

CO_2 激光器的激光光斑直径为 0.30mm，根据激光的扫描间距与光斑直径之间的大小关系会出现三种不同的扫描情况，图 4-51(a) 所示的是扫描间距小于 0.30mm 的情形，此时会出现两条扫描路径之间少量重合的情况，造成重合区域内存在重复烧结迹象，导致烧结件的强度增大，但同时也会造成尺寸偏大的情况；图 4-51(b) 所示的是扫描间距等于 0.30mm 的情形，理论上此时粉末均被烧结一次，不存在重复烧结，但是可能出现某一层粉末吸收能量不足的情况，影响到烧结件的成形质量；图 4-51(c) 所示的是扫描间距大于 0.30mm 的情形，此时相邻扫描线无法连接，两条扫描路径之间存在有一部分粉末未被烧结的情况，从而造成整个烧结件的强度降低。在不同的工艺参数下，扫描间距对烧结件的成形质量会有所差异，根据理论分析和初步实验，扫描间距的设置应在光斑直径 0.30mm 左右。

3. 单层厚度

根据 SLS 工艺的工作原理可知其烧结粉末过程中，任何一个三维模型的制作都是通过粉末逐层叠加而形成，在加工前需要对模型进行分层处理，如此便出现了单层厚度这一概念。单层厚度的设定首先需要考虑所选粉末材料的颗粒大小，理论上单层厚度应大于粉末颗粒大小，这样在加工过程中才能保证铺粉的顺利性与流畅性。理论上分析单层厚度越大烧结成形的时间就越短，加工的效率越高，但是单层厚度也不能过大。当其他工艺参数一定的条件下，此时激光能量是一定的，过大的单层厚度会使得该层粉末烧结得不够充分,影响到烧结件的强度。同时,由于"台阶效应"的存在(图 4-52),过大的单层厚度会导致实际轮廓和理论轮廓之间发生偏离,影响到烧结件的成形质量。只有当单层厚度足够小时,实际模型与理论模型间的尺寸才会足够接近,但是单层厚度过小,为了确保铺粉过程的顺利进行则需要选取粒径更小的粉末,但是粉末颗粒越小在铺粉过程中发生粉末颗粒与颗粒之间的团聚现象和静电现象越严重,造成铺粉困难的同时也会影响到烧结件的成形质量。因此,单层厚度的选取需要将粉末颗粒大小与其他工艺参数联系起来进行综合考虑。

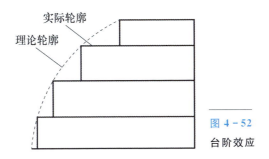

图 4-52
台阶效应

4. 铺粉方式

SLS 工艺中每加工一层截面轮廓,供粉缸和成形缸便分别升高和降低一个层厚,铺粉装置将供粉缸内待加工的粉末推送到成形缸内,以便于下一层的烧结加工,因此铺粉方式的好坏在一定程度上影响了烧结件的成形质量。传统上的铺粉方式有刮板式铺粉和辊子式铺粉两种。其中,刮板式铺粉方式仅仅是将供粉缸内的粉末推送到成形缸内并对其进行刮平。在加工过程中某一层截面一旦出现翘曲现象,在铺粉过程中刮板可能会使已成形的轮廓部分在刮板推力作用下发生损坏而导致整个烧结件的制作失败,因此刮板式铺粉方式在一定程度上对烧结件的成形质量存在着不利影响;辊子式铺粉方式采用的是圆柱体辊子,在铺粉过程中利用辊子的滚动与平动不仅能将待加工粉末推送到成形缸内,同时还兼备压实粉末的作用。因此,针对于 PS/GF 复合粉末的 SLS 工艺采用的是辊子式铺粉方式。

虽然辊子式铺粉方式具有以上两个优点,但它仍存在一些不足之处,如铺粉过程中粉末在辊子的带动下溢回已铺粉表面,造成铺粉不均匀;每加工一层截面之前,铺粉辊子需要进行一次水平往复的运动,造成加工效率低的问题。针对以上两个问题,提出了一种"上置式供粉箱的铺粉装置"(专利号

ZL201521061120.9），其结构示意图如图 4-53 所示。

该装置的工作原理大致如下：当加工第一层截面轮廓之前，供粉箱位于整个装置最左端，在计算机系统的控制下供粉箱沿着铺粉轨道由左向右水平运动，上滑动板滑动至供粉箱的左内壁，此时供粉箱开始供粉，与此同时铺粉辊子开始平动与滚动。通过位置传感器感知到供粉箱的位置，当供粉箱右侧位于成形缸右侧正上方时，上滑板迅速滑动至供粉箱的右内壁，供粉箱停止供粉；当供粉箱左侧位于成形缸右侧正上方时，铺粉辊子停止运转，此时成形缸内便铺好了一层待加工粉末。

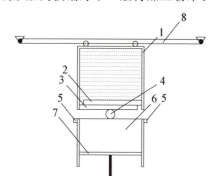

1—供粉箱；2—上滑动板；3—下滑动板；
4—铺粉辊子；5—位置传感器；6—成形缸；
7—可升降活板；8—铺粉轨道。

图 4-53
上置式供粉箱铺粉装置结构示意图

该装置的优点：首先，利用了粉末自身重力，在粉末撒落过程中绝大多数粉末收到重力影响被自然分开，有利于铺粉过程的顺利性；其次，每加工一层截面，铺粉辊子在计算机系统的控制下只需在水平方向上运动一次，无需往复的运动，提高加工效率的同时简化了装置。

5. 扫描方式

SLS 工艺采用的是点光源激光束，对于每一层截面轮廓而言存在着从点—线—面的变化过程，因此需要有特定的扫描方式对截面轮廓进行扫描烧结。SLS300 共有 $X-X$、$Y-Y$ 和 $XYSTA$ 三种不同扫描方式，如图 4-54 所示。

根据前期初步的实验和经验分析后发现，在其他工艺参数不变的情况下，通过 $X-X$ 和 $Y-Y$ 扫描方式烧结出来的制件强度很低，这是由于单一地沿着 X 向或 Y 向扫描烧结存在扫描空隙，而空隙中的粉末未被烧结，由此造成整个烧结件强度低。相比较 $X-X$ 和 $Y-Y$ 扫描方式而言，$XYSTA$ 扫描方式下的 X、Y 交替扫描则在很大程度上避免了扫描空隙的出现，所烧结出的制件强度较好。因此对于 PS/GF 复合粉末的 SLS 工艺，$XYSTA$ 扫描方式是其最佳的扫描方式。

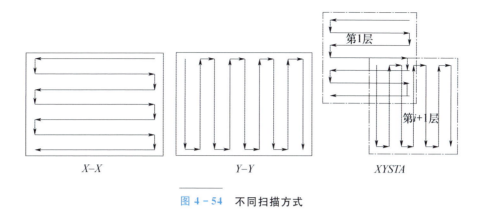

图 4-54 不同扫描方式

4.4.3 烧结实验

1. 实验设计

1)实验材料

PS 粉末:粉末平均粒径为 150μm;GF 粉末:粉末平均粒径为 75μm。

2)实验仪器与设备

SLS300 快速成形机:XJRPSLS300 型,激光波长为 10.6μm,激光光斑直径为 0.30mm,激光功率为 0～60W,安全预热温度为 0～75℃,最大成形尺寸为 300mm×300mm×275mm。

电子天平:AL104 型,最大量程为 1000g。

扫描电子显微镜:S-4800 型,最大放大倍数为 800000 倍。

数显游标卡尺:FS-0601 型,量程为 0～150mm,精度为 0.01mm。

多功能静力学试验机:CMT4304 型,压力范围为 0～2000N。

3)实验目的

为了找出较合适的 PS/GF 复合粉末配比,以适应后续 PS/GF 复合粉末的 SLS 烧结实验研究。

4)实验方案

PS 作为基体材料,而 GF 作为增强 PS 的添加材料,因此在 PS/GF 复合粉末中 GF 的含量应低于 PS 的含量。利用 4.2.2 节的制备方法配制 6 种不同比例的 PS/GF 复合粉末（质量分数分别为 0%、5%、10%、20%、30%、40%），将制备好的不同配比 PS/GF 复合粉末在同一工艺参数下进行烧结（试样尺寸：80mm×10mm×4mm），在烧结过程中观察其铺粉情况和成形情况。烧结过后通过数显游标卡尺对烧结件高度方向（Z 方向）和水平方向（X、Y 方向）上的尺寸进行测量并分析；通过多功能静力学试验机对烧结件进行三点弯曲实验，对弯曲强度进行测定并分析；同时，通过扫描电子显微镜观察并分析了烧结件的断面，最终确定较合适的 PS/GF 复合粉末配比。

2. 实验过程

(1) 模型的建立：按照国际标准 ISO178：2010 通过 Solidworks 三维建模软件建立尺寸为 80mm×10mm×4mm 的塑料标准抗弯试样三维模型，如图 4-55 所示。

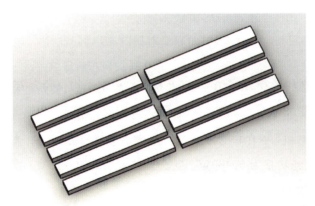

图 4-55
烧结件排布

(2) 数据的处理：通过专业的分层软件 Magics RP 将建立好的三维模型在设定好单层厚度的条件下（单层厚度为 0.25mm）进行分层处理。

(3) 数据的导入：将处理好的分层数据模型导入到 SLS300 成形机中。

(4) 试样的烧结：将已制备好的不同比例 PS/GF 复合粉末在同一工艺参数下进行烧结，将预热温度设定为 75℃、激光功率设定为 25W、扫描方式设定为 $XYSTA$，其他工艺参数耦合为扫描速度 2000mm/s、扫描间距 0.32mm、单层厚度 0.25mm。实验过程中每次成形 10 个试样，为了确保 10 个试样的性能一致，在烧结过程中将 10 个试样模型按 2×5 的矩形阵列排布一次成形，每组实验的实验值为 10 个烧结试样的平均值[32]。

(5) 尺寸的测量:将烧结件用数显游标卡尺(图 4-56)测量 X、Y 及 Z 三个方向尺寸(其中 X、Y 及 Z 方向分别表示的是与铺粉辊子运动方向垂直,平行的方向以及烧结件的高度方向),并分别计算三个方向上的尺寸相对误差。相对误差为烧结件的实际尺寸值和理论值之间的差值与理论值的百分比,其计算公式为

$$\xi = \frac{A - A_0}{A_0} \times 100\% \qquad (4-25)$$

式中:ξ 为尺寸相对误差;A 为烧结件实际尺寸值;A_0 为烧结件理论尺寸值。

(6) 强度的测试:通过多功能静力学试验机(图 4-57)对所制备的烧结件进行三点弯曲实验。其弯曲强度的计算公式为

$$\sigma = \frac{3FL_s}{2bh^2} \qquad (4-26)$$

式中:σ 为弯曲强度;F 为施加最大压力;L_s 为跨距;b 为测试试样宽度;h 为测试试样高度。

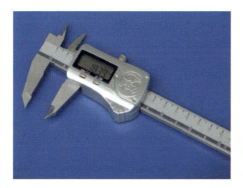

图 4-56
数显游标卡尺

图 4-57
多功能静力学试验机

按照抗弯实验要求，实验中各实验参数取值如表 4-19 所示。

表 4-19 实验参数表

参数名	压头半径 R_1	支撑半径 R_2	加载速率 v_s	跨距 L_s
参数值	5mm	5mm	2mm/min	64mm

3. 实验结果与分析

对不同 GF 比例下的烧结过程进行观察，表 4-20 为不同配比下 PS/GF 复合粉末烧结现象。分别通过对烧结件三个方向上尺寸的测量和弯曲强度的计算得出同一工艺参数下烧结件的尺寸相对误差和弯曲强度，数据点信息如表 4-21 和表 4-22 所示，随 GF 粉末比例的相关变化规律如图 4-58 和图 4-59 所示。取 5%、10%、20%、30% 四组烧结件进行电镜分析，如图 4-60 所示。

表 4-20 不同配比下 PS/GF 复合粉末烧结现象

PS/GF 复合粉末中 GF 粉末的比例/%	烧结现象
0	可成形、铺粉效果很好，强度较低
5	可成形，铺粉效果很好，强度一般
10	可成形，铺粉效果好，强度高
20	可成形，铺粉效果较好，强度较高
30	可成形，铺粉效果较好，强度一般
40	成形较困难，铺粉效果一般，强度很低

从表 4-20 可以分析出随着 PS/GF 复合粉末中 GF 粉末比例的增加，烧结件出现了从可成形到成形较困难的变化过程。GF 粉末所占比例少，烧结过程中的铺粉效果很好；GF 粉末所占比例大，粉末接收到的能量难以使其熔化而成形较困难。

表 4-21 不同配比下 PS/GF 烧结件尺寸相对误差表

GF 粉末比例/%	0	5	10	20	30	40
X 向尺寸相对误差/%	-1.20	-1.00	-1.05	-1.10	-1.15	-1.05
Y 向尺寸相对误差/%	-2.10	-2.00	-2.10	-2.20	-2.05	-2.00
Z 向尺寸相对误差/%	-2.30	-2.80	-3.40	-3.84	-5.35	-5.90

从表 4-21 可以看出 X、Y、Z 三个方向上的尺寸相对误差中 Z 向尺寸

相对误差最大并且随着 GF 粉末比例的增加其 Z 向尺寸相对误差越大。Z 向尺寸相对误差较大，分析其原因是 SLS 工艺的铺粉过程和逐层烧结所致，对于 XJRDSLS300 设备而言，其内部的激光器位于整个装置最上端，当加工完一层截面轮廓之后需要在该层截面轮廓上铺上一层新的粉末进行加工，这样每一层截面轮廓的 Z 向尺寸值与理论尺寸值（单层厚度）0.25mm 存在着一定的偏离，随着层数的累加直至加工完成，烧结件的 Z 向尺寸值与理论值 4mm 的偏离程度越发明显，造成 Z 向尺寸相对误差较大；X、Y 向尺寸相对误差很小，这是因为在其他条件一定的情况下，它们的相对误差来源于激光走过路径带来的误差。因此无论烧结件被分割成多少层都对它们基本没有影响，而激光器作为一个精密的仪器，其自身所产生的误差非常之小，因此 X、Y 向尺寸相对误差很小。从表中不难发现 X 向尺寸相对误差小于 Y 向尺寸相对误差（X 向尺寸精度高于 Y 向尺寸精度），这是由于铺粉过程中辊子是垂直于 X 方向并沿着 X 方向进行水平运动，在铺粉棍子推力作用下会对因收缩变形引起的 X 向尺寸相对误差进行补偿，因此 X 向尺寸相对误差小于 Y 向尺寸相对误差。

从图 4-58 中可以发现随着 PS/GF 复合粉末中 GF 粉末比例的增大，PS/GF 烧结件的 Z 向尺寸相对误差逐渐变大。PS 的玻璃化温度为 110℃，GF 的熔点大于 1000℃，因此当激光能量密度一定的情况下，随着 GF 粉末含量的不断增加，难以熔化的粉末颗粒越多，以至于在后续清理烧结试件表层粉末的过程中会将一些粘接不牢的粉末小颗粒清理掉，致使烧结件的 Z 向尺寸变小，与理论值的偏离程度加大，造成烧结件的 Z 向尺寸相对误差变大。

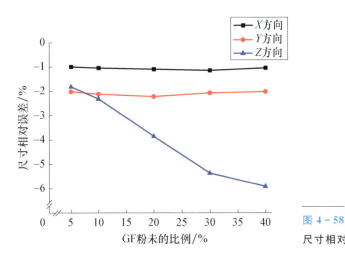

图 4-58 尺寸相对误差随 GF 粉末比例的变化图

表 4-22　不同配比下 PS/GF 烧结件弯曲强度表

GF 粉末比例/%	0	5	10	20	30	40
弯曲强度/MPa	3.05	3.23	4.62	3.04	1.98	1.50

从表 4-22 不难发现 GF 粉末比例为 10% 时所制得烧结件的弯曲强度最大,从图 4-59 可以发现随着 PS/GF 复合粉末中 GF 粉末比例的增加,烧结件的弯曲强度表现出先增大后减小的变化规律。当 PS/GF 复合粉末中 GF 粉末的比例低于 10% 时,烧结件的弯曲强度随着 GF 粉末比例的增加而增大,这是由于经过 KH-550 偶联剂处理的 GF 粉末能很好地与 PS 粉末结合在一起,两者之间的界面结合力很好,实现了有效的增强作用,因此烧结件的弯曲强度增大;当 PS/GF 复合粉末中 GF 粉末的比例高于 10% 时,烧结件的弯曲强度随着 GF 粉末比例增加反而减小,分析其原因可能是由于复合材料中 GF 粉末比例为 10% 附近时 GF 颗粒与 PS 颗粒之间的界面结合程度已达到饱和,此时若提高 GF 粉末的含量等同于用一部分 GF 粉末换取等量的 PS 粉末,多余的 GF 粉末与 PS 粉末并未有效结合在一起起到增强效果。为了保证良好的成形效果,前面所给出的 25W 激光能量能使得烧结件有较好的成形精度与强度,表 4-18 曾指出 GF 的熔点非常高,因此在烧结过程中 25W 的激光能量使得多余的 GF 粉末难以熔化,而 SLS 工艺的实质就是实现粉末先熔化后凝固的过程,所以多余难熔的 GF 粉末会造成整个烧结件弯曲强度减小的情况出现。

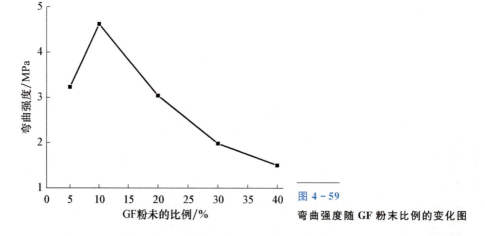

图 4-59　弯曲强度随 GF 粉末比例的变化图

图 4-60 依次为不同 GF 粉末比例(5%、10%、20%、30%)下烧结件断面的电镜图。其中图 4-60(a)基本为块状 PS,纤维状 GF 出现较少,少部分

GF 搭接在相邻 PS 颗粒之间；图 4-60(b)中纤维状 GF 出现较明显，主要镶嵌在 PS 颗粒表面和搭接在相邻 PS 颗粒之间；图 4-60(c)中纤维状 GF 出现较多，并且一部分 GF 未与 PS 相结合，而是相互团聚；图 4-60(d)中出现的纤维状 GF 数量更多，且 GF 颗粒之间的团聚较图 4-60(c)更为严重。

图 4-60　不同 GF 粉末比例下烧结件 SEM 电镜图
(a)5%；(b)10%；(c)20%；(d)30%。

针对不同 GF 粉末比例下 PS/GF 的烧结现象和 SEM 微观分析，结合烧结件 Z 向尺寸相对误差和弯曲强度的分析，得出 GF 粉末质量为 10% 的 PS/GF 混合粉末具有良好的铺粉效果和成形质量，因此选定 10%GF，即 PS∶GF=9∶1 为最佳的配比。

4. 实验验证

在 PS/GF 复合粉末配比实验中初步确定了 10%GF 为最佳的配比，为了确保配比实验结果的可靠性，设计验证性实验，其实验过程与结果如下：

配制5种不同比例的PS/GF复合粉末(质量分数分别为8%、9%、10%、11%、12%),利用SLS300快速成形机分别对以上5种不同比例粉末进行烧结,烧结时的工艺参数与配比实验中的一致,每组实验烧结10个试样,最后对烧结件进行尺寸测量和弯曲强度的测算。

表4-23所示为细化配比下烧结件的平均尺寸相对误差与弯曲强度,图4-61和图4-62分别为尺寸相对误差随GF比例的变化图和弯曲强度随GF比例的变化图。从图4-61可以看出X、Y向尺寸相对误差较小且基本不随GF比例变化而变化,X向尺寸相对误差小于Y向尺寸相对误差,这与前面配比实验分析一致;从图中还可以看出Z向尺寸相对误差位于-3.10%～-1.82%,处于较小的变化范围。从图4-62不难发现GF比例为10%时烧结件的弯曲强度最大。综合尺寸相对误差和弯曲强度两个实验指标可以初步确定PS:GF=9:1是最佳的配比。

表4-23 不同配比下PS/GF烧结件实验数据

GF比例/%	8	9	10	11	12
X向尺寸相对误差/%	-1.10	-1.02	-1.12	-1.05	-1.08
Y向尺寸相对误差/%	-2.08	-2.10	-2.02	-2.16	-2.12
Z向尺寸相对误差/%	-1.82	-2.21	-2.36	-2.63	-3.10
弯曲强度/MPa	4.23	4.35	4.65	4.00	3.75

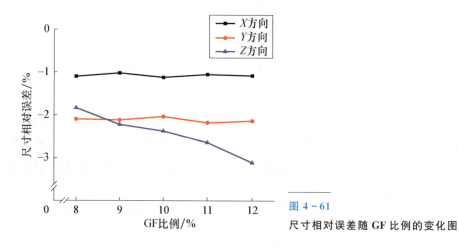

图4-61
尺寸相对误差随GF比例的变化图

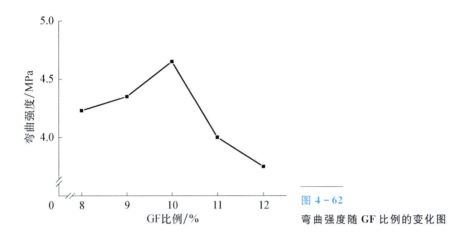

图 4-62 弯曲强度随 GF 比例的变化图

4.5 选区激光烧结聚苯乙烯/ABS 粉末复合材料成形工艺

4.5.1 PS/ABS 复合粉末的制备及性能测试

1. PS/ABS 复合粉末的制备工艺流程

1) 材料体系的选择与确定

SLS 工艺中所用的成形粉末材料一般是由基体粉末材料、改性材料和塑料助剂三部分组成。制备的 PS/ABS 复合粉末由基材 PS 粉末、力学性能改性剂 ABS 粉末和必要塑料助剂三部分组成。

PS 粉末因价格低、收缩率小、对激光的吸收率高、高温后灰分残留少等优点,可以作为 SLS 工艺的基体材料。由于 PS 粉末成形件的强度低、脆性大和耐热性差,因此需要对 PS 粉末进行改性研究。因为 PS 粉末 SLS 成形件后期要用于快速熔模铸造的原型件,所以要严格控制材料体系的灰分,故优先选择添加有机材料。

ABS 是一种热塑性工程塑料,具有优异的综合性能。为了混粉的方便,选用粉末状的 ABS 对 PS 粉末进行改性。将 PS 和 ABS 粉末共混改性,材料之间可以实现取长补短、优势互补。具体来说有以下几个优势:①PS 粉末和 ABS 粉末的溶体黏度适中,流动性好,有利于 SLS 成形烧结;② 两者都是有机高分子材料，灰分含量非常少，有利于后期的熔模铸造；③ 从分子结构来看都含有苯乙烯，因此两者的相容性较好；④ ABS 粉末具有综合的力学性能，可提高 PS 粉末的力学性能并且 ABS 粉末具有优异的冲击强度，可对 PS 粉末进行增韧改性；⑤ ABS 粉末的热学性质高于 PS 粉末，可以改善材料体系的耐热性；⑥ 两者的价格较低，为制备高性价比的复合粉末材料提供可能。PS 和 ABS 的基本性质，如表 4-24 所示。

表 4-24 PS 和 ABS 的基本性质[33]

材料	物理性质			热学性质			力学性质		
	密度/(g/cm³)	吸湿率/%	收缩率/%	玻璃化温度/℃	熔融温度/℃	分解温度/℃	拉伸强度/MPa	弯曲强度/MPa	冲击强度/(J/m²)
PS	1.04~1.07	<0.05	0.2~0.6	90~100	140~180	>300	27~35	39~51	18.7~24
ABS	1.02~1.05	0.3~0.8	0.4~0.7	88~120	217~237	>250	30~44	28~99	105~215

在 SLS 过程中，在热、光和氧的作用下，高分子材料会出现分子量降低或者分子链易断裂的缺陷，SLS 成形件易变黄发脆，为了防止老化，常需要加入各类稳定剂；若采用铺粉辊铺粉，在往复的铺粉过程会因为粉末粒径较小易产生中静电吸附现象，粉末流动性能下降，导致铺粉困难。因此，SLS 工艺用复合粉末中需要加入一定比例的塑料助剂来改善烧结性能和铺粉效果，从而达到提高 SLS 成形件的成形质量。

选用的抗静电剂 Atemer129 属于甘油单硬脂酰酯，它是一种非离子型抗静电剂，外观为白色小颗粒，建议添加量为 0.05%~2.5%[34]。选用的荧光增白剂 PF127 外观为淡黄色粉末，耐热耐候性能较好，熔点为 105~110℃，灰分不大于 0.1%，适合 PS、ABS 和聚氯乙烯（PVC）等树脂的增白，建议添加量为 0.01%~0.15%。硬脂酸钙是一种常用的无毒热稳定剂，在 400℃ 时分解为硬脂酸以及相应的钙盐。硬脂酸钙在塑料加工过程中的添加量一般为 0%~0.5%。所需实验材料，如表 4-25 所示。

表 4-25　实验所需材料

序号	材料名称	型号	生产厂家
1	PS 粉末	75μm	北京易加三维科技有限公司
2	ABS 高胶粉末	HR-181	韩国锦湖石油化学株式会社
3	抗静电剂	Atemer 129	上海井宏化工科技有限公司
4	荧光增白剂	PF127	东莞市山一塑化有限公司
5	硬脂酸钙	分析纯	天津市大茂化学试剂厂

2）制粉工艺的选择与确定

结合实验条件和单次烧结时粉末用量，制粉工艺采用简单、易于操作的机械混合法。机械混合法不仅是 PS 物理改性的主要方法[35]，也是制备新的复合材料重要的手段之一。机械混合法制备复合粉末工艺流程一般分为干燥、粉碎、筛分、称量和混合 5 个步骤[36]。

3）PS/ABS 复合粉末的制备

（1）干燥。聚苯乙烯是弱极性分子，其吸湿率较小（小于 0.05%），使用前一般不需要干燥处理。原料在运输和储存过程中会因吸收空气中的自由水分，而影响称量准确性和物料混合分散的均匀性，故将足量的 PS 粉末在 60℃下干燥 3h。由于 ABS 的吸湿率较大，使用图 4-63 所示的广州罡然机电设备有限公司生产的真空干燥箱中 90℃下干燥 8h（要避免干燥温度过高导致粉末结块），并进行水分检测，以检验干燥处理的效果。

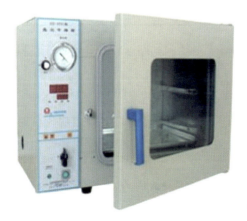

图 4-63
真空干燥箱

实验时用 5 个陶瓷盘子，每个各盛 1kg 的 ABS 粉，干燥结束后分别从每个盘子取一些粉料进行标号测试。为了保证实验的准确性，选用图 4-64 梅特勒-托利多国际贸易(上海)有限公司生产的精度为 0.1mg 电子天平进行称量，5 组 ABS 粉末水分测试结果如表 4-26 所示。5 次实验的均值 0.13%＜0.3%，满足实验对水分的要求。

图 4-64

电子天平(0.1mg)

表 4-26 ABS 粉末水分检测

组号	容器质量/g	粉末质量/g	干燥前总质量/g	干燥后总质量/g	水分含量百分比/%
1	10.9078	1.2000	12.1078	12.1066	0.100
2	10.8818	1.1501	12.0319	12.0292	0.235
3	11.1420	0.7300	11.8720	11.8706	0.192
4	10.8373	1.6976	12.5349	12.5338	0.065
5	10.7761	1.8573	12.6334	12.6322	0.065

(2)粉碎。ABS 粉末干燥完呈块状，硬度较低，可以用机械设备进行适当的粉碎处理。

(3)筛分。原材料在生产和运输时可能混入杂质，在混料之前要对 PS 粉末、ABS 粉末和塑料助剂进行过筛处理。如果实验用粉较少时，可以采用不锈钢筛子手工进行筛分。粉末用量较大，可根据粉末特性和粒径大小选用振动筛(机械式或电磁式)筛分。

(4)称量。用精度为 0.1g，最大量程为 10kg 的电子秤进行称量。

(5)混合。选用张家港市万凯机械有限公司生产的 SHR-10A 型高速混合机进行粉末的混合，加料方式为手工加料。为了达到较好的混合效果，物料加入量占高速混合机总容积的50%左右为好。实验过程要严格控制混合时间和温度、加料顺序以及加料量等因素。此过程中的操作人员需要穿戴必要的保护措施，如橡胶手套和防护服等。PS/ABS复合粉末制备的流程图，如图4-65所示。

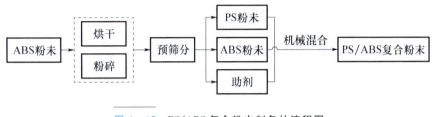

图4-65 PS/ABS复合粉末制备的流程图

2. PS/ABS复合粉末配比

PS/ABS复合粉末配比烧结实验以精度和强度双指标，先采用单因素配方设计法，初步确定出ABS粉末合适添加量的大致范围。在此基础上，利用多因素配方设计法(正交实验)，通过添加各类塑料助剂来改善烧结效果和成形件的性能，结合强度和精度正交实验方案的实验结果，确定出PS/ABS复合粉末的最佳配比。

烧结实验在陕西恒通智能机器有限公司自主研发的SLS300成形机上进行，成形烧结工艺参数设置为预热温度80℃，激光功率27W，轮廓扫描速度2500mm/s，填充扫描速度1900mm/s，扫描间距0.28mm，分层厚度0.25mm，8层网格支撑，XYSTA扫描方式，铺粉方式为辊子铺粉且铺粉辊子转速120r/m，光斑补偿直径0.15mm。

1) 单因素配比烧结实验

为了简化实验，先以PS粉末为基体材料，添加ABS粉末且添加量在0～40%。以国家标准规定的弯曲试样件80mm×10mm×4mm的长、宽、高在X、Y、Z向的尺寸相对误差和弯曲强度为实验指标，进行单因素配比实验，探索出ABS粉的添加量对PS/ABS成形件性能的变化规律。PS/ABS单因素配比烧结实验曲线，如图4-66所示。

从图4-66尺寸相对误差曲线图来看，随着ABS的添加量增加X向和Y向烧结试样的尺寸精度均为负偏差，这是由于在成形烧结过程中粉末材料产生一定程度上的体积收缩。随着ABS粉末的添加量逐渐增大，X向尺寸相对误差最小且误差波动较小，这是由于铺粉辊子的"定向补偿"[37]的作用。Z向尺寸相

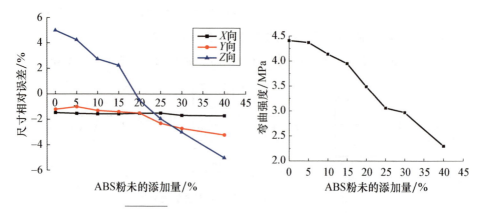

图 4-66 PS/ABS 单因素配比烧结实验曲线图

对误差变化幅度最大，其变化规律为从正偏差到零再变为负偏差。PS/ABS 成形件的尺寸精度随着 ABS 粉末添加量的增加而提高，到达一定程度呈变差的趋势。这是由于当激光能量一定时，随着 ABS 粉末添加量的增加，所能够熔融烧结的粉末会逐渐减少，这间接降低了烧结过程中 PS/ABS 成形件的体积收缩，其尺寸精度也得以提高。从图 4-66 尺寸相对误差曲线还可看出，Z 向尺寸相对误差与 X、Y 向上的尺寸相对误差相差较大。这与采用 $XYSTA$ 扫描方式有关，因而 PS/ABS 成形件在 $X-Y$ 向上产生的体积收缩和次级烧结是一样的。

从图 4-66 弯曲强度变化规律来看，整体呈递减趋势。从分子结构来看，PS 粉末呈刚性，ABS 粉末呈柔性，理论上而言，ABS 粉末添加量越多，PS/ABS 成形件弯曲强度下降越多。在相同的激光成形参数下，作用在 PS/ABS 粉末上的激光能量是一定的，所能熔融烧结的粉末也是有限的。另外从图 5.4 看出，ABS 粉末含量在 5% 处精度有提高，而弯曲强度基本维持不变；ABS 粉添加量在 20% 时，尺寸精度最好。

因此，结合精度和强度双指标来看，ABS 粉末的添加量在 5%～20% 选择。

2) 正交配比烧结实验

为了改善烧结效果在 PS 粉末和 ABS 粉末两种共混物中添加一定种类和比例的塑料助剂改善烧结性能。因为 X、Y、Z 向中 Z 向尺寸误差最大，以 Z 向尺寸相对误差衡量成形精度，仍然以弯曲强度为实验指标。配方采用质量分数来称取各材料组分的质量。表 4-27 为粉末配比正交实验表，表 4-28 为正交实验方案及实验结果。

表 4-27 粉末配比正交实验表

编号	ABS 粉末添加量/%	抗静电剂添加量/%	荧光增白剂添加量/%	热稳定剂添加量/%
1	5	1	0.01	0.2
2	10	1.5	0.05	0.3
3	15	2	0.10	0.4
4	20	2.5	0.15	0.5

表 4-28 正交实验方案及实验结果

组号	ABS 粉末添加量/%	抗静电剂添加量/%	荧光增白剂添加量/%	热稳定剂添加量/%	实验结果 Z 向尺寸相对误差/%	弯曲强度/MPa
1	5(1)	1.0(1)	0.01(1)	0.2(1)	4.29	4.02
2	5(1)	1.5(2)	0.05(2)	0.3(2)	4.16	4.21
3	5(1)	2.0(3)	0.1(3)	0.4(3)	4.08	4.12
4	3(1)	2.5(4)	0.15(4)	0.5(4)	4.25	4.15
5	6(2)	1.0(1)	0.05(2)	0.5(4)	2.44	3.91
6	6(2)	1.5(2)	0.01(1)	0.4(3)	1.90	4.17
7	6(2)	2.0(3)	0.15(4)	0.3(2)	2.46	4.12
8	6(2)	2.5(4)	0.10(3)	0.2(1)	3.00	3.93
9	9(3)	1.0(1)	0.10(3)	0.3(2)	1.22	3.15
10	9(3)	1.5(2)	0.15(4)	0.2(1)	0.94	2.99
11	9(3)	2.0(3)	0.01(1)	0.5(4)	0.82	3.42
12	9(3)	2.5(4)	0.05(2)	0.4(3)	1.14	3.73
13	12(4)	1.0(1)	0.15(4)	0.4(3)	−0.81	3.37
14	12(4)	1.5(2)	0.10(3)	0.5(4)	−0.33	3.55
15	12(4)	2.0(3)	0.05(2)	0.2(1)	−0.88	3.02
16	12(4)	2.5(4)	0.01(1)	0.3(2)	−0.95	2.94

根据 16 组正交实验的结果，综合来看第 6 组的精度和强度较优。因此 PS/ABS 复合粉末的最佳配比为 PS 粉末质量分数 87.99%，ABS 粉末质量分数 10%，抗静电剂质量分数 1.5%，荧光增白剂质量分数 0.01%，热稳定剂（硬脂酸钙）质量分数 0.5%。

由此可见，以强度和精度为双指标时，先采用单因素实验法研究 ABS 粉末的添加量对烧结性能的影响，确定出 ABS 粉末较为合适的添加量是 5%～

20%。在此基础上,添加塑料助剂,采用正交实验法确定出 PS/ABS 复合粉末的最佳配比为 PS 粉末质量分数 87.99%,ABS 粉质量分数 10%,抗静电剂质量分数 1.5%,荧光增白剂质量分数 0.01%,热稳定剂质量分数 0.5%。

3. PS/ABS 复合粉末的性能测试

在 SLS 工艺中,成形粉末的微观形貌影响铺粉质量和粒径分布,选用合适的分层厚度保证成形精度的前提下还能提高成形效率;为了确定 SLS 工艺烧结前预热温度的上限,玻璃化转变温度(T_g)是一个十分关键的热学性能参数指标;灰分过高会导致出现夹渣等缺陷,因此,要控制无机材料的添加量。为了给快速熔模精密铸造提供可靠和高性能的成形材料,有必要对制备的复合粉末进行各类性能测试。

1) 粒径测量及微观形貌

取少量的 PS/ABS 复合粉末置于乙醇中并做超声处理,干燥后,黏附于导电胶上,经真空喷金处理后,在日立公司制造的 SU8010 型扫描电镜下观察 PS/ABS 复合粉末微观形貌。同时,采用美国 Beckman Coulter 公司生产的 LS230 型激光粒度分析仪对制备的 PS/ABS 复合粉末进行粒径测量。

粉末流动性很大程度取决于粉末的颗粒形貌,一般来说,球形度较好的粉末铺粉效果较好,片状和纤维状略差。同时,PS/ABS 复合粉末的颗粒形貌还会影响到烧结速率、粉床密度以及 SLS 成形件的尺寸精度和表面质量。粉末粒径是 SLS 工艺中一个很重要的物性参数,粒径过小时,粉末易产生团聚,由于静电吸附铺粉辊,导致铺过的粉层表面不平整。粒径过大时,SLS 成形件表面粗糙,还易产生"台阶效应"从而影响成形精度。PS/ABS 复合粉末的微观形貌和粒径分布,如图 4-67 所示。

从图 4-67 微观形貌图可以看出,PS/ABS 复合粉末颗粒形状大部分为球形,粉体流动性好,铺粉性能良好。一少部分形状不规则且表面粗糙,流动性不如球形粉末,但是颗粒之间的接触面积大,烧结速率比球形快[38]。

从图 4-67 粒径分布图可以看出,PS/ABS 复合粉末平均粒径为 70.92μm,粒径主要分布在 14.26～136.6 μm($D10$～$D90$)且粒径分布近似为"正态分布"[39]。总体而言,实验制备的 PS/ABS 复合粉末粒径分布较宽,成形烧结过程中较大的粉末颗粒之间的孔隙可以通过较小的粉末颗粒实现均匀地填充,在提高粉床的堆积密度同时,还可以提高 PS/ABS 复合粉末成形件层间的连接强度。

图 4-67　**PS/ABS 复合粉末的微观形貌和粒径分布图**

2）玻璃化转变温度

差示扫描量热仪（DSC）测定 PS/ABS 复合粉末玻璃化转变温度（T_g），样品量为 10.12mg，升温速率为 5℃/min，保护气体为氮气。由表 4-2 PS 和 ABS 的基本性质可知，PS 的玻璃化转变温度为 90～100℃，ABS 的玻璃化转变温度为 88～120℃，因此，实验测温范围为 25～160℃。PS/ABS 复合粉末玻璃化转变温度测试曲线，如图 4-68 所示。

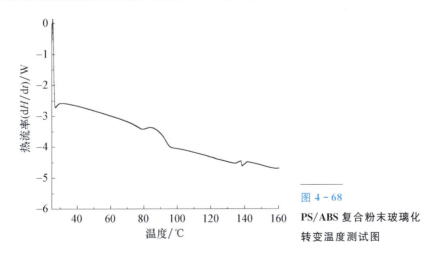

图 4-68　**PS/ABS 复合粉末玻璃化转变温度测试图**

从图 4-68 中可以发现，当温度位于 95.66℃附近时，出现了明显的波谷，该波谷代表了在此温度附近材料吸收热量由玻璃态转向高弹态，因此，PS/ABS 复合粉末的玻璃化转变温度为 95.66℃。

3）灰分检测

采用热塑性塑料粉烧结出原形件后经浸蜡等后处理后就得到"SLS 蜡模"，可用于单件或小批量复杂件的快速熔模精密铸造，还可以烧结覆膜砂的砂芯和砂型直接用于浇注金属铸件[40]。为了获得性能良好的金属铸件，要求 SLS 高分子材料在较低的浇铸温度下就能气化和分解并且灰分等残留物含量越少越好。

塑料中的灰分是指高温环境下材料中无机物质灼烧后残灰的含量。参照 GB/T 14235.3—1993 熔模铸造模料灰分的测定方法在上海洪纪仪器设备有限公司生产的 SX 系列马弗炉上对实验制备的 PS/ABS 复合粉末进行灰分测定，灰分检测所用的马弗炉，如图 4-69 所示。

灰分含量的计算公式：

$$f = \frac{a-b}{C} \times 100\% \tag{4-27}$$

式中：f 为灰分含量(%)；a 为盛有残灰的坩埚的质量(g)；b 为坩埚的质量(g)；C 为模料试样的质量(g)。

图 4-69

灰分检测所用的马弗炉

按照国标要求，实验前先将 PS/ABS 复合粉末在 90℃ 干燥 6h 进行预干燥，在(850±25)℃下灼烧 30min 后再将残灰灼烧 1h。2 次实验结果，如表 4-29 所示。

表 4-29　PS/ABS 复合粉末灰分检测实验结果

盛有残灰的坩埚的质量 a/g	坩埚的质量 b/g	模料试样的质量 C/g	灰分含量 f/%	均值/%
36.7152	36.7140	1.0310	0.116	0.115
37.0994	37.0982	1.0477	0.114	

2次灰分检测试验结果均值为0.115%,表明有机热塑性塑料灰分含量较少,PS/ABS复合粉末可以用于精密铸造熔模。

由此可见,对PS/ABS复合粉末进行性能测试结果平均粒径为70.92μm,颗粒形状大部分为球形,玻璃化转化温度为95.66℃,灰分含量为0.115%。

4.5.2 影响成形质量的因素

在SLS300成形机上对制备的PS/ABS复合粉末进行SLS单因素烧结实验。在前期大量纯PS粉末SLS成形实验的基础上,获得一组较为合适的工艺参数耦合为 $XYSTA$ 的扫描方式,铺粉方式为辊子铺粉且辊子转速设定为130r/min,预热温度为85℃,激光功率为27W,扫描速度为1900mm/s,扫描间距为0.28mm,分层厚度为0.25mm。

在上述工艺参数不变时,研究单个成形工艺参数(预热温度、激光功率、扫描速度和分层厚度)的变化对于PS/ABS复合粉末成形件成形质量的影响规律。

1. 预热温度对PS/ABS复合粉末成形质量的影响

预热是SLS成形烧结之前必不可少的环节。在设定的预热温度下对工作台上的粉末预热一定时间,使工作缸内温度场尽可能稳定均匀。工作台上方的加热装置通过远红外加热灯管将工作台上铺放的成形粉末加热至设定的预热温度并且在加工过程持续地保温,其目的是减小SLS成形件成形烧结过程的翘曲变形和降低激光功率。预热温度越高,翘曲的倾向就越小,但过高的预热温度会使粉末结块而造成铺粉困难,影响烧结过程正常进行,同时还会导致尺寸精度变差。预热温度与PS/ABS复合粉末成形件成形性能的变化规律,如图4-70所示。

从图4-70(a)尺寸相对误差曲线图可知,随着预热温度的不断提高,PS/ABS复合粉末成形件 X 向、Y 向尺寸相对误差均为负值,Z 向尺寸相对误差呈现出由负到正的变化趋势。这是因为激光烧结粉末过程中,PS/ABS复合粉末的形态会发生变化,产生一定的体积收缩,致使SLS成形件的实际尺寸小于理论尺寸,因而为负偏差。同时可以发现,X 向尺寸相对误差的数据波动最小且尺寸精度高于 Y 向,这是因为铺粉辊具有"定向补偿"的作用。预热温度从65~95℃变化SLS成形件 Z 向尺寸相对误差在 -0.6%~6% 变化,在

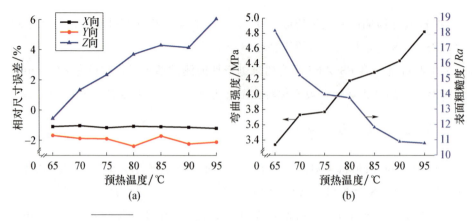

图 4-70 预热温度与 PS/ABS 复合粉末成形件性能关系图

90℃时有一个下降,到95℃时有一个明显的上升,此时基本到达 PS/ABS 复合粉末的玻璃化转变温度 T_g = 95.66℃。对于非晶态聚合物而言,预热温度一般应接近或略低于材料的玻璃化转换温度 3~5℃,因而 90℃是预热温度的上限。

从图 4-70(b)表面粗糙度曲线图可知,随着预热温度的不断增大,PS/ABS 复合粉末 SLS 成形件的表面粗糙度呈现逐渐降低的趋势。预热温度从 65~95℃表面粗糙度降低变化范围为 18.14~10.77 μm。这是因为作用在粉末表面的热量提高,熔融烧结较好,所以 PS/ABS 复合粉末 SLS 成形件表面光滑程度逐渐得到提高。

从图 4-70 弯曲强度曲线图可知,随着预热温度的不断提高,PS/ABS 复合粉末成形件的弯曲强度呈现逐渐提高的趋势。选区激光烧结前若对粉末材料进行预热,随着预热温度地不断提高,成形粉末导热性会逐渐地变好,可以使层与层之间的黏结更容易。

综上所述,随着预热温度的不断提高,在热传导的作用下会将非烧结区的粉末与成形件黏附在一起,会降低 SLS 成形件的尺寸精度和表面粗糙度。结合 3 个实验指标,发现预热温度高有利于烧结,同时翘曲减弱,但是粉末黏结成块倾向越大。实验发现,预热温度在 80~90℃时,PS/ABS 复合粉末的成形件基本没有翘曲现象,也易于清粉。

2. 激光功率对 PS/ABS 复合粉末成形质量的影响

SLS300 成形机采用 CO_2 激光器,激光功率在 0~60W 连续可调,采用水冷降温,前期研究激光功率 P 在 1/3~1/2 左右成形效果较好。由于激光功率的大小将直接影响 SLS 成形件的成形质量。激光功率过高会增加能耗,过低会导致烧结深度不足。同时,激光器在长期大功率使用情况下会出现功率衰减,降低机器的使用寿命。因此,要从经济性和安全性角度考虑选择合适的激光功率并要与其他的激光参数实现较好的匹配。激光功率的变化对 PS/ABS 复合粉末成形件成形质量的变化规律,如图 4-71 所示。

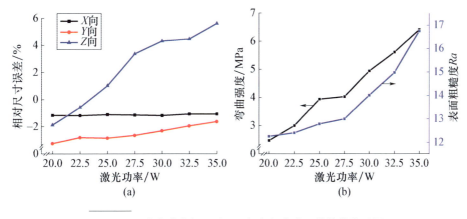

图 4-71 激光功率与 PS/ABS 复合粉末成形件性能关系图
(a)相对尺寸误差;(b)弯曲强度和表面粗糙度。

从图 4-71 尺寸相对误差曲线图可以看出,随着激光功率的不断提高,PS/ABS 复合粉末成形件 X 向尺寸相对误差为负值,精度最高,变波动也最小,几乎不随工艺参数的变化而变化。Y 向尺寸相对误差也为负值,随着激光功率的提高而减小,而 Z 向尺寸相对误差变化较大,呈现出由负偏差到正偏差的变化趋势。由图 4-71 尺寸相对误差曲线可知,PS/ABS 复合粉末 SLS 成形件 X 向、Y 向尺寸相对误差为负值,PS 粉末和 ABS 粉末的收缩率不太大,PS/ABS 复合粉末的起始密度很低,PS/ABS 成形件在成形烧结时因致密化过程产生较大的体积收缩。Y 向尺寸相对误差稍稍大于 X 向尺寸相对误差,这可能是因为铺粉辊沿工作台导轨方向(X 向)往复铺粉运动产生的定向作用有关,同时因为非球形粉末在 X 向排列比 Y 向更为密实,因而 SLS 成形件在 X 向的收缩率比 Y 向更小。PS/ABS 复合粉末成形件 X 向、Y 向收缩时产生的尺寸相对误差,可通过在 SLS 成形机的控制软件上调整 X 向和 Y 向的比例系数来进行尺寸精度补偿[41]。随着激光功率的不断提高时,热量逐渐向 PS/ABS 复合粉末成形件的边缘部位传导,成形烧结效果得以改善,因而,

Y 向尺寸相对误差在不断地减小。Z 向尺寸相对误差波动变化较大，呈现出由负偏差到正偏差的变化趋势。随着激光功率的提高，由于 PS/ABS 复合粉末中热量的不断累积会增加烧结深度，导致 SLS 成形件沿高度方向产生变厚的趋势。当激光功率提高到一定程度时，材料会因氧化而发生热分解现象，导致制件上表面显现"橘黄色"。同时，由于热影响区范围较大，使成形件周围的粉末熔融，导致成形尺寸变大。

从图 4-71 表面粗糙度曲线可知，随着激光功率的提高，PS/ABS 复合粉末成形件表面粗糙度呈现逐渐增大的趋势。即激光功率从 20～35W，表面粗糙度变化范围为 12.18～16.75μm。当激光能量过高时会产生碳化和过烧结，造成 SLS 成形件表面凹凸不平，反而会降低成形质量。

从图 4-71 弯曲强度曲线图可知，当扫描速度和扫描间距一定时，激光功率的大小直接决定作用在粉末表面激光能量的高低。当激光功率较低时，粉末熔融不充分，烧结效果较差，PS/ABS 复合粉末成形件内部孔隙较大，致密程度较差，导致成形件弯曲强度过低甚至无法成形。但是当激光功率过高时，弯曲强度逐渐增大，会产生"炭化"现象，影响成形质量。

综上所述，随着激光功率的升高，PS/ABS 复合粉末 SLS 成形件 X、Y 向成形尺寸精度不断提高，高的激光能量有利于提高弯曲强度，但是会导致 Z 向成形尺寸精度变差。当激光能量过高时，成形件的表面粗糙度反而会变差。结合 3 个实验指标的成形烧结特性，激光功率在 25～35W 时，PS/ABS 复合粉末成形件的综合效果较好。

3. 扫描速度对 PS/ABS 复合粉末成形质量的影响

当激光能量一定时，扫描速度的大小决定激光束对成形粉末扫描照射时间的长短。扫描速度不能选择过低或过高，扫描速度过低时，激光对成形粉末的加热时间就越长，成形粉末吸收的激光能量也就越高，这有利于充分烧结，但是在成形烧结大尺寸原型件时会导致成形效率较低。扫描速度的变化对 PS/ABS 复合粉末成形件成形质量的变化规律，如图 4-72 所示。

从图 4-72 尺寸相对误差曲线可知，随着扫描速度的升高，Z 向相对尺寸误差变化最大且呈现出从正偏差往负偏差变化的趋势，而成形件 X 和 Y 向均在 XY 平面因而两者的相对尺寸误差较小且变化不大。由于成形烧结过程中成形件 X 向和 Y 向的尺寸发生体积收缩，同时，铺粉辊沿 X 向铺粉时具

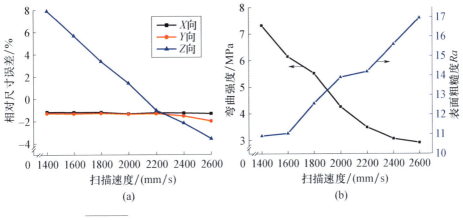

图 4-72 扫描速度与 PS/ABS 复合粉末成形件性能关系图
(a)相对尺寸误差；(b)弯曲强度和表面粗糙度。

备"定向补偿"的作用。因此，X 向相对尺寸误差和 Y 向相对尺寸误差均为负值并且 X 向相对尺寸误差小于 Y 向相对尺寸误差。当激光功率为 27W 恒定时，若扫描速度 $v<1400\text{mm/s}$，成形效率较低，激光对 PS/ABS 复合粉末照射的时间就越长，粉末接收的激光能量就越高，容易引起"次级烧结"[42]现象，PS/ABS 复合粉末成形件的高度方向(Z 向)实际尺寸会大于理论尺寸，导致 Z 向尺寸相对误差为正值；若扫描速度 $v>2600\text{mm/s}$，有助于获得较高的成形效率，但是作用在 PS/ABS 复合粉末成形区域上的激光能量密度较低，PS/ABS 复合粉末成形件 Z 向的实际尺寸会低于理论尺寸，导致 Z 向尺寸相对误差为负值。

从图 4-72 表面粗糙度曲线图可知，随着扫描速度的升高，PS/ABS 复合粉末成形件表面粗糙度逐渐增大。这是因为扫描速度越高，激光对 PS/ABS 复合粉末成形加工的能力就越弱，粉末材料内部熔融烧结不充分，成形件的表面也就显得比较粗糙。

从图 4-72 弯曲强度曲线图可知，当激光参数相同时，扫描速度选择较低时，激光对 PS/ABS 复合粉末的加热时间就越长，粉末熔化致密程度较好，因而，成形件的强度高。但是扫描速度太低时，致使成形粉末表面作用的热量过高，激光束透射粉末的深度较高，因此，成形件高度方向尺寸变大，精度较差，还会降低成形件的成形效率。由于 PS/ABS 复合粉末的成形过程需要一定的时间，当扫描速度较高时不利于成形粉末的熔融烧结。

结合 SLS300 成形机的烧结过程，当激光功率为 27W 时，如果扫描速度

$v<1400\text{mm/s}$ 时，激光束在 PS/ABS 复合粉末表面照射时间较长，极易导致"炭化"现象，成形件的性能反而会下降；如果扫描速度 $v>2200\text{mm/s}$ 时，由于激光在成形粉末表面停留的时间过短，粉末熔融烧结不充分，易会产生"分层"现象。扫描速度在 1800～2200mm/s 时，PS/ABS 复合粉末烧结充分，成形件有良好的力学性能，又能保证成形效率。

4. 分层厚度对 PS/ABS 复合粉末成形质量的影响

分层厚度的选择除了要考虑材料物化参数（粒径、导热率等）外，还要受到 SLS 成形机最大、最小烧结层厚的限制。分层厚度选择过大时，层间连接强度较低，易产生分层现象；分层厚度较小时，可以保证烧结件上的微观特征结构，但是会增加烧结成形的时间。分层厚度的变化对 PS/ABS 复合粉末成形件成形质量的变化规律，如图 4-73 所示。

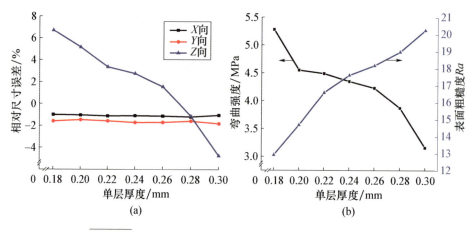

图 4-73 分层厚度与 PS/ABS 复合粉末成形件性能关系图
（a）相对尺寸误差；（b）弯曲强度和表面粗糙度

从图 4-73 相对尺寸误差曲线可以看出，随着分层厚度的增加，X 向相对尺寸误差和 Y 向相对尺寸误差都为负值，且变化不大，但是 Z 向尺寸相对误差变化较大。与前面分析类似，在成形烧结过程中产生体积收缩，同时铺粉辊沿 X 向铺粉具有"定向补偿"的作用。因而，PS/ABS 复合粉末成形件 X 向和 Y 向相对尺寸误差都为负值并且 X 向相对尺寸误差小于 Y 向相对尺寸误差。当激光成形参数恒定时，分层厚度选择较小时，激光向成形粉末中穿透能力也越强，粉末熔融就越好。当作用在成形粉末上激光能量较大或较小时候，会导致过深烧结或烧结不足，就会使 Z 向实际尺寸高于或者低于理论尺寸，即 Z 向相对尺寸误差为正值或为负值。

从图 4-73 表面粗糙度曲线图可以看出，随着分层厚度的增加，PS/ABS 复合粉末成形件的表面粗糙度逐渐增大。当分层厚度较高时，到达每层的激光能量较低，所以 SLS 成形件表面就越粗糙。

从图 4-73 弯曲强度曲线图可以看出，随着分层厚度的升高，PS/ABS 复合粉末成形件弯曲强度呈降低趋势。当分层厚度较高时，每一烧结层层间的连接强度过低，在后处理清粉过程中会造成精度进一步损失。当激光烧结深度大于单层铺粉厚度才能实现层间良好连接。综上所述，分层厚度在 0.22～0.26mm，可兼顾成形精度和成形效率。

5. 激光能量密度对成形质量的影响

根据粉末烧结前工艺参数的设置的不同，当扫描间距(s)恒定时，根据激光功率(P)与扫描速度(v)的比值是否相等，激光能量密度分为等能量密度(等 P/v)和不等能量密度(不等 P/v)两种方式[43]。

1) 等能量密度对成形质量的影响

等 P/v 指虽然 P 和 v 的取值各不相同，但是作用在粉末表面的激光能量密度是相同的。一般来说，当作用粉末成形区域的激光能量密度较低时，粉末颗粒的熔融程度较差，成形粉末颗粒之间结合力较弱，只在接触部位生成烧结颈，成形件内部存在较多的孔隙，导致致密化程度就较低，因而强度也就很低。图 4-74 为 $P/v=0.05\text{J}/\text{mm}^2$ 时，不同的激光功率和不同的扫描速度下相同的 P/v 观察 SLS 成形件断面的微观形貌。

从图 4-74(a)中可以看到，P 为 17.5W，v 为 1250mm/s 时，PS/ABS 复合粉末成形件内部的孔洞相对较少并且孔洞的尺寸也较小；当 $P=20$W 和 $v=1430$mm/s 时，如图 4-74(b)所示，孔洞数量比图 4-74(a)多，而且孔洞的尺寸也变大；当 $P=30$W 和 $v=2145$mm/s 时，如图 4-74(f)所示，孔洞比图 4-74(a)～(f)中都多，而且孔洞尺寸也变得更大。从图 4-74(a)～(f)中可以清晰地看到 PS/ABS 复合粉末成形件的微观组织结构特征(如孔洞的形状和大小)都随 P 和 v 的变化而发生变化，同时也看到 PS/ABS 复合粉末颗粒基本上都熔化。

2) 不等能量密度对成形质量的影响

不等的 P/v 是指 P 和 v 的取值各不相同时，作用在粉末表面的激光能量

图 4-74 相同的 P/v 下成形件断面的 SEM 图
(a) $P=17.5$W, $v=1250$mm/s; (b) $P=20.0$W, $v=1430$mm/s;
(c) $P=22.5$W, $v=1610$mm/s; (d) $P=25.0$W, $v=1785$mm/s;
(e) $P=27.5$W, $v=1965$mm/s; (f) $P=30.0$W, $v=2145$mm/s。

密度也不相同。这意味着不同的激光能量密度下烧结形貌差异较大。随着激光能量密度不断提高,成形件内部的致密程度不断提高,其力学性能也得到提高。图 4-75 为不同 P/v 下 PS/ABS 复合粉末成形件断面的微观形貌。

图 4-75(a)是 P/v 值为 15W/1300mm·s^{-1}(此时能量密度 ED = 0.041J/mm^2)时,由于激光能量较低,PS/ABS 复合粉末颗粒表面只是微熔化而黏结在一起,可以清楚地看到个别 PS/ABS 复合粉末颗粒的单独存在;图 4-75(b)是 P/v 值为 20W/1500mm·s^{-1}(此时能量密度 ED = 0.048J/mm^2)时,除了 PS/ABS 复合粉末颗粒之间的熔体量有一定的增加外,烧结件的表面并没有特别大的变化。在图 4-75(c)中看到,当 P/v 值达到 25W/1700mm·s^{-1}(能量密度 ED = 0.053J/mm^2)时,PS/ABS 复合粉末成形件的断面形貌发生较大的改变,粉末颗粒可以很好地熔化在一起,而使成形件内部组织结构更为致密;如图 4-75(d)、(e)可知,随着 P/v 值进一步提高,PS/ABS 复合粉末成形件横断面上突出点已经基本消失,孔洞的数量也有较大的减少;但是当 P/v 值达到 35W/2100mm·s^{-1}(能量密度 ED = 0.060J/mm^2)时,PS/ABS 复合粉末成形烧结过程中产生了大量的烟气,这表明激光能量已偏

图 4-75 不同 P/v 下 PS/ABS 复合粉末成形件断面的微观形貌
(a) $P=15.0$W，$v=1300$mm/s；(b) $P=20.0$W，$v=1500$mm/s；
(c) $P=25.0$W，$v=1700$mm/s；(d) $P=30.0$W，$v=1900$mm/s；
(e) $P=35.0$W，$v=2100$mm/s；(f) $P=40.0$W，$v=2300$mm/s。

高；图 4-75(f) 是当 P/v 值进一步增加到 40W/2300mm·s^{-1}（能量密度 ED = 0.062J/mm^2）时，烧结过程伴随着冒出更多的烟气，虽然高的 P/v 值有利于 PS/ABS 复合粉末充分地熔融烧结，但是成形件表面因过高的激光能量而变得粗糙，SLS 成形件内部因碳化气孔的数量反而增加。

通过等 P/v 和不同 P/v 下 SLS 成形件的 SEM 图的对比分析，等 P/v 由于作用在 PS/ABS 复合粉末表面的激光能量一样，成形件的微观形貌基本一致，烧结效果等同。当通过理论计算或者经验确定烧结大尺寸复杂原型件所需要的激光能量密度后，为了提高成形效率，可优先选用中高速的扫描速度，之后再选用合适的激光功率和扫描间距进行匹配。对于不同 P/v 下烧结效果差别较大，即激光能量密度越大，SLS 成形件内部越致密，力学性能也越好，但是要控制只在一定范围内，否则会因为温致收缩等原因影响成形精度。

6. PS/ABS 复合粉末成形工艺参数优化

1）正交实验设计和实验

在 $XYSTA$ 的扫描方式，铺粉方式为辊子铺粉且辊子转速设定为

130r/min 前提下，单个工艺参数在大范围内可正常成形的工艺参数范围，如预热温度 80~90℃，激光功率 25~35W，扫描速度 1800~2200mm/s，分层厚度 0.22~0.26mm。

由于正交实验设计选择的实验点具有"均匀分散，齐整可比"的特点，分别对每个实验因素选择 3 个值，即有 3 正交实验水平值，如表 4-30 所示。因此，选择四因素三水平 $L_9(4^3)$ 正交表来进行实验。正交实验方案和实验结果，如表 4-31 所示。

表 4-30 正交实验因素水平表

水平	因素			
	预热温度 A/℃	激光功率 B/W	扫描速度 C/(mm/s)	分层厚度 D/mm
1	80	25	1800	0.22
2	85	30	2000	0.24
3	90	35	2200	0.26

表 4-31 正交实验方案与实验结果

组号	工艺参数				实验结果		
	A/℃	B/W	C/(mm/s)	D/mm	Z 向尺寸相对误差/%	表面粗糙度/μm	弯曲强度/MPa
1	80	25	1800	0.22	3.55	18.38	4.38
2	80	30	2000	0.24	3.20	18.03	4.29
3	80	35	2200	0.26	4.00	17.39	4.84
4	85	25	2000	0.26	-2.45	19.65	2.49
5	85	30	2200	0.22	1.70	18.19	3.97
6	85	35	1800	0.24	6.85	13.12	9.28
7	90	25	2200	0.24	-1.15	20.71	2.56
8	90	30	1800	0.26	5.55	15.23	5.08
9	90	35	2000	0.22	5.05	14.97	7.79

2）单实验指标的正交优化分析

(1) 尺寸精度的方差分析。

以 Z 向尺寸相对误差为实验指标时，各因素的实验结果值越小，其 SLS

成形件的尺寸精度也就越高。即 PS/ABS 复合粉末吸收的热量越少，成形件产生的变形也就越小，Z 向尺寸相对误差也就越小。选择合适的预热温度可以使粉末内部的温度场分布均匀，降低成形收缩率；激光功率选择较小时，作用在 PS/ABS 复合粉末表面的激光能量就小，成形件内部产生的热应力也就越小；选择较高的扫描速度时，由于激光束扫描照射粉末时间较短，粉末熔融烧结产生的状态变化也较小；当激光参数确定时，分层厚度越大时，激光穿透粉末的能力就减弱，因而成形件产的烧结收缩也就越小。根据表 4-31 Z 向尺寸相对误差的正交实验结果，进行方差分析计算具体结果，如表 4-32 所示。

表 4-32　Z 向尺寸相对误差方差分析表　　　（单位：%）

水平值	预热温度 A	激光功率 B	扫描速度 C	分层厚度 D
M_1	10.75	-0.05	15.95	10.30
M_2	6.10	10.45	5.80	8.90
M_3	9.45	15.90	4.55	7.10
m_1	3.583	-0.017	5.317	3.433
m_2	2.033	3.483	1.933	2.967
m_3	3.150	5.300	1.517	2.367
R_j（极差）	1.550	5.317	3.8	1.066
S_j（方差）	3.837	43.817	26.061	1.716
最优水平	A_2	B_1	C_3	D_3

注：计算值 M_i 和 m_i 分别为各实验水平下对应 Z 向尺寸相对误差之和均值，$i=1,2,3$。

由表 4-32 Z 向尺寸相对误差方差分析表可以看出，各工艺参数的方差大小 $S_B>S_C>S_A>S_D$。因此各实验因素对 Z 向尺寸相对误差的影响程度激光功率最大、分层厚度最小，而扫描速度和预热温度介于两者之间。根据表 4-32 各实验因素计算的每一实验水平值可知 Z 向尺寸相对误的最优水平为 $A_2B_1C_3D_3$，则 PS/ABS 复合粉末成形件的最佳工艺参数耦合为预热温度 85℃，激光功率 25W，扫描速度 2200mm/s 和分层厚度 0.26mm。

(2) 表面粗糙度的方差分析。

以表面粗糙度为实验指标时，各实验因素的实验结果值越小，其 SLS 成形件的表面光滑程度也就越好。即 PS/ABS 复合粉末吸收的热量越多，粉末内部熔融烧结也越充分，成形烧结的成形件表面粗糙度也就越小。选择较高的预热温度，有助于降低成形翘曲的趋势，但是过高的预热温度会，由于成形缸内部粉末热传导的作用，会将非烧结区的粉末与成形件粘接在一起反而会降低尺寸精度和表面粗糙度；激光功率的选择直接关系到激光能量的大小，对成形件的成形质量影响较为显著，激光功率的选择在保证粉末充分熔融前提下，成形件还要具有清晰的轮廓特征；扫描速度的选取既要考虑成形效率还要兼顾粉末内部温度的均匀分布；选择较小的分层厚度，一方面可以提高成形精度，另一方面还可以降低成形件的表面粗糙度。根据表4-31的表面粗糙度正交实验结果，进行方差分析计算具体结果，如表4-33所示。

表4-33 表面粗糙度方差分析表　　　　　　　　　　（单位：μm）

计算值	预热温度 A	激光功率 B	扫描速度 C	分层厚度 D
M_1	53.799	58.74	46.731	51.54
M_2	50.961	51.45	52.65	51.861
M_3	50.91	45.48	56.289	52.269
m_1	17.933	19.58	15.577	17.18
m_2	16.987	17.15	17.55	17.287
m_3	16.97	15.16	18.763	17.423
R_j（极差）	0.963	4.420	3.186	0.243
S_j（方差）	1.824	29.401	15.521	0.089
最优水平	A_3	B_3	C_1	D_1

注：计算值 M_i 和 m_i 分别为各实验水平下对应 表面粗糙度之和及均值，$i=1,2,3$。

由表4-33可知，各工艺参数的方差 $S_B > S_C > S_A > S_D$。因此对成形件表面粗糙度的影响激光功率最大、分层厚度最小，而扫描速度和预热温度介于两者之间。根据表4-33每一实验因素的水平值可知，表面粗糙度的最优水平为 $A_3 B_3 C_1 D_1$，则 PS/ABS 复合粉末成形件最佳工艺参数为预热温度90℃，激光功率35W，扫描速度1800mm/s和分层厚度0.22mm。

(3)弯曲强度的方差分析。

以弯曲强度为实验指标时，各实验因素的实验结果值越大，其成形件力学性能也就越好。预热充分和高的激光能量，使得烧结充分，易于获得高强度的成形件；小的分层厚度，利于层间的连接强度。根据表4-31的弯曲强度实验结果进行方差分析，如表 4-34 所示。

表 4-34 弯曲强度方差分析表　　　　（单位：MPa）

计算值	预热温度 A	激光功率 B	扫描速度 C	分层厚度 D
M_1	13.51	9.43	18.74	16.14
M_2	15.74	13.34	14.57	16.13
M_3	15.43	21.91	11.37	12.41
m_1	4.503	3.143	6.247	5.38
m_2	5.247	4.447	4.857	5.377
m_3	5.143	7.303	3.79	4.137
R_j（极差）	0.744	4.160	2.457	1.243
S_j（方差）	0.973	27.165	9.105	3.083
最优水平	A_2	B_3	C_1	D_1

注：计算值 M_i 和 m_i 分别为各实验水平下对应弯曲强度之和及均值，$i=1,2,3$。

由表 4-34 弯曲强度方差分析表可以看出，各工艺参数的方差大小 $S_B>S_C>S_D>S_A$。因此各实验因素对 PS/ABS 复合粉末成形件弯曲强度的影响激光功率最大、预热温度最小，而扫描速度和分层厚度介于两者之间。根据表 4-34 各实验因素计算的每一实验水平值可知，弯曲强度的最优水平为 $A_2B_3C_1D_1$，则 PS/ABS 复合粉末成形件最佳工艺参数耦合为预热温度 85℃，激光功率 35W，扫描速度 1800mm/s 和分层厚度 0.22mm。

3）综合平衡法整体优化分析

通过表 4-32～表 4-34 单个实验指标的正交优化分析可知，PS/ABS 复合粉末成形件 Z 向尺寸相对误差的最优水平为 $A_2B_1C_3D_3$，表面粗糙度的最优水平为 $A_3B_3C_1D_1$，弯曲强度的最优水平为 $A_2B_3C_1D_1$。由此可知，该正交实验下 3 个实验指标各自最优的工艺参数耦合并不一致，为了得到一组整体最优的工艺参数，需要进一步做整体参数优化分析。

矩阵分析法根据相关的矩阵公式进行计算，实验结果唯一，但是矩阵的运算量较大且无法兼顾实验过程出现的实验现象。结合 SLS 工艺成形烧结特点，采用综合平衡法进行 3 个实验指标工艺参数的整体优化分析，得到一组兼顾各实验指标整体最佳的工艺参数耦合。极差计算的结果，如表 4-35 所示。

表 4-35 极差计算结果

实验指标	预热温度 A/℃	激光功率 B/W	扫描速度 C /(mm/s)	分层厚度 D/mm
Z 向尺寸相对误差/%	$(2, 3^{1.550})$	$(1, 1^{5.317})$	$(3, 2^{3.800})$	$(3, 4^{1.066})$
表面粗糙度/μm	$(3, 3^{0.963})$	$(3, 1^{4.420})$	$(1, 2^{3.186})$	$(1, 4^{0.243})$
弯曲强度/MPa	$(2, 4^{0.744})$	$(3, 1^{4.160})$	$(1, 2^{2.457})$	$(1, 3^{1.243})$

表 4-35 极差计算结果中 (a, b^c) 含义如下：

a 为同一实验指标下不同实验因素的最优化水平；

b 为由同一实验指标下极差（或方差）大小确定在不同实验因素的重要程度排序；

c 为实验因素在某个实验指标不同实验水平下的极差（或方差）大小。

采用综合平衡法对 PS/ABS 复合粉末多指标正交实验进行优化分析，具体过程如下：

(1) 预热温度 A。

由表 4-32～表 4-34 的方差分析可知，预热温度对于 3 个实验指标的重要程度都是最小的，因而是影响 3 个实验指标的一般因素。预热作为激光烧结成形中不可或缺的一个环节，充分的预热温度和时间可以有效地降低成形烧结前后粉层内部与非烧结区粉末之间因温度梯度的不同而导致的热应力，从而达到防止 PS/ABS 复合粉末 SLS 成形件翘曲和错层的目的。对于预热温度而言，由于 Z 向尺寸相对误差和弯曲强度最优水平均为 A_2 水平（85℃）而表面粗糙度最优水平为 A_3 水平（90℃）。实验过程中发现，预热温度在 80℃ 时，由于工作台上的粉末预热不充分造成粉末的流动性较差，在后续成形烧结过程中铺粉辊会带动 PS/ABS 复合粉末 SLS 成形件产生移动进而引起不断的错层，严重影响成形件的成形质量。预热温度在 90℃ 时，粉末出现轻微的"结块"现象，随着成形烧结过程的持续进行，降低粉末的流动性和重复使用性。当预热温度设定为 85℃，可正常铺粉，翘曲和错层等现象不明显，不但可以提高成形效率，还可以保证烧结过程的正常进行，达到了粉末预热的真正目的。因此，预热温度取 A_2 水平，即 85℃。

(2) 激光功率 B。

由表 4-32～表 4-34 的方差分析可知，激光功率是影响 3 个实验指标的主要因素。对于激光功率而言,表面粗糙度和弯曲强度的最优水平为 B_3 水平 (35W),而 Z 向尺寸相对误差最优水平为 B_1 水平(25W)。若扫描间距为 0.28mm 恒定,当激光功率 $P<25W$,而扫描速度 $v>2200\text{mm/s}$ 时,在激光束的扫描照射下作用于 PS/ABS 复合粉末成形区上的激光能量密度较小,成形件体积收缩也较小。同时,成形件内部因为熔融烧结不充分而存在大量的孔洞,致使成形件弯曲强度很低,表面粗糙度很大;当激光功率 P 为 $25\sim30W$,扫描速度为 $1800\text{mm/s}<v<2200\text{mm/s}$ 时,PS/ABS 复合粉末成形区吸收的激光能量逐渐提高,成形件层间的黏结能力得到提高,成形件内部孔隙数量逐渐变少,弯曲强度也就不断提高,成形件表面也逐渐变得光滑;当激光功率 $P>35W$,而扫描速度 $v<1800\text{mm/s}$ 时,成形件的烧结层表面会因吸收过高的激光能量会产生气化,同时,由于热影响区的作用会使得 PS/ABS 复合粉末成形件周围没有烧结的粉末发生融化并黏附在成形件的外轮廓上,影响成形件的成形精度。因此,激光功率取 B_2 水平,即 30W。

(3)扫描速度 C。

由表 4-32~表 4-34 的方差分析可知,扫描速度是影响 3 个实验指标的次要因素。对于扫描速度而言,表面粗糙度和弯曲强度的最优水平均为 C_1 水平(1800mm/s)而 Z 向尺寸相对误差扫描速度的最优水平为 C_3 水平 (2200mm/s)。若扫描间距为 0.28mm 恒定,当激光功率为 35W,扫描速度为 1800mm/s 时,部分烧结层存在炭化现象;当激光功率为 30W,扫描速度 2000mm/s 时,PS/ABS 复合粉末成形件的成形质量较好;当激光功率为 25W,扫描速度 $v>2200\text{mm/s}$ 时,可以提高成形烧结的效率,热收缩引起的热变形也越小,有利于提高成形尺寸精度。但是过大的扫描速度会降低 PS/ABS 复合粉末吸收的激光能量,成形件内部会因不充分烧结而存在大量不规则的孔洞,极易产生分层缺陷,最终削弱成形件的弯曲强度,使得其表面粗糙度过高,在后处理的清粉过程中成形件表面的粉末会因粘接不牢而被清理掉,降低尺寸精度。综合分析,扫描速度取 C_2 水平,即 2000mm/s。

(4)分层厚度 D。

由表 4-32~表 4-34 的方差分析可知,分层厚度对 3 个实验指标而言均是一般影响因素。对于分层厚度而言,表面粗糙度和弯曲强度的最优水平为 D_1 水平(0.22mm)而 Z 向尺寸相对误差的最优水平均为 D_3 水平(0.26mm)。同时,当激光能量一定时,过大的分层厚度会使激光束向粉层内的穿透能力不足,激光能量难以向下均匀传递，会因烧结不足容易造成分层现象，导致成形件性能的降低。为了兼顾成形精度和成形效率，分层厚度选择 D_2 水平，即 0.24mm。

结合所研究的成形工艺参数，经过综合平衡法优化分析后，得出 PS/ABS 复合粉末成形件在同时考虑 3 个实验指标最优的工艺参数耦合为预热温度 85℃、激光功率 30W、扫描速度 2000mm/s 和分层厚度 0.24mm。该参数耦合不在表 4-2 所示的 9 组正交实验中，需要另行追加实验。经测试，在综合平衡法优化的整体最优工艺参数下 PS/ABS 复合粉末 SLS 成形件的 Z 向尺寸相对误差为 3.56%，表面粗糙度 17.95μm，弯曲强度 4.81MPa。

4）实验验证

基于前期理论分析和烧结实验，在 SLS300 成形机上用综合平衡法优化的最佳工艺参数耦合预热温度 85℃、激光功率 30W、扫描速度 2000mm/s 和分层厚度 0.24mm 烧结基于 PS/ABS 粉复合粉末的快速精铸用的复杂件、薄壁件和悬臂件。球阀总体尺寸为 140mm×110mm×113mm，如图 4-76 所示。分配器壳体总体尺寸为 110mm×95mm×40mm，如图 4-77 所示。

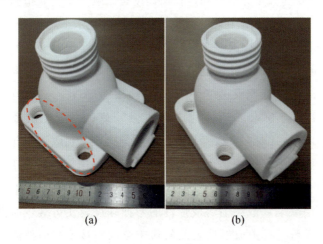

图 4-76

球阀 SLS 原型件对比

(a)非最佳工艺参数；
(b)最佳工艺参数。

从图 4-76(a)可以看出球阀底板存在错层和翘曲现象，而图 4-76(b)烧结的球阀原型件实际尺寸控制在要求范围之内，表面平整、光滑，形状特征明显，外观轮廓特征分明，没有翘曲、卷边过烧结等缺陷。

图 4-77 中分配器壳体均是在最优工艺参数下烧结而成的，现对比不同工艺参数对分配器壳体下模具成形质量的影响。从图 4-77(a)可以看出，由于 PS/ABS 复合粉末接收的激光过高，过烧结严重并伴随着错层和炭化等缺陷，导

致分配器下模具收缩变形较大,严重影响其成形质量。而图 4-77(b)通过工艺参数优化,在获得良好成形质量的同时也实现分配器壳体与下模具的装配。

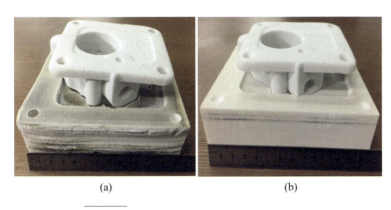

图 4-77　分配器壳体下模具 SLS 原型件对比

(a)非最佳工艺参数;(b)最佳工艺参数。

通过上述的两个烧结实例,验证工艺参数优化的合理性,有效地提高 SLS 原型件的成形质量,为后续的研究奠定基础。需要说明的是,开机后工作台上的成形粉末要在预热温度 85℃下预热足够时间,烧结结束后原型件需要在工作台的粉池内充分冷却至室温,保证其内部的热应力完全释放,以减小温致收缩,提高尺寸精度。同时,也可以避免原型件产生翘曲变形或应力开裂。根据模型零件的形状特征,对于悬空部分以及结构复杂、受力较大的部位,在切片过程需要添加一系列必要的支撑来保证打印质量。在对三维数据模型进行 STL 格式文件转化过程,要用小三角面片来逼近三维数模的表面,会产生模型逼近误差,一般来说,三角形公差取值为 0.01mm[58],基本可以保证成形精度。

4.6　聚苯乙烯与其他有机高分子材料共混改性

4.6.1　聚苯乙烯/尼龙共混改性研究

1. PS/PA 改性可行性分析

对于尼龙(PA)的选择,应当具备烧结时熔点适中、低收缩率、力学性能良好的特点,目前市场上 PA 材料种类繁多,常用的有 PA12、PA6、PA66、

PA11 等，它们综合性能良好，熔融态黏度低，稳定性好，这些性质都非常适合 SLS 工艺，表 4-36 列出了几种不同牌号 PA 的相关性能参数[44]。

表 4-36 不同牌号 PA 性能参数

性能参数	PA12	PA6	PA66	PA11
密度/(g/cm³)	1.02	1.14	1.14	1.04
吸水率/%	0.3	1.8	1.2	0.3
热变形温度/%	55	63	70	55
玻璃化温度/℃	41	50	50	42
熔点/℃	178	220	260	186
收缩率/%	0.3～1.5	1.6～1.6	0.8～1.5	1.2
伸长率/%	200	180	60	330
冲击强度/MPa	50	56	40	40
拉伸强度/MPa	50	74	80	58
弯曲强度/MPa	74	125	130	69
弯曲模量/MPa	1.33	2.9	2.88	1.3

从表 4-36 可以看出，这几种尼龙材料力学性能优良，可以满足塑料零件强度要求，PA6 和 PA66 吸水率较大，在烧结时水分子吸收激光能量产生分解，会造成制件内部产生孔隙，影响烧结强度，因此吸水率较大的材料不适合 SLS 烧结成形。这几种材料的熔点较高，成形时相应的预热温度也要提高，不然就会产生过大温差而产生翘曲，这就给烧结成形带来很大的困难。这几种材料中，PA12 熔融温度最低，吸水率和收缩率也都较小，所以最适合 SLS 工艺烧结。

图 4-78 所示为 PA12 在升温速率 10℃/min，氮气为气氛，空坩埚为参比等实验条件下测得的 DSC 曲线。实验所采用的 PA12 购自上海臻威复合材料有限公司，粒径约为 45μm。

曲线一共有两个波谷，第一个波谷段在 178～200℃，第二个波谷段在 396～450℃。根据 DSC 曲线图的相关性质以及 PA12 的性质，可以得知第一个波谷段为 PA 的熔化阶段，其熔点为 178℃，第二个波谷段为 PA12 的分解阶段，其分解温度为 396℃。在 4.2.3 节我们得到 PS 烧结精度较好的平均烧结温度区间为 160～250℃，而 PA12 的熔点 178℃恰在此范围内，且其分解温

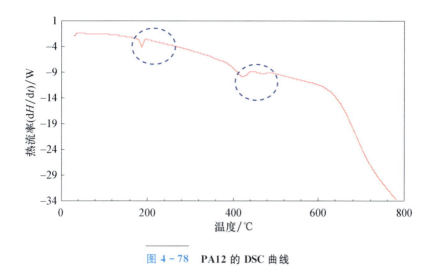

图 4-78　PA12 的 DSC 曲线

度 396℃高于 PS 的分解温度 340℃，因此理论上 PS 与 PA12 的混合粉末利用 SLS 工艺成形具有可行性。

2. PS/PA 材料制备

机械混合法就是单纯地将 PS 粉和 PA 粉在搅拌机中混合均匀，然后直接进行 SLS 烧结成形，此方法下材料制备最为简单，理论上也具有可行性。

实验分别取 PS 粉和 PA 粉按 PA 质量比 5%、10%、20%、30%、4%、50%、60%、70%在高速搅拌机混合均匀后进行 SLS 烧结实验。表 4-37 所示为各组实验的烧结现象。

表 4-37　不同混合比例下烧结现象

组号	PA 质量比	烧结特性
1	5%	难以成形，翘曲严重，底层因翘曲被铺粉辊刮走
2	10%	可成形，出有翘曲现象，底部翘曲严重，严重时发生错层，铺粉效果较好
3	20%	可成形，有翘曲现象，但随着高度增加，翘曲逐渐缓解，铺粉效果较好
4	30%	可成形，翘曲现象不明显，铺粉效果好
5	40%	可成形，翘曲现象不明显，铺粉效果好，强度较低
6	50%	成形较难，翘曲现象不明显，铺粉效果较好，强度低

续表

组号	PA 质量比	烧结特性
7	60%	难以成形，翘曲现象不明显，铺粉效果较好，强度极低
8	70%	—

由表 4-37 可得，随着 PA 质量比的增加，制件出现了难以成形—可成形—难以成形的变化。PA 含量小，翘曲严重难以成形，PA 含量较大，接收的能量不足使粉末熔化而难以成形，因此该工艺参数下 PS/PA 混合粉料可成形的 PA 质量比为 10%～50%。

图 4-79 为不同 PA 质量比下制件 Z 向尺寸相对误差，随着 PA 质量比的逐渐增加，制件 Z 向尺寸相对误差表现为先降低后增加的变化规律。PS 的热收缩率为 0.2%～0.3%，PA 的热收缩率为 0.3%～1.5%，因此相对于 PS 制件，PA 制件翘曲现象更为严重。在 PA 质量比 30% 以下，由于 PA 质量比较小，在激光能量密度一定时，混合粉末融化的较为充分，但此时存在 PS 和 PA 的翘曲变形，Z 向尺寸会大于理论值。随着 PA 含量的增加，同样的能量密度就越难以使混合粉末熔化，因此翘曲现象就越来越不明显，Z 向尺寸值越来越小，所以在 PA 质量比为 30% 以下，制件 Z 向尺寸误差越来越小。PA 质量比为 30% 以上时，由于 PA 含量大，同样的激光能量密度下，粉末部分熔化或难以熔化，所以制件 Z 向尺寸变小，随着 PA 含量的增加，Z 值越来越小，偏离理论值就越来越大，因此制件 Z 向尺寸相对误差越来越大。

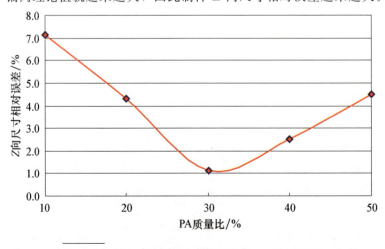

图 4-79 不同 PA 质量比下制件 Z 向尺寸相对误差

图 4-80 为不同 PA 质量比下制件的烧结弯曲强度，弯曲强度随着 PA 质量比的增加，烧结强度逐渐降低，并且所有质量比下的强度均低于纯 PS 烧结强度，这与实验预期的结果大不相符。理论上说，PA 的强度高，因此 PA 的含量越高，制件强度就越高，但是实验结果却与此相反，其原因如下：

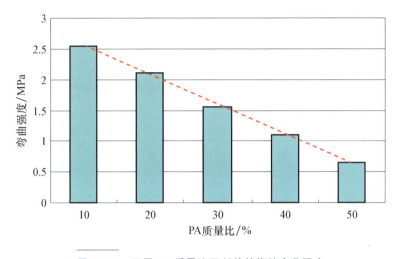

图 4-80　不同 PA 质量比下制件的烧结弯曲强度

(1) PA 与 PS 熔融后的界面强度较低。由于 PS 与 PA 材料极性不同，相容性较差，而 PS 粉与 PA 粉仅采用单纯的机械混合法，两者材料官能团不能充分地相互结合。同时，由于 PA 的热收缩率大，较大的翘曲变形导致肉眼即可观察到制件内部存在较大的孔隙，如此便会导致界面化学键较弱。在烧结过程中由于激光能量作用时间短，两者熔融态黏度较大，流动性不足，又会导致其界面层厚度较小，而 PA 粉增强 PS 粉的机理主要是通过界面层强度传递给 PS 粉的，当界面层强度低于纯 PS 烧结强度时，就失去了增强的效果，所以，由于 PS/PA 界面层强度问题导致所有 PA 质量比下烧结强度均低于纯 PS 烧结强度。

(2) PS 与 PA 热学特性存在差异，在同样的工艺参数下，即激光能量密度一定时，前面所述 PS 粉平均烧结温度在 160℃ 时就可保证一定的烧结精度，说明在 160℃ 之前 PS 粉就能融化，而 PA 熔点为 178℃，两者熔融所需要的能量不一致，所以在激光能量密度一定时，同样质量的 PS 粉可以熔融而不能保证同样质量的 PA 熔融，因此随着 PA 质量比的增加，同样的激光能量密度下，混合粉料熔融得不够充分，甚至不能熔融，烧结强度逐渐降低。

由以上可得，机械混合法所制得的不同比例下的粉末，在 SLS 工艺下其烧结强度均未能提高，主要由以下两点原因：

（1）在同样的激光能量密度下，PA 含量对制件精度和强度的影响很大，这也就说明由于 PA 与 PS 性质的差异，不同比例下的混合粉末烧结强度与工艺参数（激光能量密度）存在匹配性，即由于激光能量密度的不匹配性，使烧结强度普遍较低。

（2）PS 与 PA 烧结材料相容性较差，界面层厚度小，界面层强度极低，导致 PA 未能达到增强烧结强度的效果。

结合粉末的铺粉和烧结质量，PA 质量比为 30% 均具有良好的铺粉效果和制件精度，将重点针对 30%PA 质量比混合粉末进行研究。

3. PS/PA 制件质量分析

在塑料改性中偶联剂常被用来改善无机材料与工程塑料的表面性能，提高两者的界面结合力，关于有机材料填充改性的偶联剂并不常见。常用的偶联剂有硅烷偶联剂、铝酸酯偶联剂等，它们往往含有两种官能团，一种官能团与工程塑料结合，另一种官能团与无机材料结合[45]，进而达到增强改性的目的。硅烷偶联剂作为一种塑料改性最常用的偶联剂，其结构可用 $RSi(OR)_3$ 表示，R 为胺基、硫醇基等，与聚合物有较高的相容性或可以与之发生聚合反应，OR 为烷氧基，水解后可与无机填料的羟基结合，尽管其常用来处理无机材料的填充改性，但是可单纯利用其 R 基可与 PS 和 PA 结合的性质，因此选择硅烷偶联剂对 PS/PA 进行界面处理。

为了研究激光能量密度和材料界面层对 PS/PA 制件质量的影响关系和影响程度，以及 PS/PA 的可烧结强度，实验取 PS 粉与 PA 粉按质量比 7∶3 加入高速搅拌机中，并加入一定量的硅烷偶联剂混合搅拌均匀，然后将混合粉末置于 100℃ 干燥箱中 2h，除水后将混合粉末用 100 目筛子筛选，在不同扫描速度下进行烧结实验，并制备同样工艺参数下不经偶联剂处理的 PS/PA 制件作为对照组。

图 4-81 所示为在不同的扫描速度下，30%PA 质量比的混合粉末的 Z 向尺寸相对比变化规律，Z 向尺寸相对比的计算采用 Z 向实际值与理论值相比的方法，两条曲线均表现为：随着扫描速度的增大，制件 Z 向尺寸相对比逐

渐变小的变化规律。由于材料的热变形，当扫描速度较小，粉末接收的激光能量过多时，就会产生过深烧结和翘曲变形，制件 Z 向尺寸变大，高于理论值。接收的激光能量较少，翘曲就会不明显，烧结不足，制件 Z 向尺寸变小，低于理论值。图 4-81 还可以观察到偶联剂处理下的制件 Z 向尺寸低于未经偶联剂处理的尺寸，因为在偶联剂加入后，PS 与 PA 界面结合得更为紧凑，减小了制件内部的孔隙。

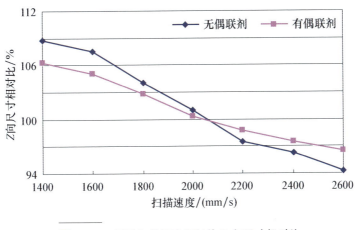

图 4-81　不同扫描速度下制件 Z 向尺寸相对比

图 4-82 所示为在不同的扫描速度下，制件弯曲强度的变化规律。随着扫描速度的增加，弯曲强度逐渐降低。扫描速度越大，激光能量密度就越小，粉料接收过少的能量就不能充分熔融甚至不熔融，因而强度变低；同理，接收的激光能量多，强度就越高。未经偶联剂处理的 PS/PA 粉末，在不同扫描速度下，即不同工艺参数或激光能量密度下混合粉末的强度发生了变化，在扫描速度 1400mm/s 时强度值最大，但是该强度仍小于纯 PS 粉的烧结强度，这表明 PS/PA 烧结强度虽然受激光能量密度的影响，但是激光能量密度并不是主要原因。经过偶联剂处理的 PS/PA 粉末在扫描速度 2000mm/s 时，Z 向尺寸相对比最接近 100%，此时制件弯曲强度为 3.61MPa，高于同精度下纯 PS 的弯曲强度 3.19MPa，弯曲强度提高了 13%，由此说明 PS/PA 材料界面强度是影响制件强度的主要原因，经过偶联剂的处理，PS 与 PA 的材料相容性得到改善，烧结后材料界面结合程度高，结合力增强，烧结强度得到了增强。

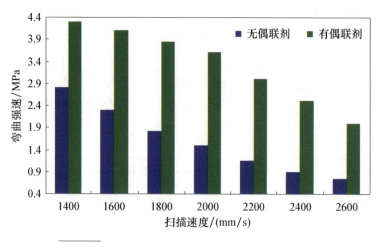

图 4-82　不同扫描速度下制件弯曲强度的变化规律

4.6.2　聚苯乙烯/蜡粉共混改性研究

1. 蜡粉材料选型

蜡粉自身可以用于 SLS 工艺进行烧结成形，具有较高的成形精度，其制件也多用于熔模铸造中，并且在 PS 粉 SLS 烧结制件的后处理过程中，也多进行渗蜡处理进行固化增强，其强度可提高 80% 以上[46]，蜡粉的黏度低，与 PS 同属于非极性材料，可以很好地与 PS 结合，因此尝试将蜡粉加入 PS 粉进行烧结。目前市场上蜡粉种类繁多，其性质差异很大，尤其是熔点和分解温度直接决定了能否作为添加剂加入 PS 中。普通石蜡粉熔点为 65～70℃，分解温度为 175～185℃[47]，而 PS 粉平均烧结温度在 160～250℃ 时，制件才具备较高的 Z 向尺寸精度，普通石蜡粉的分解温度过低，在 PS 粉熔融时，普通石蜡粉已分解，失去增强效果，所以普通石蜡粉不能作为添加剂。经过不同性质蜡粉的对比，发现聚乙烯蜡和聚四氟乙烯蜡具备较好的热化学性质和物理性能，可以作为添加剂加入 PS 中。

聚乙烯蜡（PE 蜡），又称高分子蜡，化学性质稳定。它具有优良的耐磨和耐化学性，与 PS、聚蜡酸乙烯的相容性较好，可以用来改善材料的流动性，更具备较强的内部润滑作用，可以在烧结时增强制件致密性。聚乙烯蜡的熔点为 120℃，分解温度为 235～240℃[48]，这与 PS 粉的烧结温度相匹配，因此可以作为增强添加剂。

聚四氟乙烯蜡（PTEE 蜡），又称低分子量聚四氟乙烯微粉，为白色微粉状树脂，它首先经过四氟乙烯的聚合反应，再经凝聚、洗涤，最终通过干燥而得，其化学性质稳定，适合添加到各种工程塑料中。它的熔点为310℃，分解温度为340℃，对于添加剂的热学特性要求，该分解温度合适，但是其熔点为310℃，远高于 PS 粉平均烧结温度上限值250℃。因此在 PS 合适的烧结温度范围内，聚四氟乙烯仍保持固体颗粒状态，不能发生熔融黏结，因此原理上聚四氟乙烯不适合作为添加剂。但是在 PS 改性中，无机填料增强改性的作用原理是利用熔融的 PS 粉料包覆无机填料固体颗粒，形成界面层，提高烧结强度，并且无机填料由于未发生相变过程，还可以有效改善制件翘曲现象。同时，无机材料颗粒吸收激光能量，阻碍激光能量过快的 Z 向透射，可以使得更多的能量被 PS 吸收，熔融得更为充分，也可以起到保温、积累能量的作用，这样制件的精度和强度就会更高。鉴于此种无机填料的增强原理，结合聚四氟乙烯的性质，由于其具备较高的熔点，可以作为一种特殊的"无机填料"，其分解温度又较低，分解无残留，与工程塑料的相容性好，因此也可以作为增强添加剂。

2. PS/PE 蜡/PTEE 蜡改性研究

为了使 PE 蜡粉能够更好地填充 PS 粉末制件的间隙，优选颗粒直径较小的 PE 蜡粉，实验选用的 PE 蜡粉粒径为 8 μm，购自昆山鑫葵高分子材料公司。但是 PE 蜡粉自身流动性较差，并且存在团聚和静电效应，严重影响铺粉质量。

图 4 - 83 为 8% PE 蜡和 15% PE 蜡质量比时的铺粉效果图，如图 4 - 83(a)所示，铺粉平面出现明显的沟壑线，并可见部分结块现象，此时 PE 蜡含量较高，PE 蜡自身会发生明显的团聚结块以及严重的静电现象，铺粉时，粉末会黏结在铺粉辊表面，造成辊子表面不平。同时，由于粉料的流动性较差，便会造成铺粉平面凹凸不平，出现纹理。铺粉质量的好坏会通过直接影响铺粉致密性和铺粉表面平整度来影响制件的强度和精度，通过不同的配比实验，得到当 PE 蜡低于 10% 时，铺粉效果如图 4 - 83(b)所示，铺粉较为平整、致密。

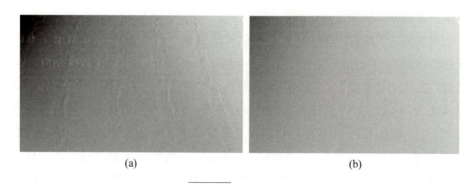

图 4-83 铺粉效果

(a)8% PE 蜡粉；(b)5%PE 蜡粉。

实验配置不同 PE 蜡比例(2%、4%、6%、8%、10%)混合粉末，在激光功率 25W、预热温度 75℃、扫描速度 2000mm/s 等工艺参数下进行试烧结，观察成形过程烧结现象，并测定制件尺寸和强度。在各组混合粉末比例下，所有制件均未出现明显翘曲错位现象，成形质量较好。

图 4-84 所示为不同 PE 蜡比例下的制件弯曲强度，随着 PE 蜡比例的增高，制件弯曲强度逐渐增大，在 6%时达到最大，6%以后，弯曲强度快速降低。一般 PS 制件进行后处理渗蜡增强主要是通过蜡液对制件内部孔隙的填充并与 PS 颗粒之间产生较厚的界面层，通过界面结合力起到了支撑与黏结增强的作用，因此在 6%比例以下，PE 蜡含量越低，就难以与 PS 熔体产生足够的界面层，而 PE 蜡含量越高，蜡粉就越能充满粉料颗粒的间隙。同时，PE 蜡的熔融态黏度低、流动性好，含量越高，流动性就越好，这样就提高整体粉料熔融态的流动性，烧结颈可以更大，制件空隙更少，强度更高。而在 6%比例以上时，过多的 PE 蜡不仅会在填充制件孔隙，同时还会自身形成烧结颈作为制件的一部分，而 PE 蜡自身的强度低于 PS 粉，因此在 PE 蜡含量 6%以上时，制件强度会随着 PE 蜡含量的增高而下降。

图 4-85 为不同 PE 蜡比例下的制件 Z 向尺寸相对比变化图，随着 PE 蜡比例升高，制件 Z 向尺寸相对比逐渐增大，蜡粉的熔点较低，熔化时所需要的能量低，同样的激光能量下，蜡粉含量越高，激光透射的就越深，Z 向尺寸表现为逐渐增大的变化趋势。

综上所得，PE 蜡比例小于 8%时，制件强度都高于纯 PS 粉在最优工艺参数下的弯曲强度 3.19MPa，且 6%比例下强度最高，弯曲强度为 4.55MPa，

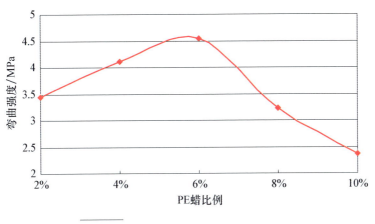

图 4-84 不同 PE 蜡比例下制件弯曲强度

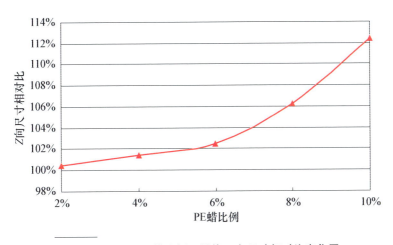

图 4-85 不同 PE 蜡比例下制件 Z 向尺寸相对比变化图

强度提高了 41%，可见 PE 蜡的加入明显改变了 PS 粉末的烧结强度。但是，此时 Z 向尺寸误差约为 2.5%，还需通过工艺参数调节或加入其他有机成分来提高精度。

PTFE 蜡具有较高的熔点，热稳定性较好，具有较高的硬度和耐磨性，可以充当无机材料对 PS 进行改性。在对工程塑料改性中纳米无机填料的添加一般不高于 10%，PTFE 蜡对工程塑料的改性用量一般为 1%～2%，实验在质量比 6%PE 蜡的 PS/PE 蜡混合粉末中加入 1.5% 的 PTFE 蜡微粉，混合均匀后在不同激光扫描速度下进行试样烧结，测定试样尺寸和强度。

图 4-86 所示为不同扫描速度下 PS/PE 蜡/PTFE 蜡制件质量，如图所示，制件弯曲强度和 Z 向尺寸相对比都随着扫描速度的增大而逐渐减小，这与纯 PS 粉末的弯曲强度和 Z 向尺寸随扫描速度的变化规律较为一致，也符合激光能量与材料的作用机理。在扫描速度为 2000mm/s 时，制件 Z 向尺寸相对比约为 100%，接近设计值，此时制件的弯曲强度为 4.60MPa，而在同样的工艺参数下，未加入 PTFE 蜡粉末的 6% 比例下的 PS/PE 蜡 Z 向尺寸相对比为 102.5%（图 4-85），其弯曲强度为 4.55MPa（图 4-86），由此可以得到 PTFE 蜡可以明显提高制件的 Z 向尺寸精度，而对制件强度影响较小。PTFE 蜡自身具有较高的熔点和热稳定性，当 PS 粉和 PE 蜡粉受热发生热变形时，PTFE 蜡可以吸收部分激光能量而不变形，该部分能量可以用来补偿上下粉层的温差，同时 PTFE 蜡还可以阻碍激光能量过快的沿 Z 向透射，因此相应的 Z 向尺寸精度就得到提高。

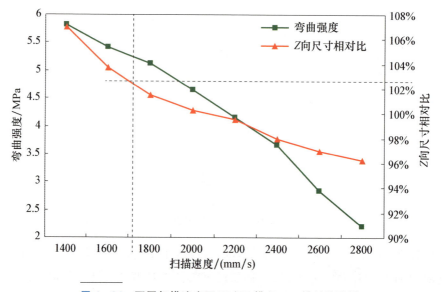

图 4-86 不同扫描速度下 PS/PE 蜡/PTFE 蜡制件质量

由图 4-86 还可以发现，当制件 Z 向尺寸相对比为 102.5% 时，相对应的扫描速度约为 1700mm/s，该扫描速度下的制件弯曲强度约为 5.2MPa，相对于未加入 PTFE 蜡的 PS/PE 制件，其弯曲强度提高 14%，相对于纯 PS 制件，其弯曲强度提高 62.5%，这主要是由于 PTFE 蜡的加入，造成制件 Z 向尺寸相对误差在激光扫描速度轴上零点发生左移。图 4-86 所示的 Z 向尺寸相对误差在速度轴上的零点为 2000mm/s(在该速度下 Z 向尺寸相对比为 100%)，而对于未加入 PTFE 蜡的 PS/PE 制件，结合图 4-86 和扫描速度与 Z 向尺寸相对比的变化关系，可以确定其速度零点大于 2000mm/s，因此当其他工艺参数一定时，在同样的 Z 向尺寸精度下，相对于未加入 PTFE 蜡的 PS/PE 制件，PS/PE 蜡/PTFE 蜡制件由于其对应的扫描速度较小，混合粉末熔融得更为充分，因此强度增大。

4.7 精密铸造蜡模的选区激光烧结及应用

4.7.1 蜡模高分子基体的选区激光烧结成形

1. 选区激光烧结对高分子材料的要求

从本质上讲，任何可以制备成粉末的高分子材料都可以用于选区激光烧结。然而，由于设备、烧结工艺的限制，必须对烧结材料进行缜密的实验。高分子材料与金属材料性质相差很大，反映在烧结上，它与金属烧结也有很大的差异。金属粉末在烧结过程中，烧结温度远远低于金属的熔点，烧结是在表面自由能的驱动下，金属粉末之间的热扩散和渗透作用。而对于高分子粉末材料来说，在烧结过程中，由于烧结室的预热和激光加热的作用，烧结发生在粒子的接触点/面。热和激光的作用使得粉末部分的熔化，发生黏性流动，从而实现粉末粒子间的聚结。由于是部分的熔化，这使得由高分子材料烧结的原型件能够保持尺寸精度，特别是一些细节部分，如原型件直角部分的尺寸。因此，凡是影响到高分子材料玻璃化温度/熔点、烧结室温度、结晶度、黏度、分子量、结晶速度、粉末粒子粒径的因素，都会对高分子原型件的质量产生重要的影响。因此，这些因素也是选择烧结用高分子材料特别要注意的地方。

此外，由于烧结的高分子原型件要求能够进行精密铸造，这就要求烧制出的高分子原型件有一定的强度，最好为 5.0～8.0MPa，以便于合格型壳的制造。并且这种烧结用高分子材料高温下应具有良好的流动性，易于热分解，分解后灰分较低，适合精密铸造工艺。

最后，烧结用高分子材料的熔点/软化点不能超过150℃，避免温度过高影响烧结机的正常工作。

2. 选区激光烧结高分子材料的成形工艺

下面的烧结工艺研究均是以华中科技大学快速成形中心开发的烧结材料 HB1 为中心，在快速成形机 HRPS-Ⅲ上进行的。SLS 烧制高分子原型件的工艺如图 4-87 所示。

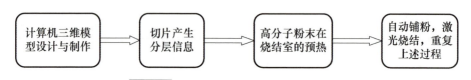

图 4-87　SLS 烧制高分子原型件的工艺图

高分子材料按结晶形态分类，可分为两大类：结晶型高分子和无定型高分子。这里，选择这两大类中最为典型的高分子粉末进行烧结实验。表 4-38 是这些粉末的基本性质。

表 4-38　选区激光烧结用高分子材料的基本性质[24-25]

材料名称	平均分子量	熔点/软化点/℃	黏流温度/℃	热分解温度/℃	结晶度/%	本体拉伸强度/MPa	粒径及分布/目	灰分
聚丙烯（PP）	30000	200	170～175	387	70	30～39	>100	难于分解
低密度聚乙烯（LDPE）	35000	100～112	100～130	>170	<60	26	>100	难于分解
HB1	50000	100	112～146	>306.48	0	35.9	>160	<1%
PA	13100	204	264	>328	56	45	>180	较大
共聚 PA	—	96	—	—	0	16	>100	较大
铸造石蜡	—	80～85	—	—	—	35	>100	<0.1%

通过上述材料的性质可以看出，各种烧结材料的性质有很大的差别。我们用上述材料在选区激光烧结机 HRPS-Ⅲ中进行单层试样烧结实验，结果如表 4-39 所示。

表 4-39 各种烧结材料的选区激光烧结结果

材料名称	选区激光烧结结果
HB1	烧结良好,试样表面有很多空洞,收缩较小,变形较小,强度不高
LDPE	烧结良好,试样表面有很多空洞,有一定的收缩,试样的韧性较好
PP	很难烧结,强度低,收缩大
铸造石蜡	烧结良好,表面粗糙度较低,变形较大,翘曲严重
PA	烧结良好,强度和韧性好,有翘曲,收缩严重
共聚 PA	烧结良好,试样表面有很多空洞,翘曲和收缩比 PA 小,强度较好

注:烧结过程中的烧结参数为:激光功率为 12.5W,扫描速度为 1700mm/s,铺粉厚度为 0.1mm,激光能量密度为 73.5 mJ/mm^2。后面的表格中,如果没有特别说明,均是按照此参数进行烧结实验。

图 4-88 分别是 LDPE、铸造石蜡、共聚 PA 的单层烧结照片。实验发现,对于无定型或者低结晶度材料,如 HB1、LDPE、铸造石蜡等都可以进行选区激光烧结。对于结晶度高,熔点也很高的 PP 来说,很难成功地烧结高分子原型件;对于结晶性高分子材料,例如 PA,可以得到强度、韧性、表面粗糙度都很小的高分子原型件,但收缩较为明显,精度较差。此外,由于 PA 的熔点较高,为 204℃,这会对选区激光烧结机的正常工作产生影响。当使用共聚尼龙以降低 PA 的熔点时,烧结室的温度明显降低,并且烧结高分子原型件部分保持了 PA 的强度和韧性。

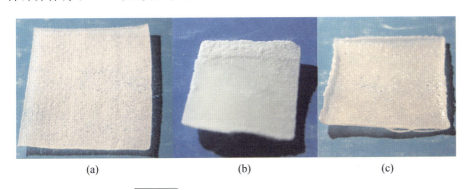

图 4-88 几种材料的选区激光烧结照片
(a)LDPE 烧结试样;(b)铸造石蜡烧结试样;(c)共聚 PA 烧结试样。

3. 影响烧结质量的因素

高分子原型件的质量到底以什么指标进行衡量,目前国际上还没有一个确定的标准。但是一般来说,其主要的衡量标准是成形速度、成本、高分子原型件的尺寸精度和强度。对于前两个,不是本书讨论的主要内容。下面主要对影响高分子原型件强度和精度以及铸造性能的材料因素进行研究。

1) 分子量对 SLS 工艺的影响

描述高分子材料的指标有很多,其中很重要的一个就是材料分子量的大小。分子量的大小直接影响了高分子材料的熔融黏度、玻璃化温度和熔点。由高分子物理的常识可以知道,高分子材料的分子量和融体表观黏度服从如下关系式[49]:

$$\eta_0 = k(M_w)^n \quad (4-28)$$

式中:η_0 为融体的表观黏度;M_w 为材料的重均分子量;k、n 为常数。

对于高分子材料来说,融体的表观黏度具有相同的分子量依赖性。每种高分子材料都有各自特定的某一临界分子量 M_c,分子量小于 M_c 时,$n=1$;当分子量大于 M_c 时,$n=3.4$。对于 HB1 来说,临界分子量是 35000。因为实际使用中高分子材料的分子量为 5 万~10 万,远远大于临界分子量,所以,$n=3.4$。这意味着 η_0 对分子量的变化非常敏感,分子量只要有很小的一个变化,η_0 就会产生很大的变化。图 4-89 是 HB1 熔融黏度和分子量的关系。

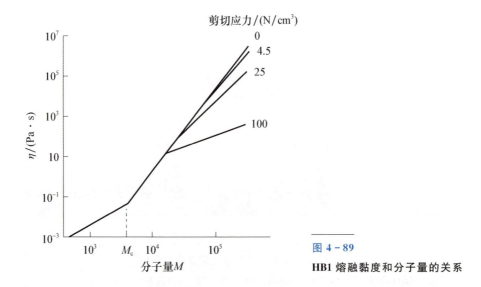

图 4-89
HB1 熔融黏度和分子量的关系

图 4-89 中数字是剪切应力值,单位为 N/cm^3,为了验证分子量 M_w 的大小对 η_0 的影响,进行了以下实验:分别选取重均分子量 M_w 为 50000 和 100000,实体密度 $\rho_s = 1.05 g/cm^3$ 两种牌号的 HB1 粉末。均筛取 160~200 目

的粉末，标号为 A 和 B。以相同的烧结参数烧结尺寸为 20mm×20mm×20mm 的高分子原型件。烧结完成后，用天平称量 A 和 B 两个试样的质量 W，计算 A、B 两种材料的空隙率。具体实验结果如表 4-40 所示。

表 4-40 制件分子量和空隙率的关系

材料	重均分子量 M_w	制件体积 V/cm^3	制件质量 W/g	制件密度 $\rho=\dfrac{W}{V}$	相对密度 $\rho_r=\dfrac{\rho}{\rho_s}$	空隙率 $\varepsilon=1-\rho_r$
A	50000	8	3.6	0.45	0.429	57.1
B	100000	8	3.2	0.40	0.381	61.9

由图 4-89、表 4-40 中可以看出，当 HB1 分子量增加的时候，融体的黏度增加，从而使高分子原型件在烧结过程中产生的空洞增加，高分子原型件密度减少。

分子量不仅仅影响高分子原型件的熔融黏度，而且对精密铸造金属件也有很重要的影响。这主要体现在：首先，如果分子量过大，激光烧结制成的高分子原型件在后面的精密铸造过程中由于熔融黏度过大，不容易从陶瓷型壳中流出来；其次，当分子量较高的时候，残留在型壳中的 HB1 分解也不够充分，导致金属制件精度和质量不好。但是，如果 HB1 的分子量过低，高分子原型件的强度也会降低。

综合上述情况，经过烧结实验和精密铸造实验，重均分子量为 50000 的 HB1 材料较适合 SLS 工艺和金属零件制造的要求。

2）高分子材料的熔融黏度

熔融黏度 η_0 表征了材料在烧结时融体的流动性，而融体的流动性又与高分子原型件的密度高低、尺寸精度密切相关。一般来说，在相同的条件下熔融黏度低的高分子材料比熔融黏度高的高分子材料更容易制得密度高的高分子原型件。但是熔融黏度过低使得粉末粒子在烧结过程中粒子完全熔化流动，高分子原型件的尺寸精度就难以保证。这就提出了一个问题，熔融黏度为多少才适合 SLS 的工艺和质量要求。

对于此问题，Frenkel 提出了一个较好的理论和公式[50-51]。他认为，烧结无定型高分子材料的速度可近似由两个相邻的粒子的"结合"速度表示。

$$\left(\dfrac{x}{r}\right)^2=\dfrac{3}{2}\cdot\dfrac{\delta t}{r\eta_a} \tag{4-26}$$

式中：x 为图中细颈粗的半径(μm)；r 为粒子的半径(μm)；$δ$ 为高分子材料的表面张力，一般在 0.02～0.03N/m[52]（180℃）；t 为烧结某点所需要的时间，一般为 20ms；$η_a$ 为高分子材料融体的表观黏度（Pa·s），其服从 Arrehenius 公式。

从式（4-31）中可以看出，如果认为 $x/r=0.5$ 时，两个粒子烧结结束，那么当 $δ=0.025$N/m，$t=20$ms，$r=50$μm 时，由式（4-31）计算可知，$η_a=60$Pa·s。

为了验证上述的理论，本节以 PA、HB1 粉末进行了理论分析和烧结实验。

为了简化计算，假设激光的光斑大小为 0.1mm，激光的扫描速度为 1700mm/s，激光的功率为 12.5W，HB1 和 PA 粉末近似认为是边长为 0.1mm 的立方体。因为激光的扫描速度很快，被激光扫描到的粒子在扫描时间内不会向四周的粒子散热，所以 $\Delta H=\rho_e=C_p m \Delta T$（$\rho_e$ 为激光的能量密度）。当所有其他扫描参数相同时，如表 4-41 所示。

表 4-41 激光烧结 HB1、PA 理论分析计算

材料名称	ρ_e/(mJ/mm²)	C_p/(J/g·℃)[53]	m	ΔT/℃
PA	73.5	2.1	1.04×10^{-6}	3.36×10^5
HB1	73.5	1.47	1.05×10^{-6}	4.76×10^5

从上述计算可以看出，当激光瞬间扫描到 HB1 和 PA 粉末的时候，两者的理论温度都已经远远超过了各自的玻璃化温度和熔点。实际烧结过程中，由于散热以及扫描光路的反射等作用，粉末的温度远低于理论值。经过实际测量，在烧结室一定的预热氛围下，激光的照射可以使被扫描的粉末瞬间升高 50～100℃。在这样的条件下，HB1 和 PA 都已经达到了它们的黏流温度。从图 4-92 中可以看出，PA 和 HB1 在黏流温度下的表观黏度[49]分别为 200Pa·s(270℃)、800Pa·s(220℃)。

由上述的理论分析，我们可以推测，PA 粉末在激光烧结过程中熔融结合较 HB1 充分。图 4-91 是实际烧结 PA 和 HB1 单层试样照片。

从图 4-91 中可以看出，PA 试样熔化充分，基本观察不到粉末粒子。但试样翘曲严重，收缩也比较严重；HB1 试样表面有较多空洞，有明显未充分熔化的粉末粒子，试样表现出较好的尺寸精度，这些数据与上面的理论分析

吻合。从快速制造精度角度考虑，HB1 制件的整体烧结性能优于 PA。

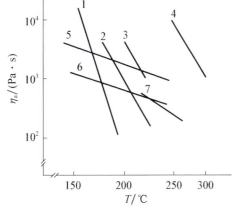

1—醋酸纤维；2—HB1；3—有机玻璃；
4—聚碳酸酯；5—聚乙烯；6—聚甲醛；
7—尼龙。

图 4-90　几种材料的黏度—温度曲线图

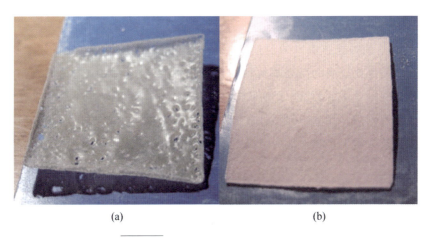

图 4-91　PA 和 HB1 的单层烧结照片
(a)PA；(b)HB1。

当然，这不是说在 SLS 过程中，材料熔融的黏度越大越好。例如，PMMA 粉末的主要性能与 HB1 的性能相似，但是其高达 5000Pa·S(200℃)的熔融黏度限制了其在 SLS 中的应用。从烧结实验得出，SLS 对高分子融体的表观黏度 η_a 要求为 10～1000Pa·s。

因此，在选择烧结用高分子材料时，合适的熔融黏度是一个关键的指标。但是，在实际烧结过程中，合成有合适熔融黏度材料的方法显得过为复杂，而且也不容易加以控制。更通用的办法是，通过控制烧结室的温度和温度场来控制烧结过程并提高高分子原型件的质量。

3) 温度对 SLS 工艺的影响[54-55]

烧结室的温度控制对于烧结出合格的产品极为重要，一般是用"烧结窗口温度"来衡量。"烧结窗口温度"主要指的是烧结材料在激光烧结前，对烧结材料需要加以控制的一个温度范围。这个温度范围也是烧结室所要达到的温度范围。一般这个范围越小，越难以控制，越不容易烧结出合格的制件。

对于无定型高分子，要求烧结室温度在材料的玻璃化温度 T_g 以下，尽可能地接近 T_g。较好的烧结窗口温度在[T_s, T_c]之间。其中 T_s 为材料软化点的温度，T_c 为材料的结块温度，T_m 为材料的熔点。理论上，当材料的储存模量 G_c 随温度发生显著变化时的温度即为 T_c。实际测量过程中，当烧结室粉末结块，相邻粒子分不开时，我们认为那时的温度即为 T_c。

对于无定型材料，T_s 常取为 T_g。对于完全结晶材料，理论上由于 $T_m = T_s = T_c$，这使得烧结窗口的温度范围很小。这也是为什么结晶高分子材料，特别是结晶度比较高的高分子材料如 PE、PP 难以在 SLS 中烧结出合格高分子原型件的一个重要原因。烧结过程中，烧结室的温度只有控制在上述烧结窗口温度范围内，高分子原型件才能避免变形。表 4-42 是在美国 DTM 公司和华中科技大学 HRPS-Ⅲ 烧结机上各种烧结材料的实验数据。

表 4-42 DTM 公司和华中科技大学 HRPS-Ⅲ 烧结机的实验数据

公司名称	材料名称	烧结室温度/℃	高分子原型件密度/(g/cm³)	材料密度/(g/cm³)	T_m/℃	T_s/℃	T_c/℃
DTM 公司	PA	165	0.919	1.03	185～187	153	170
	缩醛树脂	150	1.283	1.41	180	150	157
	PBT	195	1.19	1.31	230	195	210
HRPS-Ⅲ 烧结机	PA	190	0.93	1.04	204	185	195
	PP	186	—	0.91	200	180	196
	共聚 PA	85	0.48	0.929	96	78	90
	LDPE	95	0.47	1.1	—	87	106
	HB1	95	0.4	1.05	—	85	105
	铸造石蜡	70	0.71	0.94	—	65	80

依据表4-42中的数据控制温度,可以得到合格的烧结制件。此外,温度控制的另一个关键点是温度场的均匀性。已知SLS中的烧结材料在烧结过程中,必须在烧结室中得到充分的预热。所谓的充分,不仅仅是指所有的粉末粒子都得到加热,而且是指粉末粒子在烧结前应该具有相同或者相互很接近的温度。否则,在激光烧结过程中,由于温度场不均匀,内部积累很大的热应力得不到释放,这种具有热应力的高分子原型件在其后的后处理过程中很容易由于热作用而变形。另外,温度场不均匀还会导致烧结机自动铺粉困难。在实际的烧结过程中,我们发现,如果烧结室的温度差大于10℃,烧结就较难进行。因此,设计合适的加热系统,使得烧结室的温度场保持合适的温度和均匀的温度场就变得非常重要,关于SLS温度场的模拟和加热系统的设计可以参考李湘生的博士论文[56]。

4)高分子材料的结晶速度对SLS工艺的影响

高分子材料的结晶度和结晶速度的大小对于高分子原型件的尺寸精度影响较大。研究表明,结晶性高分子材料在SLS过程中的体积变化比无定型高分子材料的变化大得多。无定形高分子在烧结过程中的体积变化小于1%。而结晶高分子材料在烧结过程中的体积变化可达到4%~8%。表4-43是几种典型结晶高分子材料的结晶度和制件的平均收缩率。

表4-43 几种典型的结晶高分子材料的结晶度和制件的平均收缩率

材料	结晶度/%	计算机尺寸/mm	高分子原型件尺寸/mm	平均收缩率	烧结室温度/℃
PP	70	50×50	47×48	5%	186
LDPE	<60	50×50	49×49	2%	95
PA	56	50×50	48×48	4%	190

从表4-43中可以看出,结晶高分子材料在烧结过程中的体积变化主要是由于熔融/结晶过程引起的。因此,与结晶密切相关的结晶速度对于结晶高分子原型件的翘曲变形影响很大。

实验发现,如果在高分子材料DSC曲线中熔融峰和结晶峰相差比较大,如图4-92(a)和(b)PA的DSC曲线所示[54],制件就不容易积聚内引力,翘曲的可能性就小些;反之,如果材料的熔融峰和结晶峰相差不是很大或者很明显地重叠在一起,如图4-92(c)、(d)石蜡的DSC曲线所示,那么烧结制件的翘曲变形就很大。分析其可能的原因是：结晶峰和熔融峰相差比较大的材料，在激光烧结过后的冷却过程中，由于两个峰相差较大，因此熔融的粉末有充足的时间在其熔点以下保持一种液态。由于液态不能传递应力，因此制件不容易翘曲。反之，熔融温度和结晶温度重叠的材料，在烧结后的冷却过程中，很快会变成固态的结晶体，积累了应力，造成制件翘曲。像 PA 一样，熔融峰和结晶峰相差较大的材料还有共聚 PA、POM、PE、PP、接枝 PE 和 PP。通过控制高分子材料的接枝度可以达到控制结晶峰和熔融峰的目的。

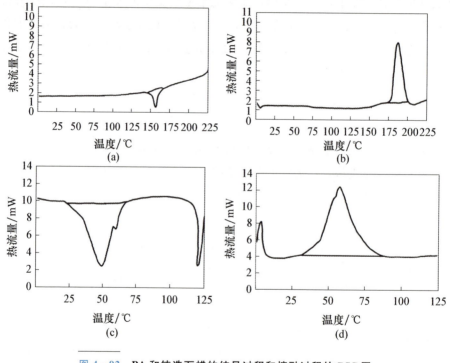

图 4-92　PA 和铸造石蜡的结晶过程和熔融过程的 DSC 图
(a)PA 的结晶 DSC 图；(b)PA 的熔融 DSC 图；
(c)铸造石蜡的结晶；(d)铸造石蜡的熔融 DSC 图。

5)粉末粒径大小及分布对 SLS 工艺的影响

高分子原型件的铺粉难易和精度与粉末粒径的大小有很大的关系。这主要体现在以下两个方面：

(1)粉末粒径较小，粉末容易从烧结机中的送粉和落粉机构中顺利落下，实现自动化送粉和落粉。但这并不是说明，粉末粒径越小，越容易落粉。特别是对于诸如 PA 等表面容易积累电荷的极性高分子材料来说，粉末粒径越小，粉末的表面积越大，与送粉和落粉机构的摩擦作用越大，越容易积累较大的电荷。而且由于表面张力的作用，粒径小的粉末容易自发团聚，这些都造成了落粉和送粉困难。我们曾经做过如下的实验，当使用粒径 $r>200$ 目的 PA 粉末进行自动落粉实验的时候，粉末很难落下；当使用粒径 $r>160$ 目的 PA 粉末进行实验的时候，落粉得到一定的改进；当使用按照一定比例混合的 $r>200$ 目的 PA 粉末和 $r>200$ 目的玻璃珠进行落粉实验的时候，粉末可以顺利的落下。这些实验都证明：粉末的铺、送与粉末粒径大小关系密切。

对于落粉困难的问题，DTM 公司最近发明的方法是[30,32,34]在烧结材料的配方中，使用两种不同粒径的双粒径分布体系。在此配方中，粒径小于 $53\mu m$ 的粒子数目超过总粒子数的 80%，而粒径在 $53\sim180\mu m$ 的粒子数目少于总粒子数的 20%。粒径小的粒子在其他情况相同的条件下，烧结速度快，所需烧结时间短。这说明，在这种双粒径分布体系中，由于小粒子的烧结速度快，小粒子在激光的作用下最先熔化，填充到大粒子之间，从而既解决了落粉和铺粉问题，也使高分子原型件的密度得到提高。

(2)粉末粒径小，会提高 SLS 高分子原型件的密度和表面粗糙度。

SLS 高分子原型件的精度与粉末的粒径有很大的关系。由于烧结制件是通过有一定物理厚度的粉末粘合实现的，这使得制件容易出现"台阶效应"，通常粉末粒径较小的粉末容易得到表面粗糙度小的高分子原型件；反之，粗糙度低。这可以通过图 4-93 分别使用 $r<100$ 目和 $r>200$ 目的粉末粒径制成高分子原型件的"台阶"效应观察到。

图 4-93　粉末粒径对制件的精度影响
(a)$r<100$ 目；(b)$r>200$ 目。

为了研究烧结粉末粒径和高分子原型件密度的关系，特设计了如下实验：

将不同粉末粒径的 HB1 粉末在相同的烧结参数下进行烧结，得到大小相同的烧结高分子原型件。然后称量高分子原型件的质量和体积，计算出高分子原型件的密度。

从表 4-44 中可以看出，粉末粒径越小，烧结制件的密度越高。

表 4-44 粉末粒径和高分子原型件密度的关系（所用的材料为 HB1 粉末）

粉末粒径	制件尺寸/mm	制件质量/g	制件的密度/(g/cm³)
<100 目	50×50×5	4.0	0.34
160～200 目	50×50×5	5.13	0.41
>200 目	50×50×5	5.38	0.43

综合前面所述，结合 HRPS-Ⅲ 烧结机的最小铺粉间距为 0.1mm 的特点和制粉成本，我们选定 160 目到 200 目为比较合适的粉末粒径。

4. 高分子材料的热降解性能

由于本书研究的烧结材料要求能直接用于精密铸造，因此要求高分子材料必须具有良好的热降解性能。从前面的研究中可以看到，适合 SLS 的高分子材料主要是 HB1、铸造石蜡等无定型高分子材料和 PA 及其共聚物。图 4-94[57] 给出了烧结材料 PP、PA、HB1 这几种高分子材料的热降解曲线图。

从图 4-94 可知 PP 的分解温度较高，为 387℃，难于分解。这样的材料不适合精密铸造的工艺。尽管 PA 分解温度和灰分较高，但熔融黏度较小，容易从型壳中流出。

从图 4-94(c) 可以看出 HB1，在氩气气氛下加热升温时，原型材料在 306.48℃ 以下几乎不烧失和挥发，只发生材料的熔融；温度继续升高，高分子材料开始裂解，成为小分子气体物质开始逸出，材料急剧失重；当温度达到 466℃ 时，原型材料的裂解基本结束，残余质量只剩原质量的 0.514%，材料的裂解非常彻底干净，可以认为完全烧失。此外，HB1 熔融黏度也不是很高，可以很方便地使用原先的精密铸造设备和工艺进行金属零件的铸造。

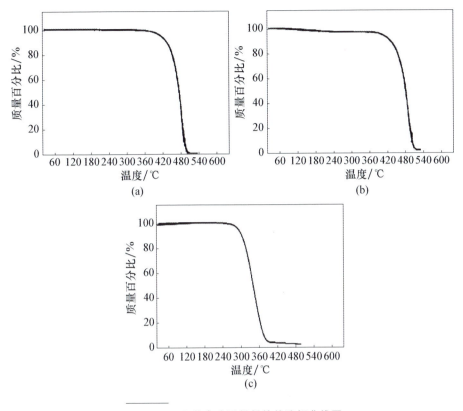

图 4-94 几种高分子材料的热降解曲线图
(a)PP；(b)PA；(c)HB1。

4.7.2 蜡模高分子原型件的后处理工艺

本节主要对用于精密铸造高分子原型件的浸蜡后处理工艺进行了研究，制定了铸造用蜡的选择依据和浸蜡工艺。通过实验，开发了一种能够满足精密铸造精度要求后处理蜡的配方和工艺。选区激光烧结直接烧制的高分子原型件，本身的强度比较低，一般为 5~6MPa，其表面粗糙度也比较高，不能满足精密铸造的要求。因此，需要对高分子原型件进行一定的后处理才能在各种场合使用。一般的后处理工艺分为两种：一种是对高分子原型件进行树脂处理，以提高其强度使其可以用于功能型测试零件；另一种就是使用铸造蜡进行处理，以降低制件的表面粗糙度、提交强度。经过浸蜡处理的制件可作为蜡模直接用于精密铸造。图 4-95 是高分子原型件的后处理工艺。

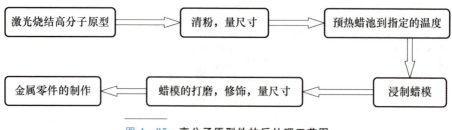

图 4-95 高分子原型件的后处理工艺图

从图 4-95 中可以看出，影响后处理工艺和蜡模质量的主要因素为：蜡的型号，后处理浸蜡工艺控制，以及浸蜡制件（后面简称"蜡模"）的处理。控制好上面几个关键的因素，就可以得到合格的蜡模。

1. 高分子原型件的预处理

直接烧制的高分子原型件在浸蜡工艺以前，需要进行清粉处理。所谓清粉处理，就是把在 HRPS-Ⅲ 中烧制的高分子原型件表面多余的粉末去处。由于烧结室温度场的不均匀性，所以烧结过程中会有一些不需要的粉末黏附在高分子原型件的表面。如果这些粉末不清除的话，会影响制件的精度。一般的清除方法是通过柔软的细毛刷将粉末轻轻刷去，对于面积比较大的表面，也可以用吹风机或者功率较小的吸尘器轻轻吹去。制件经过清粉处理后，再经过尺寸测量，与计算机中的原型件尺寸做个对照，就可以进行浸蜡处理了。

2. 后处理蜡的选择依据

铸造蜡因具有强度较高，熔融状态下黏度小，模型熔失后灰分少等优点，适合 SLS 的后处理工艺。在浸蜡的后处理工艺中，影响浸蜡效果的主要因素如下：

(1) 融熔蜡液的黏度[45-46]。蜡液黏度越小，流平性就越好，越容易填充多孔高分子原型件的内部空洞；黏度变化越稳定，后处理的重复性就越好。但并非黏度越小，后处理效果就越好。黏度太小，蜡液在成形件上不能黏附，造成蜡模的光洁度受到影响。实验表明，蜡液的黏度在 $2\sim3Pa\cdot s$ 比较适合。

(2) 铸造蜡软化点的高低。一般来说，软化点越高，蜡的强度也越高。但是过高的软化点会使烧结制件在浸蜡时，由于温度过高而变形或者崩塌。因为我们使用的烧结材料的耐温上限为 $80\sim100$℃，所以蜡的软化点一般不应该超过 70℃。

3. 铸造蜡配方工艺

为了找到一种适合选区激光烧结制造金属零件工艺的铸造蜡蜡，主要对国产 A 号蜡和 B 号蜡进行了实验,并得到了合乎要求的蜡的配方和工艺。A、B 号两种蜡的主要性能指标如表 4-45 所示。

表 4-45 A、B 两种蜡的主要性能指标

材料	软化点/℃	拉伸强度/MPa	灰分	线收缩率
A 号蜡	65	35	0.03~0.05	0.6%~0.8%
B 号蜡	50	25	0.03~0.05	0.5%~1.0%

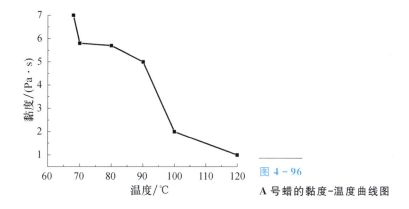

图 4-96 A 号蜡的黏度-温度曲线图

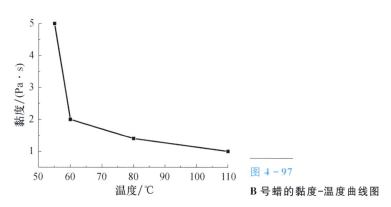

图 4-97 B 号蜡的黏度-温度曲线图

使用 NDJ-1 型旋转黏度计分别测定 A 号蜡和 B 号蜡在不同温度下的黏度。使用 0 号转子,转速为 60r/min。如图 4-96,图 4-97 所示,当温度在 50~100℃范围内,两种蜡的黏度变化都很大。而当温度比软化点高得多的时候,蜡的黏度变得很小,此时蜡液属于低黏度流体。从图中还可以看出,在实际浸蜡工艺的温度范围内,A 号蜡的黏度变化较大,在 2~4Pa·s 内;而 B 号蜡的黏度变化较小,基本稳定在 1.5Pa·s。因此,在实际浸蜡处理工艺中,

A 号蜡温度不易控制，蜡模的表面蜡层厚度变化大，造成尺寸精度变差；B 号蜡不容易在蜡模表面聚结，蜡模表面良好的表面粗糙度不易得到。

（1）A、B 号两种蜡浸蜡温度和环境温度的确定。

对 A、B 号蜡进行了一系列浸蜡温度和环境温度的实验，得到表 4-46、表 4-47。

表 4-46 A 号蜡浸蜡温度和环境温度表

序号	1	2	3	4	5	6	7	8	9
浸蜡温度/℃	100~110	100~110	90~95	90~95	90~95	90~95	80~90	90~100	90~100
环境温度/℃	20~30	60~65	60~65	65~70	70~80	80~90	60~65	60~65	60~65
蜡模表观	表面粗糙	表面粗糙	表面较好	表面粗糙	表面粗糙	表面非常粗糙	蜡层很厚	表面粗糙	表面粗糙
平均收缩率	长度方向：-0.16% 宽度方向：-0.18%								

表 4-47 B 号蜡浸蜡温度和环境温度表

序号	1	2	3	4	5	6	7	8	9
浸蜡温度/℃	90~100	90~100	80~90	70~80	90~100	80~90	70~80	80~90	80~90
环境温度/℃	20~30	35~40	35~40	35~40	45~50	45~50	45~50	45~50	45~50
蜡模表观	比 A1 稍好，较平整光滑，	平整光滑，蜡层较厚	平整光滑，蜡层较厚	平整光滑，蜡层较厚	平整光滑，蜡层较厚	平整光滑，蜡层较厚	平整光滑，蜡层较厚	平整光滑，蜡层较厚	平整光滑，蜡层较薄
平均收缩率	长度方向：-0.34% 宽度方向：-0.28%								

注：环境温度，浸蜡过程中，外界范围的温度，此处是指空气的温度。平均收缩率的测定条件为：A 号蜡，蜡温 90~100℃，环境温度为 60~65℃；B 号蜡，蜡温 80~90℃，环境温度为 45~50℃。

从实验中可以看出，A 号蜡在蜡温 90~95℃，环境温度为 60~65℃的条件下，浸蜡效果最好，但是由于黏度随温度变化大，重复性不好。B 号蜡在蜡温 80～90℃，环境温度为 45～50℃的条件下，浸蜡后处理效果最好，经过处理的蜡模表面光滑平整，但是强度不够。

两种蜡在长度和宽度方向都有不同程度的收缩而不是膨胀，可能的原因是：原型件在浸蜡过程中，有一个再熔融的过程。尽管这个过程很短，但是由于熔融造成原型件更加致密，并且这种致密化的能力超过材料的热膨胀能力，从而导致蜡模的尺寸收缩。

(2)混合蜡 C 的配方及主要性能。

从上面的论述中可以看到，A、B 号两种蜡各有优缺点，而且优缺点互补。因此，将 A、B 号两种蜡进行混合，进行了如下实验。

将 A、B 号两种蜡按照下表的比例配制一系列混合蜡 C，将此混合蜡 C 进行浸蜡实验，得到表 4-48。

表 4-48 混合蜡的配方和浸蜡实验

编号	1	2	3	4	5
A：B 号蜡	1：9	2：8	3：7	4：6	5：5
混合蜡 C 浸制的蜡模表观	流平效果差	流平效果差	容易流平	容易流平	容易流平，表面质量最好

从表 4-48 中可以看出，当 A 号蜡：B 号蜡 =1：1 的时候，蜡模的表观性能最佳，因此，混合蜡 C 的最佳配方为 A 号蜡：B 号蜡 =1：1。

用旋转黏度计 NDJ-1，使用 0 号转子，转速为 60r/min，测定混合蜡 C 的黏度-温度曲线如图 4-98 所示。

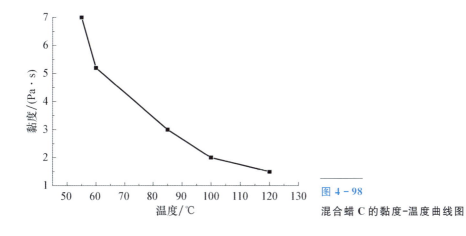

图 4-98 混合蜡 C 的黏度-温度曲线图

通过实验，得到合适的混合蜡 C 后处理工艺参数：蜡温为 90~100℃，环境温度为 50~60℃；经测定在上述配方和工艺下，蜡模的平均收缩率：长度方向为 0.19%，宽度方向为 0.17%。

4. 浸蜡工艺对蜡模精度的影响

从上面的数据可以看出蜡 A、C 的平均收缩率大小相近，方向相反的性质对于提高蜡模的精度有很大的帮助。为此，我们进行了如下的实验：

先将烧结制件在蜡温为 90~100℃，环境温度为 60~65℃ 的条件下浸入蜡 A 中，得到蜡模 1，在蜡模微冷到 60℃ 的时候，再次快速浸入蜡温为 90~100℃，环境温度为 50~60℃ 的蜡 C 中，得到最终的蜡模。

测定表明，由于两种材料的平均收缩率相近，方向相反，因此总的蜡模平均收缩率很小，测定在 0.1% 以下。但由于两种蜡在浸蜡时蜡温很接近，浸蜡时间难以控制，导致实验结果难以重复，实际操作起来较困难。

经过浸蜡处理，蜡模的拉伸强度为 6.4MPa，强度提高不明显，但已经可以满足熔模铸造对蜡模的要求。蜡模的表面粗糙度也有明显的改善，当对金属制件表面要求更高时，蜡模仍然需要一定的处理。最常见的处理方法就是机械打磨。

打磨的时候，先用粗砂纸，而后用细砂纸，最后用绒布蘸上石油醚或者地板蜡糊进行打磨，经过这样的处理，就可以得到合乎要求，具有一定的强度、光洁度以及精度的蜡模。图 4-99 是用上述方法制造的蜡模。

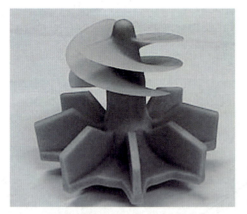

图 4-99
螺旋桨蜡模

4.7.3 选区激光烧结蜡模在精密铸造中的应用

本小节主要研究了通过 SLS 高分子原型件制造金属零件的工艺。通过采用真空压差铸造工艺，结合铸造型壳的制造，成功制造出金属零件。对 SLS 技术的精度控制进行了研究分析，并提出了解决办法。用 SLS 制造的高分子原型件强度低，一般只能直接用于视觉评估。一种改进的方法是将这种高分子原型件用于硅橡胶软模的制作，通过聚氨酯制造高强度的功能性测试制件。但是由于高分子原型制件的精度较低，这种方法与其他通过快速成形制造功能性测试制件相比没有明显的优点。

更为直接的方法是：通过精密铸造工艺，将高分子原型件制造陶瓷型壳，并进一步制造出金属零件和模具。这种快速制模和快速制造金属零件的工艺由于其时间短、精度高，更适合市场的要求，目前是 SLS 技术研究的热点。

1. 铸造型壳的制备

铸造型壳的制作是利用金属零件快速铸造工艺中最关键的一个中间步骤，因为它承担着快速原型到传统铸造工艺的转换，一方面型壳要最大限度地复制 SLS 原型的形状、精度和表面粗糙度，另一方面又要满足后续液态金属浇铸的要求。与熔模铸造工艺不同的是，此处的模型是高分子蜡模而非普通蜡模，这就意味着型壳制造工艺的不同，而且型壳制备也要困难得多。经过许多探索实验，华中科技大学铸造研究所开发了一种适于该工艺的陶瓷型壳制备方法。其制造流程如图 4-100 所示。

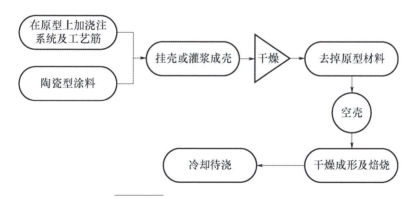

图 4-100　快速铸造型壳的制造流程

型壳所用材料为莫来石、铝硅酸盐、陶瓷涂料等。将以上材料混合形成陶瓷浆料，在蜡模表面涂覆。干燥后就在蜡模外形成具有一定厚度的包覆层。将此模组放入真空高温焙烧炉中进行焙烧，在 500℃ 以上温度经 1~2h 焙烧后，蜡模完全脱去，形成具有蜡模形状的型壳。通过该工艺制作的陶瓷型壳强度高,约为 0.4MPa,不变形、不开裂、蜡模复映性好、表面质量高、无残留杂质等特点,非常适合于金属零件快速铸造工艺。

2. 铸造用金属

铸造用金属采用流动性优良的锌基合金,它的主要成分如表 4-49 所示。

表 4-49 锌基合金主要成分

名称	合金元素质量分数/%			
	Al	Cu	Mg	Zn
锌合金	3.90~4.30	2.85~3.55	0.03~0.08	其余

它的主要性能指标:熔点为 380℃,抗拉强度为 250~275MPa,硬度为 120HB 左右,延伸率为 2.5%,凝固收缩率为 1.1% 左右。铸件的浇注温度为 410~420℃。用锌基合金来制作金属零件或模具,其优点为①制模周期短;②成本价格低;③制作工艺简单;④模具性能好;⑤能耗低、少污染。

3. 金属零件快速铸造设备和工艺

图 4-101、图 4-102 分别是真空压差铸造的原理图和设备照片。

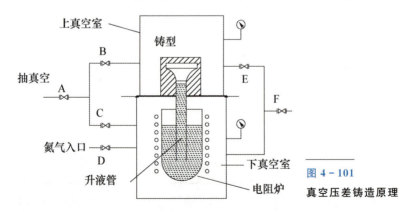

图 4-101 真空压差铸造原理

根据原型材料 HB1 的热分析实验可知,在气体保护或者真空条件下,原型不与空气接触,500℃ 以上高分子原型几乎能够完全被烧掉,仅余极少量的残余物,不会对后续的金属铸造过程造成影响。因此,借鉴熔模铸造工艺,我们制订了基于高分子蜡模的金属零件快速铸造工艺,主要工艺路线如图 4-103 所示。

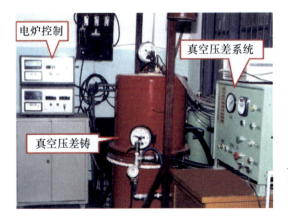

图 4-102 真空压差装置

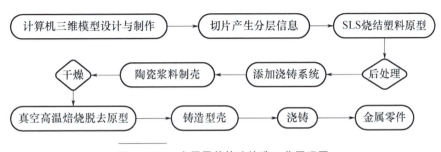

图 4-103 金属零件快速铸造工艺原理图

真空压差铸造法的充型工艺参数对充型的影响非常重要。针对不同类型的铸件可以选取不同的工艺参数。通过大量的实验和实际浇注，铸造研究所将真空压差铸造最佳的工艺参数选用规范列成表 4-50。

表 4-50 真空压差铸造最佳工艺参数选用参考表

铸件类型	工艺参数		
	真空度/MPa	气体流量/(m³/h)	气体压力/MPa
壁厚≤1mm	$p \leqslant -0.07$	$Q \geqslant 16$	$p = 0.4$
1mm<壁厚≤2mm	$-0.07 < p \leqslant -0.06$	$12 \leqslant Q < 16$	$0.3 \leqslant p < 0.4$
2mm<壁厚≤4mm	$-0.06 < p \leqslant -0.04$	$8 \leqslant Q < 12$	$0.2 \leqslant p < 0.3$
4mm<壁厚		$5 \leqslant Q < 8$	

注：对于复杂铸件，真空度取下限，其他参数取上限；简单铸件反之。浇注温度：700~710℃。

我们用真空压差铸造法制造了多个典型铝合金与钛合金铸件，如汽车转向灯壳、新型增压器叶轮、仪表壳体、螺旋叶片等零件。具有典型意义的四个铸件实物照片见图4-104（铝合金薄壁铸件）和图4-105（铝合金复杂件）。

图 4-104　铝合金薄壁铸件

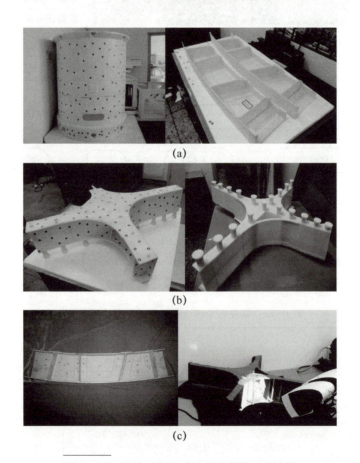

图 4-105　航空大型钛合金零件蜡模及其铸件

(a)航空零件铸造用蜡模，外围尺寸大于1m，壁厚仅3～4mm；
(b)航空十字接头蜡模，外围尺寸大于1m，具有内部复杂结构；
(c)由大尺寸复杂蜡模铸造获得的航空钛合金零部件。

4. 精度控制

制件的质量是 SLS 技术要解决和研究的重要问题。SLS 制件的质量评价问题实际上涉及成形件的使用要求。由于本书所讨论的烧结制件主要是用于精密铸造金属零件，因此讨论的重点就放在制件的精度问题。下面分析 SLS 技术中精度的影响因素及大小，并且提出精度问题的解决办法。

高分子原型件在浸蜡过程中会产生收缩。通过选择合适后处理蜡的配方和工艺，可以得到收缩小、收缩率稳定的蜡模。

烧结材料在烧结过程中，在 X、Y、Z 三个方向上的收缩并不均匀。材料的收缩主要是由温致收缩、烧结收缩和结晶收缩三个方面组成。

温致收缩主要是由于温度的变化导致材料的热胀冷缩，这是任何材料都有的性质。影响温致收缩的主要因素有材料的线膨胀率和材料的转变温度。表 4-51 是经常使用烧结材料的热膨胀系数和线性收缩率。这些都是材料的属性，从工艺上无法进行调整。

表 4-51 经常使用烧结材料的热膨胀系数和线性收缩率

材料	热膨胀系数/($m^3/m^3 \cdot ℃$)	线收缩率/%	材料	热膨胀系数/($m^3/m^3 \cdot ℃$)	线收缩率/%
ABS	2.85~3.90	0.4~0.5	PMMA	1.50~2.70	0.5~0.8
PA66	2.40	2~3	POM	2.43	3.5
PC	2.00	0.6~0.8	PIFE	3.00	—
聚酯	1.80	—	聚氨基甲酸酯	3.00~6.00	—
LDPE	3.00~6.00	1~3.6	PVC	2.5~5.55	—
HDPE	3.3~3.9	1.5~3.6			

结晶收缩不仅存在于结晶型材料的其他加工方法中，而且存在于结晶型材料的 SLS 加工中。结晶高分子材料一般是由结晶部分和无定形部分组成，结晶收缩实际上是由材料结晶部分和无定形部分比例的改变引起密度变化而导致收缩。以 PA66 为例，在烧结过程中的收缩大小可以从下面的近似计算和实验结果中得到论证。

假设结晶收缩为各向均匀，结晶度为 r，晶体和无定型体的密度分别为 ρ_1、ρ_2，那么结晶高分子的体积收缩率为

$$\delta_{jv} = \frac{r(\rho_1+\rho_2)}{r\rho_1+(1-r)\rho_2} \quad (4-29)$$

当 $r=50\%$，$\rho_1=1.24$，$\rho_2=1.09$ 时，$\delta_{jv}=0.0644$，其线收缩率大约为 2%，这个计算结果与 PA 注射成形时实际测量的收缩率相同，说明 PA 的收缩主要是结晶收缩。

选区激光烧结前后烧结区域粉末的密度变化很大，这种密度的变化表现在制件上就引起了烧结收缩。烧结收缩的推动力是表面张力。研究表明，烧结收缩主要受成形长度、激光扫描功率、扫描速度影响。烧结收缩的大小与成形长度，激光扫描功率成正比，与扫描速度成反比。

此外，制件的 Z 轴误差比 X、Y 轴上的误差要大。研究发现，除了材料的热收缩之外，这主要是由于已成形部分在 Z 轴方向的向下移动引起厚度方向的另一个误差。在每次烧结循环中，各种振动都会使得底层的粉末不断压实，从而使成形零件不断向下移动而引起 Z 轴的误差。实验表明，对于 HRPS－Ⅲ型机来说，每铺粉 100 次，下沉量为 1mm。

图 4-106(a)是使用 HB1 为烧结材料得到的高分子原型件，在制造金属件过程中的误差分析。图 4-106(b)是制件的计算机原型图，高分子原型和金属制件。

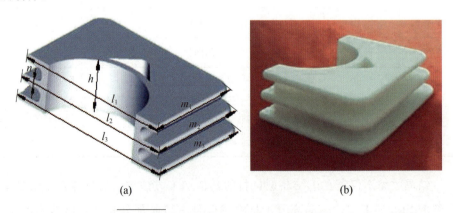

图 4-106 散热片计算机原型和高分子原型
(a)计算机的三维原型图；(b)高分子原型图。

图 4-107 是采用本工艺制作的散热片金属零件。对零件的精度进行测

量,结果如表 4-52 所示。

表 4-52 金属零件快速铸造过程中各环节的精度

项目	l_1	L_2	l_3	m_1	m_2	m_3	n	h
三维模型尺寸/mm	96.00	100.00	104.00	66.54	69.54	72.54	4.00	25.40
高分子原型尺寸/mm	95.55	99.56	103.50	66.10	69.16	72.08	4.66	26.22
原型制造误差/mm	-0.45	-0.44	-0.50	-0.44	-0.38	-0.46	0.34	0.82
金属零件尺寸/mm	94.38	98.43	102.23	65.28	68.48	71.40	4.60	25.97
铸造过程误差/mm	-1.07	-1.13	-1.27	-0.72	-0.68	0.68	-0.06	-0.25
综合误差/mm	-1.52	-1.57	-1.57	-1.16	-1.06	-1.14	0.28	0.57

图 4-107

基于 SLS 高分子原型快速铸造的散热片金属零件

可以看出,最终金属零件的尺寸误差主要由烧结过程和铸造过程的误差构成。这两种误差呈现不同的特点:SLS 高分子原型制造过程的误差变化较小,与零件各个部分的尺寸大小相互依赖关系不大,主要由烧结设备、原型材料和烧结参数所决定。铸造过程的尺寸误差相互之间差别较大,而且与零件的各部位尺寸密切相关,铸造过程的误差产生主要由陶瓷壳型的制作过程和金属的凝固收缩造成,由于铸型的尺寸变化不大,因此零件在铸造过程中的误差主要是由金属的凝固收缩造成的。可以看出,铸造过程误差范围在 0.9%~1.2%,与锌合金的凝固收缩率大致吻合。

对于模型误差和设备误差,这可以通过改进软件的计算方法,提高设备机械部分的精度来改善。对于后处理部分浸蜡工艺造成的误差,可以通过使用收缩率小的后处理蜡的配方和材料,改进浸蜡工艺,并严格控制浸蜡工艺来实现。对于烧结过程中的温致收缩,可以通过实验数据测定收缩率,对计算机原型数据进行修正。对于烧结收缩和结晶收缩误差,可以通过选择结晶度小的材料或者使用复合材料,控制烧结过程中的工艺参数等得到提高。对于在精密铸造过程中的误差,可以通过选用合适的陶瓷型壳配方、金属材料加以改进。另外,分别准确测定上述各种误差数据,从计算机原型图中进行总的修正,也可以得到合格的金属制件。

4.8 本章小结

本章从微观上介绍选区激光烧结的 Frankel 两液滴模型和"烧结立方体"模型,SLS 工艺粉末烧结驱动力和热量的传递方式,为选择烧结聚苯乙烯及其复合材料提供理论基础;并且,针对 SLS 成形机理、铸造高分子材料 PS 的成形,及其在精密铸造中的应用展开论述。研究表明,玻璃化转变温度对于非晶材料 PS 的 SLS 成形非常重要,而预热温度的设定值略低于玻璃化转变温度,从而保证在预热过程中粉末不会发生黏连,减小热变形。PS 材料玻璃化转变温度为 110℃,烧结温度上限为 340℃。不同工艺参数下 PS 制件精度和强度的变化规律相反,制件强度越高,其精度越低。对制件强度和精度进行双指标正交实验表明,激光功率为 25W、分层厚度为 0.25mm、扫描速度为 2000mm/s、扫描间隔为 0.32mm 为最优工艺耦合参数,此时的制件弯曲强度为 3.19MPa,尺寸相对误差为 1.85%。此外,本章也对 PS 基复合材料进行了工艺与性能研究。由于 SLS 制件的强度和表面粗糙度达不到精密铸造的要求,因此需进一步进行浸蜡处理,得到铸造蜡模。对于真空压差铸造法而言,其工艺参数对充型的影响非常重要。本章针对不同类型的铸件选取了不同的工艺参数,并试制了新型增压器叶轮、螺旋叶片等典型铝合金铸件。

参考文献

[1] 王建宏. 选区激光烧结用复合尼龙粉末改性技术研究[D]. 太原:中北大学, 2007.

[2] 姜凯译. 尼龙 12/石灰石复合材料激光烧结关键技术研究[D]. 哈尔滨:东北林业大学,2015.

[3] 闫春泽. 聚合物及其复合粉末的制备与选区激光烧结成形研究[D]. 武汉:华

中科技大学,2009.

[4] 汪艳. 选区激光烧结高分子材料及其制件性能研究[D]. 武汉:华中科技大学,2005.

[5] TIAN X,PENG G,YAN M,et al. Process prediction of selective laser sintering based on heat transfer analysis for polyamide composite powders [J]. International Journal of Heat and Mass Transfer,2018,120(5):379-386.

[6] 徐林. 碳纤维/尼龙12复合粉末的制备与选区激光烧结成形[D]. 武汉:华中科技大学,2009.

[7] 王传洋,陈瑶,董渠. 选区激光烧结聚苯乙烯拉伸强度研究[J]. 应用激光,2014,34(5):377-382.

[8] 郑燕升,莫春燕,王发龙,等. 功能化聚苯乙烯复合材料的研究进展[J]. 塑料工业,2014,42(7):7-10.

[9] 郑海忠,张坚,鲁世强,等. 选区激光烧结制备 PS/Al_2O_3 纳米复合材料的研究[J]. 工程塑料应用,2005,33(9):28-31.

[10] 徐志锋,张坚,郑海忠,等. 基于选区激光烧结技术的纳米 Al_2O_3 改性 PS 的实验[J]. 高分子材料科学与工程,2005,21(3):223-226.

[11] 肖慧萍. 尼龙-6/聚苯乙烯体系复合材料的选区激光烧结[J]. 南昌航空大学学报(自然科学版),2008,22(3):85-89.

[12] 洪浩鑫. 糖基快速成形材料及成形机理研究[D]. 西安:西安科技大学,2014.

[13] 谢小林,王云英. 聚苯乙烯粉末选区激光烧结成形机理的研究[J]. 航空材料学报,2006,(26):32-35.

[14] 于千. 复合尼龙粉末选区激光烧结成形工艺的研究[D]. 太原:中北大学,2006.

[15] 崔建芳. 铸造用芯盒激光快速制造工艺研究[D]. 太原:中北大学,2006.

[16] 吴传保,刘承美,史玉升,等. 高分子材料选区激光烧结翘曲的研究[J]. 华中科技大学学报(自然科学版),2002,30(8):107-109.

[17] 潘建新,陈儒军. 基于SLS技术的烧结件变形控制研究[J]. 机械研究与应用,2011(3):172-174.

[18] 杨来侠,刘旭,张文明,等. 聚苯乙烯粉选区激光烧结工艺参数优化[J]. 工程塑料应用,2015(6):44-49.

[19] SALMORIA G V,LEITE J L,PAGGI R A,et al. Selective laser sintering of PA12/HDPE blends:Effect of components on elastic/plastic behavior[J].

Polymer Testing,2008,27(6):654-659.

[20] 崔建芳,白培康,刘斌,等. 塑料粉末选区激光烧结收缩实验研究[J]. 热加工工艺,2008,37(21):18-20.

[21] 王荣吉,李新华,潘云,等. 选区激光烧结强度的研究[J]. 中南林业科技大学学报,2008,28(3):127-130.

[22] CHEN Q,NI S. Orthogonal Experiment Design and Analysis on ABS Power in SLS[J]. Materials Engineering and Automatic Control,2012,562-564:642-645.

[23] SHI Y,LI Z,SUN H,et al. Development of a polymer alloy of polystyrene (PS)and polyamide(PA)for building functional part based on selective laser sintering(SLS)[J]. Journal of Materials:Design and Application,2004,218(14):299-306.

[24] 朱佩兰,徐志锋,余欢,等. 工艺参数对覆膜砂选区激光烧结成形的影响[J]. 南昌航空大学学报(自然科学版),2012,26(1):104-108.

[25] 杨来侠,刘旭. PS的选区激光烧结成形工艺实验[J]. 塑料,2016,45(1):100-103.

[26] JAIN P K,PANDEY P M,RAN P V M,et al. Effect of delay time on part strength in selective laser sintering[J]. Advanced Manufacturing Technology,2009,43(1/2):117-126.

[27] ATHREYA S R,KALAITZIDOU K,DAS S,et al. Mechanical and microstructural properties of Nylon-12/carbon black composites:Selective laser sinteringversus melt compounding and injection molding[J]. Composites science and technology,2011,71(4):506-510.

[28] 王丽英. 玻璃纤维与腈纶阻燃针织布定量分析方法探讨[J]. 纺织报告,2015(4):56-5.

[29] 李新中. 玻璃纤维增强HDPE及其硅烷交联改性研究[D]. 北京:北京化工大学,2006.

[30] SONG F,WANG Q,WANG T. Effects of glass fiber and molybdenum disulfide on tribological behaviors and PV limit of chopped carbon fiber reinforced Polytetrafluor oethylene composites[J]. Tribology International,2016,104:392-401.

[31] 王赫,刘亚青,张志毅,等. 玻璃纤维表面处理技术的研究进展[J]. 绝缘材料,

2007,40(5):35-37.

[32] 杨来侠,龚林. 碳酸钙改性聚苯乙烯的初步选区激光烧结实验[J]. 工程塑料应用,2016,44(3):49-53.

[33] 王荣伟,杨为民,辛敏琦. ABS 树脂及其应用[M]. 北京:化学工业出版社,2011.

[34] 邓如生. 共混改性工程塑料[M]. 北京:化学工业出版社,2003.

[35] 汪晓鹏,贺建梅,李文磊. 聚苯乙烯改性研究进展[J]. 上海塑料,2017(2):50-57.

[36] 张世玲,龚晓莹. 高分子材料成形技术[M]. 北京:中国建材工业出版社,2016.

[37] 杨来侠,周文明. 选区激光烧结 PS/ABS 复合粉末成形件精度的实验研究[J]. 塑料工业,2017,45(8):35-38.

[38] 唐城城,俞海燕,乔梁,等. 选区激光烧结用 Al_2O_3/PA12 复合材料的制备和成形[J]. 塑料工业,2015,43(2):130-135.

[39] 苏婷,冯晓宏,陈礼,等. 一种用于选区激光烧结的碳纤维增强树脂粉末材料[P]. 中国:CN201410196598.6,2016-07-06.

[40] XU Z,Liang P,YANG W,et al. Effects of laser energy density on forming accuracy and tensile strength of selective laser sintering resin coated sands[J]. China Foundry,2014,11(3):151-156.

[41] 汪艳,史玉升,黄树槐. 聚碳酸酯粉末的选区激光烧结成形[J]. 工程塑料应用,2006,34(12):34-36.

[42] 杨来侠,周文明. PS/ABS 复合粉末选区激光烧结工艺参数的实验研究[J]. 工程塑料应用,2017,45(5):57-62.

[43] 郑海忠,张坚,徐志峰,等. 激光能量密度对纳米 Al_2O_3/PS 复合材料致密度和显微结构的影响[J]. 中国激光,2006(10):1428-1433.

[44] 周文晓. 选区激光烧结基础工艺及 PA6 薄层性能研究[D]. 合肥:中国科学技术大学,2012.

[45] 刘健宁. 选区激光烧结纳米蒙脱土改性聚苯乙烯的实验研究[D]. 长沙:湖南大学,2007.

[46] YANG J,SHI Y,SHEN Q,et al. Selective laser sintering of HIPS and investment casting technology[J]. Journal of Materials Processing Technology,2009,209(4):1901-1908.

[47] 王建宏,夏建强,张国伟,等. 精铸蜡粉激光烧结成形工艺试验研究[J]. 铸造设备与工艺,2012(2):14-15.

[48] 石琴. 选区激光烧结用复合蜡粉的制备与成形工艺研究[D]. 太原:中北大学,2014.

[49] 何曼君,陈维孝,董西侠. 高分子物理[M],上海:复旦大学出版社,1990.

[50] BEAMAN J J. Solid Freeform Fabrication:A New Direction to Manufacturing [M]. Berlin:Kluwer Academic Publishers,1998.

[51] NELSON J C,XUE S,BARLOW J W. et al. Model of selective laser sintering of bisphenol-A polycarbonate [J]. Ind Eng Chem Res,1993,32(10):2307.

[52] 范克雷维伦 D. 聚合物的性质[M]. 浒元泽,赵锝禄,吴大诚,译. 北京:科学出版社,1981.

[53] DICKENS E D, et al. Sinterable semi-crystalline powder and near-fully dense article formed therwin. US 5342919[P]. [1996-06-17].

[54] 孙海霄,曾繁涤,林柳兰,等. 选区激光烧结技术及所用高分子材料对工艺的影响[J]. 工程塑料应用,2001,29(3):12-15.

[55] 李湘生. 选区激光烧结的若干关键技术研究[D]. 武汉:华中科技大学,2001.

[56] 高家武,周福珍,刘士晰,等. 高分子材料热分析曲线集[M]. 北京:科学出版社,1985.

第 5 章
基于选区激光烧结/三维印刷工艺的砂型成形技术

砂型铸造是一种常用的铸造工艺。但铸件的结构形状越复杂，铸模造型就越困难。增材制造工艺使得成形过程与待成形实体的几何复杂程度无关，理论上可实现任意复杂结构的成形。目前，选区激光烧结（SLS）技术与三维印刷成形（3DP）技术作为两种以适用于多种成形材料而著称的增材制造工艺，已广泛应用于铸造领域。SLS 采用激光束逐层扫描成形粉末并得到三维实体，几乎不需要后处理，但成形幅面受到光路系统约束；3DP 则通过喷头喷射黏结剂逐层黏结粉末形成初坯，而后经后处理（脱脂、烧结等）得到实体，但理论上成形尺寸不受约束。本章首先以砂型的选区激光烧结展开论述，并介绍其在精密铸造中的应用，然后深入剖析 3DP 技术的原理、装备、黏结剂制备、主要成形工艺缺陷及解决策略。

5.1 覆膜砂选区激光烧结机理

利用选区激光烧结技术可以制造任意复杂结构的零件和模型，通过选择合适的烧结材料，可以直接制造铸型（芯）[1-3]。这种方法对复杂铸件的制造极为有利，可有效减少从设计到铸件的过渡时间和费用，无缝集成到标准的精密铸造工作流程中。

5.1.1 覆膜砂激光烧结概述

近年来采用 SLS 技术制备熔模，再通过精密铸造方法获得金属件的方法已得到了广泛应用。这种方法对许多金属零件都十分有效，并且可以获得精度和表面粗糙度都很低的铸件。但对一些复杂金属零件，特别是内腔流道复杂的铸件，则不能用此方法。

SLS 技术可以直接制备用于铸造的砂型（芯），从零件图纸到铸型（芯）的工艺设计、铸型(芯)的三维实体造型等都由计算机完成,而无需过多考虑砂型的生产过程。特别是对于一些空间的曲面或流道,用传统方法制备十分困难,若采用 SLS 技术,则这一过程就会变得十分简单,因为它不受零件复杂程度的限制。传统方法制备砂型(芯)时,常将砂型分成几块,然后分别制备,并且将砂芯分别拔出后进行组装,因而需要考虑装配定位和精度问题。而用 SLS 技术可实现砂型(芯)的整体制备,不仅简化了分离模块的过程,铸件的精度也得以提高。因此,用 SLS 技术制备覆膜砂型(芯)在铸造中有着广阔的前景,然而目前仍然存在如下问题[4-7]有待进一步解决:

(1)与其他快速成形方法一样,由于分层叠加的原因,SLS 覆膜砂型(芯)在曲面或斜面上,呈明显的"阶梯形",因此覆膜砂型(芯)的精度和表面粗糙度不太理想。

(2)SLS 覆膜砂型(芯)的强度偏低,难以成形精细结构。

(3)SLS 覆膜砂型(芯)的表面,特别是底面浮砂的清理困难,严重影响其精度。

(4)固化收缩大,易翘曲变形,砂的摩擦大,易被铺粉辊所推动,成功率低。

(5)覆膜砂中的树脂含量高,浇注时砂型(芯)的发气量大,易使铸件产生气孔等缺陷。

由于以上问题,SLS 制备覆膜砂型(芯)的技术并没有得到广泛应用。为此,国内外的许多学者从覆膜砂的 SLS 成形工艺、后固化工艺以及砂型(芯)设计等方面进行了大量的研究,并得出以下结论[1,6]:

(1)砂型(芯)的截面积不能太小。如首层砂型(芯)的截面积太小,由于定位不稳固,铺粉时,容易被铺粉辊所移动,影响砂型(芯)的精度。

(2)不允许砂型(芯)中间突然出现"孤岛"。此时,"孤岛"部分由于没有"底部"固定,容易在铺粉过程中发生移动。但这种情况在砂型(芯)的整体制备时常会出现。如有此情况出现,应考虑砂型(芯)的其他设计方案。

(3)要避免"悬臂"式结构。由于悬臂处的固定不稳固,除了在悬臂处易发生翘曲变形外,铺砂时还容易造成砂型(芯)的移动。

(4)砂型(芯)要尽量避免以"倒梯形"结构进行制备。

由上可知,用 SLS 制备复杂的砂型(芯)十分困难,应用以往的研究结果根本无法制备像液压阀这样的复杂砂型(芯)。因此,本章将从多个角度研究产生这些问题的原因及解决办法。

覆膜砂所用的酚醛树脂为热固性材料,其 SLS 成形特性与热塑性聚合物有着本质的区别。覆膜砂在 SLS 成形过程中会发生一系列复杂的物理、化学变化,这些变化对覆膜砂的 SLS 成形有着深刻的影响。而以往的研究却没有涉及这方面的内容,因此本章将从热固性树脂性能的角度深入研究覆膜砂的 SLS 成形特性,为覆膜砂的 SLS 成形提供理论基础。

5.1.2 覆膜砂床受热与传热的特点

1. 覆膜砂床的受热

激光是一种原子系统在受热辐射放大过程中产生的高亮度相干光,它是 20 世纪 60 年代出现的重大科学技术成就之一。激光加热是利用激光的高能光束对材料有选择的扫描,使材料吸收光能后温度迅速升高。激光对粉末材料的加热包括两个阶段[1,3]:①粉末对激光能量的吸收、反射和透过(对每一层而言);②熔化后热量在粉末中传递。粉末材料吸收的激光能通过激光光子与粉末材料内部的基本能量粒子进行相互碰撞,将能量在瞬间内转化为热能并逐渐向内部传递。具有足够功率密度的激光束,能快速加热材料表面,使其达到相变温度并熔化,材料内部却基本保持冷却状态。这主要是因为激光束发出的能量并不是完全被材料吸收,还有部分光能被材料表面反射掉,最终辐射到材料表面的激光功率密度较低。光能被粉末表面吸收,随着入射光入射到材料内部深度的增加,激光强度几何级数减弱,所以粉末内部在激光快速扫描下,基本为冷却状态,但粉末的上表面黏结,完成层层叠加。粉末内部的加热主要是靠表层粉的热传导进行,主要通过激光束直接作用下的表层区吸收光能量后受热升温,并往内部传热。同时,也与未接收光扫描的粉末、已烧结粉末及周围环境换热,随后被扫描区域冷却固化。其原理如图 5-1 所示。

热塑性成形材料的成形过程:在激光的热作用下,材料分子通过与固化剂作用发生交联反应而使粉体颗粒彼此黏结。热塑性酚醛树脂一般不能单独使用,它要与固化剂六次甲基四胺一起反应,作为粉末颗粒母体间的黏结剂,因此树脂颗粒母体材料表面的包覆状态是至关重要的。此外,热塑酚醛树脂的熔化黏度和固化时间也是影响最终零件强度的关键因素。酚醛树脂交联固化后的优点是变形小、尺寸稳定、价格低廉,缺点是固化反应时间一般高于激光扫描停留时间,因此来不及充分反应,零件的初始强度往往较低,需要做后期固化处理。现在铸造生产中较成熟的热塑性成形材料是覆膜砂,可用于成形铸造用型芯和型壳。

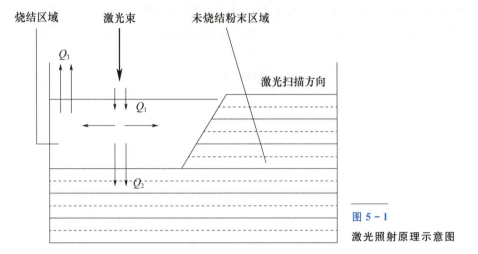

图 5-1 激光照射原理示意图

2. 覆膜砂的传热

1) 砂砾的导热系数方程

对一半径为 r_0 的球形物质,如其各热物性均为常数,且各初始条件与边界条件均对其圆心对称,则可认为其非傅里叶导热主控制方程也是对其圆心对称的,除时间自变量 t 外,几何自变量只有径向坐标 r,这样,温度场 T 的主方程[8]可写成

$$\alpha\left(\frac{\partial^2 T}{\partial r^2} + \frac{2}{r}\frac{\partial T}{\partial r}\right) = \frac{\partial T}{\partial t} + \tau\frac{\partial^2 T}{\partial t^2} \tag{5-1}$$

式中:α 为热扩散系数;τ 为热弛豫时间。另外,按照 Chester 与 Maurer 的研究,τ 和 α 还有下列关系:

$$\tau = 3\alpha/v^2 \tag{5-2}$$

$$v = l/\tau \tag{5-3}$$

式中:v 为声子或电子的运动速度;l 为其平均自由行程。联立式(5-2)、式(5-3),相当于有

$$\tau = l^2/3\alpha \tag{5-4}$$

为给出径向传热量 q 的解析式,还要用到非傅里叶导热基本关系:

$$\tau \frac{\partial q}{\partial t} + q = -k \frac{\partial T}{\partial r} \tag{5-5}$$

式中:k 为导热系数。

如果把覆膜砂近似地看成球形,则覆膜砂为两层同心球体。球体的受热量与温度、受热时间、球体半径有关,覆膜砂的外层为酚醛树脂,内层为砂子,它们的导热系数不同,在同一环境下,相同的照射时间,覆膜砂的受热量将不一样,内层和外层的温度也不一样,这样对每一个砂砾而言,内层与外层制件就存在一个热平衡。

2)砂堆的导热系数方程

如图 5-2 和图 5-3 所示,对于砂砾堆积床(砂堆),可简化为固相和气相的并联。稳态时,在同一 x 坐标位置上气相与固相温度相同,可以找到一个当量导热系数,从而当作单相问题来处理。现在考察一非稳态过程,当 $t=0$ 时,在 $x=0$ 的位置施加一热源 q_c,由于气相和固相的导温系数不同,显然,在同一个 x 坐际位置 L,气相与固相温度不再相等,导热过程不再是一维的,而变成二维或三维的。因此不能用一个当量导热系数,从而把其作为一维导热过程处理。从图中可以看到,瞬态时,固相与气相之间不能看成是简单的并联关系。

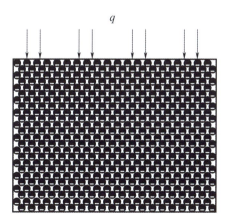

图 5-2
砂砾堆积床结构示意图

为了简化问题,便于分析,我们把砂堆看作一个系统[9],气体看作另一个系统加以考虑。在这两个系统之间存在热交换,我们把这种情况称为双相系统模型。对于气相和固相,分别应用傅里叶定律和能量平衡。

$$l(\rho c_p)_s \frac{\partial T_s}{\partial t} = l_s k_s \frac{\partial^2 T_s}{\partial x^2} - G(T_s - T_g) \tag{5-6}$$

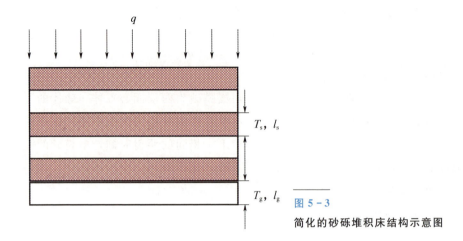

图 5-3 简化的砂砾堆积床结构示意图

$$l_g(\rho c_p)_g \frac{\partial T_g}{\partial t} = l_g k_g \frac{\partial^2 T_g}{\partial x^2} + G(T_s - T_g) \qquad (5-7)$$

$$G\left(\frac{l_s}{2k_s} + \frac{l_g}{2k_g}\right)^{-1} \qquad (5-8)$$

式中：l_s、l_g、k_s、k_g 分别为固相和气相的当量导热面积和当量导热系数，其中固相的当量导热系数与固相粒子间的接触面积有很大关系[10]，固相的相对密度对导热系数也有一定影响；G 为固相和气相间热耦合的程度。实际上由于砂砾形状、结构的复杂性，式(5-6)具有一定的近似性。式(5-6)与式(5-7)表明，可以把固相和气相分别当作一维有源的导热过程来处理，它们源的大小与相间温度差有关。

根据以上分析，可把粉床看成由固相和气相组成的两相体系，气相和固相有各自的导热系数，其中固相的导热系数与砂砾间的接触面积和粉床的相对密度有关。接触面积大，相对密度大则导热系数大，导热快。气相的导热系数与气体本身的性质有关系，如果提高温差，气相升温时间将减小，在覆膜砂的制作过程中遇到大面积过度烧结时就需要较快的升温和降温，因此根据覆膜砂烧结的特点，此时应适当提高接触面积和相对密度。

5.1.3 大面过渡烧结

由于在烧结的过程中，铺粉辊连续铺粉可能造成烧结件移动，影响零件的加工；同时，工作缸的温度场不均匀也是使得零件移动的原因。以下将简要分析覆膜砂烧结中零件移动的原因以及解决的方法。

1. 砂砾的摩擦特性

所谓粉体的摩擦性质是指粉体中固体粒子之间及粒子与固体边界表面因摩擦而产生的一些特殊的物理现象，以及由此表现出的一些特殊的力学性质[11]。摩擦性质的物理量是摩擦角，常用的摩擦角有休止角和内摩擦角等。

休止角（又称堆积角、安息角）是指粉体自然堆积时的自由表面在静止平衡状态下与水平面所形成的最大角度。休止角常用来衡量和评价粉体的流动性。一般颗粒，球形度越大，休止角越小。对于大多数粉料而言，松散填充时的空隙率 ε_{max} 与休止角 ϕ 之间，具有如下的关系：

$$\phi_r = 0.05(100\varepsilon_{max} + 15)^{1.57} \tag{5-9}$$

粉体与液体不同，其活动的局限性很大，这主要是粉体内部粒子相互间存在着摩擦力所致。因为粉体层中粒子的相互啮合是产生切断阻力的主要原因，所以内摩擦角受到颗粒表面的粗糙度、附着水分粒度分布以及空隙率等内部因素和粉料静止存放时间及振动等外部因素的影响。对同一种粉体，内摩擦角一般随空隙率的增加呈线性减小趋势。

$$\phi_1 = \arctan \mu_i = \arctan \frac{\tau}{\sigma} = \arctan \frac{F}{W} \tag{5-10}$$

$$\tau = \frac{F}{A}, \quad \sigma = \frac{W}{A}, \quad \tau = \mu_i \times \sigma \tag{5-11}$$

对于覆膜砂，特别是多角形的砂子，流动性差，相互齿合产生的阻力大，因此摩擦力大。工作缸内的温度分布如果不均匀[12-13]，覆膜砂表面的树脂由于受热不均匀则导致树脂收缩不均匀，产生翘曲。当铺粉辊滚过时，受铺粉辊速度的影响[14-15]，容易使零件移动。

2. 大面过度烧结的处理方法

对于大面过度烧结会出现如图 5-4 所示的 4 种情况：

(1) 在图 5-4(a) 所示的情况下烧结过程由一个小截面突然转变到一个大截面，在覆膜砂烧结过程中，在烧结完 a 层后会停下制作，加热到覆膜砂的预热温度 90~100℃后，再继续制作下一层，而且此时要在尽量短的时间内将覆膜砂的温度冷却到烧结温度 50℃左右。如果不在较短的时间内将温度降至烧结温度，覆膜砂将会严重结块，难以清理。

（2）在图 5-4(b)所示的情况下，砂型的形状是由小截面逐渐过渡到大截面的，转变没有上一种情况急剧，此时可不升高温度，让砂型在烧结温度下进行制作。

（3）在图 5-4(c)所示的情况下，当前层的左边没有和上一层黏结，当铺粉辊从左边碾过时，当前层容易翘曲。

（4）在图 5-4(d)所示的情况下，当前层的右边没有和上一层黏结，当铺粉辊从右边碾过时，当前层也容易翘曲。对后两种情况的处理方法同第一种情况。

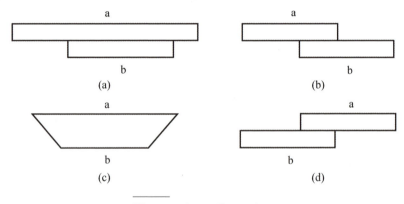

图 5-4 烧结层截面示意图

5.1.4 覆膜砂的固化机理

用于覆膜砂的酚醛树脂为线型热塑性酚醛树脂，热塑性酚醛树脂是在酸性介质中，由三官能度的酚或二官能度的酚与醛类缩聚而成，由于在酸性介质中，羟甲基彼此间的反应速度总小于羟甲基与苯酚邻位或对位氢原子的反应速度，因此酚醛树脂的结构一般为

n 为缩聚度一般为 10~12

酸催化热塑性酚醛树脂的数均分子量一般在 500 左右，相应分子中的酚环大约有 5 个，它是一个包括各种组分的分散性混合物（表 5-1）[16-17]。

表 5-1　不同分子量酚醛树脂的性能

组分	1	2	3	4	5
质量分数/%	10.7	37.7	16.4	19.5	16.0
分子量	210	414	648	870	1270
熔点	50～70	71～106	96～125	110～140	119～150

在聚合体中不存在未反应的羟甲基，因此加热时只能熔融不能固化，未固化的树脂强度极低，只有当在这种树脂中加入六次甲基四胺，进一步缩聚为体型产物时，才具有一定的强度。六次甲基四胺固化酚醛树脂的反应十分复杂。关于六次甲基四胺固化酚醛树脂的详细机理仍不十分清楚，一般认为[18]有两种反应使酚醛树脂反应成体型聚合物。

一种是六次甲基四胺和包含活性点、游离酚(约 5%)和少于 1%水分的二阶树脂反应，此时在六次甲基四胺中的任何一个氮原子上连接的三个化学键可依次打开，与三个二阶树脂的分子链反应，如：

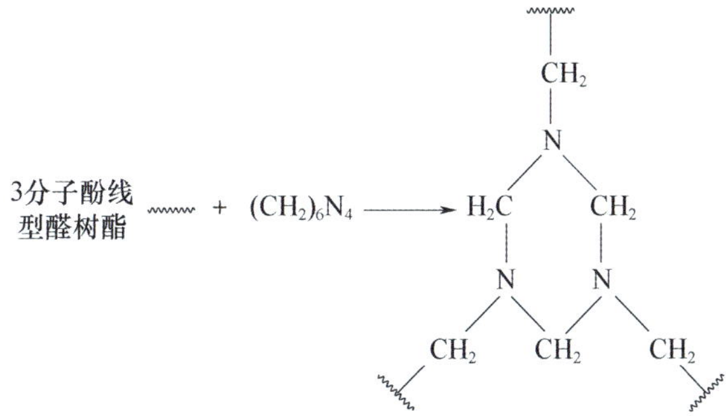

3分子酚线
型醛树酯
+
$(CH_2)_6N_4$
CH_2
N
H_2C
CH_2
N
N
CH_2
CH_2
CH_2

另一种反应是六次甲基四胺在较低温度(130～140℃或更低的温度)下可与只有一个邻位活性位置的酚反应生成二(羟基苄)胺，如：

OH
OH
H_3C
CH_2NHCH_2
CH_3
CH_3
CH_3

这一结构不稳定，在较高温度下分解放出甲醛和次甲基胺，若无游离酚则生成甲亚胺，如：

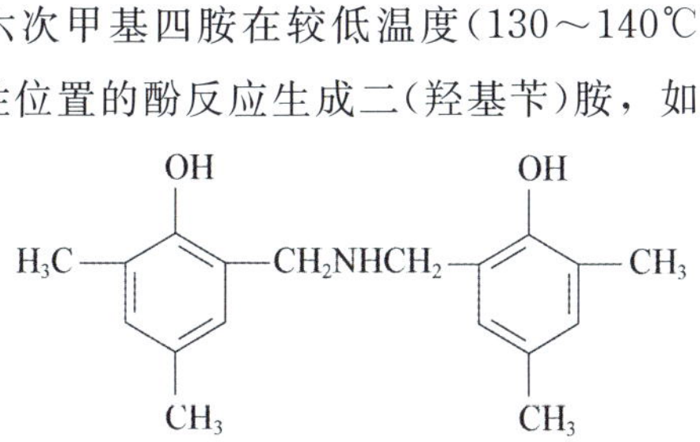

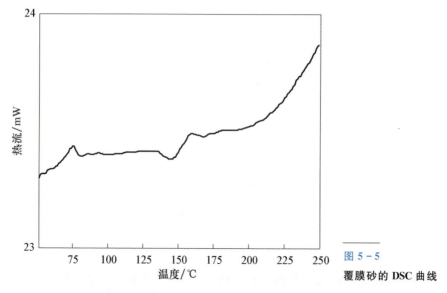

这一产物显黄色，因此可以利用这一性质判断覆膜砂的固化程度。

图 5-5 所示为覆膜砂的 DSC 曲线。在 81.6℃ 和 167.7℃ 处有吸热峰，而在 150.5℃ 处有放热峰，81.6℃ 处的吸热峰为酚醛树脂的熔融峰。150.5℃ 处的放热峰和 167.7℃ 处的吸热峰均为酚醛树脂的固化峰，证明覆膜砂的固化分为两步进行：在较低温度下（150.5℃）酚醛树脂与六次甲基四胺反应生成二（羟基苯）胺和三（羟基苯）胺，但这种仲胺或叔胺不稳定，在较高温度下（167.7℃）进一步分解生成甲亚胺。

图 5-5 覆膜砂的 DSC 曲线

5.1.5 覆膜砂的固化动力学

为了更好地了解覆膜砂酚醛树脂的固化反应，确定其 SLS 成形工艺参数及后固化工艺，就需对其固化动力学进行研究，可采用 Kissinger[19-20] 公式进行计算：

$$\frac{\mathrm{d}\left(\ln\dfrac{\phi}{T_\mathrm{p}^2}\right)}{\mathrm{d}\left(\dfrac{1}{T_\mathrm{p}}\right)} = -\frac{E_\mathrm{a}}{R} \tag{5-12}$$

式中：ϕ 为升温速度；T_p 为固化反应的峰顶温度；E_a 为表观活化能；R 为气体常数。以 $\ln(\phi/T_p^2)$ 对 $1/T_p$ 作图得一直线，由直线的斜率（$-E_a/R$）可求出表观活化能 E_a。

图 5-6 所示为升温速度分别为 5℃/min、10℃/min、15℃/min 和 20℃/min 时覆膜砂酚醛树脂固化体系的非等温 DSC 曲线，由此可以得到不同升温速度下的固化特征温度，如表 5-2 所示。

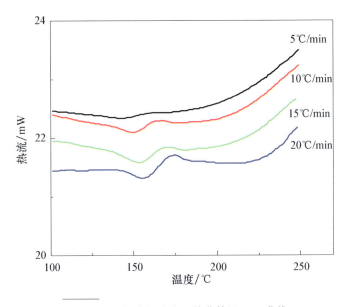

图 5-6 不同升温速度下的非等温 DSC 曲线

表 5-2 不同升温速度下覆膜砂固化的特征温度

$\phi/$ (℃/min)	第一固化反应			第二固化反应		
	$T_i/℃$	$T_p/℃$	$T_d/℃$	$T_i/℃$	$T_p/℃$	$T_d/℃$
5	133.8	144.1	152.7	155.9	159.8	166.5
10	141.7	150.5	158.7	159.2	166.7	171.4
15	144.0	153.8	161.5	162.5	170.5	178.0
20	145.3	156.0	164.3	167.0	174.7	181.3

根据图 5-6 及表 5-2 的数据，可以计算出覆膜砂固化时的活化能：第一固化反应 165.17kJ/mol，第二固化反应 145.05 kJ/mol。随着升温速度的增加，两步固化反应的起始温度、峰顶温度和终止温度都有所提高，固化时间缩

短,峰形变窄。当升温速度分别为 5℃/min、10℃/min、15℃/min、20℃/min 时,第一固化峰和第二固化峰的顶峰温度之差分别为 15.7℃、16.2℃、16.7℃和 18.7℃,即随着升温速度的增加,两峰之间的差值增加。

再由阿伦尼乌斯(Arrhenius)[21]方程就可算出酚醛树脂在不同温度下的反应速度常数为

$$k = A \cdot \exp\left(-\frac{E_a}{RT}\right) \quad (5-13)$$

式中:A 为常数,其具体值不知,且具体的反应并不十分清楚,但可以用式(5-13)比较在不同温度下的固化速度大小。

5.1.6 覆膜砂的激光烧结固化特性分析

覆膜砂在激光作用下受热固化与铸造生产中砂型(芯)的加热固化不同。当激光束扫描覆膜砂表面时,表面的覆膜砂吸收能量,由于热能的转换是瞬间发生的,在这个瞬间,热能仅仅局限于覆膜砂表面的激光照射区。通过随后的热传导,热能由高温区流向低温区,因此虽然激光加热的瞬间温度高,但时间以毫秒计,在这样短的时间内,覆膜砂表面的树脂要发生熔化-固化非常困难,仅有部分发生固化,因此覆膜砂在 SLS 成形过程中的固化机理不同于常规热固化。

1. 激光烧结覆膜砂的红外(IR)分析

图 5-7 所示为覆膜砂激光烧结试样以及经 150℃和 180℃固化的红外谱图。由于覆膜砂中酚醛树脂的含量低,因此一些重要的特征峰变得不明显。六次甲基四胺的特征吸收峰为 1000cm^{-1} 处,由于覆膜砂原砂在 1083cm^{-1} 处大的吸收谱带的影响,强度很弱。在 1509cm^{-1}、1453cm^{-1} 和 1232 cm^{-1} 处分别为苯环的面外弯曲振动、酚羟基的变形振动峰以及苯环上 C-OH 的伸缩振动峰,2800~3050cm^{-1} 附近为与碳相连的氢峰,3370 cm^{-1} 附近为酚羟基峰。经 150℃固化后,未见明显的峰型变化;而经 180℃固化后,1000cm^{-1} 处的六次甲基四胺特征吸收峰完全消失,说明其完全分解;1509cm^{-1}、1453cm^{-1} 和 1232 cm^{-1} 处的峰在树脂经 180℃完全固化后均消失了。因此,1000cm^{-1} 可作为固化剂反应情况的特征峰,而 1509cm^{-1}、1453cm^{-1} 和 1232cm^{-1} 可作为树脂固化的特征峰。

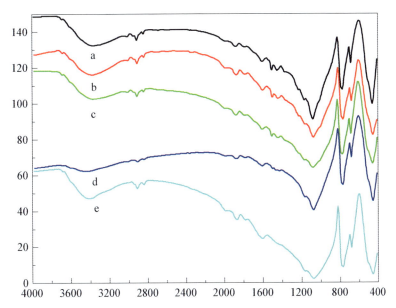

a—覆膜砂原砂；b—覆膜砂激光烧结试样（激光功率 20W，激光扫描速度 1000mm/s）；
c—150℃固化的覆膜砂；d—覆膜砂激光烧结试样（激光功率 40W，
激光扫描速度 1000mm/s）；e—180℃固化的覆膜砂。

图 5-7　激光烧结及固化覆膜砂的红外谱图

$1000cm^{-1}$ 处为六次甲基四胺的特征吸收峰，虽然其受 $1083cm^{-1}$ 处大的吸收谱带的影响，强度较弱，但仍能看出随着激光烧结功率的增加，此峰变弱，说明六次甲基四胺在激光烧结过程中部分分解。当激光功率为 40W 时，此峰完全消失，说明其完全分解。值得注意的是，当功率为 40W 时，覆膜砂在高波数（2800~3600cm^{-1}）处的羟基吸收峰和碳氢吸收峰开始减弱，说明在此功率下树脂已经大量分解，但与 180℃完全固化的谱图相比，1509cm^{-1} 和 1453cm^{-1} 处树脂的固化特征峰仍然存在，说明固化并不完全；而 1000 cm^{-1} 处六次甲基四胺的特征峰已完全消失，说明激光烧结时的瞬间温度极高，六次甲基四胺已完全分解，由此可见在激光烧结过程中，固化剂的消耗大，树脂的固化和分解同时并存。

2. 激光烧结覆膜砂的 DSC 分析

图 5-8 所示为覆膜砂在不同固化温度下的 DSC 曲线。经 150℃固化后的覆膜砂的熔融峰很小，第一固化峰几乎完全消失，而第二固化峰变化很小，

说明在150℃主要发生第一固化反应；经180℃固化的覆膜砂两峰都完全消失，说明固化完全。

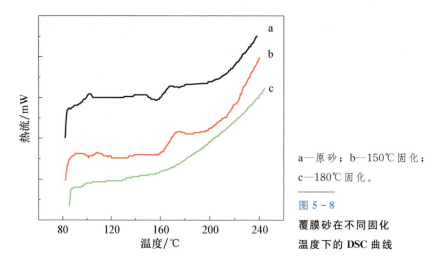

a—原砂；b—150℃固化；
c—180℃固化。

图 5-8
覆膜砂在不同固化温度下的 DSC 曲线

图 5-9 为不同激光功率烧结覆膜砂的 DSC 曲线。当激光功率不高时，酚醛树脂熔融峰的位置未见显著变化，但随着激光功率增加，熔融峰的高度降低，热焓减少，说明部分树脂参与了固化。150.5℃处的放热峰和167.7℃处的吸热峰也随着激光功率的增加而减小，但两峰减小的幅度不同，说明在激光的作用下，同时有两步固化反应但反应程度不同。当激光功率达到一定值后，树脂的熔融峰（81.6℃）完全消失，而 150.5℃处和 167.7℃处的固化峰仍然存在，说明所有树脂都参与了固化反应，从而失去了熔融特性，只是固化反应进行的不完全，固化程度低而交联度不高。当再次升温时未反应完全的基团可继续反应，反应程度提高。当激光功率超过 40W 时，树脂的熔融峰及固化峰全部消失，说明不仅树脂完全失去熔融流动性，而且升温也再无固化反应发生。由红外测试的结果表明，当激光功率为 40W 时，仍能见到未反应的基团信息，说明仍保留有可继续反应的活性点，但由于激光功率过高，固化剂已被全部消耗掉，导致加热时不能继续固化。

3. 激光烧结覆膜砂的 TG 分析

酚醛树脂覆膜砂的 TG 曲线如图 5-10 所示，由曲线 1 可见，覆膜砂在 90℃以前失重 0.2%，主要是覆膜砂中含有的水分及酚醛树脂中的低分子挥发物。而温度高于 95℃后直到 160℃，失重达 0.43%，如果按树脂量计算约失重 10.7%，主要是第一固化反应放出的低分子挥发物，如 NH_3 等。继续升温直到 250℃，这一过程失重占总重的 0.4%，即占树脂质量的 10%，这来源于第二固化反应进一步缩合所放出的低分子挥发物。当温度高于 350℃ 后，覆膜砂中的树脂开始大量分解。

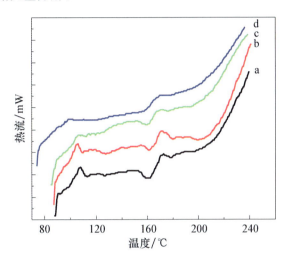

a—原砂；b—激光烧结试样（激光功率 10W）；
c—激光烧结试样（激光功率 20W）；d—激光烧结试样（激光功率 40W）。

图 5-9　不同激光功率烧结覆膜砂的 DSC 曲线

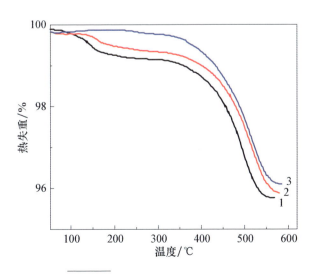

图 5-10　酚醛树脂覆膜砂 TG 曲线

覆膜砂经150℃固化后(曲线2),在130℃前几乎不失重,而后开始慢慢失重直到250℃时,失重达0.4%,即占树脂质量的10%。这正好与第二固化反应的失重一致,说明经150℃固化后,第一固化反应基本结束,而未进行第二固化反应。经180℃固化的覆膜砂(曲线3)在220℃前几乎不失重,说明已完全固化。

5.1.7 覆膜砂的激光烧结特征

覆膜砂的激光烧结特征是覆膜砂在激光作用下发生的一系列物理、化学反应。通过对覆膜砂的SLS物理模型和热化学性能的研究可知,覆膜砂的激光烧结比热塑性粉末的激光烧结要复杂得多。热塑性粉末在激光烧结时,只有固体—熔融—凝固过程。而覆膜砂在激光烧结时,由于树脂吸热熔化的同时发生化学反应,性能也随之改变,从而对激光烧结工艺产生显著的影响,同时固化反应的发生也与激光烧结工艺密切相关,因此覆膜砂的激光烧结特征是树脂固化与激光烧结工艺相互作用的结果。

1. 温度不均匀与固化程度不均匀

激光能量分布不均,呈现正态分布,因此激光加热中心处温度高,周围温度低,由式(5-14)可知(光斑半径0.3mm)距离中心0.05mm、0.1mm、0.15mm和0.2mm处所获得的能量分别为中心能量的97%、80%、77%和64%,若被激光加热后中心温度为200℃,T_0为100℃,通过式(5-6)和式(5-10)可以计算出中心处的第一固化反应速度分别为其1.6倍、6.3倍、45.3倍和393.7倍,第二固化反应速度分别为其1.5倍、5.1倍、28.5倍和190.1倍。虽然经激光烧结后温度会很快达到均匀,但这种差异仍十分显著,因此SLS的激光扫描间距不能大于0.1mm。

$$I_{(r)} = I_0 \cdot \exp(-2r^2/\omega^2) \tag{5-14}$$

式中:I_0为光斑中心的能量密度;r为与光斑中心的距离;ω为激光器光斑半径。

由式(5-14)可知,激光烧结温度还与T_0有关,T_0随着时间的延长而下降,即激光扫描速度越慢、扫描线越长,则T_0越低。若要达到相同的温度,激光功率则要相应地增加。因此,当采用相同的激光扫描工艺时,零件的细窄部分往往由于温度高而过烧,粗宽部分则由于温度低而固化不完全,导致砂型(芯)的强度不够,如图5-11所示。因此,激光烧结工艺参数应随图形变化而变化。

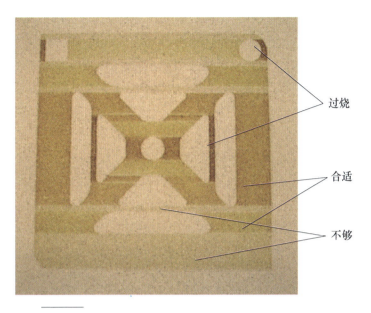

图 5-11 相同激光扫描工艺参数下的砂型(芯)扫描照片

2. 高温瞬时特性

激光加热具有加热集中、速度快、冷却快等特点,加热时间以毫秒计,冷却时间也不会超过数秒(图5-11的激光烧结不均匀性可以证实)。因此在这么短时间内要完成覆膜砂表面树脂的熔融—固化几乎不可能。但由于温度高,部分区域甚至已超过了树脂的降解及固化剂的升华温度,因此树脂的熔化、第一固化反应、第二固化反应及其降解反应几乎同时进行。其结果是树脂在未完全熔化的情况下开始固化,因此固化剂不能有效扩散而只与临近的分子发生反应,造成交联度不均匀,部分交联度很高,而另一部分却因固化剂不足而交联不够。固化物不能再熔化,进一步阻止了分子的扩散,通过后固化也不能完全消除这种影响。由于激光加热中心区域温度高,已经超出了树脂中固化剂六次甲基四胺的升华温度,导致经激光烧结后固化剂不足,从而影响到砂型(芯)的最终性能。

3. 固化对预热温度的影响

在SLS成形过程中,为减小烧结部分与周围粉体的温度差,都要对粉末床进行预热,以达到减少变形的目的。对于结晶性材料,预热温度与熔点有关；而对于无定型材料，预热温度接近材料的玻璃化温度。热塑性酚醛树脂在固化前为线性结构，为非结晶结构，但由于分子量不高，在 DSC 曲线中看不见明显的玻璃化转变温度，而熔融峰却很明显。说明热塑性酚醛树脂的烧结既不同于结晶材料，也不同于无定型材料，预热温度一般在熔点下 20~30℃。

树脂的固化程度低时，在物理性能上表现为流动性降低；但若深度固化则完全不能熔融，玻璃化转变温度则大幅上升（超过固化温度），所需要的预热温度也相应提高，因此激光功率高时极易发生翘曲变形。

为防止树脂固化时所引起的预热温度升高问题，就需要控制 SLS 成形过程中的固化程度，使树脂处在浅层固化阶段。覆膜砂中部分酚醛树脂固化后，再次加热时焓变将降低，因此酚醛树脂经 SLS 后的固化程度可以通过覆膜砂的 DSC 曲线中两固化峰的焓变大小来确定。不同的 SLS 工艺对固化程度有着不同的影响，如表 5-3 所示：激光扫描速度越低，扫描间距越小，则第一固化反应越完全，第二固化反应程度相对越低，但所需功率密度增加。

表 5-3 激光烧结覆膜砂的 DSC 焓变

参数	扫描速度 /(mm/s)	扫描间距/mm	激光功率/W	第一固化 ΔH_1/ (mW/g)	第二固化 ΔH_2/ (mW/g)	$\Delta H_1/\Delta H_2$
原砂	—	—	—	0.189	0.087	2.17
1	2000	0.15	40	0.126	0.055	2.29
2	2000	0.1	36	0.117	0.054	2.16
3	2000	0.05	20	0.105	0.055	1.5
4	1000	0.1	28	0.088	0.049	1.8
5	500	0.05	12	0.042	0.065	0.61

4. 气体溢出

在 SLS 成形过程中产生的气体主要来自以下几个方面：①覆膜砂中的水分蒸发；②六次甲基四胺分解所放出的 NH_3；③固化中间产物二（羟基苯）胺和三（羟基苯）胺进一步分解放出的 NH_3；④酚醛树脂的高温降解。由覆膜砂的热重曲线（TGA）曲线可知，水分等低挥发物约占 0.2%，第一步固化反应失重约 0.43%，第二步固化反应失重约 0.4%，若以砂中的有机物量计算，则分别失重 5%、10.7% 和 10%。固体变成气体时体积会迅速增加，激光烧结表面的气体可以自由释放不会对成形造成影响，但表面以下的气体溢出会造成激光烧结部分的体积膨胀，从而导致烧结体变形，特别是在激光功率较大的情况下，引起表面以下较深处酚醛树脂的固化和降解，大量的气体溢出，烧结体下部膨胀，致使 SLS 成形失败。与膨胀相伴随的是酚醛树脂的深度固化所引起的制件严重翘曲变形，因此 SLS 成形时不能单方面地追求高的激光烧结强度。

5. 砂间的摩擦

覆膜砂因酚醛树脂含量低，当激光功率不高时，激光烧结前后几乎无密度变化，收缩很小，SLS 成形中的失败在很大程度上是由于砂间的摩擦所致。对于覆膜砂，特别是多角形的砂子，流动性差，相互齿合产生的阻力大，因此摩擦力很大，而激光烧结体的强度又很低，所以很容易被铺粉辊所推动。

6. 覆膜砂的激光烧结特征对精度的影响

在 SLS 成形覆膜砂过程中，砂与砂之间的黏结强度来源于酚醛树脂熔化黏结强度和固化强度，而酚醛树脂固化前强度很低，固化温度远高于熔化温度。根据激光烧结后覆膜砂温度的高低存在三种情况：①达到酚醛树脂的固化温度；②达到酚醛树脂的熔化温度；③低于酚醛树脂的熔化温度。因此若激光烧结后温度低，酚醛树脂的固化度不够，激光烧结的砂型(芯)强度很低，细小部分极易损坏，因此需要较高的激光能量来达到覆膜砂的固化温度。但由于热传导，高的激光功率能量又会使烧结体周围区域的砂也被加热达到或超过酚醛树脂的熔点而相互黏连，特别是烧结体中间的小孔，浮砂很难清理，严重影响到砂型(芯)的精度和复杂砂型(芯)的制备。降低激光能量对周围区域影响的一个有效措施是降低覆膜砂粉末床的预热温度，并使热量能够很快被带走，除改变激光扫描方式外，通过加强通风对流带走热量是一种行之有效的办法。

5.2 覆膜砂的选区激光烧结成形工艺

5.2.1 覆膜砂对原砂性能的要求

覆膜砂由酚醛树脂、固化剂(六亚甲基四胺)、润滑剂(硬脂酸钙)和原砂组成。

(1) 角形系数。角形系数是表明原砂粒形的一个参数。在满足覆膜砂所需强度性能条件下，树脂加入量与原砂的角形系数直接有关。即角形系数小的圆形砂粒，需加入树脂量少；角形系数大的多角形或尖角形砂粒，需加入树脂量多。其原因是当原砂的重量及粒度相同时，角形系数小的原砂砂粒比表面积小，对于相同厚度的覆膜层，所用树脂量自然少。

(2) SiO_2 含量。覆膜砂用途的不同，对原砂 SiO_2 的含量也有不同要求[22]。用于一般铸铁件及非铁合金铸件生产的覆膜砂，其原砂 SiO_2 含量可较低一些，甚至含 SiO_2 85%左右的原砂即可使用；而较复杂铸铁件或铸钢件生产用覆膜砂，原砂含量要高一般应达到92%～97%，特殊情况下则要大于等于99%。SiO_2 含量高的原砂杂质含量少、灼烧减量小，因此在生产低发气量的覆膜砂时应考虑到这点。

(3) pH。原砂的产地及处理方式的不同，其表面吸附物的 pH 也不同。实践证明，pH 小于等于7的中性或偏酸性原砂所配制的覆膜砂硬化后强度高；而 pH 大于7的偏碱性原砂所配制的覆膜砂硬化后强度低。一般海砂 pH 大于7，若用其做生产覆膜砂的原砂，则需经过酸处理，但这将增加原砂的成本。我国也有偏酸性海砂的产地，因而被为数不少的覆膜砂生产厂所选用。

5.2.2 硬脂酸钙对覆膜砂热性能的影响

在制芯温度下树脂和硬脂酸钙先后熔融，形成了相互贯穿的网络，从而增加了树脂的韧性，因而试样的挠度就增大。同时，硬脂酸钙提高了覆膜砂芯的紧实度，因此提高了砂芯的热强度及承受载荷的能力。所以适当增加硬脂酸钙加入量可改善覆膜砂的热韧度，有利于提高砂芯的成品率。

一般地，硬脂酸钙的熔点比酚醛树脂高 60～80℃[23]，受热后的硬脂酸钙开始软化的时间比树脂迟，弥散于砂中尚未熔化的硬脂酸钙在一定范围内起到了骨架的作用，在树脂软化期间阻碍了砂粒的沉降，减轻了砂芯空隙的形成和扩展倾向。一方面，硬脂酸钙的润滑作用导致砂子排列更为紧密，从空间上使得砂子难以沉降；另一方面，砂芯孔隙率的减少导致了热导率的提高，硬化速度加快，从时间上限制了砂子的沉降。

影响覆膜砂热稳定性的主要因素是黏结剂高温下的强度和分解速度。硬脂酸钙量的增加对覆膜砂熔点和热强度的提高有利，砂芯在高温下保持稳定的能力增强，因而能保持较长的高温持久时间，并在较大变形的情况下不会断裂。

5.2.3 覆膜砂用固化剂

六次甲基四胺是氨与甲醛的加成物。外观为白色结晶,在150℃时很快升华,分子式为$(CH_2)_6N_4$。六次甲基四胺在超过100℃下会发生分解,形成二甲醇胺和甲醛[16],从而与酚醛树脂反应,发生交联。

研究二阶树脂用六次甲基四胺固化的产物表明:原来存在于六次甲基四胺中的氮有66%～77%最终化学结合于固化产物中,即意味着每个六次甲基四胺分子仅失去一个氮原子。固化时仅释出NH_3,没有放出水,以及用至少1.2%的六次甲基四胺就可与二阶树脂反应生成凝胶结构等事实,均支持上述反应历程。

线型酚醛树脂的硬化速度与六次甲基四胺的用量有关,为达最大的固化速度所需用量取决于树脂中游离酚的含量与线型酚醛树脂的化学组成,而树脂的化学组成又取决于原料中苯酚与甲醛的比例、缩合反应时间的长短与树脂的热处理情况。

5.2.4 覆膜砂选区激光烧结工艺参数

(1)铺粉厚度的选择。当铺粉厚度小于0.3mm时,因为砂子粒径比较粗,不容易铺粉,所以选择铺粉厚度为0.3mm。

(2)预热温度的选定。当预热温度小于90℃时,制件发生移动,当预热温度大于90℃时,制件底面很难清理。

(3)对激光功率、扫描速度进行优化设计。预热温度为90℃,铺粉厚度为0.3mm,扫描间距为0.1mm,覆膜砂树脂质量分数为2.5%,多角型砂。

一般情况下激光功率和扫描速度对烧结件的力学性能有很大影响,分析表5-4,激光功率35W,扫描速度2000mm/s为最佳参数。

表5-4 激光功率、扫描速度的优化设计

序号	激光功率/W	扫描速率/(mm/s)	烧结情况
1	30	1800	制件强度太低,无法取出
2	30	2000	制件强度太低,无法取出
3	30	2200	制件强度太低,无法取出
4	35	1800	可以取出,但容易破损

续表

序号	激光功率/W	扫描速率/(mm/s)	烧结情况
5	35	2000	可以取出,不易破损
6	35	2200	烧结面容易翘曲
7	40	1800	烧结面容易翘曲
8	40	2000	烧结面容易翘曲,树脂分解严重
9	40	2200	烧结面容易翘曲,树脂分解严重

5.2.5 覆膜砂选区激光烧结件力学性能

1. 覆膜砂件拉伸强度随温度的变化情况

从图 5-12 中可以看出随温度的升高,其中 S_1、S_2、S_5 三种砂子烧制的试样的拉伸强度逐渐达到最大此后将会减小,S_4、S_3 两种砂子烧制的试样的拉伸强度在 170℃ 后出现波动,但总体看来仍然在下降。这主要是由于覆膜砂在固化温度以前,温度上升,树脂逐渐固化,砂件的强度逐渐升高;温度超过固化温度后,树脂发生分解和炭化。另一个原因归结于发气。在高温情况下,覆膜砂外所包覆的树脂已软化,砂件固化时产生的气体使砂件产生空洞,所以砂件的强度下降。从这 5 种砂子的固化情况看,在 170℃ 下出现极值,因此 170℃ 为较好的固化温度。

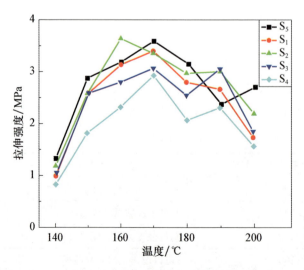

图 5-12 拉伸强度随温度的变化情况

2. 覆膜砂抗弯强度随温度的变化情况

图5-13为5种砂子所烧制的试样的抗弯强度与温度的关系,从图中可看出长条试样的抗弯强度与拉伸强度呈现出同样的规律,曲线先上升后下降,大约在170℃时出现极大值,树脂质量分数为3.5%时强度最大,进一步说明了170℃为最佳固化温度。

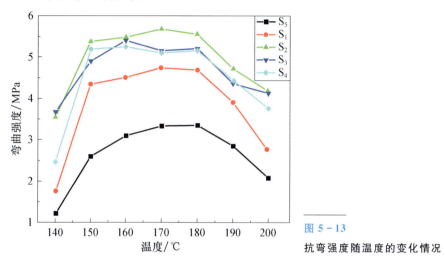

图5-13 抗弯强度随温度的变化情况

3. 覆膜砂发气量与树脂质量分数的关系

由图5-14看出,树脂质量分数越大,发气量越大。因此,树脂质量分数太高的砂子对后固化不利。

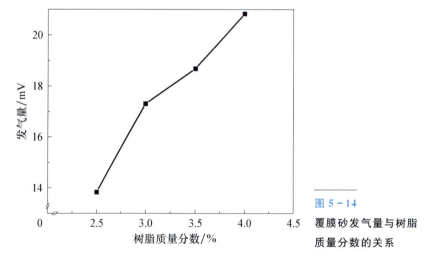

图5-14 覆膜砂发气量与树脂质量分数的关系

4. 树脂质量分数对砂件拉伸强度的影响

图 5-15 为不同树脂质量分数的覆膜砂在 170℃ 时拉伸强度随树脂质量分数的变化情况，可看出树脂质量分数为 3.5% 时，烧结件的拉伸强度达到最大值。当树脂质量分数超过 3.5% 时，拉伸强度没有上升。这是由于树脂质量分数过大之后，虽然树脂质量分数增加，固化体系变密集，拉伸强度应该增加，但又因为树脂质量分数增大，发气量变大，使砂件产生空洞，砂件的拉伸强度不能上升。因此，应该选择具有合适树脂质量分数的覆膜砂。

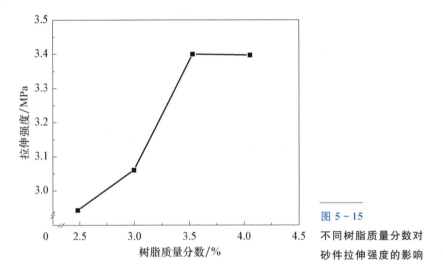

图 5-15 不同树脂质量分数对砂件拉伸强度的影响

5. 砂件经固化后强度增加情况

在快速成形机上直接烧结成形时的强度称为初强度，经过后固化的强度称为固化强度。在烧结过程中，覆膜砂表面的树脂融化，以毛细作用力作烧结力使粒子聚集，以酚醛树脂作黏结剂使粒子黏结，而且此过程很短，粒子间不可能黏结的很牢固。从表 5-5 中数据可以看出，砂件经过后固化处理后，强度最高可提高 10 倍左右，通过后固化提高砂件的强度是一个很有效的办法。烧结过程中，激光能量只是将树脂软化，砂粒之间只是软化黏结，此时的强度较小，当把砂件加热到固化温度进行固化时，树脂发生交联固化，砂件的强度大大增加。

表 5-5　砂件固化后强度增加情况

强度	S_4	S_3	S_2	S_1	S_5
未固化强度/MPa	0.2	0.4	0.4	0.36	0.54
固化后最大强度/MPa	2.94	3.06	3.66	3.4	3.6

6. 固化极大值的比较

从表 5-6 中拉伸强度数据可以看出，S_2 所烧制试样的拉伸强度，在所有的极大值中是最大的，S_5 所烧制试样的强度次之；从弯曲强度看，S_2 所烧制试样达到最大，S_1 所烧制试样次之。综合发气量和强度两个因素考虑，选择 S_5（树脂质量分数为 3.0% 的圆角砂子）较好。

表 5-6　固化极大值的比较

强度	S_4	S_3	S_2	S_1	S_5
拉伸强度最大值/MPa	2.94	3.06	3.66	3.4	3.6
弯曲强度最大值/MPa	3.39	4.84	5.65	5.43	5.24

7. 覆膜砂经固化后砂件的颜色变化

温度自 140℃ 升温至 200℃ 时，砂件的表面树脂发生炭化导致颜色逐渐由浅黄色变成褐色，如图 5-16 所示。

图 5-16
砂件颜色随温度的变化情况

8. 不同粒度覆膜砂对烧结件的影响

从图 5-17 中可以看出虽然树脂质量分数相同，但是不同粒度的覆膜砂得到烧结件的强度不一样，粒径为 100/50 的砂子比粒径为 140/70 的砂子所烧结试样的强度要高。这是因为粗砂比细砂的比表面积小，树脂质量分数相同时，对粗砂来说，砂粒表面所覆树脂较厚，所以粗砂黏结比细砂牢固，烧结件的强度比较高。

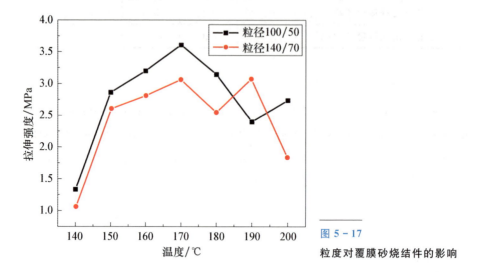

图 5-17 粒度对覆膜砂烧结件的影响

9. 砂型对覆膜砂件的影响

覆膜砂砂型有多角形和球形，多角形砂堆积时堆积密度比较小，砂子堆积较松散，而且在铺粉辊推动时铺粉辊与砂子的摩擦力会比较大，造成砂件的移动；球形砂在铺粉时，砂粒易于滚动，砂子的流动性比较好，有利于制件。同等粒度的覆膜砂，用球形砂作出的零件比用多角形砂作出的零件的表面粗糙度要小。球形砂表面所覆的树脂比多角形砂均匀，烧结性能较好。

10. 砂件内部结构的研究

从图 5-18 可以看出，断面出现分层现象，这主要是烧结时激光功率不合适造成的。烧结时，如果激光功率太高，激光能量将使树脂发生分解，使能够黏结的树脂量降低，层与层之间黏结不牢。当激光能量很弱时，也会出现分层现象，此时是由于激光能量不足以使树脂很好的软化，层与层之间不能很好黏结。而且此现象在经过后固化不能消除，直接影响了烧结件的强度。

11. 应用实例

选择 S_5 砂子，在快速成形机上烧结成具有一定初强度的零件，然后在烘箱中加热到170℃进行后固化，即得到图5-19所示的零件。在快速成形机上烧制零件的方法，由于砂子烧结后，覆膜砂表面的树脂软化，当烧结层下表面与冷砂接触时，就会造成烧结层上下表面温度有差异，使收缩量不一致，最终产生翘曲。因此，烧结零件的过程中，在出现新的截面时，要使砂子预热到软化温度即60~70℃，使砂子微结块，成为零件的基底，起到固定作用；当出现截面逐渐变大的情况，可使温度保温在比结块温度低5℃下制作。

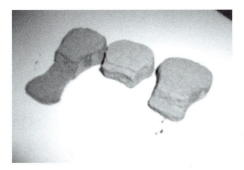

图5-18
砂件的内部结构

图5-19
零件图

5.3 选区激光烧结砂型(芯)在铸造中的应用

5.3.1 壳芯的铸造

在选区激光烧结机上用选定的参数（扫描速度、扫描层厚、激光功率）进行烧结，取出清理后即得烧结零件。涂壳的主要作用是降低铸件表面的粗糙度。砂型铸造的铸件表面粗糙度一般为11~12级，其铸件表面波峰和波谷（奇点）的算术平均偏差为25~50μm。采用良好涂料，铸件表面粗糙度可降为

8～9级,相应全部奇点的算术平均偏差为 3.2～6.3μm。

当金属浇注温度较高、铸件壁较厚时,铸型型腔涂层与金属或金属的氧化物相互发生化学作用的可能性比较大。这是高温下化学稳定性不好的表现,其结果造成铸件表面缺陷,如钻砂、麻点等。这种由于浇注金属本身性质决定的黏砂缺陷,可通过涂层原材料和其附加物在型腔中造成有利气氛,以使黏砂层易从铸件表面剥离,而达到铸件表面无黏砂、容易治理的目的。有时要求涂料有好的气密性,以阻止有害气体或不利元素渗入铸件表面。

5.3.2 铸造工艺的确定

1. 浇铸位置的确定

浇注时铸件在砂型内所处的位置(四个面朝上的位置)简称为浇铸位置(pouring position)。浇铸位置和分型面的选择两者是紧密相关的,它们不仅对保证铸件质量有重要影响,而且对工艺装备(如模样、芯盒等)结构、砂芯分块、浇注系统的开设位置以及下芯、合型甚至清理等工序均有密切的关系,还有可能影响到机械加工。浇注位置的选择要根据铸件的大小、结构特点、合金性能、生产批量、现场生产条件及综合效益等方面加以确定。

2. 分型面的确定

造好砂型以后,要将铸型分开来才能取出模样,得到能使金属液成形为铸件的空腔(称为型腔),这种将铸型分割开来的面称为分型面。砂型制成以后不取出模样的实型(又称消失模)铸造法用的铸型没有分型面,通常砂型由两个"半型"组成,有一个分型面。由三箱组成的砂型具有两个分型面。

铸件分型面的选择与其浇注位置有密切的关系。从工艺设计的步骤来看,是先确定浇注位置再选择分型面。但最好是在确定铸件的浇注位置时就考虑到分型面,而在确定铸件的分型面时应尽可能地使之与浇注位置相一致,至少要使两者相互协调起来,这样才能使铸件工艺简便并易于保证铸件质量。

3. 砂芯形状的确定

砂芯是用来形成铸件内腔、各种成形孔及外形不易起模(出砂)的部分。砂型局部要求特殊性能的部分,有时也用砂芯。

砂芯设计的主要内容包括：确定砂芯的形状和个数（砂芯分快）、下芯顺序、设计芯头结构和核算芯头大小等，其中还要考虑到砂芯的通气和强度问题。

5.3.3 砂型精度

选定扫描速度、扫描层厚、激光功率等参数后进行选区激光烧结成形，得到的砂型零件如图 5-20 所示，从左至右分别为砂型盖、型芯、型底。浇注后得到的叶轮铸件如图 5-21 所示。从左至右分别为叶轮的顶视图、侧视图和底部视图。基于砂型和铸件，这里对两者的精度分别进行测量。

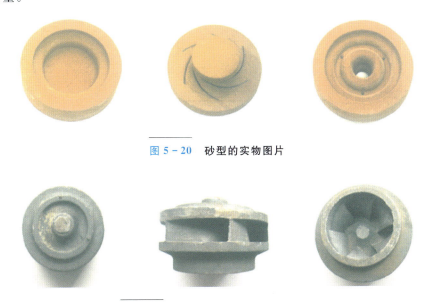

图 5-20　砂型的实物图片

图 5-21　铸件叶轮从不同角度的图片

1. 砂件盖的精度

砂型盖的精度测试方法分别如图 5-22 和 5-23 所示，主要以型盖的各个内外径与分层高度为精度指标。相关测试结果列于表 5-7 中。有具体数据可以看出，内径 R_5 的精度偏差最大，而 R'_3 的精度为负，说明此处烧结后的尺寸比设计尺寸要大，可能是由于烧结件此处未清理干净造成，平均精度为 $S_{01} = \pm 1.34\%$。对于分层高度而言，底层 h_3 的精度偏差最大。

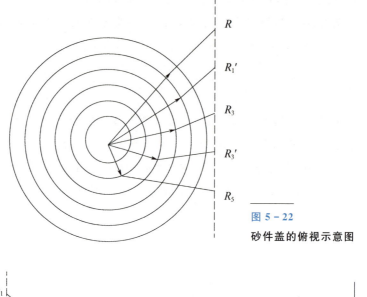

图 5-22 砂件盖的俯视示意图

图 5-23 砂件盖的主视示意图

表 5-7 砂件盖的尺寸精度

项目	R_1	R_1'	R_3	R_3'	R_5	h_1	h_2	h_3	h_0
测量尺寸/mm	129.71	98.96	72.615	57.535	25.345	13.06	11.03	30.68	68.27
设计尺寸/mm	130	100	73.507	57.5	26.0	13.0	11.0	32	67.68
精度/%	0.22	1.04	1.21	0.06	2.52	0.46	0.27	4.13	0.87

R_3' 的精度为负,说明此处烧结后的尺寸比设计尺寸要大,可能是由于烧结件此处未清理干净造成,平均精度为 $S_{01} = \pm 1.34\%$。

2. 砂件芯的精度

砂型芯精度的测试方法如图5-24与图5-25所示,同样主要以型芯的内径和芯头高度为主要精度指标。具体测试的精度数据列于表5-8中。从测试数据可以看出,型芯内径 R 的精度为0.60%,芯头高度的精度为0.07%,平均精度 $S_{02} = \pm 0.335\%$。

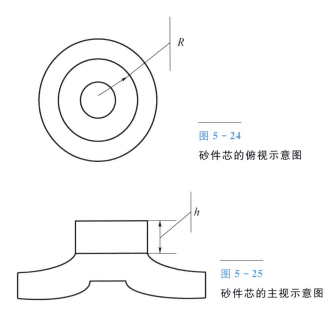

图 5-24
砂件芯的俯视示意图

图 5-25
砂件芯的主视示意图

表 5-8 砂件芯的尺寸精度

项目	R	h
测量尺寸/mm	56.15	46.70
设计尺寸/mm	56.5	46.732
精度/%	0.60	0.07

3. 砂件底的精度

同样地,如图5-26和图5-27所示,砂型底的精度也以内外径与内腔的高度为精度指标。测试结果列于表5-9中,内外径与高度的平均精度 $S_{03} = \pm 1.027\%$,平均烧结精度为 $S_0 = \pm 0.901\%$。

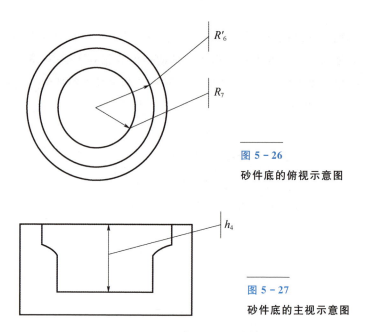

图 5-26 砂件底的俯视示意图

图 5-27 砂件底的主视示意图

表 5-9 砂件底的尺寸精度

项目	R_6	R_7	h_4
测量尺寸/mm	98.79	73.97	46.14
设计尺寸/mm	100	75	46.372
精度/%	1.21	1.37	0.5

4. 从砂型到铸件的精度 S_1

表 5-10 从砂型到铸件的精度 S_1

项目	$R_1'\times2$	$R_3\times2$	$R_5'\times2$	$R_5\times2$	$h_2\times2$	$R_6'\times2$	$R_7\times2$	$R\times2$
砂型尺寸/mm	197.92	145.23	115.06	50.69	11.03	197.58	147.94	112.42
铸件尺寸/mm	196.51	144.17	114.23	50.54	10.99	196.24	146.87	112.29
精度/%	0.71	0.73	0.72	0.30	0.36	0.68	0.72	0.12

5. 从设计尺寸到铸件的精度 S_2

表 5-11 从设计尺寸到铸件的精度 S_2

项目	R_1'	R_3	R_3'	R_5	h_2	R_5'	R_7	R
铸件尺寸/mm	98.255	72.085	57.115	25.27	10.99	98.12	73.435	56.145
设计尺寸/mm	100	73.507	57.5	26.0	11	100	75.00	57
精度/%	1.75	1.93	0.67	2.81	0.09	1.88	2.09	0.03

表 5-10 和表 5-11 分别为从砂型到铸件的精度 S_1 和从设计尺寸到铸件的精度 S_2。

6. S_1 与 S_2 的比较

表 5-12 S_1 与 S_2 的比较

项目	平均精度
S_1	1.0%
S_2	3.0%

根据表 5-10～表 5-12 中的数据可知铸件的公差等级为 CT9，从 S_1 与 S_2 的比较中可以看出，从设计尺寸到铸件的收缩率大于从砂型到铸件的收缩率。影响收缩率的因素较多，其中最主要的原因可能是从设计尺寸到铸件这个过程经历了两次收缩，因此收缩率要大。对比可以发现，主要精度偏差来源于激光烧结砂型的收缩，因此必须有效控制砂型的成形精度。将烧结产生的收缩提前预设在模型中或激光扫描轮廓路径有利于提高砂型的精度。

5.4 三维印刷成形工艺

三维印刷成形技术将计算机辅助设计与制造（CAD、CAM）、自动化控制技术、数字印刷技术融为一体，以具有黏结功能的墨水作为黏结剂，通过喷头按需喷射到介质粉末上黏结成形。3DP 工艺可广泛适用于石膏、陶瓷、高分子、金属等多种材料，同时可实现真正的全彩打印，是目前发展最快、应用领域最为广泛的增材制造技术之一。成形设备、黏结剂类型、粉末材料以及成形工艺策略是制约 3DP 制件成形质量的关键因素。

5.4.1 三维印刷成形技术原理

三维印刷成形技术是一种基于微滴喷射原理,在已经均匀铺覆粉末的平面上,依据模型截面信息,通过喷头有选择性地喷射液体黏结剂,将喷射区域内的粉末黏结成形的工艺方法。其具体原理如图 5-28 所示。首先,粉缸活塞上升至指定高度,提供适量的成形粉末,铺粉辊平移将粉末在工作缸表面铺展;而后,计算机依据三维模型(STL 文件等)分层切片后得到的二维截面图控制喷墨黏结,喷射的黏结剂与成形区粉末发生物理变化或者化学反应,黏结成形区粉末,未被黏结剂浸润的粉末则保持松散状态;在第一层粉末黏结结束后,工作缸按照设定层厚下降,粉缸同时上升相应高度,再由铺粉辊完成铺粉,并开始下一层打印。如此循环往复操作,便能得到一个和三维模型一致的整体制件。打印结束后,静置制件一段时间以便充分黏结,再将制件从工作缸粉床中取出,去除未黏结粉末并进行相应后处理,以使制件符合精度和强度要求。

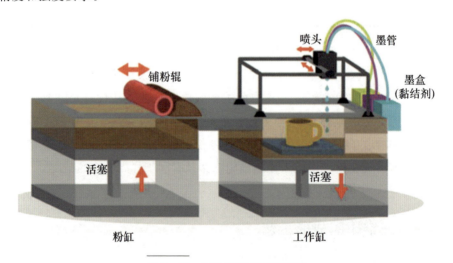

图 5-28 三维印刷成形原理图

5.4.2 三维印刷成形设备

三维印刷设备主要由喷墨系统、铺粉系统、控制系统、机械运动系统等部分组成。图 5-29 为成形幅面可达 400mm×400mm×370mm 的 HW-P440 3DP 设备。

图 5-29
HW-P440 3DP 设备

喷墨系统为三维印刷设备的核心，主要采用爱普生或星光压电打印喷头，配合墨盒、墨囊等辅助装置，保证在打印过程中不间断供墨；铺粉系统实现工作缸粉末供给、粉末铺展、粉末回收等，保障了成形过程中工作打印平面的平整度；机械运动控制系统主要包括铺粉辊进给（Y 向）、铺粉辊转动、字车进给（X 向）、工作缸及粉缸升降（Z 向）；控制系统主要利用运动控制卡发出脉冲信号和开关量信号，实现伺服电机驱动系统的运动控制。同时，用于检测元件位置的传感器信号和限位信号由控制卡进行采集，并通过计算机程序集中进行处理。

1. 机械运动系统

机械运动系统结构图如图 5-30 所示。3DP 工艺中的机械运动主要可分为 XY 平面运动和 Z 轴纵向运动，喷头搭载在字车上由 X 向丝杠控制在工作缸上方做扫描往复运动，配合 Y 向进给使喷头在相应位置按需喷墨形成单层打印截面。Y 向丝杠同时负责铺粉动作的完成。Z 向电机负责工作缸、粉缸的运动控制。工作缸与粉缸均采用拼接式设计，如图 5-31 所示。

2. 字车运动机构

字车因装配打印喷头，其运动控制精度对于 3DP 工艺而言至关重要。字车运动主要是 X、Y 方向的平面运动。图 5-32 为字车运动机构。在 X 方向上，字车运动机构主要由字车及其安装板、滚珠丝杠、伺服电机、其他传动部件组成。该结构基于滚珠丝杠传动和导轨导正,采用伺服电机与光栅尺配合,以保证打印精度;在 Y 方向上,主要完成在单层截面图形打印过程中整个字车机构的纵向进给,进给距离由喷头分辨率决定。

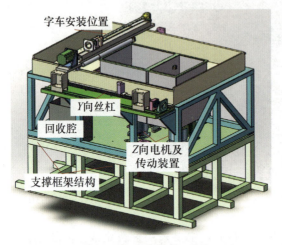

图 5-30
机械运动系统结构图

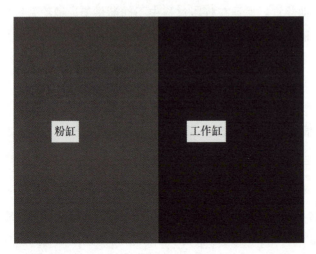

图 5-31
工作缸及粉缸

3. 喷墨系统

喷墨系统是 3DP 设备中另一关键环节。如图 5-33 所示,在 HW-P440 3DP 设备中,喷墨系统主要包括墨盒、打印喷头、墨管、墨囊、墨栈等辅助装置。图中采用的爱普生喷头支持四种颜色的黏结剂(墨水),分别为 K(黑)、C(青)、M(品红)和 Y(黄),既可实现单色打印,也可基于混色叠加原理实现多彩打印。为保证不间断打印,墨路系统采用虹吸或墨泵间歇供墨。为避免长期不工作可能造成的喷头堵塞，通过墨栈为喷头保湿，而刮片则用来消除喷头表面可能存在的墨滴聚集。

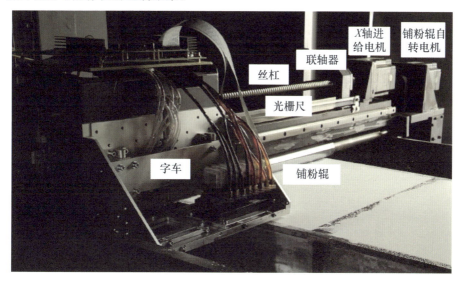

图 5-32　字车运动机构

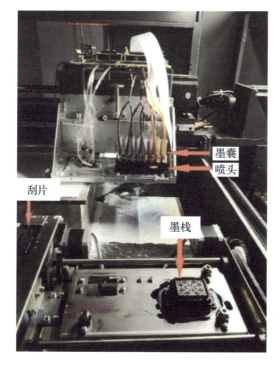

图 5-33　喷墨系统

4. 铺粉系统

铺粉系统负责成形粉末的铺展。铺粉辊结合自转与平移运动，将凹凸不平和松散的粉末压实铺平，为打印喷头在工作平台上的逐层连续打印提供基础。三维打印成形设备的铺粉系统结构示意图如图 5-34 所示。为保证粉末平面的水平铺展，铺粉辊平移和自转的运动方向应保持一致，且平移速度和自转速度需大致符合下式：

$$v = r\omega \qquad (5-14)$$

式中：v 为铺粉辊平移速度；r 为铺粉辊半径；ω 为铺粉辊自转角速度。

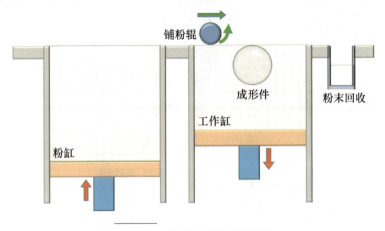

图 5-34 铺粉系统结构示意图

5.4.3 三维印刷成形材料

1. 黏结剂

随着 3DP 工艺的发展，该行业对于具有优异性能材料的需求日益增加。目前，针对 3DP 成形材料的研究主要涉及打印材料和黏结剂两个方面。3DP 工艺可选的打印材料众多，包括石膏、淀粉、覆膜砂、金属、陶瓷等粉末及其复合材料。但由于受到国外技术垄断和粉末制备设备昂贵等因素的制约，国内对 3DP 材料的研究仍然处于初级阶段，主要研究对象为石膏粉。黏结剂主要分为两种类型：一种是直接喷射具有黏结作用的树脂类黏结剂，如酚醛树脂等；另一种是在成形粉末中混合聚乙烯醇（PVA）粉末，通过与喷射液滴中的去离子水发生反应进行粉末黏结。前者所述的树脂基黏结剂容易造成喷头堵塞，且无法满足环保需要。后者为水性黏结剂（墨水）的出现提供了可能，但混合粉末的添加量和水性黏结剂的成分配比多基于经验，制件强度和一致性往往不足。为此，HW-P440 3DP 设备基于水性黏结剂，采用优化的打印墨水和成形粉末配比以避免喷头堵塞并提高制件强度。

喷墨打印墨水的种类较多。墨水按照色基不同可分为染料型墨和颜料型墨，两者分别以染料和颜料为色基，染料型墨水是目前应用最为广泛的墨水；墨水按照溶剂的不同则可分为水性墨水和油性墨水，两者分别是以水溶性和非水溶性的溶剂作为溶解色基的主要成分。近些年来，随着国家对生态文明建设的不断重视，水性墨水凭借其无毒无害、对环境几乎无影响等特点迅速成为三维打印界的宠儿。

中国轻工业标准 QB/T 2730.1—2005 给出的喷墨打印墨水的技术性能及其要求如表 5-13 所示。

表 5-13 喷墨打印墨水技术性能要求

序号	指标	要求
1	色度	与色度样标差 $\Delta E \leqslant 3$
2	表面张力/(mN/m)	30~65
3	黏度/(mPa·s)	1.5~4.0
4	pH	5.0~10.0
5	电导率/(μs/cm)	103~104
6	打印效果	与标样相似
7	间歇打印效果	间歇 7 天能打印，效果与标样相同
8	耐水性	与标样近似
9	耐光色牢度	≥2 级
10	耐寒性	-20℃~室温，还原性良好，不变质不变味，能正常打印
11	扩散度	≤1 级
12	稳定性	(40±1)℃，密封 120h 不变质

3DP 成形过程具有单层黏结、逐层累加的工艺特点，因此单层二维截面

的成形质量会直接影响最终制件的精度。而二维截面的成形质量除了受到工艺参数制约外，黏结剂（墨水）的性能也是影响其质量的重要因素。墨水的表面张力、黏度、pH、电导率等是衡量墨水质量的主要因素。表面张力主要影响墨水的流动性和形成墨滴的大小，表面张力越大，墨滴的形态就越优异；反之，则不能形成形态良好的球形液滴。然而表面张力也不能过大，过大会导致墨水的渗透润湿性能不佳。黏度是指液体流动时受到的阻力，黏度越大，墨水在墨盒及墨路中的流动受阻越大且容易堵塞喷头；黏度越小，流动性能越好，但是对应的黏结力降低。因此，不论是平面印刷还是三维打印成形，选择具有合适表面张力和黏度的墨水都至关重要。pH 用于判断墨水的酸碱性，一般墨水都要求呈中性或弱碱性，酸性过大会腐蚀墨路和喷头。电导率一般用于反映墨水中的盐含量，盐含量过大容易腐蚀墨盒并使喷头堵塞。不同的喷头类型明确了适宜的表面张力及黏度范围，以 HW-P440 3DP 设备使用的 Epson 第五代喷头 DX-5 为例，其推荐的黏结剂主要指标及参数如表 5-14 所示。除前述的表面张力、黏度等参数外，喷头流畅性也是不容忽视的重要指标，其按照连续打印时喷头所堵的喷孔个数进行评估。堵孔个数小于等于 1 时为优，小于等于 5 时为正常，小于等于 10 时为一般，超过 10 个为不合格。

表 5-14　DX-5 墨水性能指标及其要求

序号	指标		要求
1	表面张力/(mN/m)		25.0～40.0
2	黏度/(mPa·s)		2.0～40.0
3	pH		6.0～11.0
4	电导率/(μs/cm)		≤10000
5	储存稳定性/%	表面张力变化率	≤10
		黏度变化率	≤10
		电导率变化率	≤10
6	流畅性	堵孔个数	≤1；≤5；≤10

因喷头类型不同，尚不存在统一的黏结剂配方，黏结剂必须围绕喷头所需的墨水性能及要求研发配制。黏结剂是否能以较好的形态从喷头喷出并顺利润湿渗透从而达到黏结效果，较低的黏度和较高的表面张力是其关键。同

时，考虑到安全环保、长期储存及稳定保持乃至全彩打印的需求，黏结剂除主体材料外，还需包含彩色着色剂、保湿剂、渗透剂、pH调节剂、杀菌防腐剂、促凝剂、凝胶剂及黏结助剂等。具体成分及功能包括：

(1)主体材料。主体材料一般采用水基溶剂，起黏结、分散着色剂、溶解溶质等作用。

(2)彩色着色剂。彩色着色剂一般选用色料中能溶于水的碱性染料。碱性染料通过在水溶液中解离出阳离子色素并分散从而达到着色的效果，其色泽鲜艳、有瑰丽荧光，且着色力强，少量的染料即可得到深而浓艳的色泽。

(3)保湿剂。保湿剂能够延长黏结剂的固化干涸时间，防止因黏结剂干燥太快而导致喷头堵塞的情况。

(4)渗透剂。渗透剂主要为墨水与粉末黏结提供助力。

(5)pH调节剂。一般而言，黏结剂需要保持中性或者弱碱性。若酸性过大，易导致墨盒、墨路及喷头受到腐蚀，尤其是应用于三维打印成形这种需长时间工作的设备，发生腐蚀易导致设备瘫痪；若碱性过大，易吸收空气中的水分，从而使得溶液的黏性下降，且会析出无机盐晶体堵塞喷头。工业上常用的pH调节剂有三乙醇胺、硫酸盐等。

(6)杀菌防腐剂。为了使黏结剂溶液能长期存放避免变质，选择适当的杀菌防腐剂作为黏结剂成分十分必要。

(7)其他添加剂。根据使用需求添加促凝剂、凝胶剂或黏结助剂，可以在控制黏度和表面张力在合理范围内的同时，尽可能地提高黏结强度。

以上成分不需要全部加入，而是根据不同的需求区别使用。表5-15展示了HW-P440 3DP设备DX-5喷印头可采用的三种黏结剂配方具体成分。其中，黏度和表面张力参数指标在环境温度为25℃，相对湿度为60%的条件下按照相关标准进行检测。实际应用过程中，应结合成形粉末的性能，综合比较选取最优的黏结剂/成形粉末组合。

表5-15 HW-P440 3DP设备黏结剂配方(DX-5喷印头)

成分	编号			作用
	1号	2号	3号	
色料/%	4.5	5.0	5.0	彩色着色剂
乙二醇/%	10.0	10.0	10.0	保湿剂

续表

成分	编号			作用
	1号	2号	3号	
吡咯烷酮/%	5.0	5.0	0	渗透剂
三乙醇氨/%	0.2	0.2	0.2	pH调节剂
杀菌剂 GXL/%	0.1	0.2	0.2	杀菌防腐剂
柠檬酸铵/%	0.1	0.2	0	促凝剂
硼砂/%	0.1	0.2	0	凝胶剂
水性丙烯酸乳液/%	2.0	2.0	5.0	黏结助剂
去离子水	78	78.2	79.6	主体材料
黏度(25℃)/(mPa·s)	3.5	3.6	4.5	—
表面张力(25℃)/(mN/m)	31.3	30.5	30.7	—

2. 成形材料粉末

目前,高分子材料、陶瓷及其复合材料、石膏粉末、金属材料等是三维打印成形粉末材料的研究重点。石膏粉末因其成形速度快、成本低廉、制件成形精度高、无毒无害、便于实现彩色打印等特质,成为了研究的重点。石膏的主要成分为硫酸钙($CaSO_4$),是一种非常常见且极为重要的单斜晶系非金属矿物。硫酸钙在自然界中有两种稳定的存在形式,即无水硫酸钙和二水硫酸钙,并且在这二者之间有着若干其他存在形式。一般认为,石膏具有5个相和7种变体,其中5个相分别为二水石膏、半水石膏、硬石膏Ⅲ、硬石膏Ⅱ和硬石膏Ⅰ[24]。二水硫酸钙难以水化凝结,但其脱水后形成的半水石膏遇水可以水化从而实现凝结硬化,有助于水基黏结剂作用下的固化成形,其反应如下式所示:

$$CaSO_4 \cdot 0.5H_2O + 1.5H_2O \longrightarrow CaSO_4 \cdot 2H_2O \quad (5-15)$$

因此,HW-P440 3DP设备采用的粉末材料以半水硫酸钙为主体成分,同时辅以二水硫酸钙。为进一步增强黏结强度,选用聚乙烯吡咯烷酮和羟丙基甲基纤维素均匀分散在粉末中。添加凝胶物质二氧化硅起到促凝剂的作用,使液体黏结剂喷射到粉体表面后快速凝胶成形。同时,为了制件具有一定的柔性,避免发生脆断,还可适当加入水性丙烯酸。粉末主要成分配比及具体作用如表5-16所示,为确定最优的粉末性能,配置了四种具有不同成分配比的粉末。

表 5-16　HW-P440 石膏粉末配比及粒径分析

成分		粉末编号				作用
		1号	2号	3号	4号	
半水硫酸钙/%		92.5	91.0	87.5	89.5	主体材料
二水硫酸钙/%		5.0	5.0	5.0	5.0	辅助成形材料
二氧化硅/%		0.5	0.5	1.0	2.0	爽滑剂凝胶剂
聚乙烯吡咯烷酮/%		0.5	1.0	1.0	1.0	固体黏结剂
三氧化二铝/%		0	0.5	0.5	0.5	促凝剂
硼砂/%		0.5	1.0	1.0	1.0	凝胶剂
羟丙基甲基纤维素/%		1.0	1.0	1.0	1.0	增黏剂
水性丙烯酸/%		0	0	3.0	0	弹性成形剂
粒径分析	$D50\,\mu m$	20	15	12	10	—
	$D90\,\mu m$	76	70	55	50	—

粉末材料的粒径对于粉末铺展效果和最终制件的精度及强度都具有重要影响。粉末粒径过大，会导致制件表面粗糙，且致密度无法达到要求，影响制件的强度；粉末粒径过小，虽然有助于得到较薄的粉层，但是当粒径小于 $5\,\mu m$ 后，粉末颗粒之间的范德瓦耳斯力过大会显著阻碍粉末的流动，易造成粉末难以铺展开、容易扬尘等问题，严重影响铺粉的顺利进行。一般认为，平均粒径介于 $20\sim60\,\mu m$ 的粉末最利于 3DP。目前，针对粉末粒径调配填充的方式主要分为单模态粉末、双模态粉末、三模态粉末三种填充方式，如图 5-35 所示。其中，单模态粉末由于粉末粒径单一，粉末颗粒之间缝隙较大，即使在最优的铺粉状态下得到的制件孔隙率依旧过大。而双模态和三模态粉末填充方式则可在单模态粉末基础上添加粒径较小的粉末，用以填补大粒径粉末间留下的缝隙，从而提升粉床的致密度。HW-P440 3DP 设备所用石膏粉末基于三模态填充方式，所配置的四种粉末粒径分析结果如表 5-16 所示，$D50$ 和 $D90$ 数值表明粉末非单一粒度，而是由大小颗粒混合组成，颗粒平均粒度最细小的为 4 号粉末。

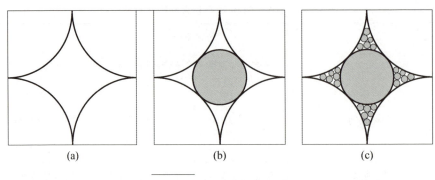

图 5-35 粉末的填充方式

(a)单模态；(b)双模态；(c)三模态。

3. 成形粉末/黏结剂性能分析

良好的粉末铺展性能是3DP工艺顺利实施的前提。表5-16中所制备的四种粉末铺展测试效果如图5-36所示，测试过程中，保持铺粉辊平移速度为30mm/s，自转速度为10r/min。如图5-36所示，1号和2号粉末由于粉末粒径较大，造成铺粉效果差，粉床表面难以铺平，不能满足设备要求；3号粉末，粉床表面平整光洁，粉末也较为紧实，无细小孔洞；4号粉末，粉层表面整体也较为平整，但是局部区域有细小而弥散的孔洞，可能是由于粉末中不同材料成分的粒径相差较大所致。综上所述，3号和4号粉末整体铺粉性能较好，可用于测试墨水的黏结性能。

因喷头价格昂贵，如果发生喷头堵塞其清洗维护难度较大，因此可采用机外平台测试方法评价成形粉末与墨水的黏结、润湿等性能，以选取最优的黏结剂与粉末组合。图5-37比较了不同墨水与粉末组合的黏结及渗透性能。因3号墨水黏度较大，易造成喷孔堵塞，故测试只限于1号和2号墨水。同时，为对比墨水与去离子水的本质区别，增加一组去离子水实验。基于粉末-墨水黏结性能测试实验分析，3号粉与1号墨水的组合尽管渗透速度较慢，但扩散最小（扩散小意味着打印精度更高，细微结构更容易呈现），而且成形制件表面质量较4号粉更优，清理表面浮粉时制件表面不易被破坏。而去离子水则扩散严重，无法控制打印边界，证明所配置的黏结剂既能保证制件强度，又有助于精确控制打印尺寸。因此，确定3号粉和1号墨水为最优组合。

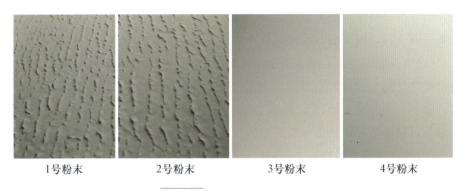

图 5-36 粉末铺展测试效果

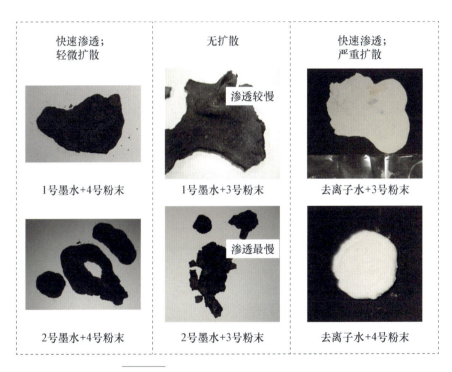

图 5-37 粉末/墨水黏结及渗透性能测试

5.4.4 三维印刷成形工艺

1. 成形工艺影响因素

三维印刷成形工艺主要受到喷头控制精度、打印层厚、黏结剂与成形材料、运动控制精度、后处理工艺等因素影响。如果参数设置不当，得到的制件则不能达到预期要求。因此，选择恰当的工艺参数极为重要。

(1) 喷头控制精度。喷头控制精度主要受制于喷头物理分辨率和喷射驱动控制策略。喷头分辨率由所采用的喷头型号决定，驱动控制则取决于点火时间、驱动电压、喷头运动速度等。同时，为保证黏结剂溶液按需喷射直至精准定位，避免散射，喷头距粉末层的垂直距离约 2mm。

(2) 打印层厚。层厚太大，制件的粗糙度大且阶梯效应明显，同时层间黏结剂的渗透量不足，相互间的黏结反应不充分，会导致制件强度不够，无法顺利取出；层厚太小，一方面提升了对设备的要求，另一方面黏结剂的相对过量可能导致过分渗透，会导致制件边界不清晰。一般而言，层厚要普遍大于成形粉末的平均粒度。

(3) 黏结剂与成形材料。如前所述，黏结剂的黏结力和渗透效应一定程度上决定着制件的初始强度和尺寸精度。而为了进一步提升制件强度，成形材料的粒径分布和具体成分也至关重要。

(4) 运动控制精度。运动控制精度主要包括 XY 平面字车、Z 轴粉缸与工作缸的移动定位精度和重复定位精度。

(5) 后处理工艺。3DP 工艺通过逐层黏结成形，黏结剂的作用只是保证制件的初始黏结强度，使其顺利成形并能成功从成形缸取出。特别是对陶瓷、金属等打印材料而言，仅仅依靠黏结剂的黏结作用往往是不够的，后处理工艺(如脱脂、烧结等)是提高制件强度的关键一步。但为避免或改善后处理时导致收缩翘曲等缺陷，需制定合理的后处理工艺参数。

2. 主要成形缺陷分析

三维印刷工艺过程中，制件拖毁、层间错移与缸体边缘供粉不足是常见的成形问题，本节针对主要的制件缺陷进行分析，并提出解决方案。

(1) 制件拖毁。即制件被拖动直至损坏，是打印过程中出现的主要问题。在打印完当前层后，铺粉辊须回原点保证每层的定位精度，在这个过程中铺粉辊可能会将已经打印好的图形拖毁；同时，在铺粉辊从原点返回粉缸侧进行下一层铺粉时，可能会对已打印好的图形进行二次拖毁。制件拖毁现象如图 5-38 所示。该缺陷的发生主要由不当的打印策略导致，可通过调整打印流程各动作的先后顺序解决，可参考的打印流程如图 5-39 所示。

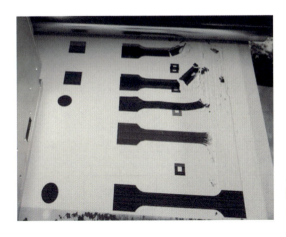

图 5-38 制件拖毁

如该流程图所示，在打印当前层完毕后喷头不再直接回零点，而是先将工作缸下降，之后铺粉辊借助左限位开关移动到粉缸侧开始铺粉，整个铺粉过程均发生在工作缸下降的状态下，从而避免对已打印图形的"拖毁"。

（2）层间错移。打印过程中，已打印好的图形在下一层铺粉时可能会随着铺粉辊转动而发生位置错移，偏离原本的位置，该现象称为制件层间错移。严重时，层间错移会逐层积累，形成明显的一定厚度内的层间大范围错移，如图 5-40 所示。

层间错移一般发生在打印起始阶段的若干层，且朝向粉缸侧偏移，并造成起始若干层层间黏结效果不佳，后续稳定打印阶段则不发生此现象。这是因为起始打印时工作缸内的粉末致密度不够且较为松散，刚打印的截面图形就会在下一层铺粉开始阶段铺粉辊回退至左侧极限开关时发生偏移，由于此时粉床表面铺粉辊切线方向指向粉缸，从而造成层间偏移朝粉缸一侧。随着铺粉次数的不断增多，粉末被压实，致密度提升，在后续打印过程此现象消失。为避免层间错移，一方面保证铺粉辊平移速度与自转速度的匹配，另一方面在起始打印时压实粉床，可控制铺粉辊循环移动铺设多层粉末作为基底，待粉床较为致密时再行打印。

（3）缸体边缘供粉不足。以 HW-P440 3DP 设备为例，该设备粉缸尺寸为 400mm×240mm，工作缸尺寸为 400mm×400mm，打印层厚为 0.10mm。理论计算当工作缸下降距离设置为 0.10mm，粉缸上升高度设置为 0.17mm 即可满足铺粉需要，但考虑到压实作用及铺粉辊边缘落粉损耗，0.17mm 的粉缸上升量则远远不够，而且起始阶段由于粉末较为松散粉床更难铺平。正常打印时，粉缸上升量取值为 0.20mm、0.23mm 时均会发生边缘供粉不足的问题，造成局部缺粉，如图 5-41 所示。最终通过逐步测试确定粉缸单次上升量为 0.25mm 较为合适。

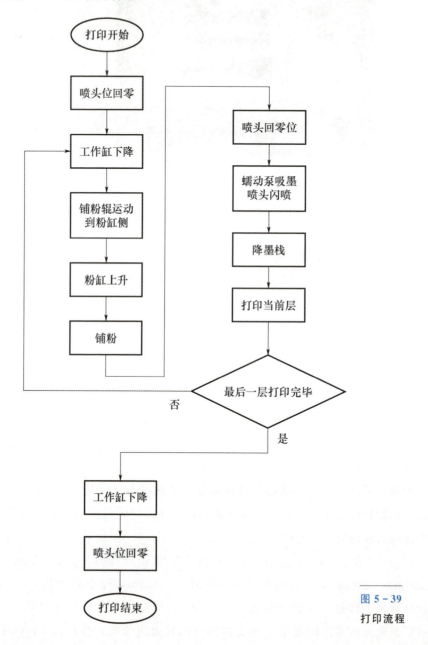

图 5-39
打印流程

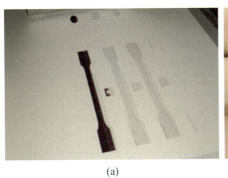 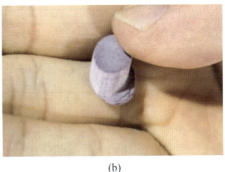

(a) (b)

图 5-40 层间错移

(a)层间错移现象;(b)发生层间错移后的制件。

图 5-41 缸体边缘供粉不足

3. 成形尺寸精度分析

判断制件是否合格的指标通常为使用性能和尺寸精度。对于石膏粉的 3DP 制件而言,由于仅需要简单的后处理甚至不需要后处理,因此其尺寸精度更为重要。图 5-42 展示了未经后处理的石膏粉 3DP 样件和尺寸测量结果。样件无明显成形缺陷,效果良好,其实际测量尺寸与目标尺寸基本相符,相对误差在 2.5% 以内,表明所采用的水基黏结剂可有效控制墨滴扩散,保证尺寸精度,同时优化后的黏结剂与粉末组合有效提升了制件的初始黏结强度,不易遭受破坏。

(a)　　　　　　　　　　　(b)

图 5-42　打印制件与尺寸精度分析

(a)打印制件；(b)尺寸精度。

5.4.5　三氧化铝陶瓷三维印刷成形与烧结工艺

1. 氧化铝陶瓷物理化学性质的分析

氧化铝陶瓷的主要原料为 α-Al_2O_3 粉体，主晶相为刚玉相，具有非常好的稳定性，硬度高，仅次于金刚石。由于 Al_2O_3 具有较大的晶格能，扩散系数较低，故在高温中也只能产生极少的液相，因此其烧结主要依靠晶体的再结晶来完成，这使得氧化铝陶瓷的烧结温度普遍较高。本研究中所用到的陶瓷材料氧化铝的纯度为 99% 以上，其典型性能如表 5-17 所示。

表 5-17　纯度 99% 氧化铝陶瓷的典型性能

性能	数值	性能	数值
体积密度/(g/cm^3)	3.85	抗弯强度/MPa	≥550
硬度/MPa	≥88	热膨胀系数/($\times 10^{-6}$/K)	8.2
弹性模量/GPa	350	导热系数/(W/(m·K))	25
泊松比	0.22	烧结温度/℃	1600~1900
抗压强度/MPa	≥2500	体积电阻率/(Ω·cm)	10^{14}

由于氧化铝陶瓷的烧结温度高,因此在实际生产中需要采取合理的措施降低其烧结温度以减少能源的消耗和提高烧结效率。目前,较为有效的方法有减小粉末粒度或者添加烧结助剂。但由于制备粒度小的粉末颗粒对设备和工艺的要求更高,相当于提高了生产成本,因此在生产中常采用添加烧结助剂来降低氧化铝陶瓷的烧结温度。针对氧化铝陶瓷的这个特点,本书也采用添加烧结助剂的方法来降低其烧结温度。

2. 氧化铝陶瓷 3DP 成形工艺研究

1)成形材料和设备以及实验组的设置

本小节实验所采用的材料及设备如表 5-18 及表 5-19 所示。其中氧化铝粉末中需要添加一定量的黏结剂聚乙烯醇(PVA),PVA 在氧化铝陶瓷粉体中所占比例为 10%;SiO_2、MgO、CaO 按照 2∶1∶1 的比例配制成三元复合烧结助剂,在氧化铝陶瓷粉体中的所占的比例分别设置为 0%、3%、5%、15%、20% 进行测试,如表 5-20 所示。

表 5-18 成形材料

名称	粒度	生产厂家
氧化铝陶瓷粉末	30 μm	上海肴戈合金材料有限公司
PVA2788	300 目	上海影佳实业有限公司
二氧化硅粉末	300 目	申澳合金粉末有限公司
氧化镁粉末	300 目	申澳合金粉末有限公司
氧化钙粉末	300 目	申澳合金粉末有限公司

表 5-19 实验设备

名称	型号	生产厂家
电子天平	ES1020	厦门莱斯德仪器有限公司
行星球磨机	YXQM-4L	湖南米琪科技有限公司
鼓风式干燥箱	DHG-9023A	上海印溪仪器仪表有限公司
3DP 打印机	HW-P440	武汉三迪创为有限公司
数码光学显微镜	AO-HD205	深圳奥斯维光学有限公司
马弗炉	SX-G1800	天津中环电炉股份有限公司

表 5 – 20　各实验组粉体中添加物含量

实验编号	三元烧结助剂含量	PVA 含量
1	0%	10%
2	3%	10%
3	5%	10%
4	15%	10%
5	20%	10%

2）工艺过程

氧化铝陶瓷 3DP 工艺流程如图 5 – 43 所示。

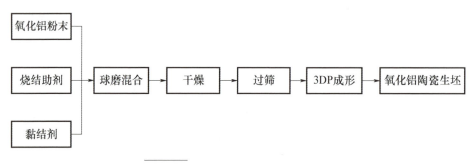

图 5 – 43　氧化铝陶瓷 3DP 工艺流程

具体步骤及内容如下。

(1)配料：根据表 5 – 20 中粉体各成分比例计算用量，使用电子天平称量出对应质量的原料进行配料。

(2)球磨混合：将配好的粉料置于行星球磨机中混合 3h。

(3)干燥：取出混合好的粉料放置在干燥箱中以 80℃ 的环境进行干燥。

(4)过筛：选用 150 目的筛子进行过筛。

(5)成形：在 3DP 打印机上进行打印成形得到氧化铝陶瓷生坯。

其中 3DP 成形过程是取经处理后的粉料在 3DP 打印设备中进行成形，具体流程如下。

(1)检查墨路：包括检查墨盒中墨量是否充足、墨路管路中是否存在气泡、各连接部位是否松动等。若墨量不足则需要添加墨水，墨路中存在气泡则需要利用注射器抽取排出，其他异常情况也应及时解决。

(2)清理粉缸和工作缸，完成铺粉：将粉缸和工作缸中长期未使用的粉末进行清理回收，以免杂质机构或者久置变性的结块影响到正常铺粉和污染成形原料。清理完成后启动铺粉程序,设备自动完成铺粉工作。

(3)导入模型数据:将建立好的试样的三维模型转换成 STL 文件,导入与打印设备配套的软件中,完成扫描转换并储存相关数据,准备打印。

(4)打印成形:数据处理完成后,启动打印程序,设备可按照 STL 文件规划好的扫描路径逐层进行打印,每打印完一层,粉缸上升一个打印层厚,工作缸下降一个打印层厚,启动铺粉程序进行下一层铺粉,铺粉完成后上位机发出打印指令再次开始加工,如此循环直至完成整个试样的成形。

(5)取件及后处理:打印完成后,黏结剂和墨水未反应完全,需要在工作缸中静置一定的时间后才可取出,小心将试样生坯从粉床中取出后将其置于干燥箱中进行 50min 的干燥处理增强生坯的强度。

3DP 工艺制备氧化铝陶瓷试样流程如图 5-44 所示。

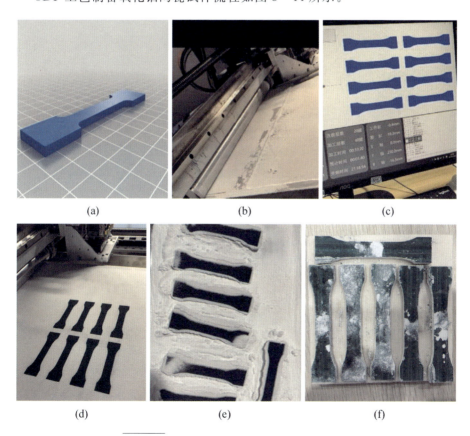

图 5-44　3DP 工艺制备氧化铝陶瓷试样流程
(a)建模;(b)铺粉;(c)导入数据;(d)打印;(e)后处理;(f)成品。

3) 结果分析

试样的 3DP 成形过程结束后如图 5-45(a)所示，可以看到，打印喷头按照计算机规划好的路径逐层成形对应的三维实体模型，喷头经过的区域通过喷头喷射的墨水与氧化铝陶瓷粉体中的黏结剂进行固化反应成形，其余区域松散的陶瓷粉体可以作为成形制件的支撑。由图 5-45(b)图可以看到，所成形的陶瓷试样生坯轮廓清晰、表面光滑无毛刺，达到了设计的要求。

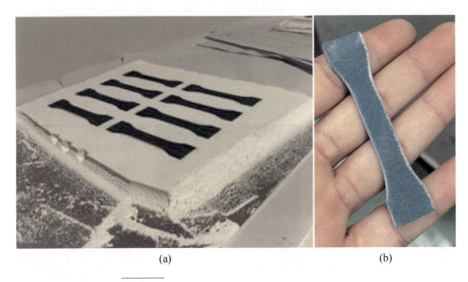

图 5-45　3DP 工艺成形氧化铝陶瓷试样生坯

(a)完成打印后的平台；(b)取出的制件。

将 3DP 工艺成形的氧化铝陶瓷试样生坯打断，使用光学显微镜进行断面观察，图 5-46 所示即为放大 100 倍的氧化铝陶瓷生坯断面光学显微图，可以观察到整个断面没有出现因为缺少墨水导致粉末没有黏结到位的情况，也没有出现层与层之间因为墨水过多而发生坍塌变形的问题，由此得知在制件成形过程中喷头在所有层上都较为均匀地喷射了适量的墨水，使制件中的粉末黏结得较为牢固，保证了陶瓷制件生坯的成形质量。

3. 氧化铝陶瓷烧结工艺测试

1) 材料及设备

将 3DP 工艺成形的氧化铝陶瓷试样生坯进行烧结，所用到的烧结设备是天津中环电炉股份有限公司生产的马弗炉，型号为 SX-G1800。

图 5-46　氧化铝陶瓷生坯断面光学显微图

2）烧结过程

采用常压烧结的方法对试样生坯进行烧结。3DP 成形的陶瓷制件由于内部含有黏结剂成分，因此需要在一定的温度下保温脱脂，根据黏结剂的性质，将制件的脱脂温度定为 500℃。所制定的烧结温度曲线如图 5-47 所示，以 2℃/min 的升温速率从室温缓慢升温至 500℃，在 500℃ 的温度下进行保温脱

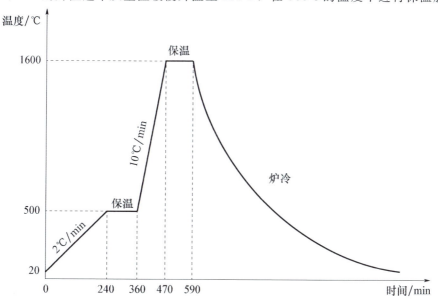

图 5-47　氧化铝陶瓷 3DP 制件常压烧结温度曲线

脂，保温时间为120min。脱脂完成后再以10℃/min的速率升温至1600℃并保温，保温时间为120min。烧结完成后随炉冷却至室温。

3）结果分析

图5-48为不含三元烧结助剂的氧化铝陶瓷试样生坯经过脱脂和烧结后得到的成品，含色素的黏结剂在脱脂烧结后完全挥发，仅剩下氧化铝成分，因此试样呈白色。可以看到有些成品中存在溃散现象（红圈中的部位），这是生坯烧结不完全的表现。出现这种现象的原因是因为氧化铝的离子键的键能高，使得氧化铝陶瓷需要在很高的温度下才能完成烧结，而目前的烧结温度并没有达到使其完全烧结所需要的温度。烧结不完全的生坯中有一部分陶瓷颗粒仍处于离散状态，在外力的作用下极易溃散，力学性能很差。

图 5-48
不含三元烧结助剂的氧化铝陶瓷烧结试样

图5-49为具有不同含量三元复合烧结助剂的氧化铝陶瓷烧结后试样的微观形貌。

图5-49（a）为三元烧结助剂含量为3%的烧结试样微观形貌图，可以看到大部分氧化铝陶瓷颗粒都能够烧结在一起，但基体表面仍然存在少量未烧结的陶瓷颗粒，这些颗粒以离散状态存在，并未与基体融合。出现这种现象的原因是由于烧结助剂含量不足导致液相过少，无法将全部氧化铝颗粒融合到基体当中，从而有少部分陶瓷颗粒游离出来。同时，少量的液相无法完全填补因收缩而产生的气孔，因此在图5-49（a）中还能观察到试样中存在的部分气孔。

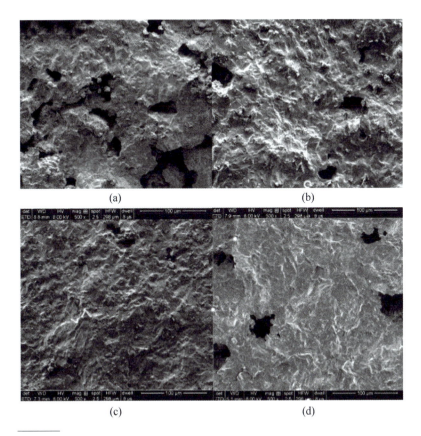

图 5-49 具有不同含量三元复合烧结助剂的氧化铝陶瓷烧结后试样微观形貌

(a)3%；(b)5%；(c)15%；(d)20%。

将图 5-49(b)与(c)相比较可知，将三元烧结助剂的含量从 5% 提高至 15%，烧结后制件的微观形貌有了较大幅度的改善，同时基体表面不存在离散状态的陶瓷颗粒，气孔也基本消失。这是由于升温时烧结助剂在较低温度下先熔化，与周围的氧化铝形成固-液两相，先熔化的物相会在毛细管作用下渗入固体颗粒间的孔隙中，从而使氧化铝陶瓷更加致密。

然而烧结助剂的含量并不是越多越好，对比图 5-49(c)和(d)可以观察到，当烧结助剂的含量增加到 20% 时，烧结后的试样中反而出现了一定数量的气孔。这可能是由于大量的烧结助剂使得液相过多，导致颗粒之间的距离变大，加大了物质扩散的路程，从动力学的角度考虑对陶瓷的致密化反而会产生不利的影响。

综上所述，添加三元烧结助剂能够有效地降低氧化铝陶瓷的烧结温度并提高其密度和组织性能,但当烧结助剂的含量超过15%时反而会对试样的致密化产生不利影响,因此采用3DP工艺生产氧化铝陶瓷制件时,三元烧结助剂的添加量在10%～15%为宜。

参考文献

[1] 杨力,史玉升,沈其文,等.选择性激光烧结覆膜砂芯成形工艺的研究[J].铸造技术,2006,55(1):20-22.

[2] 杨劲松.塑料功能件与复杂铸件用选择性激光烧结材料的研究[D].武汉:华中科技大学,2008.

[3] 杨力.覆膜砂选择性激光烧结材料及成形工艺的研究[D].武汉:华中科技大学,2006.

[4] 姚山,叶昌科,叶嘉楠.基于覆膜砂激光快速成形的无模快速铸造方法研究[J].铸造技术,2006,5:458-460.

[5] TANG Y,FUH J Y H,LOH H T,et al. Direct laser sintering of a silica sand[J]. Materials and Design,2003,24(8):623-629.

[6] 樊自田,黄乃瑜.选择性激光烧结覆膜砂铸型(芯)的固化机理[J].华中科技大学学报,2001,29(4):60-62.

[7] 赵东方,张巨成,庞国星.激光快速成形砂型铸模用烧结剂的制作和应用[J].热加工工艺,2005,1:21-22.

[8] 蔡睿贤,张娜,何咏梅.球体内不定常非Fourier导热的一维代数显式解析解[J].自然科学进展,1999,9(1):71-76.

[9] 梁新刚,过增元,徐云生.砂砾堆积床瞬态导热的理论分析[J].中国科学(A辑),1995,25(11):1168-1174.

[10] GUSARVR A V,LAOUI T,FROYEN L,et al. Contact thermal conductivity of a powder bed in selective laser sintering[J]. International Journal of Heal and Mass Transfer,2003,46(6):1103-1109.

[11] 张少明,翟旭东,刘亚云.粉体工程[M].北京:中国建材工业出版社,1994

[12] KOLOSSOV S,BOILLAT E,GLARDON R,et al. 3D FE simulation for temperature evolution in the selective laser sintering process[J]. International Journal of Machine Tools and Manufacture,2004,44(2-3):117-123.

[13] 胥橙庭,沈以赴,顾冬冬,等.选择性激光烧结成形温度场的研究进展[J].铸

造,2004,53(7):511-515.

[14] 白俊生,唐亚新,余承业. 激光烧结粉末快速成形铺粉辊筒运动参数的分析研究[J]. 航空精密制造技术,1997,33(4):15-17.

[15] 白俊生,余承业. 激光烧结快速成形铺粉辊筒运动分析[J]. 机械制造,1997(9):15-18.

[16] 黄发荣,焦杨声. 酚醛树脂及其应用[M]. 北京:化学工业出版社,2003.

[17] 殷荣忠,山永年,毛乾聪,等. 酚醛树脂及其应用[M]. 北京:化学工业出版社,1990.

[18] 吴剑涛,冯涤,李俊涛. 复杂精密铸件快速成形工艺研究[J]. 新技术新工艺,2006,2:19-21.

[19] KISSINGER H E. Reaction kinetics in differential thermal analysis[J]. Analytical Chemistry,1957,29:1702-1706.

[20] 季庆娟,刘胜平. 酚醛树脂固化动力学研究[J]. 热固性树脂,2006,25(5):10-12.

[21] 蔡文娟. 物理化学[M]. 北京:冶金工业出版社,1997.

[22] 张才元. 对覆膜砂主要原材料性能的研究分析[J]. 中国铸造装备与技术,1996(5):27-29.

[23] 徐正达. 硬脂酸钙对覆膜砂热性能的影响[J]. 特种铸造及有色合金,2000(5):20-22.

[24] 潘祖仁. 高分子化学[M]. 北京:化学工业出版社,1986.

[25] VAIL NEAL K,BALASUBRAMANIAN B,BARLOW J W,et al. Thermal model of polymer degradation during selective laser sintering of polymer coated ceramic powders[J]. Rapid Prototyping Journal,1996,2(3):24-40.

[26] CLEMENTZ P H,PERNIN J N. Homogenization modeling of capillary forces in selectivelaser sintering[J]. International Journal of Engineering Science,2003,41(19):2305-2333.

[27] 朱华栋. 最新铸造标准手册[M]. 北京:兵器工业出版社,1992.

第 6 章
精密铸造

精密铸造是金属零部件近净成形的主要技术之一，精密铸造的铸件质量通常从三个方面进行评价，即外观质量(尺寸精度、形位精度和表面粗糙度)、内部质量及由内部组织决定的使用质量(力学性能及物理、化学性能)。以增材制造为基础的快速精密铸造技术不再依赖于模具，因此能够制造出结构极其复杂的铸件，并可大幅度提升铸件的外观质量。铸造数值模拟技术可以直观显示铸件的凝固成形过程，预测凝固成形过程中各种潜在的问题和铸造缺陷(缩松、缩孔、裹气)，预测铸造组织和应力-应变状况，从而指导铸造工艺方案设计、参数优化和产品质量控制。定向凝固精密铸造技术主要用于制造叶片类铸件，叶片组织为定向柱晶或单晶，与等轴晶叶片相比，定向柱晶或单晶叶片的耐热性、热疲劳性能和使用寿命均显著提高。本章将从以上几个方面来展开论述。

6.1 精密铸造原理

精密铸造即熔模精密铸造，其工艺过程包括压蜡样、修蜡、组树、结壳、熔蜡、焙烧、浇注金属液及后处理等工序，图 6-1 为精密铸造基本工艺过程。

精密铸造特别适合用于生产尺寸精度要求高、表面粗糙度低、形状复杂的铸件，合金材料不受限制。

6.1.1 熔模的制造

1. 模料

对模料性能的要求如下[1]。

(1)熔点：兼顾蜡模耐热性和工艺操作方便，其熔点在 60~90℃为宜。

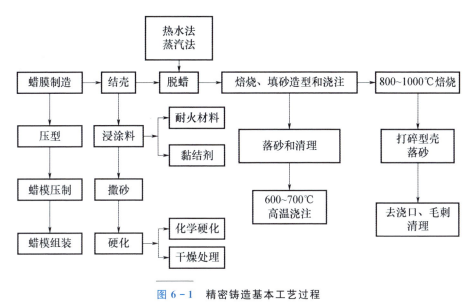

图 6-1 精密铸造基本工艺过程

(2) 流动性：为了完整清晰地复制出压型型腔，要求模料要有良好的流动性（常用黏度表征）。

(3) 软化点：模料开始软化变形的温度（35～40℃，保证在室温下不发生变形）。

(4) 收缩率：为了减少脱蜡时胀裂型壳的可能性，收缩率一般要求小于1%。

(5) 强度和表面硬度：防止模样在生产过程中损坏，要求具有一定的强度和硬度。

(6) 可焊性：便于组合。

(7) 涂挂性：应该能很好地被耐火涂料润湿并在其表面形成均匀的覆盖层，获得表面光洁、轮廓清晰的铸件表面。

(8) 灰分：模料灼烧后的残留物，要求越少越好。

除此之外，回收方便、复用性好、无毒无害、来源广泛和价格低廉等性能要求也是熔模铸造用模料所要求。

2. 模料的种类、组成和性能

按熔点高低可分为低温模料（熔点低于70℃，石蜡基模料）、中温模料（熔点70～120℃，松香基模料）和高温模料（熔点高于120℃，其他模料）。按主要组成分为蜡基模料、松香基模料和高分子基模料。

企业常用蜡基模料。蜡基模料一般由石蜡和硬脂酸配制而成。石蜡：晶态物质，冷却曲线有明显而确定的平台。耐热性较差，收缩率为 0.6%～1.5%。针入度15°，硬度较低，因此配以硬脂酸。其化学性质稳定，140℃以上分解碳化。牌号有 50，52，…，70，熔模铸造用 58～64。硬脂酸：提高熔模的表面强度和涂料的涂挂性（润湿能力）。与石蜡互溶，其强度高，硬度大，熔点高，热稳定性好。石蜡与硬脂酸配合使用，调整其比例来控制蜡模性能（软化点、强度等），常用比例为 1∶1。石蜡含量增加，强度增高，热稳定性下降。硬脂酸含量增加，软化点、流动性、涂挂性提高，硬度提高，强度下降，凝固温度区间变窄。

3. 模料的配制与回收

配制模料的目的是将组成模料的原料按规定的比例混合成均匀的一体，并使模料的状态符合熔模压制的要求。配制蜡基模料和松香基模料时常用水浴加热熔化、搅拌并过滤其中杂质。常用状态为糊状模料。

4. 模料压注方法[2]

常用压注方法有柱塞加压法、活塞加压法和气压法。压蜡工艺曲线如图 6-2 所示。

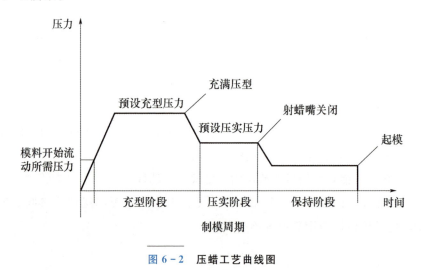

图 6-2 压蜡工艺曲线图

5. 熔模的组装

熔模的组装方法有焊接法、黏结法和机械组装法，广泛应用电烙铁焊接组装[2]。

6.1.2 型壳的制造[3]

型壳是由涂料和撒砂材料制得。涂料由耐火材料、载体、黏结剂和附加物组成,是型壳制备的关键。型壳中耐火材料占 90% 以上。耐火材料的选用对型壳的性能影响很大,其次为黏结剂、附加物及制备工艺的影响。型壳的质量直接关系到铸件的质量,因此对型壳的要求如下:

(1)强度:高的常温强度和高温强度,以免搬运、浇注和焙烧时发生破裂、塌陷等;低的残留强度利于型壳清理。

(2)热震稳定性:抵抗急冷急热的性能或抗热冲击性,即型壳抵抗因温度急剧变化而不开裂的能力。

(3)高温下化学稳定性:高温液态金属与之接触时不发生相互化学作用的性能,以免发生黏砂、麻点、氧化、脱碳等缺陷。

(4)透气性:指气体通过型壳的能力。良好的透气性可避免浇不足、气孔等缺陷。

根据其在型壳所处位置,耐火材料可分为以下几种:

(1)面层粉料:与黏结剂配制成涂料的粉状料,直接与高温金属液接触,要能承受热冲击和热物理、化学作用。

(2)增强型壳的撒砂材料:粒度稍大,保证良好的透气性和抗裂性。

(3)制造陶瓷型芯的粉状料:具有一定的抗冲击性,易于清理。

对耐火材料的要求如下:

(1)高的耐火度和熔点:高温时不软化、不变形。

(2)小而均匀的热膨胀性:防止型壳开裂并保证金属铸件尺寸精确。

(3)粒度合理:先小后大,保证型壳致密度、强度、透气性。

(4)良好的高温化学稳定性。

(5)其他:有利于涂料稳定、对人体无害、价廉等。

型壳常用耐火材料有以下几种:

1)熔融石英

熔融石英熔化温度为 1713℃,导热系数低,热膨胀系数几乎是所有耐火材料中最小的,因而它具有极高的热震稳定性。

2)锆英砂

锆英砂又称硅酸锆,是天然存在的矿物材料。分子式为 $ZrO_2 \cdot SiO_2$,密度为 4.6~4.71g/cm³。莫氏硬度为 7~8 级，熔点随所含杂质的不同在 2190~2420℃内波动。常含有微量的放射性的铀、钍和微量氧化物 Fe_2O_3、TiO_2、Al_2O_3 等。纯锆英石在 1775℃能分解析出 SiO_2，有较高的耐火度。

3) 莫来石

莫来石又称高铝红柱石，分子式为 $3Al_2O_3 \cdot 2SiO_2$，熔点为 1850℃，在 1810℃开始出现液相，最高使用温度为 1800℃。密度约为 3.16g/cm³，膨胀系数为 54×10^{-60}/℃。

莫来石很少以天然形式存在，多为人工合成（高温烧结），具体见表 6-1。

表 6-1 常用耐火材料

特点	石英(SiO_2)	刚玉(Al_2O_3)	铝-硅系材料	锆英石	其他
优点	来源广、价廉、耐火度高、残留度低	熔点高、导热性好、热膨胀小均匀	价廉、来源广、稳定性高	传热系数大	铝酸钴、人造石墨、钨粉、氧化物陶瓷
缺点	酸性、易于在高温下反应形成麻点、黏砂	来源缺、价高	SiO_2 易于与 Al、Ti 反应、脱壳性差	价格较高、分解出 SiO_2	
备注	不能用于含镍铬钛锰较多的合金	—	加固涂层	面层使用、提高质量	

黏结剂：常用的黏结剂包括硅溶胶、水玻璃和硅酸乙酯。

黏结剂的性能要求：

(1) 很好地润湿模组，不与模料反应，准确地复制出熔模轮廓，并获得表面光洁的型腔。

(2) 黏结剂与耐火材料有牢固的结合能力，在不同温度、外力及应力作用下而不破坏。

(3) 型壳焙烧后能形成耐高温物质，具有高温化学稳定性，不与浇注金属液反应。

(4) 适当的黏度即流变性，制壳时有良好的涂挂性和渗透性。

(5) 易于储存、来源广、价廉。

硅溶胶、硅酸乙酯、水玻璃黏结剂中起黏结作用的都是硅酸胶体。

水玻璃是可溶性碱金属的硅酸盐，固态呈玻璃状，溶于水后形成水玻璃溶液。常用钠水玻璃。熔模铸造中用水玻璃模数 M 为 3.0～3.6。其高温强度较差，在 800℃ 左右发生软化，故目前使用较少。

硅酸乙酯需水解之后方可用作黏结剂，工艺过程较复杂，目前应用较少。

硅溶胶是二氧化硅的溶胶，由无定形二氧化硅的微小颗粒分散在水中而形成的胶体溶液。外观为清淡乳白色或稍带乳光。目前，硅溶胶是使用广泛的熔模铸造黏结剂。

硅溶胶作为熔模铸造黏结剂优点：①易配制高粉液比的涂料，且涂料稳定性好；②制壳工艺简单，型壳高温性能好；③无污染。缺点：①对蜡模润湿性差；②干燥速度慢，制壳周期长（现已有快干硅溶胶）；③湿强度低，可加纤维和高聚物来改善。目前，硅溶胶应用越来越多。

型壳制壳工艺包括浸蘸涂料、撒砂、烘干、脱蜡和焙烧几个工序。生产中常用硅溶胶作为涂料及型壳的黏结剂来制备型壳。涂料包括面层涂料、过渡层涂料、背层涂料。制壳工艺：硅溶胶型壳采用干燥胶凝的硬化方法，制壳工艺简单，经挂涂料、撒砂、干燥。如此重复多次，直到达到工艺规定的型壳厚度，具体见表 6-2。

表 6-2 制壳工艺

参数	面层	二层	背层	封浆
涂料种类	面层涂料	面层涂料或过渡层涂料	背层涂料	背层涂料
撒砂	100/120 号筛（目）锆砂	30/60 号筛（目）煤矸石	16/30 号筛（目）煤矸石	
温度/℃	22～25			
湿度/%	50～70		40～60	
风速/(m/s)	—		6～8	
干燥时间/h	4～6	>8	>12	>14
预湿剂	浸预湿剂		—	

注：要求高的铸件可使用两层面层涂料，要求不高的铸件也可使用一层面层涂料，第二层采用过渡层涂料；预湿剂用 $w(SiO_2) = 25\%$ 的硅溶胶溶液。预湿剂可浸一层，也可浸二层或三层。

各厂可根据本厂铸件大小确定型壳层数。一般小件可制四层半型壳，铸件越大、壁越厚，层数应相应增加。撒砂可用手工撒砂或机械撒砂方式。手工撒砂时尘土飞扬大，且质量不稳定。机械撒砂分为淋砂法和沸腾法两种。

硅溶胶型壳的干燥：硅溶胶型壳的干燥过程实际上就是其内水分不断蒸发的过程。水分蒸发量的大小最终决定了型壳强度的高低，和环境温度、环境湿度、风速及耐火材料种类等有关。硅溶胶型壳的干燥硬化主要采用低温烘干。

脱蜡：脱蜡主要采用热水法和高压蒸汽法。脱蜡后应对型壳进行检查，有细微裂纹的型壳可以用涂料进行修补，出现碎裂、成片剥落或裂纹超过 0.5mm 时应当报废。

焙烧：硅溶胶型壳的焙烧温度一般为 950～1050℃，保温 30min 以上。焙烧好的型壳应为白色或蔷薇色。

焙烧炉有油炉、箱式电阻炉、煤气炉等。

6.1.3 熔模铸件的浇注和清理

熔模铸件浇注的特点：熔模铸件一般采用热型浇注。合金种类及铸型温度如表 6-3 所示。

表 6-3 合金种类及铸型温度

合金种类	铝合金	铜合金	钢	高温合金
铸型温度/℃	100～300	100～500	300～950	800～1075

常用的熔模铸造浇注方法有重力浇注、真空吸气浇注、离心浇注、真空吸注和定向凝固。

熔模铸件的清理主要包括去除型壳、切割浇冒口和表面清理。从铸件上清除型壳，可采用手工清除、震击脱壳、电液压清理和水力脱壳等。切割浇冒口可采用气割、砂轮切割、锯割和液压切割。铸件表面清理方法有机械清理（抛丸和砂轮磨削）和化学清理。

6.2 凝固成形数值模拟

6.2.1 概述

铸件在生产准备阶段，首先应编制出控制该铸件生产工艺过程的技术文件，即铸造工艺设计。它是根据铸件要求、生产批量和生产条件，并对铸件进行结构分析，确定铸造工艺方法、工艺方案、工艺参数和工艺流程，编制工艺卡，设计和选择工艺装备的全过程。

随着计算机技术的发展，计算材料学及材料基因工程已成为新兴的交叉学科。除实验和理论方法外，计算材料学是解决材料科学中实际问题的第三大研究方法。随着计算材料学的发展，在生产之前可对铸件生产进行计算机数值模拟，预测其组织及可能产生的缺陷，进一步优化工艺和结构。模拟仿真可提高产品质量 5～15 倍，增加材料出品率 25%，降低工程技术成本 13%～30%，降低人工成本 5%～20%，提高投入设备利用率 30%～60%，缩短产品设计和试制周期 30%～60% 等。

完整的或广义的铸造工艺数值模拟包括工艺设计及优化和铸件凝固过程模拟(包括微观组织模拟)。其目的是利用计算机辅助铸造工作者优化铸造工艺，预测铸件质量，优化铸造方案，估算铸件成本，显示并绘制铸造工艺图、工艺卡等技术文件。目前，计算机辅助设计在工业中得到越来越广泛的应用，也为铸造工艺设计的科学化、精确化提供了良好的工具，成为铸造技术开发和生产发展的重要内容之一[4]。

1. 凝固过程数值模拟的主要方法

研究流体传输现象一般有两种基本的方法：一种是宏观连续理论包括流体力学及热力学；另一种是微观运动学理论。两种方法皆可推出同样的系统控制方程，在数值模拟的过程中，首先把计算区域划分成许多控制体或网格，在这些小块上把微分方程离散成代数方程，再把代数方程汇合成总体代数方程组，最后在一定的初边值条件和边界条件下求解方程组，从而求得计算区域内各节点的物理量。数值模拟的正确性和精确度取决于所建模型的物理理论依据是否正确合理以及网格的划分、方程的离散、初边值条件、边界条件、代数方程组的求解等几个因素。对流动问题的方程的离散主要有有限差分法、有限元法和有限体积法，正在兴起的极有希望的一种方法是格子气法。

1) 有限差分法

有限差分法是将求解域划分为差分网格，将运动方程中的导数项以差商来代替，从而将微分方程转化为易于求解的代数方程。它是一种比较成熟的数值方法，目前应用较广。有限差分法的缺点是在模拟边界上受网格密度的限制。有限差分法不能方便地应用到非正交网格上，数值精度较低，这样就大大限制了其应用，基于此原因，非正交网格及各种差分格式的发展一直是人们研究的热点。

2) 有限元法

有限元法是以变分原理为基础且吸收有限差分方法的区域离散思想而发展起来的一种数值计算方法。它将空间上的连续场离散成有限个单元，并按一定方式相互联系在一起而形成单元组和体，在每一个单元内部用假定的近似函数来分片表示场函数，单元内的近似函数通常使用单元节点的值及其插值函数来表示，这样就可以将一个连续的无限自由度的问题转化成为一个离散的有限自由度的问题，再通过对这些单元进行积分把偏微分方程转化成为一组线性方程组，求解该方程组即可得到该场的近似数值解。这种方法具有较强的适应性，计算精度较高，因而具有很广泛的适应性，特别适合于几何、物理条件比较复杂的问题。

3) 有限体积法

有限体积法的基本思路是把计算区域离散为若干个网格节点，围绕每个网格节点取一系列互不重复的控制体，在每个控制体上利用物理量的守恒关系建立节点的离散方程，其中为了得到界面上通量的离散关系式，必须假设物理量在结点间的近似变化规律（局部近似），因此，有限体积法兼有有限元法和有限差分法的特点，从网格划分来看与差分法类似，而从控制体选取和局部近似来看又类似于有限元法。有限体积法最突出的特点是从物理量的守恒规律出发，离散化方程就是物理量在控制体上的守恒关系式。所以，物理量的守恒不受网格大小的制约。当采用无结构化网格时，该方法能像有限元方法一样适用于不规则网格和复杂边界情况，且处理效率与有限差分法相似，而高于有限元法，所以在数值模拟中有着很大的发展潜力。目前已有针对有限体积法的改进松弛解法，它可以保证在提高计算效率的同时获得稳定的数值解。在法国研制的 Simulor 软件中采用该方法进行铸造充型过程数值计算，并可应用于形状较为复杂的实际铸件。

2. 凝固过程数值计算方法

凝固过程是由热量传输、动量传输、质量传输及相变等一系列过程耦合而成的。要精确地模拟凝固过程，必须求解连续性方程、Navier-Stokes (N-S)方程、傅里叶方程及质量传输方程等，将所有这些过程耦合在一起进行求解，还是非常困难的。在一般情况下，若液态金属充型时间和整体凝固时间的比很小时（即充型时间很短），可以假设铸型是瞬时充满的，这时只需计算温度场即可。当铸件壁很薄或充型时间和凝固时间相差不多时，必须耦合充型过程模拟进行初始温度场计算，然后再进行凝固过程温度场模拟。温度场模拟是预测缩孔、缩松形成、微观组织形成及热裂、变形等的基础。经过多年的发展，温度场模拟技术已经比较成熟。

凝固过程模拟常用的方法包括有限差分法、有限元法和边界元法。有限元法和边界元法能够处理较为复杂的物体以及在边界节点获得较精确的解而受到越来越广泛的重视。但是就方法的成熟度、实现的难度及应用的广泛性而言，有限差分法仍有相当大的优势。

有限差分法主要有显式差分、隐式差分和半隐式差分。显式差分使用最为广泛，但其稳定性和收敛性受时间步长和空间步长的影响极大。隐式差分的稳定性不受时间步长的限制，但是为了保证计算精度，时间步长也不能过大。

3. 凝固过程控制方程求解方法

凝固过程的控制方程主要有 N-S 方程、连续性方程和能量方程。求解 N-S 方程的形式主要有拉格朗日法和欧拉法。欧拉法具有固定网格，计算量小的优势，使其得到了广泛的应用。

目前，围绕欧拉法主要有以下几种方法：SIMPLE、MAC、SMAC、FAN、SOLA、投影法等，在自由表面的处理上主要有 VOF、Level-set、守恒标量法等。其中应用最为广泛的是 SOLA-VOF 法。一些商用模拟软件的充型分析系统以 SOLA-VOF 为基础，并融合了开发工作者的经验进行修正，如德国的 MAGMA 公司、比利时 Sirris 研究所开发的 ViewCAST、Anycasting 等商品化软件，国内清华大学计算机辅助铸造研究室的 Firstar 模拟软件、华中科技大学的"华铸 CAE"、恒利公司的 CASTSoft 等。

4. 凝固过程数值模拟计算结果的验证方法

温度场模拟的实验验证主要是靠对比不同点的冷却曲线和凝固时间来验证算法的正确性，缺陷预测采用将模拟结果与实际铸件缺陷进行对比的方法来验证模型准确性和可靠性，应力场的模拟采用测量残余应力的方法来验证，这些方法简单易行，费用不高。充型过程的实验验证是较为困难的，但仍有一些方法来进行验证，具体见表6-4。

表6-4 充型过程数值模拟计算结果的主要验证方法

序号	验证方法	适用范围	操作性	耗费	应用情况
1	间接方法	间接证明计算方法及结果正确性	易	较小	—
2	水力模拟	便于观察整个充型过程	易	小	裴清祥、袁浩扬、Numura、卢宏远等
3	X射线显示	可直接显示充型过程	复杂	太大	J. Campell 的基准实验
4	直接显示	只适用于二维	简便	较小	Z. Xu、X. Xue、R. A. Stoehr 等
5	时间接触法	可显示金属到达位置	较麻烦	较小	黄文星、Z. Xu 等
6	电阻模拟法	可确定金属液面上升位置	简便	小	北京科技大学

目前，在国内常见的铸造 CAE 系统包括法国的 PROCAST、德国的 MAGMA、瑞典的 NOVACAST 以及国内华中科技大学的"华铸 CAE"、清华大学的"铸造之星"等。

6.2.2 金属液充型过程数值模拟

铸造生产主要包括充型和凝固两大过程，铸件缺陷也和充型和凝固过程密切相关。铸件充型过程由于高温作用和铸型的不透明性而难以直接观察，因而由于充型而产生的缺陷也难以直观地找到其成因。充型过程数值模拟可以一定程度上解决这个问题。

目前，铸造数值模拟技术主要包括流动场模拟、温度场模拟、热-流耦合模拟、应力场模拟和铸件凝固组织模拟等几个方面，可从不同角度解决铸造过程的问题。流动场模拟是利用流体力学原理，分析并仿真铸液在浇冒口系统和铸型型腔中的流动状态及其吸气过程，通过优化浇注条件和浇冒系统设计，减轻或消除流股分离、卷气和夹渣现象，降低铸液对铸型的冲蚀。

1. 模拟实例 1(挡板槽帮的铸造充型模拟)[5]

1)铸件模型的建立

(1)铸件三维模型。

图 6-3 为输送机挡板槽帮铸件,外形轮廓尺寸为 1750mm×280mm×400mm,材料为 ZG30MnSi,质量为 600kg,属于中型铸件,采用砂型铸造。根据铸件形状特征,初步确定采用 6 个保温暗冒口,放置在铸件热节位置,双侧排列。根据板型铸件的补缩距离 $L=4.5T$(T 为板件的厚度),选用 160mm×240mm×210mm 的保温暗冒口。

图 6-3　输送机挡板槽帮铸件

(2)ProCAST 网格划分。

利用 Pro/E 软件建立铸件的 3D 模型。由于 Pro/E 与 ProCAST 之间没有专用的接口,因此要通过标准格式才能实现两种软件的转换。但在模型转换过程中,易出现丢边、缺面等现象,导致面网格无法划分。本书采用 IGES 标准格式转换,通过 Pro/E 修改模型的凸台、实体中相交的面,在 Meshcast 模块中利用修复工具进行面和边的修复,保证模型的完整性。

Meshcast 模块能自动产生有限元网格。在 Meshcast 模块中划分网格,首先要设置网格的宽度,宽度越小,精度越高,但计算量也越大。所以合适的网格宽度值,既可以确保模拟的准确性,又减少了工作量。由于网格的宽度应小于铸件的最小边的宽度,因此对于本铸件设置网格的宽度为 20。网格质量的好坏直接影响模拟结果的精确程度。因此,生成面网格后应检查其是否有交叉网格,若有交叉网格则不能进入体网格,这时需要对面网格进行修复。面网格划分完后进入体网格划分界面,要检查生成的表面网格是否有坏单元和负雅可比单元,若有则对其修改优化。直到坏单元和负雅可比单元都为 0

时，才可生成体网格。根据上述网格划分结果，本铸件体网格的节点共有 27948 个，体网格共有 123984 个。

（3）铸件材料热物理参数和铸造工艺参数的确定。

在 ProCAST 模块设置工艺参数，材料选择 ZG30MnSi，由于材料热物性数据库里没有这种材料，单击"add"添加材料的化学成分，软件可生成相应的材料属性。设置环境参数：ProCAST 软件里有推荐的各种材料间的传热系数值，金属与砂型 $300 \sim 1000 \text{W}/(\text{m}^2 \cdot \text{K})$，所以砂箱与铸件的传热设为 $500 \text{W}/(\text{m}^2 \cdot \text{K})$。设定边界条件：定义浇注温度为 1560℃，砂箱温度为室温，浇注速度为 80cm/s，冷却方式为空冷。设置运行参数：设置模拟总步数为 8000 步，选择重力浇注方式。

2）铸件的充型模拟

充型过程对铸件的质量起着决定性的作用，许多铸造缺陷，如浇不足、冷隔、卷气、飞溅、氧化夹渣乃至缩松、缩孔等都与充型过程密切相关。利用 ProCAST 软件模拟预测型腔内液体的流动情况，预测铸造缺陷产生的位置，对优化浇注系统有重要的意义。

（1）浇注位置的确定。

由于铸件较长，从一侧端浇注易产生冷隔、浇不足等缺陷，因此本书采用底注式浇注系统。与顶注和侧注相比，虽在设计型芯、型腔时较复杂，但底注式浇注时金属液体进入型腔较平稳，避免了冲砂现象。该浇注系统的比例为直浇道：横浇道：内浇道为 80：35：20。从图 6-4 可见浇注时液体充型平稳、无飞溅、紊流等，金属液在 53s 后充满型腔，在此期间液体温度一直保持在 1500℃以上，因此，没有出现冷隔现象。证明浇注方式和浇注温度较合理。

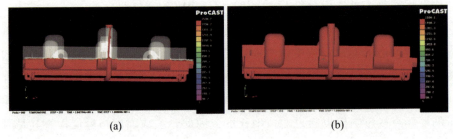

图 6-4 充型模拟

(a)充型 20s；(b)充型 30s。

(2)浇注速度的选择。

浇注速度的快慢对铸件的质量有很大的影响,浇注太快,容易出现液体紊流导致出现氧化物夹杂,铸型中的气体也难以排出;浇注太慢,容易出现冷隔、浇不足等情况。因此,浇注时应选择合适的浇注速度。

浇注时间 t 计算公式为

$$t = S_1 \sqrt[3]{\delta G_{件}} \quad (6-1)$$

式中:S_1 为系数,一般取 2,快浇时可取 1.7~1.9;δ 为铸件的最小壁厚;$G_{件}$ 为浇注液体的总质量。

从式(6-1)可得浇注时间 t 为 53s,再由浇口大小及铸件的总体积,可得出浇注速度。

(3)充型过程模拟结果与分析。

从图 6-5 可见,底浇式浇注时,金属液面上升的速度较平稳,而在铸件纵向液体流速变化较大,在铸件结构复杂的地方,易产生冲砂现象。由于采用了吊顶型芯的铸造工艺,因此在液体流速大、流量大的地方易冲动型芯。在铸件侧壁表面速度比内部速度要小,易出现层流现象,当速度增加时可能出现紊流,导致卷气缺陷的产生。浇注过程中在铸件截面变化较大的地方,液面波动较大,冲击砂型壁,易出现卷气、冲砂等现象。为避免这三种情况,应适当降低浇注速度。

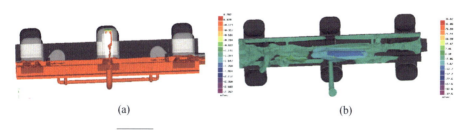

图 6-5 浇注过程中铸型内部的流动和速度场

综上,采用底注式浇注系统,内浇口设在铸件两侧底部,选用 6 个保温暗冒口,对称放在铸件的两边侧,中部冒口选用 160mm×225mm×260mm,其余选用 160mm×240mm×210mm,铸件和浇冒口总重 $G_{件}$ 为 729kg,浇注速度 v 为 80cm/s,浇注时间 t 为 53s,分型面在铸件中间平面。

3)铸件的凝固模拟

铸钢件的主要缺陷是缩松和缩孔。ProCAST 软件能够较为准确地预测铸件的缩松和缩孔位置,并提供了多种基于不稳定热传导计算的铸件缩松和缩孔缺陷预测方法，如温度梯度法、固相率梯度法、凝固时间梯度法、Niyama判据法及其变种、ProCAST软件自带的与密度相关的判据等。ProCAST软件可以确认封闭液体的位置，计算与缩孔缩松有关的补缩长度。

在ProCAST软件的ViewCAST模块中观察模拟结果，对ProCAST模拟结果进行分析，图6-6为不加冒口的缩孔（松）缺陷图，紫色部分为缩孔，可以清晰地看出整个铸件缩孔的位置。图中有3处较大的缺陷，为消除这些缺陷在铸件对应位置加上冒口。

图6-6 不加冒口的缩孔缺陷图

图6-7为加上冒口后的缩孔图，从图中可以看出，铸件两端大的缩孔被分解为几个小的缩孔，向冒口位置转移，但是缺陷没有完全消除。缺陷1、2、3在铸件热节点的位置，为了消除这些小的缺陷，应在其相应部位加上冷铁。

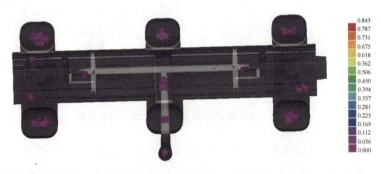

图6-7 加上冒口后的缩孔图

图6-8为图6-7中4、5、6缺陷位置的切片图。从图中可看出这些位置的温度高于周围的温度，所以其补缩通道被阻断，冒口不能对其补缩。从图6-7可看出4、5、6缺陷位于宽厚部位，所以为了使其先于冒口凝固，在这些部位加上多块冷铁，加速其冷却，使铸件按顺序凝固。

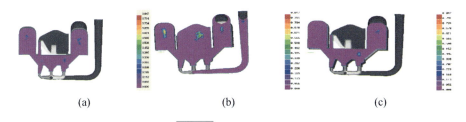

图 6-8 缩孔的切片图

(a)缺陷 4；(b)缺陷 5；(c)缺陷 6。

图 6-9 是加上冷铁后的缺陷图，铸件两端的缺陷被完全消除了，中间的缺陷容积相对于图 6-6 中的缺陷小了很多，加入冷铁后大大地提高了铸件的质量。在砂型铸造中浇注温度、浇注速度等对铸件的缩松缩孔都有很大的影响，本书只讨论了冒口和冷铁对铸件缩孔缺陷的影响。

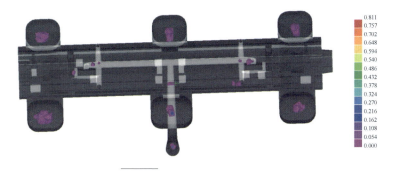

图 6-9 加上冷铁后的缺陷图

2. 模拟实例 2(基于 ProCAST 的涡轮壳快速铸造工艺设计及优化)[6]

增材制造技术与传统的等材制造技术(铸、锻、焊等)和减材制造技术(切削加工等)相比，虽然发展历史不到 40 年，但已显示出其独特的优势和发展潜力。目前来看，增材制造技术不是对传统制造技术的替代，而是弥补传统制造技术的缺陷，从而促进和提升传统制造业，本小节讨论基于增材制造的涡轮壳快速铸造工艺。

1) 铸件模型的建立

(1) 铸件三维模型。

图 6-10 为涡轮壳实体模型，外形轮廓尺寸约为 154mm × 130mm × 82mm，铸件质量约为 3kg，主要壁厚为 4.2mm，最大壁厚为 15.3mm，厚薄不均，内部中空，薄壁部分居多，为复杂薄壁壳体。

图 6-10
涡轮壳实体模型

（2）ProCAST 网格划分。

铸件在建模完成后，需生成用于有限元计算的四面体网格，以便进行铸造过程的数值模拟。本书中网格的划分过程：在三维造型软件中导出 IGS 格式的图形文件；通过 Geomesh 软件实现 Pro/E 与 ProCAST 之间的接口对接，在 Geomesh 软件中自动生成网格并去除小网格、修复网格损坏的区域，以 Gmrst 格式输出；将上述图形导入 MeshCAST 中，设置浇注系统、型腔、铸件之间的重叠面以避免体网格生成过程中出现交叉面，分别设置浇注系统、型腔、铸件的网格长度，在形体表面生成三角形面网格；最后设置体网格参数，生成四面体网格。

为确保模拟结果的正确性，网格划分后的模型应尽可能地与铸件相同。壁厚参数要小于铸件的最小壁厚是划分网格的基本要求，网格划分得越细，计算结果越精确，但铸件单元数太大，会导致计算时间过长。在 MeshCAST 软件中进入体网格划分前，考虑到体网格的节点较多，为避免内存溢出，设置 Maximum Nodes/Iterations=30000，Maximum♯of Iteration=2，设置 Aspect Ration=1.3。由于涡轮壳为快速铸造，也属精密铸造，设置其 Layers 为 No Layer。设置完毕后，再进行 Generate Tet Mesh，顺利通过体网格的增加内部节点阶段、错误报告阶段、体网格质量改善阶段。采用顶注三点式浇注方案进行充型、凝固，模拟节点数为 181255 个，有限单元数为 980046 个。

（3）铸件材料热物理参数和铸造工艺参数的确定。

在 ProCAST 模块设置工艺参数，材料选择 K418 高温合金，由于材料热物性数据库中没有这种材料，单击"add"添加材料的化学成分，软件可生成相应的材料属性。设置环境参数：ProCAST 中有推荐的各种材料间的传热系数值，砂箱与铸件的传热设为 500 W/(m²·K)。设定边界条件：定义浇注温度为 1400℃，砂箱温度为室温，浇注速度为 52.43mm/s，冷却方式为空冷。设置运行参数：设置模拟总步数为 7000 步，选择重力浇注方式。

2)铸件的充型模拟

充型过程对铸件的质量起着决定性的作用,许多铸造缺陷如浇不足、冷隔、卷气、飞溅、氧化夹渣乃至缩松、缩孔等都与充型过程密切相关。利用ProCAST软件模拟预测型腔内液体的流动情况,预测铸造缺陷产生的位置,对优化浇注系统有重要的意义。

(1)浇注位置的确定。

根据铸件涡轮壳的特征设计了三种浇注工艺方案,经过初步模拟,本书采用顶注三点式浇注方案,如图6-11所示。从涡轮壳两个厚大部位注入金属液,整个浇注系统的结构简单而紧凑,浇口杯尺寸较大,兼具冒口的补缩作用,以补给金属液的补缩,便于铸造过程中顺利充型。

图 6-11
浇注方案简图

(2)浇注速度的选择。

浇注速度的快慢对铸件质量有很大的影响,浇注太快,易出现液体紊流导致出现氧化物夹杂和卷气,铸型中的气体也难以排出;浇注太慢,易出现冷隔、浇不足等情况。因此,浇注时应选择合适的浇注速度。

浇注时间 t 计算公式如下:

$$t = C\sqrt{G_L} \tag{6-2}$$

式中:系数 C 由铸件相对密度 ρ 相决定;已知 K418 高温合金的密度 $\rho = 8.0\text{g/cm}^3$,又知涡轮壳的 $V_C = 0.519 \times 10^3 \text{cm}^3$,$V = 0.413 \times 10^3 \text{cm}^3$,得 $G_L = 3.304 \times 10^3 \text{g}$,$\rho_{相} = 3.5 \text{kg/cm}^3$。

查表可得 $C = 1.1$,因此浇注时间 $t = C\sqrt{G_L} = 1.1 \times \sqrt{3.304} = 1.99\text{s}$。

(3)充型过程模拟结果与分析。

图 6-12 为采用顶注三点式浇注方案时金属液充满型腔所用的时间分布

图。由图可知,浇注时,金属液从浇口杯浇入,通过两个管状直浇道进入涡轮壳型腔,充型耗时 1.990s。

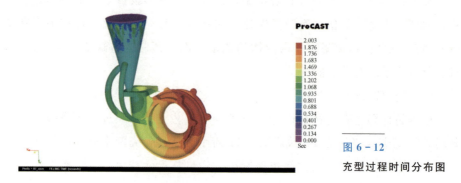

图 6-12
充型过程时间分布图

图 6-13 为金属液充填型腔的温度场变化过程图。在 0.876 s 金属液由浇口杯自上而下浇入,如图 6-13(a)所示;在 0.948 s 时,金属液通过内浇口进入型腔,如图 6-13(b)所示,金属液从涡轮壳的厚壁部分开始充型;在 1.287s 后,由不同内浇口充入型腔的金属液开始汇合,但此时进入涡轮壳型腔内的金属液还不多,三股金属液汇合为一股后,沿着型腔继续充型,如图 6-13(c)、(d)所示;在 1.865s 后,在图 6-13(e)中方框选区域的薄壁部分完成最后充型;铸件在 2.001s 时完全充满型腔,如图 6-13(f)所示。由充型过程得知,在充型过程中金属液前端降温幅度小,金属液均能顺利充满型腔,得到质量良好的铸件。

6.2.3 凝固过程数值模拟

金属铸造成形中的凝固过程是指高温液态金属由液相向固相的转变过程。在这一过程中,高温液态金属所含热量必然会通过各种途径向铸型和周围环境传递,逐步冷却并凝固,最终形成铸件。其中,铸件/铸型系统的热量传递主要包括:铸液内部的热对流,铸件和铸型内部的热传导,铸液、铸件和铸型的热辐射,以及铸液/铸型、铸液/凝固层、铸件/铸型、铸型/环境等界面的热交换。实际上,自然界中的三类基本传热方式在金属铸造成形过程中均有所体现。

铸件凝固过程数值模拟的主要任务就是建立凝固过程的传热模型,然后在已知初边值条件下利用数值方法求解该传热模型,获取其温度场变化信息,并根据温度场的分布及其变化仿真铸件凝固过程,了解与温度场或温度梯度

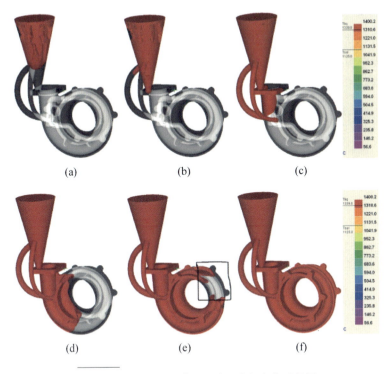

图 6-13　金属液充填型腔的温度场变化过程图
(a) $t=0.876s$；(b) $t=0.948s$；(c) $t=1.287s$；
(d) $t=1.598s$；(e) $t=1.865s$；(f) $t=2.001s$。

变化相关的物理现象和预测铸件成形质量，例如，冷却速度、凝固时间与凝固分数、液/固相变、晶粒形核与生长以及缩孔、缩松、冷隔、残余应力与应变、宏微观组织与性能等。

数值求解凝固过程温度场的常用方法包括有限差分法、有限元法和边界元法。考虑到有限差分法在处理诸如铸造温度场、流动场方面的简捷性与广泛性，现只介绍利用有限差分法求解铸件凝固过程的温度场变化[7]。

1. 模拟实例 1(基于增材制造的涡轮壳快速铸造工艺数值模拟及优化)[8]

1) 浇注系统的优化。

观察顶注三点式浇注方案的凝固时间即铸件充满型腔到全部凝固所需的时间图(图 6-14)和缩松缩孔图(图 6-15)得知，在凝固过程中直浇道的中间部位在 419s 后会先于内浇口凝固，致使侧面的两个内浇口不能更好地补给铸件的补缩，导致铸件上 A、B 两处缩松缩孔明显。考虑到铸件的外形特征和浇注系统中内浇口的设计尺寸原则，改进浇注系统即可减小甚至消除此处的铸造缺陷。

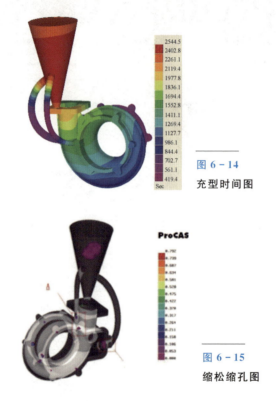

图 6-14 充型时间图

图 6-15 缩松缩孔图

图 6-16(a) 为该方案的浇注系统，加大 A、B 两处的横截面积，并将 C、D 两处直浇道与涡轮壳铸件直接连接的内浇口部位垂直延伸出来再连接浇口杯，以利于内浇口的补缩及后序工艺中浇注系统的去除。改进后的浇注系统为浇注方案实体图如图 6-16(b) 所示。

2) 铸造工艺参数的优化

铸造工艺参数对铸件充型好坏有决定性的作用，在本次涡轮壳铸件的浇注过程中，K418 的浇注温度、型壳的初始温度是较大的影响因素。

(1) 浇注温度：浇注温度过低，铸件成形难，易产生欠铸、冷隔，铸件内部缩松、夹杂增加；浇注温度高，有利于铸件成形，但铸件晶粒粗大，变形和缩孔倾向增大，氧化、脱碳严重。

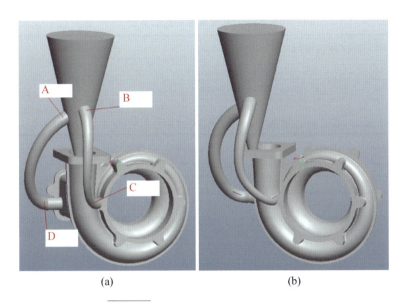

图 6-16　顶注三点式浇注方案实体图

(2) 型壳温度：本例中采用的快速铸造为热型浇注，型壳的温度宜高不宜低，型壳的温度低，铸件容易产生冷隔、氧化皮、夹杂、气孔等缺陷，变形、裂纹倾向也增大。但型壳的温度过高则可能使铸件晶粒粗大，力学性能下降，同时高的型壳温度对设备的要求高，实现难度较大。

初次模拟及试浇时，根据经验选择 K418 合金，浇注温度为 1400℃，型壳初始温度为 1100℃。考虑到材质 K418 合金的液相线为 1339℃，浇注温度要高于其液相线 30～100℃，但浇注温度越低，对于复杂薄壁件而言容易产生冷隔和浇不足的现象；型壳温度越高，对铸造生产时要求越高。经试浇验证，铸件产生了浇不足的铸造缺陷，表明浇注温度和型壳温度不是最佳温度，因此适当调节控制型壳温度和浇注温度，对获得更为完整铸件的参考意义更大（表 6-5）。

根据 K418 合金的铸造工艺优化参数的选取范围，采用二因素六水平的正交实验设计方法来得到涡轮壳铸件样本。正交实验法即利用排列整齐的表——正交表来对实验进行整体设计，综合比较，统计分析，实现通过少数的实验次数找到较好的工艺参数，以达到最高的生产工艺效果，能大幅度降低实验次数且不会降低实验的可行度，是一种优化实验设计方法。所选择的二因素六水平的工艺参数如表 6-6 所示。

表 6-5 优化变量的选取范围

浇注温度/℃	型壳温度/℃
1380~1420	900~1150

表 6-6 二因素六水平的工艺参数

浇注温度/℃	1380	1390	1400	1410	1420	1430
型壳温度/℃	900	950	1000	1050	1100	1120

依据对工艺参数进行正交实验，通过 ProCAST 软件得到的模拟结果如表 6-7 和图 6-17。本书采用定性的方法表征铸造缺陷，其中字母 A 表示缩松缩孔较少，如图 6-17(c)所示；字母 B 表示缩松缩孔一般多，如图 6-17(f)所示；字母 C 表示缩松缩孔比较多，如图 6-17(a)所示。

表 6-7 实验数据

| 浇注温度/℃ | 型壳温度/℃ | | | | | |
	900	950	1000	1050	1100	1120
1380	C	C	C	B	A	B
1390	C	C	C	B	A	B
1400	C	C	C	B	A	A
1410	C	C	C	B	A	B
1420	C	C	C	B	A	B

由于正交实验的次数较多，用浇注温度 $T=1380℃$ 时的正交实验效果来进行说明，如图 6-17 所示。根据图 6-17 中缩松缩孔缺陷和右侧的色标图可以看出，浇注温度一定时，型壳的初始温度较低时，铸造产生的缩松缩孔缺陷较多，当型壳的初始温度升高后，缺陷明显减少。

当型壳温度 $T=1120℃$，改变浇注温度时，缩松缩孔缺陷也伴随着变化，如图 6-18 所示。由缩松缩孔缺陷图及色标图可以看出，当型壳温度一定时，浇注温度越高，缩松缩孔越少，但高于 1400℃ 后，缩松缩孔又开始逐步增大。依此方法类推，经过多次正交实验后得出当浇注温度为 1400℃，型壳温度为 1120℃ 时，能获得最好的涡轮壳铸件。

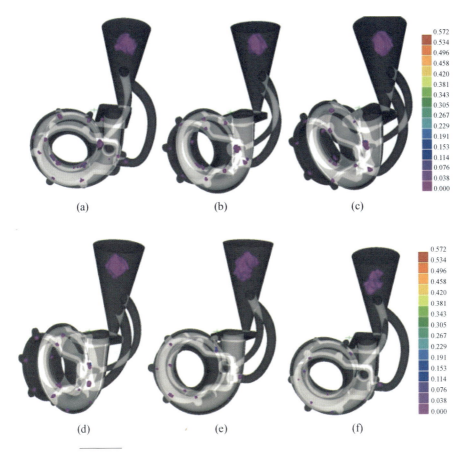

图 6-17 浇注温度 $T=1380℃$ 时各型壳温度下的铸造缺陷图
(a) $T=900℃$；(b) $T=9500℃$；(c) $T=1000℃$；
(d) $T=1050℃$；(e) $T=1100℃$；(f) $T=1120℃$。

3) 方案的模拟分析

通过正交实验，获得了合理的铸造工艺参数，即选取浇注温度为 1400℃，型壳温度为 1120℃，但铸造过程的顺利充型和铸件按顺序凝固也对铸件的获取也有决定性的影响。故对该工艺参数下的铸件充型凝固进行模拟分析。

设浇注温度为 1400℃，型壳温度为 1120℃ 的铸造工艺参数和浇注方案为顶注三点式浇注系统为上述方案。

由图 6-19 为金属液充型型腔时的温度场变化图。在 0.820s 时，金属液基本充满浇口杯，开始通过涡轮壳顶部的内浇口进入型腔，如图 6-19（a）所

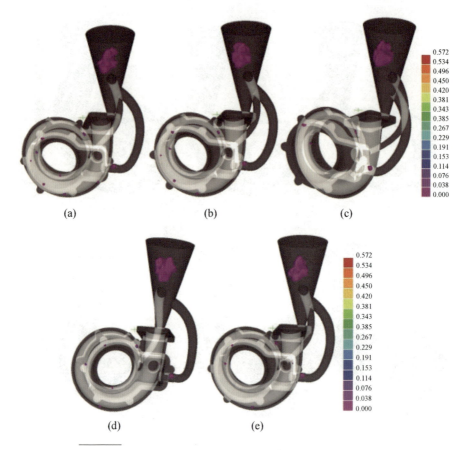

图 6-18 型壳温度 $T=1120℃$ 时各浇注温度下的铸造缺陷图
(a) $T=1380℃$；(b) $T=1390℃$；(c) $T=1400℃$；(d) $T=1410℃$；(e) $T=1420℃$。

示。在 1.087s 后，三个横浇道均已充满金属液，继续对型腔进行充型，如图 6-19(b)~(d)所示。在 1.727s 时，铸件即将完成充型，最后充型区域如图 6-19(e)所示。铸件在 1.753s 时完全充满型腔，如图 6-19(f)所示。

涡轮壳铸件在 1.753s 充型完毕后，铸件及型壳开始冷却并凝固。由于型壳初始温度为 1120℃，浇注的金属液为 1400℃，因此凝固初期金属液的降温不明显，如图 6-20(a)所示。38.340s 时，铸件大部分均降温至 1252.1℃，离 K418 合金液相线较近，此时内浇口温度仍然在液相线之上，能继续补给铸件的补缩，如图 6-20(b)、(c)所示。2408.403s 时，铸件大部分区域降至 1029.9℃及以下，低于 K418 合金固相线温度，如图 6-20(d)所示，此时两侧的内浇口温度均低于固相线，不再补给铸件的补缩，但顶部的内浇口仍能

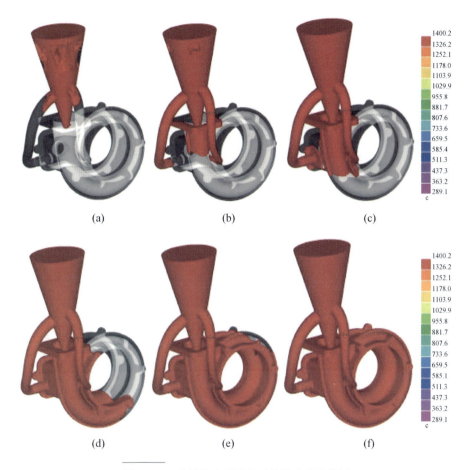

图 6-19 金属液充型型腔时的温度场变化图
(a) $t=0.820s$；(b) $t=1.087s$；(c) $t=1.268s$；
(d) $t=1.497s$；(e) $t=1.727s$；(f) $t=1.753s$。

补给铸件壁厚大的部位补缩。3233.403s 时，铸件大部分都和内浇口低于 955℃，铸件继续进行固体收缩，如图 6-20(e)、(f)所示。

图 6-21 所示为浇注方案时金属液在充满型腔后凝固过程中固相率的变化图。从 12.661s 开始，铸件的凝固速率变化迅速，如图 6-21(a)～(c)所示。233.403s 时，铸件大部分的固化率在 0.600，此时顶部的内浇口的固化率在 0.467，处于液-固两相混合的状态，仍能对铸件进行补缩，如图 6-21(d)所示。583.403s 时，铸件大部分和内浇口的固化率在 0.867 及以上，如图 6-21(e)、(f)所示。

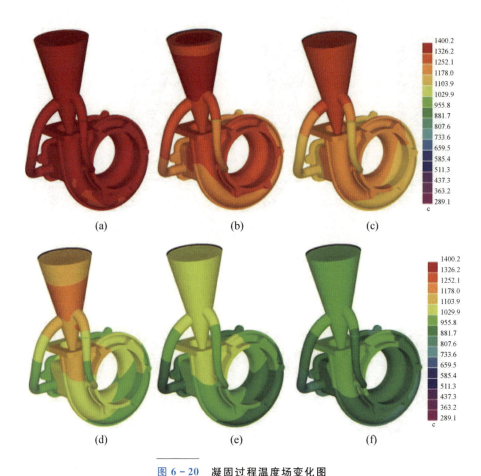

图 6-20 凝固过程温度场变化图

(a) $t = 12.661s$;(b) $t = 38.340s$;(c) $t = 984.403s$;
(d) $t = 2408.403s$;(e) $t = 3233.403s$;(f) $t = 3908.403s$.

如图 6-22 所示为铸件在充型过程中的裹气状况,由图得知,独立气体区域在铸件的薄壁部位,也是最后充型位置。由于该部位壁厚小于 4mm,因此该部位的裹气对最终的铸造结果影响不大。

综上所述,通过对方案四的铸造过程中充型及凝固、裹气状况的模拟分析得知,在浇注温度为 1400℃,型壳初始温度为 1120℃时,能顺利完成铸件的浇注充型和顺序凝固。

图 6-23 是图 6-18 中 4、5、6 缺陷位置的切片图。从图中可看出这些位置的温度高于周围的温度,所以其补缩通道被阻断,冒口不能对其补缩。从图 6-14 可看出 4、5、6 缺陷位于宽厚部位,所以为了使其先于冒口凝固,在

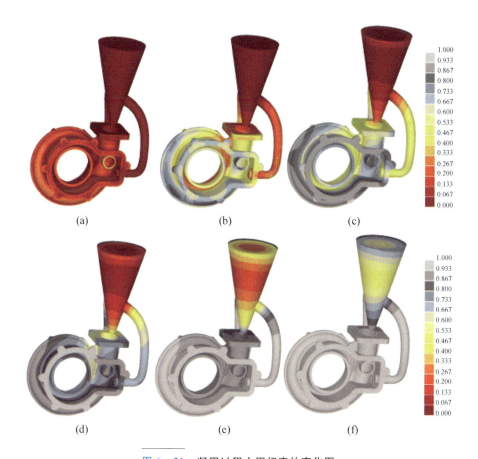

图 6-21 凝固过程中固相率的变化图

(a) $t = 12.661s$；(b) $t = 58.403s$；(c) $t = 133.403s$；
(d) $t = 233.403s$；(e) $t = 583.403s$；(f) $t = 1183.403s$。

这些部位加上多块冷铁，加速冷却，使铸件按顺序凝固。

2. 模拟实例 2(ProCAST 在水龙头罩铸造模拟过程中的应用)[9]

水龙头罩是壳型铸钢件，利用 ProCAST 软件模拟其铸造过程，并预测缩孔位置，进而优化工艺方案，提高铸件的质量和工艺出品率。

1) 铸件模型的建立

(1) 铸件三维模型。

图 6-24 为水龙头罩铸钢件，外形尺寸为 575mm × 575mm × 1100mm，材料为 ZG270-500，质量为 300 kg。根据铸件形状特征，采用 5 个保温冒

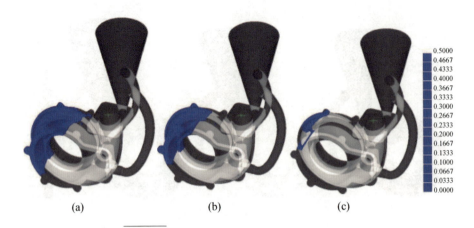

图 6-22 铸件在充型过程中的裹气状况分布
(a) $t=1.585s$;(b) $t=1.628s$;(c) $t=1.738s$。

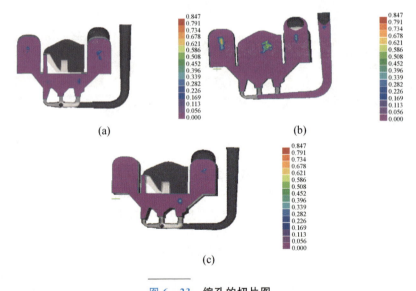

图 6-23 缩孔的切片图
(a) 缺陷 4;(b) 缺陷 5;(c) 缺陷 6。

口,在铸件顶部的中间圆环处均匀放置 4 个,在内浇道对侧放置 1 个。采用模数法选择冒口,最终选用了尺寸为 150mm×150mm×180mm 的保温冒口。

(2) ProCAST 网格划分。

利用 Pro/E 软件建立铸件的 3D 模型,然后转化为 IGES 格式,以便 ProCAST 软件识别。ProCAST 软件中的 MeshCAST 模块能自动产生有限元网格。在 MeshCAST 中划分网格,首先要设置网格的宽度,宽度越小,精度越高,但计算量也越大。所以合适的网格宽度值,既可以确保模拟的准确性,又减少了工作量。由于网格的宽度应小于铸件的最小边的宽度,因此对于本铸件设置网格的宽度为 8cm。网格质量的好坏直接影响模拟结果的精确程度。因此,生成面网格后应检查其是否有交叉网格,若有交叉网格则不能进入体网格,这时需要对面网格进行修复。面网格划分完后进入体网格划分界面,要检查生成的表面网格是否有坏单元和负雅可比单元,若有则对其修改优化。直到坏单元和负雅各比单元都为 0 时,才可生成体网格。根据上述网格划分结果,本铸件面网格的节点共有 37809 个,体网格共有 167029 个。

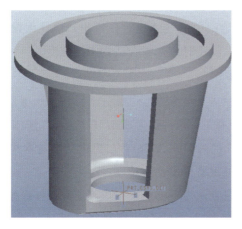

图 6-24
水龙头罩铸钢件

(3) 铸件材料热物理参数和铸造工艺参数的确定。

在 ProCAST 模块中设置工艺参数,材料选择 ZG270-500,由于材料热物性数据库里没有这种材料,单击"add"添加材料的化学成分,软件可生成相应的材料属性。设置环境参数:ProCAST 软件里有推荐的各种材料间的传热系数值,金属与砂型 300~1000W/(m²·K),本书中砂箱与铸件的传热设为 500W/(m²·K)。设定边界条件:定义浇注温度为 1560℃,砂箱温度为室温,浇注速度为 80cm/s,冷却方式为空冷;设置运行参数:设置模拟总步数为 5000 步,选择重力浇注方式。

2) 铸件的充型模拟

充型过程是铸件成形非常重要的阶段,对铸件的最终质量起着决定性的作用,许多铸造缺陷,如浇不足、冷隔、卷气、层流、紊流、飞溅、氧化物夹渣乃至缩松、缩孔等都与铸造的充型过程密切相关。利用 ProCAST 软件模拟预测型腔内液体的流动情况，预测铸造缺陷产生的位置，对优化浇注系统有重要的意义。

(1) 浇注位置的确定。

根据铸件的特征设计浇注系统，本书采用顶部浇注，内浇道设置在铸件的边缘部位，横浇道环绕在周围。内浇道选择为梯形，尺寸为 100mm×90mm×20mm，横浇道选择为矩形，尺寸为 80mm×50mm，直浇道尺寸为 90mm。

(2) 浇注速度的选择。

浇注速度的快慢对铸件的质量有很大的影响，浇注太快，容易出现液体紊流导致出现氧化物夹杂，铸型中的气体也难以排出；浇注太慢，容易出现冷隔、浇不足等情况。因此，浇注时应选择合适的浇注速度。

浇注时间计算公式如下：

$$t = S\sqrt{G_{件}} \tag{6-3}$$

式中：S 为系数，与铸件壁厚有关，本铸件为 2.2；$G_{件}$ 为浇注液体的总质量。

利用式(6-3)计算出浇注的时间 t 为 38s，与模拟结果基本相近，再由浇口的大小及铸件的总体积，可粗略得出浇注速度。

由以上分析最终选择浇注方式为顶部浇注，内浇道在铸件边缘部位，选用 4 个保温冒口，均匀放置在铸件顶部的中间圆环处，冒口尺寸为 150mm×150mm×180mm，铸件和浇冒口总重 $G_{件}=300$kg，浇注速度 $v=80$cm/s，在铸件底部放置 3 块冷铁。

(3) 充型过程模拟结果与分析。

图 6-25 为浇注过程中铸型内部的流动场。可以看出，液体先充满浇注系统，再逐渐充满型腔，在整个充型过程中液体温度保持在 1457℃ 以上，充型 35s 后液体充满整个型腔，没有出现溅射、浇不足等现象，充型较合理。

这说明顶部浇注方式适合本壳型铸件，浇注过程中液体易于充满型腔，有利于铸件自下而上凝固，补缩效果好。但在充型时液体对砂型的冲击较大，易产生气孔、氧化夹渣等现象。水龙头罩为小型铸件，液体能快速充满型腔，不会对砂型产生大的冲击。

综上分析后最终选择浇注方式为顶部浇注，内浇道环绕在铸件周围，选用 5 个保温冒口，铸件底部设置 3 块冷铁。

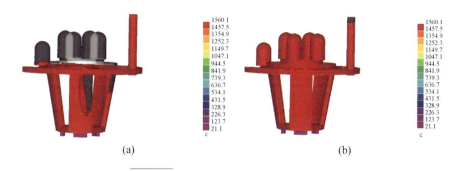

图 6-25 浇注过程中铸型内部的流动场

(a)充型 12s；(b)充型 35s。

3)铸件的凝固模拟

铸造过程中主要缺陷是缩松和缩孔，而这些缺陷大都在铸件凝固过程中形成，故比较精确地再现铸件的凝固过程，对缩松和缩孔缺陷的预测显得极为重要。但铸件的凝固过程却是很复杂的，它耦合了热量传输、动量传输、质量传输及相变等一系列过程。

ProCAST 软件能够较为准确地预测铸件的缩松和缩孔缺陷，并提供多种基于不稳定热传导计算的铸件缩松和缩孔缺陷预测方法，如温度梯度法、固相率梯度法、凝固时间梯度法、Niyama 判据法及其变种、ProCAST 软件自带的与密度相关的判据等。该软件可以确认封闭液体的位置，计算与缩孔缩松有关的补缩长度。

铸造过程中，铸件厚大部位和最后凝固的部分是最容易发生缩孔的地方。在 ProCAST 软件的 ViewCAST 模块中观察模拟结果。图 6-26、图 6-27 为铸件的凝固过程的温度变化图。可以看出，铸件从底部开始凝固，然后逐渐向铸件顶部和冒口部位推进。不加冒口时铸件最后凝固部位在铸件顶部中间的圆环处，为了防止此处产生缩孔，在铸件顶部添加 4 个保温冒口。由于铸件凝固过程是由下到上，有利于顶部冒口对铸件的补缩。

图 6-28 为铸件不加冒口的缩孔图，其中紫色部分为缩孔缺陷。可以看出，缺陷主要出现在铸件顶部中间的圆环处，此结果与温度场模拟结果相符。

图 6-29 为加 4 个冒口后的缩孔图，从图中可以看出，铸件顶部的缩孔缺陷其本上消除了，只有小部分缺陷在铸件的底部和边缘处。为了保证铸件的质量，进一步消除缩孔缺陷，在铸件的边缘处再添加一个冒口，而铸件底部的缺陷则需用冷铁，使其快速凝固，把缺陷转移到顶部的冒口部位。

图 6-26　不加冒口时的凝固图

图 6-27　加 4 个冒口时的凝固图

图 6-28　不加冒口的缩孔图

图 6-29 是加上冒口和冷铁后的缺陷图，铸件顶部的缺陷被完全消除了，底部的缩孔缺陷相对于图 6-28 中的缺陷减少了很多，不影响铸件的质量。工艺改进后大大地提高了铸件的质量。在砂型铸造中浇注温度、浇注速度等对铸件的缩松缩孔都有很大的影响，本书只讨论了冒口和冷铁对铸件缩孔缺

陷的影响，通过进一步优化浇注温度、浇注速度等可完全消除铸件中的缩孔缺陷，图 6-30 为优化后的缺陷图。

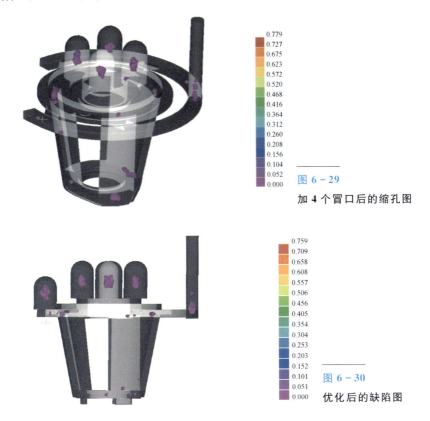

图 6-29 加 4 个冒口后的缩孔图

图 6-30 优化后的缺陷图

4）结论

通过 ProCAST 模拟软件对水龙头罩铸件进行充型凝固模拟，观察铸造过程中的流场及温度场，预测缩松缺陷在顶部的中间圆环处和一些热节点的位置，通过采用顶部浇注系统，加设 5 个保温冒口、3 块冷铁等工艺措施，优化浇注速度和浇注温度等方法，最终消除缩松缩孔。利用 ProCAST 软件模拟铸造过程，对工业生产有重要的意义。

6.2.4 凝固过程应力模拟

铸件凝固时因铸件壁厚不同而使内部各区域冷却速度有较大差异，从而造成收缩不均现象，这将在铸件内部产生收缩应力。同时，冷却速度的差异还造成同一时刻铸件内部的温度分布差异，致使各区域的材料特性参数发生变化,进而在铸件中引发热应力;加之铸型(模具)对铸件自由收缩的机械阻碍和铸型自身施加给铸件的收缩阻力,因而铸件在冷却凝固过程中其内部就会同时存在收缩应力、热应力和机械应力。各种应力的综合作用最终可能在铸件中留下残余应力和残余应变,导致铸件产生不同程度变形甚至开裂。

铸件应力场数值模拟的主要任务是分析计算铸件在凝固过程中的热应力(通常将机械应力作为边界条件纳入热应力分析中)的产生与变化,预测铸件内的残余应力、残余应变和开裂倾向,借助计算分析结果优化铸件结构和铸造工艺,进而消除热裂、减小变形、降低残余应变和残余应力[7]。

模拟实例(ZL205A 复杂结构筒形件应力场研究)[10]如下所述。

1) 研究对象

如图 6-31 所示,为了研究筒形件变形规律我们将某航天器舱体按照一定比例缩小得到了一个小型的筒形铸件,该铸件外径 370mm,高 450mm,平均壁厚 10mm,舱体内壁上部、中部、下部分布着不同厚度、不同尺寸的凸台结构,在圆周方向上对称分布。这些凸台厚度不一,薄的有 8mm,最厚的有 20mm,所以造成整个铸件壁厚差异较大。根据铸件的结构特点设计了对称的缝隙式底注浇注系统,如图 6-32 所示,并采用低压铸造的方法,铸型采用树脂砂型。

图 6-31
铸件三维结构图

模拟前使用 Pro/E 三维造型软件完成了铸件和铸型的实体造型,以 IGS 格式文件导入 ProCAST 软件中进行网格划分,为保证模拟精度,网格划分确保在三层以上，浇注温度设置为 700℃，充型速率为 2m/s，充型压力为 130kPa，落砂温度为 300℃，应力计算到落砂后 200℃停止，界面换热系数为 200W/(m²·K)，冷却方式为空冷，铸型初始温度为室温。由于铸件是轴对称铸件，为了减小计算量，取铸件的 1/4 进行模拟，将剖面设置为对称约束，应力约束设置在与地面接触的砂箱外表面，位移约束设为 $y=0$。

图 6-32
缝隙式浇注系统

2）应力模拟结果

图 6-33 为等效应力云图，如图 6-33（a）所示，铸件顶部和底部内沿处最先开始凝固，所以当铸件处于固液两相区时就开始产生等效应力，并随着温度的降低而不断增大，随着铸件其他部位逐渐凝固，等效应力也随之产生。如图 6-33（b）所示，1200s 时铸件刚达到完全凝固，从图可以看出中部凸台处由于其凝固的较慢等效应力是最小的，铸件下部凸台壁厚相对中间凸台较薄，凝固发生的要早一些，所以其应力稍大于中间凸台部位的应力。随着铸件继续冷却，等效应力不断增大，如图 6-33（c）、（d）所示，此时铸件的应力增长情况发生变化，凸台周围的薄壁处应力增长的速度加快，并超过了铸件上部和下部的薄壁处的应力增长速度，这是由于结构突变的部位比其他部位多了铸件自身的约束，造成了应力集中。铸件厚壁处的应力增长依然很缓慢，当铸件冷却到 3000s 时，如图 6-33（e）所示，除了厚壁凸台处，铸件薄壁处的应力场比较均匀，只有凸台周边的应力稍大于其他部位。铸件继续冷却，温度变化越来越缓慢，应力增长也变得缓慢，到落砂前的应力分布情况如图 6-33（f）所示，中间凸台处应力最小，下部凸台壁厚相对较薄，应力要比中间的凸台

处应力稍大，铸件上部沿着圆周方向有一个小凸圆结构，该处以及内部各个凸台周围属于应力集中区，应力最大。由此我们发现，壁厚越薄，凝固得越早，应力产生得越早，最后形成的应力就会越大，壁厚厚大的部位凝固得慢，应力产生得晚，增长速度也会慢，最后形成的应力就会小。

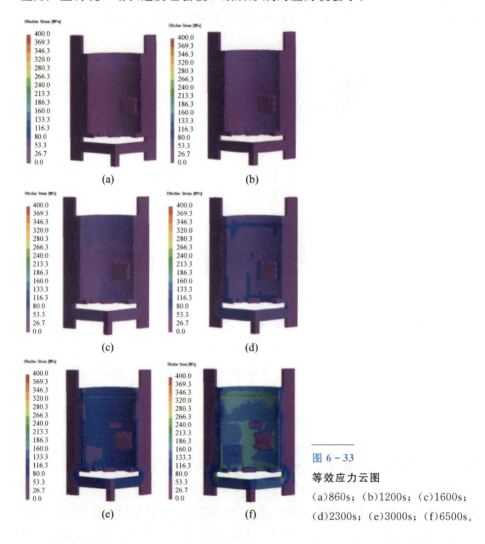

图 6-33
等效应力云图
(a)860s；(b)1200s；(c)1600s；(d)2300s；(e)3000s；(f)6500s。

3) 应变模拟结果

图 6-34 展示了铸件凝固过程的应变变化。从图中可以发现，凸台周围及内浇口附近应变产生得较早，在铸件还处于固液两相区时应变就已发生，这是由于凸台周围以及浇注系统附近由于自身结构或外界约束的影响造成铸

件内部应力集中，在凝固过程中应力增长较快并很快超过了屈服强度，使铸件发生塑性变形，随着温度不断降低，应变向四周扩展，且不断增大，铸件厚壁处应变产生得最晚，这是由于厚壁处凝固得较慢，较薄壁处相比温度场更加平缓，各部位收缩更加均匀，所以其应变较小。图 6-34(f) 是铸件落砂前的应变分布，可以看出不同壁厚的各部位之间应变差异大，这也是造成铸件扭曲变形的主要原因。

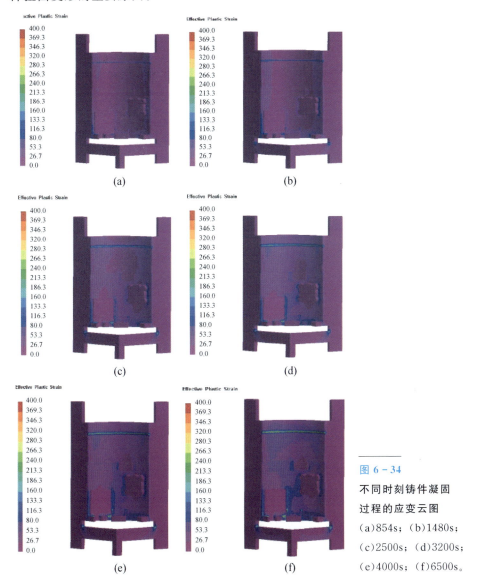

图 6-34

不同时刻铸件凝固过程的应变云图

(a) 854s; (b) 1480s;
(c) 2500s; (d) 3200s;
(e) 4000s; (f) 6500s。

各特征点的应变曲线如图6-35所示，可以看出应变起始时间大概在凝固中期，此时应力已经达到一定的数值并超过了材料的屈服强度，使得铸件发生非弹性应变，随着应力的不断增大，应变铸件增大，在铸件刚刚凝固结束的一段时间内应变不再变化，这是由于刚凝固结束的铸件已经具备一定的强度，再加上铸型等外界材料的约束作用，收缩变得困难，所以应变不再继续增大或增加得很慢，当温度继续下降，铸件的强度增强，铸型的约束作用减弱，应变又有所增加，继续冷却，应变将不再变化。

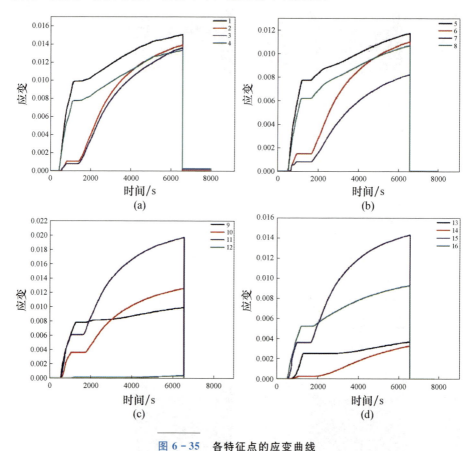

图6-35 各特征点的应变曲线

(a)1~4点；(b)5~8点；(c)9~12点；(d)13~16点。

6.2.5 铸件凝固过程微观组织模拟

凝固即铸造是材料成形领域必不可少的技术。长期以来人们在凝固技术上积累了丰富的知识和经验。20世纪，凝固理论得到快速发展。正确理解微观组织演变的凝固理论,有利于对微观组织进行精确的模拟。

1. 形核模型[11]

当金属液冷却到低于液相线温度并有一定的过冷度时,液相中形成一些微小的晶体,这些微小的晶体在一定的条件下可以长大成为晶核,每一个晶核都有可能成为一个晶粒,按照形核是否依靠外来的物质,形核的方式分为均质形核和异质形核两种。

在过冷的液态金属中,依靠液态金属本身的能量起伏获得驱动力,由晶胚直接成核的过程,称为均匀形核;而在过冷液态金属中,若晶胚是依附在其他物质表面上成核,称为非均匀形核。前者较难而后者较容易,加之实际金属液中不可避免地总是存在杂质(包括型壁),因此其凝固形核主要是非均匀形核。在微观组织的模拟中,处理非均匀形核主要有两种模型,即瞬时形核模型和连续形核模型,如图 6-36 所示。

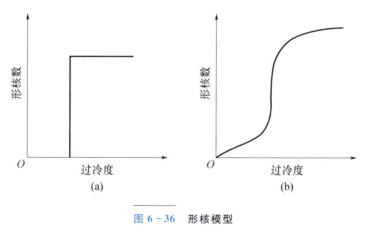

图 6-36 形核模型
(a)瞬时形核模型;(b)连续形核模型。

2. 生长动力学

晶体生长动力学主要描述在不同条件下晶体的生长机制和晶体生长规律,主要包括晶体生长传输过程、晶体生长形态和晶体界面生长稳定性等。晶体长大的过程就是液体中原子不断向晶核上堆砌的过程,其间,存在着动量传输、热量传输和质量传输现象,在不考虑动量传输时,传热和传质过程会改变晶体的形核和生长的动力学,从而对微观组织产生影响。

在凝固过程中,固液界面两侧不断地进行溶质的再分配现象,这种现象会对凝固后的微观组织产生影响，导致微观偏析或者宏观偏析。宏观偏析是溶质成分在宏观尺度上的分布不均匀现象，虽然无法避免，但是可以通过控制金属液的对流进行控制。微观偏析是溶质成分在微观尺度（晶粒级别）上的分布不均匀现象，是溶质在固体中扩散引起的，它影响枝晶生长的形貌和尺寸。研究微观偏析有非常现实的意义，通过研究微观偏析可以了解枝晶生长的过程和微观偏析对力学性能的影响。

对凝固微观组织进行模拟前，需要了解铸件的微观组织，这是进行模拟的前提。金属凝固后的组织形貌主要由三部分组成，从表面到内部分别是细晶区、柱状晶区和等轴晶区。而其微观组织是枝晶[12]。

枝晶组织形成的根本原因是界面的失稳。当金属为纯金属时，界面的前进比较平稳，为平面向前推移。当有其他元素加入时，在液固界面前沿由于溶质富集，形成成分过冷，在界面一些部位形成了凸起。凸起处的散热条件比其他部位好，促进凸起的生长，导致尖端的生长速度大于枝晶的其他部位，形成了枝晶的主干。由于金属凝固过程中伴随着扰动因素，一些小的凸起在主干的侧面生长，它们跟主干一样，择优生长，生长为侧枝。

液相中温度随离液固界面的距离增大而减小。相变时的结晶潜热可以通过固相或者液相向液相中散去，如果固液界面上有一个凸起，凸出的部分会迅速地向过冷的熔体中生长。此时，界面不会保持平面向前推移，而是以枝晶的方式向液相中快速的生长，同时在这些枝晶上可能会长出二次枝晶，在二次枝晶上长出三次枝晶。

枝晶生长有两种方式：定向生长和自由生长。定向生长可以得到柱状晶，自由生长可以得到等轴晶。柱状晶生长时，固相和液相中的温度梯度为正，且枝晶生长的方向和热量的流动方平行，方向相反。与等轴晶相比，柱状晶的生长更为复杂，柱状晶的生长易受相邻枝晶和二次枝晶的相互作用。

凝固组织的数值模拟根据模拟尺度的不同，可以分为宏观模拟和微观模拟。宏观模拟的尺度在 $0.1\sim1cm$，从传热和传质的原理出发，采用有限差分法对温度场和浓度场进行数值模拟计算。宏观模拟存在着一些不足之处，比如模拟时将凝固的现象简化，模拟结果不是很准确等。模拟尺度在 $0.1\sim1\mu m$ 的为微观模拟，晶粒的形核和生长理论是微观模拟的理论基础，可通过耦合宏微观的方程来进行计算。目前，比较常用的微观组织数值模拟方法有随机性方法和确定性方法[12]。

确定性方法是以经典形核和枝晶生长理论为基础，通过某些参数将晶粒的形核密度和生长速度耦合为函数，通过分析实验的结果和观察微观组织，建立确定的函数关系。

确定性方法能够对多相场进行耦合，可同时联立求解三维模型和枝晶形核生长动力学模型，但是忽略了晶体学的影响以及铸型表面的晶粒成长过程，不能处理晶体生长的随机过程，只计算晶粒生长的平均尺寸，只能大致对枝晶的生长形貌进行模拟，不能描述晶粒枝晶生长的具体过程。

确定性方法主要包括相场法(phase-field method)和水平函数调整法(level set method)。

随机性方法充分考虑到结晶过程中存在着的随机现象，使用概率方法对晶粒的形核和长大进行研究，主要包括形核位置的随机分布、晶粒的择优取向的随机选取等。在实际的凝固过程中，热、质传输过程和结构的起伏都是随机产生的，因此使用随机性的方法对微观组织的模拟与实际更接近，弥补了确定性方法的不足。但是，采用随机性方法对枝晶进行模拟时，只能模拟出枝晶的近似形状而不能模拟复杂枝晶的形貌。

随机性微观组织模拟方法主要有蒙特卡罗法(Monte-Carlo)、元胞自动机法(cellular automata)和前沿跟踪法(front tracking method)。

3. 模拟实例(镍基单晶叶片定向凝固过程模拟与组织控制研究)[13]

1) 引晶段组织演化

为了研究引晶段的组织演化规律，选取在 3mm/min 的抽拉速度下不同高度水平面上的晶粒取向、晶面极图模拟结果，如图 6-37(a)~(h)所示，从模拟得到的晶粒取向图的结果中可以明显看出，随着截面高度的增晶粒的数量减少，相应地晶粒尺寸也增大。同时，随着截面高度的增加，晶粒的[001]方向(择优取向)与热流(抽拉)方向的偏转角(下文称取向角度)呈减小趋势，在截面高度为 0，即图 6-37(a)位置时，晶粒取向角度极为分散，当截面高度达到 5mm，即图 6-37(b)位置时，取向角度大于 40°的晶粒基本消失。而在 5~30mm 的高度内，晶粒的取向角度大于 20°的晶粒基本消失，如图 6-37(h)所示，当截面高度到达 35mm 时，即晶粒生长至引晶段顶端将要进入选晶段时，晶粒的取向角度在 10°左右，且最终只有少数晶粒进入到选晶段中。而模拟得到的晶面极图则表明截面长度在 0mm 时晶粒的取向角度分布极为分散，分布范围在 0°~54°的区间内，随着高度的不断增加，取向角度明显变小，同时晶粒的择优取向趋于集中，到达 35mm 时取向角度最终稳定在 10°左右。

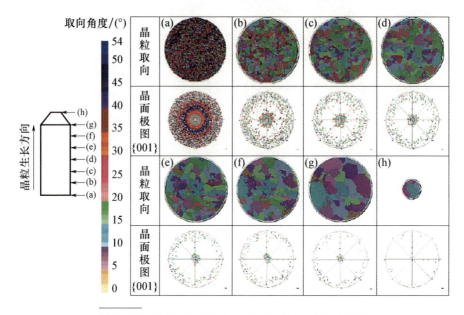

图 6-37　选晶段不同截面晶粒图及其{001}晶面极图

如图 6-38 所示，将各个横截面晶粒密度和平均晶粒取向角度模拟结果导出，能够更精确地描述晶粒大小及晶粒取向随截面高度的变化规律，图中反映了晶粒密度及平均晶粒取向随着截面高度变化的趋势。在 0~5mm 区间内，晶粒密度符合指数减小的特点，在 5~20mm 区间内，晶粒密度符合线性减小的特点，在 20~30mm 区间内，晶粒密度呈平稳减小，而在 30~35mm 区间内，引晶段顶部直径逐渐减小，晶粒生长到该区域内时晶粒数量基本稳定，而选晶段的截面积减小，导致晶粒密度的数值略有回升。同时，由于本实验采用的选晶器模型中引晶段在 30~35mm 高度区间直径不断减小，导致变化趋势与预测略有差异。而晶粒的平均取向角度由初始的略小于 30°随截面高度的增加持续减小，最终到引晶段顶部晶粒平均晶粒取向角度略小于 10°。

为了对模拟结果进行验证，在与晶粒密度的指数减少区、线性减小区和稳定区相对应的 5mm、20mm 的高度将引晶段进行线切割，得到三段式样四个高度不同的截面，对进行宏观腐蚀。在体式显微镜观察引晶段晶粒生长随高度变化横向剖面，如图 6-39 所示，当高度为 0 时，晶粒极为细小且难以观察

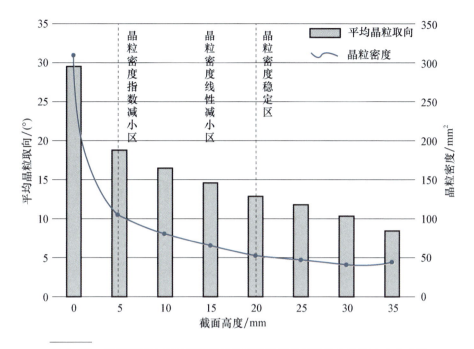

图 6-38 模拟模型中引晶段截面晶粒密度及平均晶粒取向随高度变化曲线

到有一定取向角度的晶粒；当晶粒生长至 5mm 时，可以观察到引晶段横截面分布着不同取向的枝晶，但枝晶的取向极为复杂；在 20mm 时可以明显地观察到不同取向的枝晶在横截面的分布，取向相比 5mm 时明显减少，且枝晶的大小比 5mm 明显增大；在 35mm 时枝晶取向比 20mm 时减少的并不明显，枝晶大小比 20mm 时增大，但幅度均较小。从总体来看，随着截面高度的不断增加，一次枝晶臂间距增大，二次枝晶生长更加充分。此外，通过晶粒大小随高度的变化能够从侧面反映出随着高度的增加，引晶段的温度梯度明显减小。

相比与横向截面的模拟及实验结果，引晶段晶粒生长随高度变化纵向剖面能够连续地描述定向凝固过程中晶粒生长变化的整个过程，如图 6-40 所示，其中图 6-40(b) 中的 A、B、C 区间分别与图 6-40(a) 中晶粒密度指数减小区、线性减小区和晶粒密度稳定区相对应。图 6-40(a)、(b) 表明模拟与定向凝固得到的组织生长趋势结果吻合度很高，总体上在定向凝固过程中引晶段随着高度的增加晶粒在不断竞争生长，晶粒数量不断减少且晶体取向差最终趋近于 5°~15°。

处于 A 区间时，晶体取向分布范围较宽，从 A 区间的平面 1 到平面 2 的

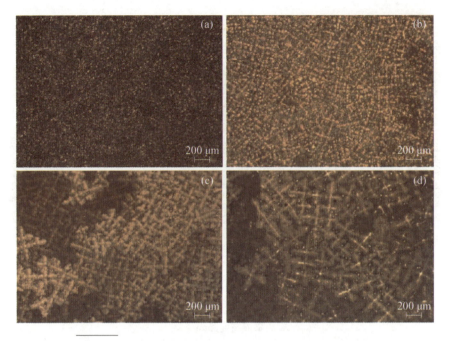

图 6-39　引晶段晶粒生长随高度变化横向剖面显微组织

生长过程中取向角度大于 40°的晶粒在生长中基本被淘汰且晶体数量急剧减少，符合指数减小的特点，取向角度较大的晶粒被取向差小的晶粒所淘汰，因而取向角度较大的晶粒尺寸较小；处于 B 区间时，晶体数量明显减少，但减少趋势明显小于 A 区间，符合线性减小的特点，晶粒间的竞争生长减慢，基本不存在小尺寸的晶粒，从平面 2 到平面 3 生长的过程中取向角度大于 30°的晶粒基本被淘汰；处于 C 区间时，晶粒数量基本稳定，少数取向角度较大的晶粒逐渐被淘汰，最终晶粒取向在 5°~15°且小尺寸晶粒消失。

由上述分析可知，螺旋选晶器的引晶段能够对晶粒的取向进行有效的选择，晶粒经过指数减小区、线性减小区和稳定区的竞争生长后能够得到取向角度较小的多个晶粒。为了保证引晶段的有效性，引晶段的高度必须保证大于生长至稳定区的高度。与此同时，引晶段不能过高，随着高度的增加，引晶段与水冷盘的换热效率降低，炉内外侧的不对称辐射散热会使引晶段的温度场发生倾斜导致引晶段竞争生长得到的晶粒取向过大。因而，选晶器的高度略大于 20mm 较为合理。

2）选晶段的组织演化

晶粒经过竞争生长淘汰了取向差较大的晶粒进入选晶器的选晶段，选晶

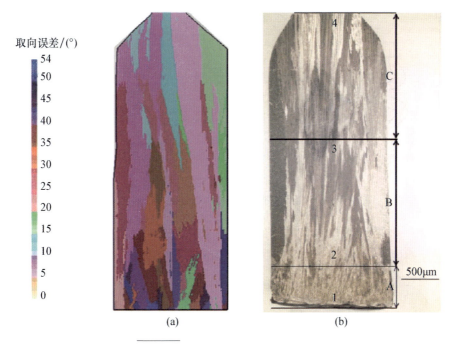

图 6-40 引晶段晶粒生长纵向剖面

段的主要作用是为晶粒生长提供特殊的结构限制,最终只有一个晶粒完成竞争生长。如果存在多个晶粒同时完成竞争生长,叶片中也会存在多个取向的晶粒,则选晶过程失败。

图 6-41 所示是螺旋段不同高度横向截面晶粒的取向分布,由于计算机网格的划分,横向截面并不规则。图 6-41(a)所示是引晶段的竞争生长进入螺旋段后经过第一个螺旋后的晶粒组织,此时只有 3 个晶粒继续生长,晶粒取向角度分布范围比较集中;在螺旋段内经过(a)到(b)段的再次选晶,晶粒变为 2 个,且取向角度较大的晶粒位于取向较小晶粒的外侧;当凝固进行到(c)处时,螺旋段仍然有 2 个晶粒存在,但取向角度较小的晶粒所占的空间已经大于取向角度较大的晶粒;当凝固至(d)处时,晶粒经过最后一个螺旋,取向角度为 10° 的晶粒在竞争中获得生长,完全占据整个空间进而长成单晶;此外,晶粒在螺旋段的整个生长过程中单晶的最终取向决定于引晶段最终得到的多个晶粒的最终取向,也就是说选晶器的螺旋段所起到的作用是为引晶段得到的晶粒提供竞争生长的平台,使多个晶粒竞争生长形成单晶,螺旋段本身并不能优化晶粒的取向。

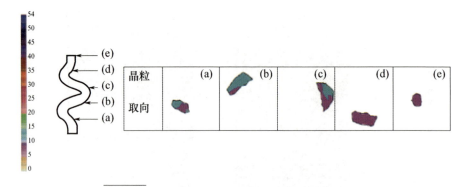

图 6-41 螺旋段不同高度横向截面晶粒的取向分布

图 6-42 为螺旋段不同高度的横截面组织实验结果，由图 6-42(a)可知，晶粒刚刚进入螺旋结构中时由于螺旋结构的螺升角较大，同时存在多个占螺旋空间较大的取向不同的晶粒，并且此时只在螺旋结构的前端出现少量的二次枝晶；当晶粒生长至图 6-42(b)位置时，螺升角减小，此时虽然仍有多个晶粒并存，但有一个取向的晶粒及其枝晶已经占据螺旋结构的大部分空间，且此时二次枝晶所占空间比图 6-42(a)位置时增大；如图 6-42(c)、(d)所示，当晶粒继续生长至下一个螺旋以上高度时，螺旋结构中只存在单个取向的晶粒及其二次枝晶。

螺旋上升结构对晶粒生长的限制是螺旋段产生选晶作用的原理。图 6-43 为螺旋段晶粒淘汰作用示意简图（为了便于观察三次及多次枝晶的多余横向枝晶省略），在螺旋段内晶粒生长存在三种可能性：晶粒由于螺旋结构的限制直接被淘汰（图 6-43 中 1 类晶粒）；晶粒直接通过螺旋结构限制继续生长（图 6-43 中 2 类晶粒）；晶粒的一次枝晶生长受到螺旋结构的限制，但三次及多次纵向枝晶继续生长（图 6-43 中 3 类晶粒）。当晶粒进入螺升角较小的螺旋结构中时，1 类晶粒在螺旋段外侧直接被淘汰，2 类晶粒在螺旋结构中间部分能够直接继续生长，3 类晶粒靠近螺旋结构前沿，三次及多次纵向枝晶能够继续生长；当晶粒进入螺升角较小的螺旋结构中时，一次枝晶并不能直接继续生长，但靠近螺旋结构前沿晶粒的三次及多次纵向枝晶继续生长。以上论述表明，无论是以 2 类还是 3 类晶粒生长模式，同一水平面上靠近螺旋结构前沿的晶粒最终会淘汰靠近螺旋结构外侧的晶粒，这与图 6-41 中的模拟结果和图 6-42 中的实验结果相吻合。

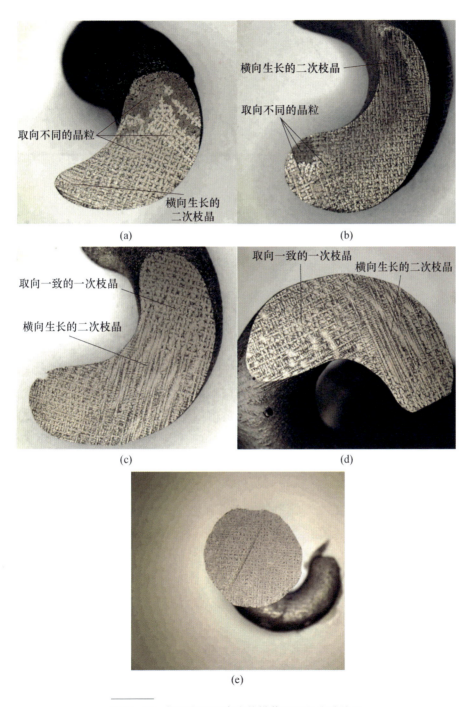

图 6-42 螺旋段不同高度的横截面组织实验结果

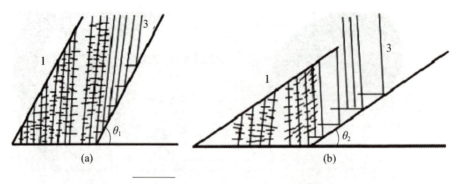

图 6-43 螺旋段晶粒淘汰作用示意图

6.3 定向凝固原理

6.3.1 定向凝固简介

定向凝固是指在凝固过程中采用强制手段，在凝固金属和未凝固金属熔体中建立起特定方向的温度梯度，从而使熔体沿着与热流相反的方向凝固，最终得到具有特定取向柱状晶的技术。这类材料晶界在高温受力条件下是较薄弱的地方，因为晶界处原子排列不规则，杂质较多，扩散较快，于是人们利用定向凝固技术让晶粒沿受力方向生长，消除横向晶界，以提高其高温性能。

定向凝固技术的最主要应用是生产具有均匀柱状晶组织的铸件，特别是在航空领域生产高温合金的发动机叶片，与普通铸造方法获得的铸件相比，它使叶片的高温强度、抗蠕变和持久性能、热疲劳性能得到大幅度提高。对于磁性材料，应用定向凝固技术，可使柱状晶排列方向与磁化方向一致，大大改善了材料的磁性能。定向凝固技术也是制备单晶的有效方法。定向凝固技术还广泛用于自生复合材料的生产制造，用定向凝固方法得到的自生复合材料消除了其他复合材料制备过程中增强相与基体间界面的影响，使复合材料的性能大大提高。定向凝固技术作为功能晶体的生长和材料强化的重要手段，具有重要的理论意义和实际应用价值。

6.3.2 定向凝固技术的应用基础理论研究

定向凝固技术的应用基础研究，主要涉及定向凝固过程的热场、流动场及溶质场的动态分析、定向组织及其控制以及组织与性能关系等。多年来通过生产实践与定向凝固应用基础研究，总结出得到优质定向组织的四个基本要素：①热流的单向性或发散度；②热流密度或温度梯度；③冷却速度或晶体生长速度；④结晶前沿液态金属中的形核控制。人们围绕上述四个基本要素的控制做了大量的研究工作，随着热流控制技术的发展，凝固技术也不断向前发展。

1. 定向凝固过程中的热流分析[14]

描述定向凝固过程的热流，一般是用数学方法得到在特定条件下的解，对于较复杂的情况下易求得解析解时，则采用数值计算。

1）铸件和炉子都静止的定向凝固

这是发生于铸锭凝固的一个基本过程。在下列给定条件下：单向热流；铸件和结晶器表面存在恒定的牛顿热阻；凝固界面是宏观尺度的平面；金属无过热、对流，辐射换热可忽略；金属与铸型的热物理参数在凝固过程中恒定。固相中的傅里叶导热微分方程为

$$\frac{\partial T_s}{\partial t} = a \frac{\partial^2 T_s}{\partial x^2} \tag{6-4}$$

式（6-4）的边界条件为：当 $x=s$ 时（s 是已凝固部分长度），$T=T_s$（常数）；当 $x=0$（铸件和铸型分界面）时，$T=T_0$（常数），其通解为

$$T_s = A + B \cdot \mathrm{erf}\left(\frac{x}{2\sqrt{a_s t}}\right) \tag{6-5}$$

式中：A、B 为常数；$\mathrm{erf}(\cdot)$ 为误差函数。

由边界条件可知，$\dfrac{x}{2\sqrt{a_s t}}$ 为常数，由 φ 表示，则已凝固的部分长度为

$$s = 2\varphi\sqrt{a_s t} \tag{6-6}$$

结晶生长速率为

$$v = \frac{\mathrm{d}s}{\mathrm{d}t} = \frac{2a_s \varphi^2}{s} \tag{6-7}$$

可见随着结晶生长的进行，生长速率是减少的。同时，生长界面离激冷板

距离的增大，固相热阻逐渐增大，使界面前沿温度梯度 G_L 减小。由于凝固过程中 v 和 G_L 都是变化的，使凝固组织也不能保持恒定，最终导致等轴晶的出现。

要使凝固过程中生长速率和温度梯度保持恒定，需满足穿过生长界面的热流密度始终恒定的条件，铸件移出法可较好地满足这一条件。

2）布里奇曼铸件移出法的热流分析

布里奇曼（Bridgman）铸件移出法（withdrawal method）是工业和实验室应用最广泛的一种方法。其基本原理为有一层隔热材料将加热区域和冷却区域分开，铸件以一定速率由热区向冷区移动，从而实现定向凝固。

根据傅里叶方程，对于圆柱形铸件，忽略沿圆周方向的温度梯度，并假设 $k=$ 常数，那么沿圆棒运动方向，其二维（轴向和径向）导热微分方程为

$$\frac{k}{\rho C_p}\left[\frac{\partial^2 T}{\partial x^2}+\frac{1}{r}\frac{\partial T}{\partial r}+\frac{\partial^2 T}{\partial z^2}\right]-v'\frac{\partial T}{\partial z}=\frac{\partial T}{\partial t} \qquad (6-8)$$

式中：v' 为圆棒向下运动速率，通常称为抽拉速率。

对于导热性能良好的细小截面铸件，径向热流通常可忽略。特别是当加入绝热层时，径向热流可大大减少，这时一维方程可较精准地描述铸件的传热。对于稳态 $\left(\dfrac{\partial T}{\partial t}=0\right)$ 的一维热流，化简为

$$\frac{k}{\rho C_p}\frac{\partial^2 T}{\partial z^2}-v'\frac{\partial T}{\partial z}=0 \qquad (6-9)$$

设 $a=\dfrac{k}{\rho C_p}$，并假设结晶生长速率 v 与抽拉速率 v' 相等，则式(6-9)成为

$$a\frac{\partial^2 T}{\partial z^2}-v\frac{\partial T}{\partial z}=0 \qquad (6-10)$$

根据式可导出 G_L 和 R 的关系。

$$Q|_z-Q|_{z+dz}=Q_{ext} \qquad (6-11)$$

式中：Q_{ext} 为单位时间内微元体 dz 传输的冷却介质中的热量。对于半径为 r 的圆柱形铸件，式(6-11)可写为

$$\pi r^2 k_s\left(\frac{\partial T}{\partial z}\right)_z-\pi r^2 k_s\left(\frac{\partial T}{\partial z}\right)_{z+dz}=h(T-T_0)2\pi r dz \qquad (6-12)$$

式中：h 为铸件和冷却介质的复合热转换系数；T_0 为冷却介质的温度；T 为 z 处铸件的温度。

由导数定义式(6-12)可化简为

$$\frac{d^2 T}{dz^2} = \frac{2h(T-T_0)}{k_s r} \qquad (6-13)$$

可得 z 处的固相温度梯度为

$$\left(\frac{dT}{dz}\right)_s = \frac{2h(T-T_0)a}{vk_s r} = G_s \qquad (6-14)$$

如果固-液界面是温度恒定的等温面,则单向凝固界面处有能量守恒方程为

$$\rho_s L v = k_s G_s - k_L G_L \qquad (6-15)$$

式中:L 为结晶潜热。

可得

$$G_L = \frac{1}{k_L}(k_s G_s - \rho_s L v) = \frac{1}{k_L}\left[\frac{2h(T-T_0)a}{vr} - \rho_s L v\right] \qquad (6-16)$$

式(6-16)反映了生长速率 v、铸件截面尺寸 r 和换热系数 h 对 G_L 的影响。细小截面和低的生长速率有助于提高液相温度梯度。由于提高 G_L 对于获得良好的定向凝固组织有决定性的作用,故在设计定向凝固设备时,应首先考虑如何获得高的 G_L。

2. 影响定向凝固温度梯度的因素

1)复合换热系数 h

由铸件传输到冷却介质的热流可用下式表示:

$$q = h(T - T_0) \qquad (6-17)$$

对于布里奇曼定向凝固方法,铸件通过底部的激冷板传导并通过陶瓷型壳进行辐射散热,这种情况下的复合换热系数为

$$h_B = \left(\frac{1}{h_C} + \frac{1}{h_{gap}} + \frac{1}{h_{shell}} + \frac{1}{h_R}\right)^{-1} \qquad (6-18)$$

式中:h_C 为铸件和激冷板的界面换热;h_{gap} 为铸件与型壳内壁之间间隙的辐射(存在气隙);h_{shell} 为通过型壳的传导;h_R 为型壳与环境之间辐射换热系数。

而

$$h_R = \frac{\sigma(\varepsilon T^4 - \alpha T_0^4)}{T - T_0} \qquad (6-19)$$

对于镍基高温合金,设 $T = 1600K$,$T_0 = 300K$,$\varepsilon = \alpha = 0.7$,式(6-19)中辐射常数 $\sigma = 5.67 \times 10^{-8} W/(m^2 \cdot K)$,代入式(6-19)得 $h_g = 200 W/(m^2 \cdot K)$。

2)传导换热系数

$$h_C = a/L \qquad (6-20)$$

陶瓷型壳的热传导率为 $a = 1.5 \sim 2.5\text{W}/(\text{m} \cdot \text{K})$，取 $a = 2\text{W}/(\text{m} \cdot \text{K})$，其厚度假设 $L = 8\text{mm}$，则 $h_{\text{shell}} = 250\text{W}/(\text{m}^2 \cdot \text{K})$。

A. J. Elliott 和 T. M. Pollock[15]详细研究了高温合金布里奇曼和液态金属冷却法（LMC）定向凝固的传热特性，给出 $h_\text{C} = 1500\text{W}/(\text{m}^2 \cdot \text{K})$，并取高温合金的 $h_{\text{gap}} = 230\text{W}/(\text{m}^2 \cdot \text{K})$。

代入可得布里奇曼定向凝固的复合换热系数为

$$h_\text{B} = \left(\frac{1}{1500} + \frac{1}{230} + \frac{1}{250} + \frac{1}{200}\right)^{-1} = 71\text{W}/(\text{m}^2 \cdot \text{K}) \quad (6-21)$$

对于液态金属冷却法：

$$h_{\text{LMC}} = \left(\frac{1}{h_\text{C}} + \frac{1}{h_{\text{gap}}} + \frac{1}{h_{\text{shell}}} + \frac{1}{h_\text{f}}\right)^{-1} \quad (6-22)$$

式中：h_f 为流体中的对流换热系数。h_f 的值与努塞尔数有关，可通过

$$N_\text{u} = \frac{h_\text{f} x}{\lambda} \quad (6-23)$$

式中：x 为固体的尺寸特征；λ 为流体的导热系数。

对于金属液体，有

$$N_\text{u} = 4.82 + 0.00185 P_\text{r}^{0.827} \quad (6-24)$$

但液态金属的 P_r 数很小，常在 $5 \times 10^{-7} \sim 3 \times 10^{-3}$，故式中第二项可略去。这时 $N_\text{u} \approx 4.82$，取金属 Ga 的导热系数 $\lambda = 29.3\text{W}/(\text{m} \cdot \text{K})$（熔点），仍取式样直径为 $x = 0.01\text{m}$ 代入得

$$h_\text{f} = \frac{N_\text{u} \lambda}{x} = \frac{4.82 \times 26.3}{0.01} = 14123\text{W}/(\text{m}^2 \cdot \text{K}) \quad (6-25)$$

这样

$$h_{\text{LMC}} = \left(\frac{1}{1500} + \frac{1}{230} + \frac{1}{250} + \frac{1}{14123}\right)^{-1} = 110\text{W}/(\text{m}^2 \cdot \text{K}) \quad (6-26)$$

从以上分析还可以看到：

(1) 不论是布里奇曼法还是 LMC 法，铸件与激冷板之间的换热都非常充分。

(2) 布里奇曼法对传热起主要限制的因素是铸件与型壳内壁之间的换热，通过型壳壁的传导以及型壳与环境之间辐射换热。

(3) LMC 法换热的限制因素是型壳内壁之间的换热、通过型壳的传导。

(4) 布里奇曼法的换热系数与零件尺寸无关，而 LMC 法换热效果与零件尺寸成反比，这就是大尺寸零件的 LMC 法温度梯度较低的原因。

(5) 由于陶瓷型壳对热交换的阻挡，定向凝固的换热系数明显降低。

从提高温度梯度的角度考虑，在充分提高熔体的过热度并提高冷区的复合换热系数是两个重要的途径。

6.4 定向凝固技术

6.4.1 传统的定向凝固技术

传统的定向凝固技术主要有发热剂（exothermic powder，EP）法、功率降低（power down，PD）法、高速凝固（high rate solidification，HRS）法等。

自从 20 世纪 60 年代定向凝固技术应用于镍基高温合金涡轮叶片制备的研究开始，演化出了多种通过获得单向温度梯度来实现定向凝固的方法。早期的发热铸型法的基本原理是：将铸型预热到一定温度后，迅速放到激冷板上并立即进行浇注，冒口上方覆盖发热剂，激冷板下方喷水冷却，从而在金属液和已凝固金属中建立起一个自下而上的温度梯度，实现定向凝固。也有采用发热铸型的，铸型不预热，而是将发热材料填充在铸型四周，底部采用喷水冷却。此方法无法调节温度梯度和凝固速度，单向热流条件很难保证，故不适合大型优质铸件的生产。但该方法工艺简单、成本又低，可应用于小型的定向凝固件生产。在 20 世纪 60 年代，F. L. Versnyder 等[16]提出了功率降低法。在这种工艺过程中，铸型加热感应圈分两段，铸件在凝固过程中不动，在底部采用水冷激冷板。加热时上、下两部分感应圈全通电，在型壳内建立起所要求的温度场，注入过热的合金液。然后下部感应圈断电，通过调节输入上部感应圈的功率，在液态金属中形成一个轴向温度梯度。在功率降低法中，热量主要通过已凝固部分及底盘由冷却水带走。这种工艺可达到的温度梯度较小，在 10℃/cm 左右，制出的合金叶片，其长度受到限制，并且柱状晶之间的平行度差，甚至产生放射状凝固组织。合金的显微组织在不同部位差异较大，目前一般不采用此工艺。

20 世纪 70 年代初，科研工作者在布里奇曼定向凝固技术的基础之上发展出了一种高速凝固技术，布里奇曼定向凝固法：通过利用机械抽拉系统使铸型移出炉体来实现定向凝固，很好地实现了对定向凝固过程温度梯度和抽拉速率的控制，能够获得组织均匀的定向铸件。图 6-44 所示为 HRS 法定向凝固炉原理示意图。这种高速凝固技术能充分利用各种类型的辐射挡板来隔离炉子的热区和冷区，从而有效地提高了固液界面前沿的温度梯度。经过多年的发展，HRS 定向凝固技术显示出凝固组织相对稳定、设备简单、工艺稳定等特点，因此直到目前，HRS 法仍然是镍基高温合金定向凝固的主要技术，主要用以生产航空发动机涡轮叶片等部件。HRS 法在凝固开始的时候，主要通过铸件把热量传导到水冷铜板进行冷却。然而，随着凝固过程进行，其冷却效果逐渐降低。这是因为大多数高温合金的导热能力低，铸件的散热逐渐过渡到依靠真空中型壳向真空室的辐射散热，由此导致固液界面前沿的温度梯度逐渐降低。因此，在定向凝固过程中，为了保持稳定的树枝状固液界面，不得不维持比较低的抽出速度，否则由于成分过冷就会形成等轴晶。低的抽拉速率可能导致雀斑和取向偏离晶粒等缺陷形成，增加了废品率。降低抽出速度也导致了生产时间的延长，降低了生产效率，同时也增加了型壳和金属反应以及型壳变形和破裂问题的可能性。特别是使用多组铸模定向凝固因为辐射散热的不对称而导致固液界面倾斜从而使上述问题更加突出。

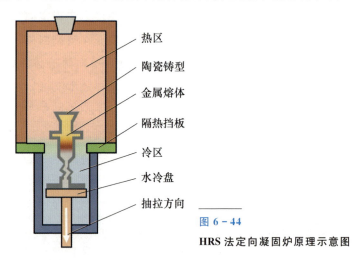

图 6-44

HRS 法定向凝固炉原理示意图

不论上述哪种方法，它们的主要缺点是冷却速度低，这样产生的一个弊端就是使得凝固组织有充分的时间长大、粗化，以致产生严重的枝晶偏析，限制了材料性能的提高。造成冷却速度慢的主要原因是凝固界面与液相中最高温度面距离太远，固液界面并不处于最佳位置，因此所获得的温度梯度不大，这样为了保证界面前液相中没有稳定的结晶核心的形成，所能允许的最大凝固速度就有限。

为了进一步细化材料的组织结构，减轻甚至消除元素的微观偏析，有效地提高材料的性能，就需提高凝固过程的冷却速率。在定向凝固技术中，通过提高冷却速率可提高凝固过程中固液界面的温度梯度和凝固速率。因而如何采用新工艺、新方法去实现高温度梯度和大生长速率的定向凝固，是当今众多研究者追求的目标。

6.4.2 新型定向凝固技术

一般认为，用布里奇曼方式生产定向或单晶叶片的缺点是冷却太慢，温度梯度太低，造成叶片的铸造质量不高而且生产周期太长。多年来人们一直致力于对传统布里奇曼工艺上的改进，其中两种最著名的方法为液态金属冷却（liquid metal cooling，LMC）法与气体冷却（gas cooling casting，GCC）法[17]。

LMC法是目前研究较为广泛的一种定向凝固方法。该方法工艺过程以液态金属作为型壳的冷却介质，型壳直接浸入液态金属冷却剂中，散热大大增强，可形成很高的温度梯度，且几乎不依赖浸入速度。冷却剂的温度、型壳传热性、厚度和形状、挡板位置、熔液温度等是影响温度梯度的主要因素。液态金属冷却剂要求有低的蒸气压和熔点以及有大的热容量和热导率。由于采用液态金属为冷却介质增强了冷却效果，该方法较大地提高了铸件的冷却速率和固液界面的温度梯度，且温度梯度相对稳定，温度梯度可达 200 K/cm。因此，晶体的生长可以在较大的生长速率范围和稳定的高温度梯度条件下进行。而GCC法则以气体作为冷却介质对型壳及铸件进行冷却。

上述两种方法分别以液体和气体与型壳的热传导来替代原来的辐射散热，虽然从总体上能提高铸件冷却速度，却加剧了铸件各处散热的不均匀性。例如，缘板外角处由于型壳较薄，外廓凸出，本来就比叶身与缘板的转接区部位冷却更快而易出杂晶。在搅拌的液体或喷射的气体中，缘板外角这种最外突的部位受到的冲刷最激烈，冷却过快的问题更加严重。而且设备复杂，成本很高，操作困难，因而至今未得到工业化的推广应用。因此，目前工业界一直采用传统的HRS法生产高温合金定向或单晶叶片，在新工艺的应用方面尚未有新的突破和进展。下面介绍在改进单晶叶片成形工艺和设备方面一些新的发明和设想[18]。

1. 复合控制引晶技术（定点冷却＋定点加热）

如前所述，具有复杂形状的涡轮叶片，特别是大尺寸的重型燃机叶片，其单晶凝固是一个复杂的三维生长过程，因而需要对叶片中单晶生长的路径进行合理的设计和控制。铸件不同部位需要不同的冷却条件，有的部位如叶身与缘板的转接区需要早冷快冷，而有的部位如缘板边角则需要晚冷慢冷，以得到理想的凝固顺序，使单晶生长顺利扩展到叶片的每个部位。但实际上的情况并不如此，而是恰恰相反，这就需要采取人为的措施进行改变。以图 6-45 为例，在叶身与缘板转接区会形成热障，阻碍单晶凝固向缘板横向扩展。因此需要对此处进行强制冷却，如用 Ga-In 金属液进行定点喷冷或接触式传导散热。Ga-In 合金熔点很低，在室温下为液体状态，是一种良好的冷却介质。但由于价格比较昂贵，不能用在前述的 LMC 工艺中，因设备需要用数百千克甚至数吨的冷却金属液做成熔池，只能将较廉价的 Sn 或 Al 熔化后保温，在熔融状态下使用，这就需要采用特殊的加热和保温装置，造成工艺的复杂化。而本工艺中定点喷冷或定点接触式散热所需的金属液量很少，因而可以方便地使用 Ga-In 合金而不会增加很大成本。

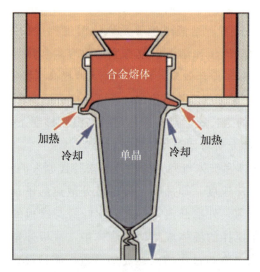

图 6-45
复合控制引晶技术

在定向凝固过程中，铸件的散热主要受两个环节的控制：一是热量穿过导热性很差的型壳到达外表面，二是热量从型壳外表面散向周围环境。在叶身与缘板转接区型壳最厚，热阻很大，因而型壳内部的传热成了主要控制环节。此时仅仅对型壳外表面进行强制冷却效果不会很好，如前所述，利用热导体技术可使铸件的热量通过导热性极好的石墨迅速传出，能够使局部冷却得到明显强化。若再结合定点喷冷或接触式散热等强制冷却措施，使热量更快从外表面散走，则可达到最佳的定点冷却效果。缘板外角部位型壳薄，辐射条件又好，导致散热太快，引起合金熔体过冷的产生和杂晶的形成，为了防止缘板边角太早和太快冷却，采用局部增厚型壳和包裹陶瓷棉进行缺陷控制，但实验发现，由于缘板边角属于薄壁部分，热含量很小，上述两种保温措施的效果都不明显。还尝试了在缘板上表面的型壳中插入石墨以导入热量进行保温，但这并不能防止缘板边角向下的快速散热及引起的过冷。而激光加热具有其他方法所不具备的优点：一是激光本身是高效和可控的热源；二是从下方加热，加热点正是原来散热最快、过冷最大的缘板下沿，可使其定时保持过热状态，不至过早凝固而形成杂晶。而且可以通过对加热功率和加热区域的动态调整，来控制液固界面的三维定向移动，并保持液固前沿的局部温度梯度始终为正，实现冷却方向与凝固方向的一致，精确引导单晶按设定的方向和路径生长至铸件各个端点。

即使在截面形状变化不大的叶身部位，总体凝固过程虽以垂直方向为主，但各点的凝固条件也相差很大。如在排气边和进气边处，特别是前者，铸件和型壳的壁厚很小，散热很快，而在叶身中部，型壳和铸件的壁厚要比排气边处分别高出几倍和十几倍，冷却明显缓慢，因而凝固界面的推进迟滞很多。结果是凝固界面在叶身的两个边缘处上扬，而在中心厚大处下凹，形成侧向的温度梯度和凝固过程。若在叶身中心厚大部位实行定点强制散热，在 2 个边缘特别是进气边进行定点加热，则有助于建立平直的凝固界面，实现叶身部位单向的垂直定向凝固。因此，定点冷却和定点加热的复合控制技术可以用在叶片凝固过程的任何阶段，以在相应部位建立单晶生长的最佳条件。

以上描述了复合控制技术的原理和实施设想，下一步将进行实验室和工业性的实验，最终的目的是使单晶叶片的凝固过程控制实现从宏观到微观、从一维到三维、从粗放式到精细式的根本转变。

2. 薄壳降升法加复合引晶技术

上述的复合控制引晶技术结合了定点冷却和定点加热的方法，对控制大型单晶叶片的三维凝固创造了非常有利的条件，但是其效果会受到现有布里奇曼式定向凝固工艺和设备的固有缺点的限制。一是大叶片的陶瓷型壳很厚，热阻很大，特别是在叶身与缘板转接处，这使定点强制冷却的作用大打折扣。虽然可结合利用热导体法，但会增加工艺的复杂性，而且不是叶片的所有部位都适用热导体法。二是叶片的外轮廓尺寸沿高度方向变化很大,而挡热板由于内轮廓形状固定,所以两者之间的间隙在定向凝固过程中会发生很大变化,有时甚至形成几乎贯通的状态,造成不良且多变的凝固条件,大大增加了对叶片凝固过程进行精确控制的难度。为了解决布里奇曼式定向凝固工艺中传热效率太低和冷却与加热两区之间不能有效隔热的问题,提出了薄壳降升工艺[19],其原理如图 6-46 所示。

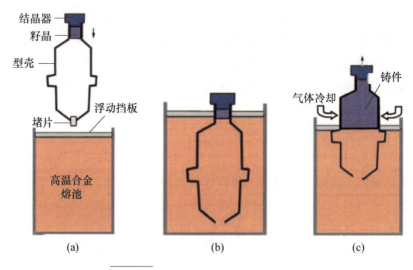

图 6-46　薄壳降升法加复合引晶技术
(a)浸入;(b)充形;(c)提拉。

先将型壳穿过柔性隔热层降入坩埚内的合金熔池,金属液从下部充入型壳。入口处用同种合金做成堵片,用于防止隔热层材料的进入。将充型后的型壳提拉上升,实现合金的自上而下的单晶定向凝固。用惰性气体对浮出的型壳吹冷可加强散热,进一步提高铸件的冷却速度和凝固前沿的温度梯度。制备单晶组织可以用籽晶法,也可利用几何结构如缩颈式或螺旋式选晶法。

与传统的布里奇曼式相比,这种新工艺具有很多优点,比较重要的有以下几条:

(1)由于型壳内外液体压力互相抵消,型壳没有被胀破的危险,因而可以做得很薄。实际的型壳仅约 1mm 厚,远远小于普通工艺所需的约 6mm 的平均型壳厚度。这不仅减少了制壳的成本,更为重要的是明显降低了型壳的热阻,大大提高了铸件的散热能力和凝固过程的可控性。

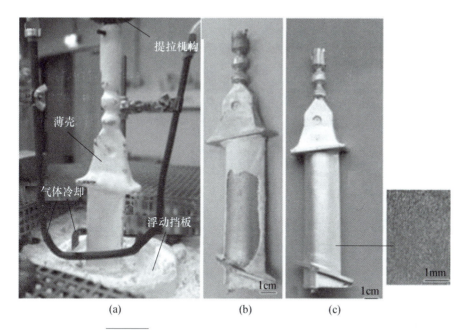

图 6-47 薄壳降升法制造 Al 合金单晶叶片的实验

(a)单晶叶片实验；(b)叶片；(c)叶片中单晶组织。

(2)熔池液面上是浮动柔性隔热层，在型壳上下移动时能将熔体无缝隙紧密覆盖，不仅减少热量损失，更是大幅度提高了铸件凝固界面的温度梯度。隔热层材料可以用空心陶瓷小球，但最好用液态熔渣，它不但有更好的流动性，而且能对合金熔体起净化作用。

(3)型壳在热区受到熔液的传导加热，在冷区受到气体的对流散热，传热效率要明显高于传统布里奇曼式中的辐射传热。

(4)在传统的布里奇曼式定向凝固中，枝晶向上生长，溶质偏析的结果会导致糊状区液体产生上重下轻的密度反差，引发液体的强烈对流和雀斑缺陷的生成。而在新工艺中枝晶向下生长，糊状区液体的密度分布是上轻下重，反而有利于液体的稳定，避免了对流的产生，从而彻底消除了雀斑缺陷生成的根源，解决了高温合金大型单晶叶片铸造质量控制的一个大难题。

图 6-47 展示了正在空气氛围中进行的制造 Al 合金单晶叶片的实验，用于检验这种工艺的可行性。图 6-47(b)是正在除壳中的叶片，从残壳断面可见型壳壁非常薄，如同蛋壳一般。图 6-47(c)显示了叶片的宏观和微观单晶组织，可见枝晶组织非常细密。经测量，凝固过程中的温度梯度比传统的布

里奇曼工艺要高出约一个数量级，说明新工艺对凝固条件的改善非常明显。

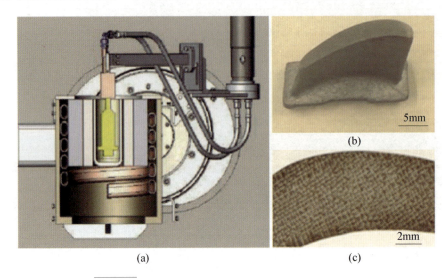

图 6-48　改装的凝固设备与所制备的小型单晶叶片
(a)设备结构图；(b)制备的叶片；(c)叶片横截面组织。

用薄壳降升法制取高温合金单晶叶片需要在真空条件下进行。图 6-48(a)是改装的真空炉中相应装置的结构图，图 6-48(b)和(c)显示了用合金 CMSX-4 制取的小型单晶叶片的表面和横截面。由于良好的凝固条件，同样可得到非常细密的枝晶组织。这些实验结果[20-23]证明了新工艺的可行性，今后将逐渐开展中型和大型叶片的生产实验工作。

上述薄壳降升法解决了普通定向凝固工艺中的辐射传热效率太低、型壳太厚、热阻太大、冷热区不能有效隔热等几大基本问题。制造单晶叶片时，型壳从过热合金熔体中穿过熔渣覆盖层上升到冷却区，先后经历了理想的受热、隔热和散热过程，总体上具备了优良和稳定的凝固条件，为进一步实现大型叶片的单晶生长的三维精确引导打下了良好基础。由于新工艺的特点，操作空间更加开放，更容易应用定点冷却和定点加热技术进行复合引晶。特别是在缘板处，对热障部位可很方便地用液态或气态的 Ar 或 He 通过滴注或喷雾进行定点冷却。作为冷却介质用过的 Ar 或 He 可作为保护气体停留在冷区，不会像 GCC 法那样进入炉腔造成热区温度下降，也不会引起其他不良影响。而对缘板的边角也很容易从上面进行激光加热，防止其过快冷却、过早凝固而形成杂晶。由于型壳很薄且壁厚均匀，不论进行强制冷却或加热都能得到迅速的响应和明显的效果，从而使单晶的凝固过程得到更加有效和精确的控制。总之，这种薄壳降升法加上复合控制技术，基本消除了现有布里奇曼式定向凝固工艺和设备的所有缺点，极有可能成为制造大型单晶叶片的最佳工艺[24]。对此需要进行进一步的研究开发，以尽早实现工业化应用。

在前面讲述定向凝固原理时，曾提到布里奇曼工艺的一个特点是挡热板的应用。挡热板与型壳之间的间隙应尽量减小，以尽量将加热区与冷却区有效隔开，使两区之间在此形成尽量大的温度落差，同时迫使热区的热量尽量只通过铸件本身垂直向下传出，以造成铸件中较高的温度梯度和平面的凝固界面。但即使最简单的圆棒形状的铸件，平面的凝固界面也难以实现。若炉温较高，合金熔点较低，型壳较厚，铸件抽拉速度较快，凝固界面位置会处于挡热板之下，由于侧向受冷而呈下凹形状；反之，凝固界面会上移到挡热板之上，由于侧向受热呈上凸形状。而对于形状复杂的真实铸件如涡轮叶片，铸件中的传热和凝固更不是单向进行。在截面形状变化不大的叶身部位，凝固过程以垂直方向为主，横向为辅，形成纵向枝晶组织。而在缘板部位的凝固过程则以横向为主，形成横向枝晶组织。

在布里奇曼式凝固过程中，叶身与缘板的转接区由于散热条件很差，凝固一般延滞到挡热板之下才发生。在应用复合控制引晶技术对此处采取定点喷冷等强制冷却措施时不会受到挡热板的妨碍，如同在典型的 LMC 与 GCC 过程中那样。对缘板边角下沿进行激光加热是从下方或斜下方进行，即使缘板还没有降到挡热板之下，由于定型挡热板的内廓要大于铸件型壳最大外廓，因此并不会对激光束造成遮挡。

在应用薄壳降升工艺时，由于型壳与柔性隔热层之间是无间隙接触，铸件只有浮出隔热层才能有效散热并凝固，因此强制冷却和加热一般在隔热层之上进行，不会受到隔热层的妨碍，即使缘板还没有浮出隔热层，也可用定点加热或冷却隔热层的方法，实现对下面的缘板相应部位的间接加热或冷却。总之，不论是在现有布里奇曼式还是在新型的薄壳降升法条件下，应用定点喷冷和定点激光加热的复合方法来进行单晶生长的精确控制都不会受到定型挡热板或柔性隔热层的妨碍。

6.4.3 晶粒选择及取向控制工艺

目前工业生产中，单晶高温合金涡轮叶片主要通过选晶法或者籽晶法来制备，但是在某些特殊情况下还会使用籽晶法和选晶法相结合的方法来制备单晶高温合金。

1. 选晶法

选晶法的原理是制备一个狭窄横截面的选晶器，建立竖直的温度梯度，根据不同取向晶粒的生长优势不同，使晶粒在定向凝固过程中相互竞争淘汰，最后只有一个晶粒通过选晶器顶部长满型腔，获得与<001>方向接近的单晶。图6-49是选晶器在定向凝固炉中的位置关系。为获得单向的热流，选晶器的底部安放冷却板。选晶器的形状对选晶的质量有很大的影响，目前发现螺旋状的选晶器在应用中有较好的效果。另外，螺旋段型壳的匝数，选晶器入口和底部熔池的宽度比也是选晶器中的两个重要参数。定向凝固过程中，凝固开始于激冷板表面的等轴晶晶粒随机形核，随着凝固过程的进行等轴晶晶粒逐渐向定向凝固组织转变。对于面心立方结构的镍基高温合金来讲，<001>方向是其择优生长方向，晶体在这一方向的生长速度最快。因此，在引晶段顶部会获得取向较好的<001>定向组织。再通过在选晶段内的竞争生长，最后只有一个晶粒长出选晶段的顶部并长满型腔，从而得到单晶体，如图6-49所示。

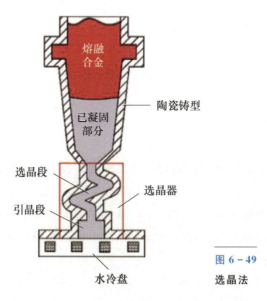

图6-49 选晶法

选晶法能获得与<001>取向接近的单晶，且能制备较大的复杂铸件，适合工业生产，但制备复杂的型壳比较麻烦，同时增加了定向凝固炉热区的长度,增加了成本。另外,虽然利用选晶法制备单晶已有近 40 年的历史,但是杂晶的产生和晶体取向的偏离一直是未能彻底解决的关键问题。参数不佳的选晶器并不能保证一个晶粒进入型腔。因此,对选晶的形状需要做更多的研究。

选晶法是制备镍基单晶高温合金最基本的工艺方法,在镍基单晶高温合金涡轮叶片工业生产中占有非常重要的位置。选晶过程会对单晶凝固组织以及单晶缺陷的形成产生重要影响,最终影响了合金的力学性能。因此,在过去几十年时间里国内外学者针对选晶法制备镍基单晶高温合金过程中晶粒组织演化、选晶行为、选晶原理以及选晶器形状和几何参数对选晶器的选晶效果和最终单晶取向的影响进行了大量研究[20-24]。下面就选晶器的研究现状作简单介绍。

1) 选晶原理

从晶体生长的微观过程分析,由于晶体各晶面的原子密度不同,配位数不同,化学结合键不同,导致各晶面的电子构型有所差别,因而各晶面的界面能有所不同。从而导致液固转变时,液相原子撞击界面的频率不同。因此凝固过程中晶体在不同晶面的生长速度有差异,即晶体在凝固过程中会表现出各向异性,具体表现为晶体在各个晶体学方向的生长速度不同。对于晶体学取向上生长较快的方向称为该晶体的择优取向(择优生长方向)。

定向凝固晶体生长中有三个独立的基本方向:热流方向(最大温度梯度方向,抽拉方向),晶体择优生长方向(对于面心立方结构的晶体而言,<001>方向是其择优生长方向)以及晶体生长方向(胞晶/枝晶生长方向),如图 6-50 所示。有关晶体强制性生长过程中热流方向、晶体择优生长方向和晶体生长方向之间关系的研究,国内外很多学者已开展了大量的研究工作。在胞/枝界面形貌生长条件下,晶体生长方向与热流方向并不平行,同时当温度梯度恒定不变时,随着抽拉速率的增加,晶体生长方向从与主热流方向平行的方向向晶体择优生长方向偏转。在枝晶生长界面情况下枝晶沿择优生长方向生长,主要取决于生长速度和材料的各向异性,而与热流方向无关。从宏观的角度考虑,晶体生长过程是由传热和传质条件决定的。特别是对于强制性的熔体生长过程,结晶界面沿着逆热流的方向生长。强制性生长的约束条件可以用温度梯度与沿宏观生长方向上生长速率的比值(G/v)来表征。该比值越大,表示约束条件越强,晶体生长的晶体学特性被压制,择优生长取向表现不出来。当 G/v 的值很大时,晶体生长的固液界面为平界面,此时晶体的生长表现为各向同性,热流方向对晶体生长方向的影响占最主要地位,晶体生长方向与热流方向平行。随着抽拉速率 v' 的增大,固液界面转变为胞晶生长形态,此时晶体强制性生长的约束条件减弱,胞晶生长方向开始向晶体择优生长方向偏转,导致胞晶生长方向与热流方向的夹角也迅速增大。随着抽拉速率的继续增大,固液界面形态由胞晶生长转变为枝晶生长形态,此时晶体的界面各向异性起主导作用,其晶体生长方向主要由晶体择优取向决定。

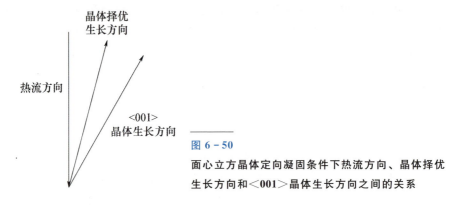

图 6-50 面心立方晶体定向凝固条件下热流方向、晶体择优生长方向和<001>晶体生长方向之间的关系

虽然众多学者对高温合金定向凝固过程中热流方向、晶体择优生长方向和晶体生长方向之间的位向关系还存在有一定的分歧,但是目前对于高温合金定向凝固晶体生长过程中晶体取向已有几点共识:定向凝固中晶体生长方向受最大温梯与各向异性相互竞争的制约,在热流方向和晶体择优生长方向之间变动;若晶粒择优取向(<001>方向)与热流方向平行,通常情况下生长方向与热流及择优取向一致;若晶粒择优取向与热流方向不一致(材料有强的界面各向异性),高 G/v 值时晶体生长方向趋向于与热流平行的方向;随抽拉速率 v' 的增加生长方向趋向于择优生长方向,在发达枝晶生长条件下,枝晶生长方向与热流方向之间没有明显关系,而是沿着择优生长方向生长。

实际生产和使用中的高温合金铸件大多是以树枝晶生长方式凝固的,由于不同晶粒在不同结晶方向上生长速率的差异,以及高温合金强制性枝晶生长特性,使得高温合金定向凝固过程中不同晶粒之间存在着竞争生长。高温合金定向凝固过程中不同取向晶粒生长所需的过冷度不同,当不同晶粒以相同的速率向液相推进时,非择优取向的晶粒就必须生长在更大的过冷度环境中。因此,在强制性枝晶生长条件下,取向择优晶粒的生长界面较非择优取向晶粒的生长界面超前。定向凝固中，<001>方向与热流方向偏离较大晶粒的生长界面落后于<001>方向与热流方向平行或者偏离较小晶粒的生长界面。高温合金定向凝固中可以利用不同晶粒之间的竞争生长来实现晶粒淘汰，使得大部分晶粒在竞争生长过程中被淘汰，最后只有一个晶粒长大并进入单晶型腔来获得单晶组织。但是，利用晶体本身的生长特性进行晶粒的淘汰，需要很长的引晶段才能获得组织均匀的单晶，而且在很多情况下甚至不能获得单晶组织，这对单晶的制备效率和成本是极为不利的。因此，对于单晶制备技术的研究方向就转向设计具有一定几何形状的选晶器来获得单晶组织。

选晶器因为具有一定特殊的几何形状，使得定向凝固过程中其内部热流方向不再是单一向下的，而是会随着选晶器几何结构的改变发生相应的变化。又因为高温合金强制性枝晶生长过程中枝晶生长方向与热流方向之间没有明显关系，所以可以利用具有一定几何形状的选晶器来限制某些晶粒的枝晶在选晶器内的继续生长，使得大部分晶粒的生长被终止（淘汰），只有一个晶粒长大进入单晶型腔，从而实现单晶高温合金铸件的制备。

2）选晶器类型

自从选晶法制备单晶技术出现后，研究者就在不断地探索能够进行有效选晶的几何结构体，于是产生了多种几何形状的选晶器。根据选晶器的几何形状把常见的选晶器归纳为螺旋型、转折型和缩颈型（尺度限制型）三种类型，图 6-51 所示为选晶器的几何形状示意图[25]。为了选择一种有效的选晶器以满足工业生产需要，研究者们针对不同选晶器的选晶效果进行了对比分析。

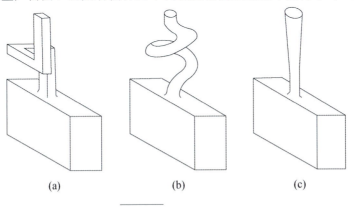

图 6-51　选晶器类型

螺旋选晶器在镍基单晶高温合金工业生产中的应用已经有几十年的历史，工艺上也比较成熟。但是因为高温合金组元和凝固组织的复杂性以及选晶凝固过程中温度场的不断变化，人们对于选晶过程中的选晶机理、取向控制、凝固缺陷等问题一直没有得到彻底的解决。因此，对于利用螺旋选晶器制备单晶的研究工作也从未停止过。

螺旋选晶器的设计中要综合考虑引晶段和选晶段的几何结构和参数对单晶质量的影响，以提高单晶叶片的合格率和优化最终单晶取向。众所周知，HRS法定向凝固过程中铸件内部的温度梯度会随着凝固过程的进行而逐渐降低，导致距激冷板表面较远距离处凝固缺陷的形成，破坏了单晶组织的完整性。因此在单晶制备过程中应尽量降低选晶器的高度，从而保证叶片的长度和降低凝固缺陷形成的倾向。但是，当选晶器引晶段高度较低时，引晶段内晶粒取向优化效果并不明显，会导致最终单晶取向较差；当选晶器选晶段的高度太低（选晶段参数不合适）又会影响选晶过程的顺利进行，造成螺旋通道内杂晶的形成，从而影响最终单晶的质量，甚至会导致选晶过程的失败，不能获得单晶组织。因此，在选晶法制备镍基单晶高温合金涡轮叶片过程中，要保证叶片的足够长度，且有较高的选晶成功率，就必须合理地设计螺旋选晶器的尺寸。然而，尽管选晶技术在工业生产领域得到了较为广泛的应用，但对选晶过程的研究远没有达到对单晶本身的重视程度，不利于单晶生长技术的发展。另外，对于单晶叶片制备的定向凝固和浇注工艺参数对选晶过程以及最终单晶取向的研究还少见报道。国外对于选晶器结构和参数的设计较为成熟，工业生产中也能够保证较高的合格率。但是选晶器结构和尺寸属于单晶制备的技术秘密，国外高度保密，必须自主攻关。目前，国内相关单位虽已可以利用选晶法制备单晶高温合金涡轮叶片，但是对于选晶器的设计还仅是凭借经验，对于选晶机理的研究也不充分，同时因选晶失败而造成的叶片报废率还非常高。因此对于选晶器的合理设计已成为制约我国单晶叶片制备的一大障碍，很有必要对选晶过程进行深入的研究。特别是对选晶器几何参数与选晶器的选晶效率和单晶取向之间的关系作进一步的深入研究，对于选晶器的合理设计有着非常大的实际意义。因此，为提高我国镍基单晶高温合金涡轮叶片的产率，开展选晶法制备镍基单晶高温合金的研究就显得非常紧迫。

2. 籽晶法

制备单晶高温合金的另一个重要方法是籽晶法。籽晶法的原理是把与母合金成分相同的籽晶安放于铸型底部，通过加热使籽晶部分熔化，然后将铸型由炉内向冷却区域抽拉，获得单向稳定的温度梯度，熔体从残余的籽晶部分外延生长，从而在凝固中获得与籽晶合金相同的结晶相体(图6-52)。工业生产中常见的有底注法和顶注法两种。在实验室中为方便研究，常采用直径不变的柱状铸型来获得规则形状的单晶。在定向抽拉前将部分籽晶及母合金熔化，熔融的籽晶与母合金达到平衡后，从而引导熔体在凝固中获得与籽晶取向接近的单晶体。

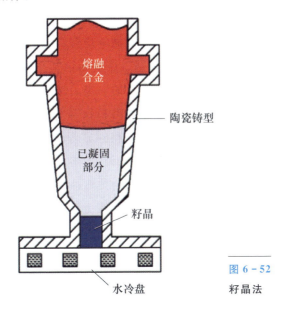

图 6-52 籽晶法

籽晶法制备单晶的精度高，能控制单晶的三维取向，一般认为只要籽晶择优取向与热流方向一致，就可以抑制非择优方向的晶粒而生成单晶。由于籽晶需要从制好的单晶上切取，切取不同取向的籽晶比较麻烦，且籽晶的完整性需要检测，因此导致制造成本高。同时，籽晶法制备单晶过程中，在籽晶与炉料相熔的半固态区域，其他取向的晶粒可能在游离的枝晶上形核形成游离晶，导致杂晶的形成，并且这些杂晶常存在于铸件表面形成缺陷[26-27]。尽管如此，由于籽晶法制备的单晶取向的一致性容易得到保证，目前也有公司采用籽晶法生产单晶涡轮叶片。相对于籽晶法，选晶法在生产过程中操作简单,在工业生产中有着广泛的应用。目前工业生产中,选晶法制备的单晶铸件纵向与<001>方向的夹角可以控制在15°之内。

6.5 单晶高温合金的定向凝固

6.5.1 单晶高温合金成分的发展

高温合金是以元素周期表中第八主族元素为基,并含有适量的其他合金元素,可以在600℃以上长期承受较大复杂应力的固溶体金属材料。高温合金主要应用于制造航空及航天发动机、舰船与地面燃气轮机的热端部件。另外,在能源工业、核工业、交通运输、矿山机械等均有广泛应用。根据构成合金的基体元素不同,高温合金可分为铁基、镍基和钴基高温合金三类。目前,镍基高温合金成为高温合金中应用最广泛的一类。镍基高温合金能固溶较多的元素,且能保持组织和相的稳定性;铝和钛与镍形成的金属间化合物$\gamma'[Ni_3(Al, Ti)]$相作为强化相,能使合金得到显著的强化。镍基合金有优良的力学性能,并且有独一无二的在80%~90%的熔点温度下保持抗蠕变和疲劳的能力,含铬的镍基合金还展示出优秀的抗腐蚀性。铸造高温合金研究起始于20世纪40年代,铸造过程添加合金元素方便,合金性能相对变形高温合金得到了显著提高。

由于高温合金具有优异的高温强度、抗疲劳性能、抗高温腐蚀性和高温合金组织稳定性,使得高温合金从20世纪50年代就开始在航空发动机上应用。铸造高温合金从等轴晶开始逐渐发展至柱状晶,再到单晶高温合金,广泛用于制造发动机热端零部件。目前,先进航空发动机的导向叶片和涡轮叶片等关键部件均采用单晶高温合金材料。高性能的单晶合金与先进的气冷叶片设计和优良的防护涂层技术,可以进一步满足航空发动机的涡轮进口温度的提高。因此,单晶高温合金仍然是当前和今后一段时间航空发动机热端部件的重要材料。

由于铸造方法的改进和定向凝固技术的出现,使得高温合金的使用温度得到了显著提高。这是由于利用定向凝固技术可以消除铸件中的横向晶界,从而得到晶界与铸件轴向平行的柱状晶涡轮叶片,如图6-53所示[28]。当定向凝固过程中进一步消除纵向晶界仅留一个晶粒生长，则形成单晶叶片。单晶叶片具有相对最优的抗裂纹能力，其热强性、热稳定性等综合性能均优于定向凝固柱晶叶片。

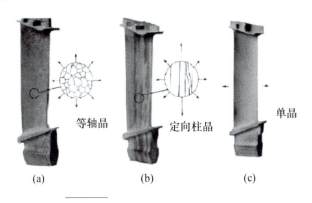

图 6-53　航空涡轮叶片的发展历程

(a)等轴晶叶片；(b)定向柱晶叶片；(c)单晶叶片。

单晶高温合金与等轴或定向铸造高温合金不同，其含有较少或不含晶界强化元素，完全消除横纵向晶界是单晶高温合金的重要特点。基于上述材料的结构特点，高温合金的热强性能得到明显提高，综合性能优异。到目前为止，研究比较成熟的镍基单晶高温合金已经发展了三代，第四和第五代单晶高温合金正在研发中。美国的 P&W 公司、通用公司等在 20 世纪 60 年代研发出了定向高温合金和单晶高温合金。单晶高温合金最先采用了 Mar-M200 的成分，其横向延展性得到了加强，但其后对单晶的研究一直没有进展。直到 20 世纪 70 年代中后期，J.J.Jackson 等[29]在研究 Mar-M200+Hf 合金时，发现更多含量且细化的 γ' 相，该相能提高合金的初熔点和固溶温度。此后数十年高温合金中去除了 C、B、Zr、Hf 等晶界强化元素，得到了性能优良的单晶高温合金如 PWA1480，其高温性能相对于定向合金 PW1422 提高了近 50K[30]，单晶高温合金得到了发展。美国、英国、法国、俄罗斯等有关研究机构相继研制了性能和 PWA1480 相近的 CMSX-2、SRR99、AM3 和 RenéN4 等合金。由于这些合金比柱晶的使用温度提高了 25~50K，且成分相近，被称为第一代单晶高温合金。进入 20 世纪 80 年代后，合金的理论设计水平有了进一步的提高，出现了耐温能力比第一代单晶提高了 30K 和 60K 的第二代和第三代单晶高温合金。第二代的单晶高温合金如 CMSX-4、PWA1484、

René N5 等[31-32]，加入了 3% 左右的 Re。第三代单晶高温合金加入了更高含量的 Re，质量分数在 6% 左右；其典型的合金有 CMSX-10、CMSX-11、René N6 等[33-35]。目前普遍认为无 Re 的单晶高温合金是第一代，Re 的质量分数在 3% 和 6% 附近是第二代和第三代单晶的标志。近年来又发展了新一代的高温合金，如 RR3010[36]，Re 的含量相对有所减小，但加入了一定含量的 Ru，单晶的高温力学性能有进一步的提高，RR3010 已在英国罗尔斯·罗伊斯公司的 Trent 发动机上有所应用。

为推动我国航空事业的发展，我国也对单晶高温合金进行了大量的研究[37-39]。20 世纪 70 年代末开始了定向凝固柱晶、单晶高温合金的研制。北京航空材料研究院从 20 世纪 80 年代开始自行开发了我国的单晶涡轮叶片加工工艺，研制了成本低、密度小、强度高的第一代镍基单晶高温合金 DD3。该合金具有成分简单、成本低等特点，其力学性能与 PWA1480 相当，具有良好的组织稳定性和单晶铸造工艺性。同时，北京钢铁研究总院、中国科学院金属所等科研单位对单晶高温合金进行了卓有成效的研究，随后相继研发了 DD4、DD8、DD402、DD407 等第一代单晶，单晶叶片的制备工艺也有很大的发展。DD6 镍基单晶高温合金是我国自主研发的低成本的第二代单晶高温合金，因其 Re 含量低而具有低成本的优势，同时其拉伸性能及蠕变断裂性能与国外的第二代单晶合金如 René N4、CMSX-4 和 PWA1484 相当。目前，我国的单晶高温合金技术有了较快的发展，新型的单晶高温合金正在预研中，但目前与国外的研究和应用水平相比差距还较大，需要做更多的研究工作[40-41]。

表 6-8 是目前国内外研发的一些典型单晶高温合金的成分。可以看出，铸造高温合金成分发展的显著特征是：C、B 等微量元素的含量逐渐减少甚至完全去除；难熔元素的含量逐渐增加；Cr、Al 元素的含量逐渐减少。引起这些变化的主要原因是研究者对合金元素在合金中所起作用的认识逐渐增强。在普通铸造和定向镍基高温合金中，微量合金元素 C、B、Zr、Hf 等元素的添加能够起到强化晶界的作用。但是在第一代镍基单晶高温合金中，由于完全消除了晶界，因此这些晶界强化元素被去除，同时加入了大量的难熔元素（W、Ta、Mo 等）以增加合金的初熔温度和提高镍基高温合金的高温力学性能。

表 6-8 典型单晶高温合金的成分(单位:%)[42]

代别	牌号	国家	Cr	Co	Mo	W	Ta	Re	Hf	Al	Ti	Ni	其他
第一代	PWA1480	美	10.0	5.0	—	4.0	12.0			5.0	1.2	余	—
	Rene N4	美	9.0	8.0	2.0	6.0	4.0		—	3.7	4.2		—
	SRR99	英	8.0	5.0	—	10.0	3.0			5.5	2.2		—
	RR2000	英	10.0	15.0	3.0	—	—			5.5	4.0		—
	AM1	法	8.0	6.0	2.0	6.0	9.0			5.2	1.2		—
	AM3	法	8.0	6.0	2.0	6.0	9.0			6.0	2.0		—
	CMSX-2	美	8.0	5.0	6.0	8.0	6.0			5.6	1.0		—
	CMSX-3	美	8.0	5.0	6.0	8.0	6.0		0.1	5.6	1.0		—
	CMSX-6	美	10.0	6.0	3.0	—	2.0		0.1	4.8	4.7		—
	SC-16	法	16.0	—	2.8	—	3.5			3.5	3.5		—
	AF-56	美	12.0	8.0	2.0	4.0	5.0			3.4	4.2		—
	ЖC32	俄	5.0	9.0	1.1	5.5	4.0			6.0	—		0.15C 1.6Nb 0.015B
	DD3	中	9.5	5.0	3.8	5.2	—			5.9	2.1		—
	DD8	中	16.0	8.5	—	6.0	—			2.1	3.8		—
第二代	PWA1484	美	5.0	10.0	2.0	6.0	9.0	3.0	0.1	5.6	—	余	—
	Rene N5	英	7.0	8.0	2.0	5.0	7.0	3.0	0.2	6.2	—		0.05C 0.04B 0.01Y
	CMSX-4	美	6.5	9.0	0.6	6.0	6.5	3.0	0.1	5.6	1.0		—
	SC180	美	5.0	10.0	2.0	5.0	8.5	3.0	0.1	5.2	1.0		—
	MC2	法	8.0	5.0	2.0	8.0	6.0			5.0	1.5		—
	ЖC36	俄	4.2	8.4	1.0	12.0	—	2.0		6.0	1.2		—
	DD6	中	4.3	9.0	2.0	8.0	7.5	2.0	0.1	5.6	—		—
第三代	Rene N6	美	4.2	12.3	1.4	6.0	7.2	5.4	0.2	5.8	—	余	0.05C 0.04B 0.01Y

续表

代别	牌号	国家	元素										
			Cr	Co	Mo	W	Ta	Re	Hf	Al	Ti	Ni	其他
第三代	CMSX-10	美	2.0	3.0	0.4	5.0	8.0	6.0	0.0	5.7	0.2	余	0.02C 0.1Nb
	TMS-75	日	3.0	12.0	2.0	6.0	6.0	5.0	0.1	6.0	—		—
第四代	TMS-138	日	2.9	5.9	3.0	5.9	5.6	5.0	0.1	6.0	—	余	2.0Ru
	MC-NC	法	4.0	0.2	5.0	1.0	5.0	4.0	0.1	6.0	0.5		4.0Ru
	TMS-162	日	2.9	5.8	4.0	5.8	5.6	5.0	0.1	6.0	—		6.0Ru

6.5.2 单晶高温合金的定向凝固组织

镍基高温合金的典型凝固组织为高度合金化的 γ 基体和与其共格的强化相 γ' 组成，在 γ 基体的枝晶内部和枝晶间分布着一次碳化物（MC 型），晶界处析出 γ-γ' 共晶组织。枝晶生长带来的元素偏析极大地影响了多数二次析出相及凝固缺陷的形成。此外，由重力场和热场等引起的宏观对流也对凝固组织和缺陷产生重大影响。单晶高温合金尽管消除了晶界，依然存在枝晶偏析以及枝晶间和亚晶界的相析出情况，也需要对它们的形成机制进行研究。

1. 枝晶组织

高温合金定向凝固大多得到的是树枝状形态的枝晶组织，它们具有典型的面心立方金属晶体的生长特征。描述定向凝固树枝晶生长特征的主要指标有一次枝晶间距（λ_1）、二次枝晶间距（λ_2）和枝晶尖端半径（R_D）。由于枝晶生长形态、间距及生长位向等特征对高温合金的力学性能将会产生一定的影响，并对雀斑、缩松、杂晶等凝固缺陷的形成有着重要影响。因此，在过去几十年时间里关于高温合金定向凝固枝晶生长方面进行了大量的理论分析和实验研究。自 20 世纪 70 年代起，高温合金定向凝固工作者就开始研究凝固工艺参数对枝晶组织的影响规律，发现定向凝固速率和温度梯度是影响枝晶形态和特征尺度的主要参数，如图 6-54 所示。

一次枝晶间距（primary dendritic arm spacing，PDAS）作为定向凝固枝晶生长形态的主要特征尺度受到材料研究者们的广泛关注，如图 6-55 所示。

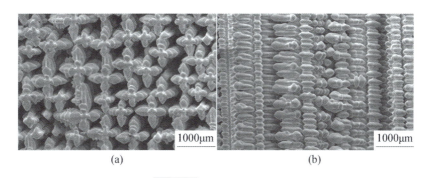

图 6-54 枝晶组织形貌

(a)沿生长方向横截面;(b)沿生长方向。

因此,在过去几十年时间里研究者们针对简单二元合金枝晶生长,建立了大量的模型来定性或者定量地描述一次枝晶间距与凝固参数、合金特性之间的关系[43-47],如表 6-9 所示。从表中可以看出,这些模型表现出共同的特点是,一次枝晶间距主要受代表冷却速率的温度梯度(G)和生长速率(v)的乘积影响。当凝固速率较快时,一次枝晶间距可以表示为

$$\lambda_1 = NG^{-a}v^{-b} \tag{6-27}$$

式中:N 为材料物性参数。通过研究不同二元合金定向的 a、b 值,发现 a 值在 0.24~0.59,而 b 值在 -0.11~0.83。

图 6-55
一次枝晶间距示意图

表 6-9 一次枝晶间距计算模型

计算模型	表达式
Hunt 模型	$\lambda_1 = \dfrac{2.83(k\Delta T_0 D_l \Gamma)^{1/4}}{G^{1/2}v^{1/4}}$ (6-28)

续表

计算模型	表达式	
Kurz – Fisher 模型	$\lambda_1 = 4.3 \Delta T'^{1/2} \left(\dfrac{D_l \Gamma}{\Delta T_0 k} \right)^{1/4} G^{-1/2} v^{-1/4}$	(6-29)
Trivedi 模型	$\lambda_1 = 2\sqrt{2} \, (Lk \Delta T_0 D_l \Gamma)^{1/4} G^{-1/2} v^{-1/4}$	(6-30)

注：k 为平衡分配系数，D_l 为液相扩散系数，Γ 为 Gibbs – Thomson 系数，ΔT_0 为结晶温度区间，$\Delta T'$ 为非平衡凝固区间，L 为扰动相关的常数。根据 Trivedi 的分析，对于枝晶生长，L 的值为 28。

对于具有复杂组元的镍基高温合金而言，要建立作为表征枝晶特征尺度的一次枝晶间距与工艺参数之间关系的定量模型并不容易。考虑到定向或者镍基单晶高温合金 γ 基体凝固特征类似与单相固溶体，所以可以将高温合金凝固过程近似为简单二元合金来处理。因此，在考虑一次枝晶间距与凝固参数关系时，主要考虑冷却速率、抽拉速率和 $G^{-1/2} v^{-1/4}$ 与一次枝晶间距的关系，具体表现为：

(1)随着冷却速率的增大，枝晶间距逐渐减小。

(2)抽拉速率对枝晶间距的影响与温度梯度有关。在低温度梯度条件下，抽拉速率增大导致枝晶间距略有增大；而温度梯度越高，枝晶间距随抽拉速率增大下降的幅度越大。这是由于低温度梯度下，温度梯度较易随凝固速率的增大而降低，从而导致高抽拉速率条件下的冷却速率不升反降。由此可见，提高温度梯度对减小一次枝晶间距有着重要作用。

(3)枝晶间距与 $G^{-1/2} v^{-1/4}$ 的变化呈线性关系，同时枝晶间距随 $G^{-1/2} v^{-1/4}$ 的变化更剧烈。

二次枝晶间距取决于局部凝固时间和冷却速率[48]，二次枝晶能够明显地影响生长前沿的传输现象。D. R. Poirier 等[49]的研究结果表明：当对流与一次枝晶法向同方向时，二次枝晶同一次枝晶一样对糊状区传输的渗透性产生明显影响。与一次枝晶不同，二次枝晶一般都经历粗化的过程，随着凝固过程的进行，二次枝晶明显粗化，这与扩散控制的奥斯瓦尔德熟化规律相一致，如图 6-56 所示。

二次枝晶在凝固过程中都要经历粗化的过程，以往的研究结果表明，决定二次枝晶间距的参数为局部凝固时间 t_f。A. Wagner 等[50]获得的二次枝晶间距回归关系为

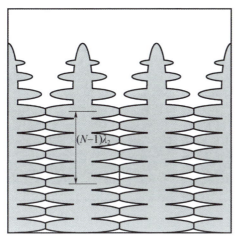

图 6-56
二次枝晶间距示意图

$$\lambda_2 = 5.5(Mt_f)^\beta \quad (6-31)$$

式中：$\beta = 0.27 \pm 0.05$，$M = (11 \pm 2)\,\mathrm{s}^{-1}$，$t_f = \Delta T/Gv$。

从式(6-31)可以看出，二次枝晶间距随局部凝固时间的增加而增加。可见窄的结晶温度间隔或高的温度梯度将缩小糊状区高度，提高冷却速率，从而使得二次枝晶间距减小。

2. 相的组成

由于镍基单晶高温合金含有 7 种以上的合金元素，因此形成了丰富的相。从相组成上看，镍基单晶高温合金主要是 γ、γ' 和少量的 $\gamma + \gamma'$ 共晶相组成，同时还存在碳化物等。

图 6-57 所示的微观形貌中，白色部分为 γ 相基体，黑色部分为 γ' 增强相[51]。γ 基体相是含有大量如 Cr、Mo、W、Re 等固溶元素，具有面心立方结构的镍基奥氏体相。在不同的温度下，不同成分的合金中各种元素在 γ 相内的溶解度是不同的，溶解度的差异会导致 γ' 相的析出、碳化物的重生成和 TCP 相的形成。但 γ 相基体非常适合用于最苛刻的温度条件下工作的燃气涡轮发动机。γ' 相是以 Ni_3Al、Ni_3Ti 为基的金属间化合物，富含 Al、Ti 和 Ta 等，同样是面心立方结构，是镍基单晶高温合金中最重要的强化相。在不同的凝固条件下，γ' 在铸态组织中可呈现出不规则的球形状、规则的立方状和田字状。高体积分数和细小的 γ' 沉淀相是合金获得最佳高温性能的理想组织，铸态组织中粗大的 γ' 对单晶高温合金的力学性能是不利的。通过合适的固溶

处理工艺，可获得细小的立方状的 γ′ 相。

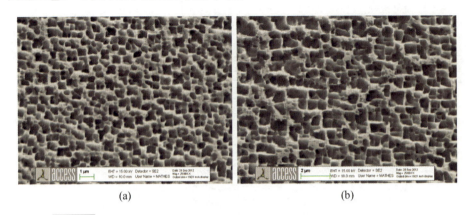

图 6-57　铸态组织枝晶干的 γ 相基体和 γ′ 增强相（CMSX-6）的微观形貌
(a)枝晶干；(b)枝晶间。

单晶合金在胞晶和枝晶凝固界面状态下，当合金中含有的 Al、Ta 等元素的偏析达到共晶条件时候，就会出现较多的 γ+γ′ 共晶相，该相可严重影响单晶合金的力学性能。在不同的生长条件下 γ+γ′ 共晶相可表现出大块状、葵花状、网状和层片状等形貌。合金元素的总量是按照接近 γ 相固溶体饱和状态设计的，共晶含量的多少在一定程度上标志着显微偏析程度的大小，要避免 γ+γ′ 共晶相的出现，可通过热处理工艺来消除铸态下的共晶。高温合金 γ+γ′ 共晶组织在定向凝固的最后阶段产生，出现在枝晶间，如图 6-58 所示[51]。由于共晶消耗大量的 γ′ 相形成元素，这对于以 γ′ 相析出强化为主的高温合金而言非常不利。此外，共晶 γ+γ′ 相熔点较低，降低合金的初熔温度。因而一般要控制 γ+γ′ 共晶尺寸和数量或抑制其形成。γ+γ′ 共晶相析出与 γ′ 相形成元素的含量和凝固偏析有关。γ′ 相形成元素如 Al、Ti、Ta 富集在熔体中，这些元素在枝晶间最后凝固的熔体中能达到较高水平，最后形成大尺寸的共晶相析出物。因此 γ+γ′ 共晶相是非平衡凝固的产物，是合金元素凝固偏析的结果，共晶的多少和大小在一定程度上表征了合金的凝固偏析程度。

抑制共晶反应的途径主要有两条。一是合理调整成分。铸造镍基高温合金的主要强化相为 γ′，为了提高使用性能要尽量提高 Al、Ti 含量，而 Al、Ti 含量过高将形成较多的 γ+γ′ 共晶，这是一个矛盾。Al 与 Ti 相比，Al 的树枝状偏析倾向性较小，促进 σ 相形成的作用也较小，因此可通过提高 Al 和 Ti 含量之比来控制合金组织和性能的稳定性。但 Al 和 Ti 含量之比不能太大，否则就可能析出 NiAl 相，影响合金的高温强度。二是控制凝固过程，减少凝固偏析。加快凝固速度，使共晶组织分散，即可减轻偏析，又有利于抑制脆性相的析出，共晶组织的微观形貌如图 6-59 所示[51]。

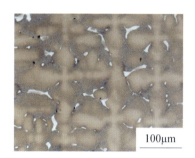

图 6-58
铸态 CMSX-4 高温合金中共晶组织的分布

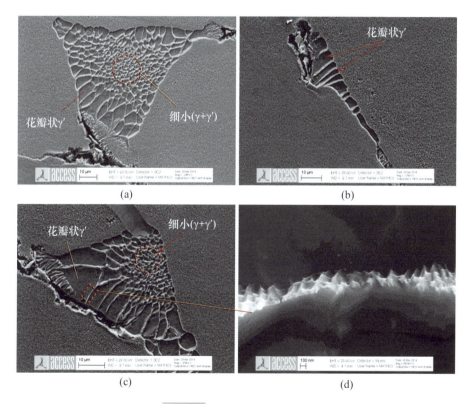

图 6-59 共晶组织微观形貌

(a)~(c)不同形貌共晶组织；(d)花瓣状 γ′ 间的局部放大图。

随着合金成分的不断发展，对 C 在高温合金中的作用有了新的认识：一方面，C 的添加使合金中出现碳化物，碳化物可作为变质剂细化晶粒，抑制高温再结晶；另一方面，可以强化晶粒和晶界，阻碍位错运动，提高合金的热强性和热稳定性。镍基高温合金中碳化物的类型有 MC、M_6C 和 $M_{23}C_6$。根据碳化物形成的过程可分为在合金的凝固过程中形成的初生碳化物，以及凝固后在固态中析出的次生碳化物。C 与 Ti、Ta、Hf 等元素的结合形成 MC 型碳化物；在单晶铸件的服役过程中，γ 晶界处可能出现 M_6C 和 $M_{23}C_6$ 相，其碳化物中主要有 Mo 和 W 元素。相对于多晶和定向凝固合金，镍基单晶合金的碳化物含量相对比较低，镍基碳化物的形貌如图 6-60 所示。

图 6-60 镍基碳化物形貌

(a)块状；(b)草书状；(c)杆状。

6.5.3 铸件中结晶缺陷的形成及控制方法

单晶高温合金具有优良的高温力学性能，但随着使用条件的日趋苛刻，对性能的要求也更高，叶片的形状越来越复杂，因此铸造缺陷出现的概率增大。目前，单晶高温合金设计时使 W、Mo、Re 等难熔元素的含量提高，以

提高 γ' 的体积分数和固溶处理温度。然而，力学性能的提高却带来单晶取向和凝固组织控制方面的问题。合金的成分、铸件的形状、制备工艺等都会引发单晶高温合金出现铸造缺陷和晶体取向的偏离，出现杂晶等缺陷。图 6-61 展示了单晶叶片铸件的典型的缺陷[52]。

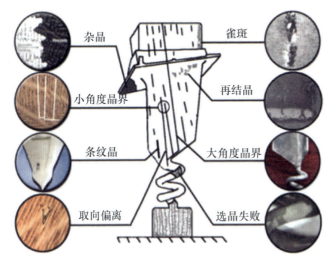

图 6-61 单晶叶片铸件的典型缺陷类型示意图

由于型壳几何形状的变化，致使辐射挡板与型壳的间隙不断变化，导致凝固时的固液界面的波动，因此不太可能在铸件任何部位都保持完整的<001>晶体学位向。工业燃气涡轮的发展促进了对大尺寸单晶叶片的需求。由于叶片体积增大，比表面积减小，降低了定向凝固时的散热效率，致使温度梯度下降；为保证实现定向组织，不得不采用低的拉晶速率。由此带来两个问题：一是液固共存区增大，易于形成雀斑和伪晶粒；二是单向热流更难保证，致使晶粒生长方向偏离。这是由于对尺寸较大的单晶高温合金铸件来说，型壳形状的变化致使辐射挡板与型壳的间隙不断变化，不太可能在铸件任何部位都保持完整的<001>晶体学位向。由于解决这些问题的关键技术尚未突破，一些生长位向与<001>方向并不完全平行的铸件部位是明显的薄弱环节。这些缺陷对于单晶合金特别有害，因为单晶合金一般不含晶界强化元素，这些缺陷导致单晶高温合金的性能甚至低于普通多晶合金。相对而言，形成于相互基本平行晶粒之间的小角度晶界对于性能危害就要小一些，但是它们极其难以防止。一般来说，含有小角度晶界的铸件与位向不一致的铸件一样，也在检验制度上允许通过。

1. 杂晶

相对于等轴晶和柱晶铸件，单晶的最明显的特点是消除了所有沿铸件横向和纵向的晶界，由此消除裂纹源而提高力学性能。但是，在单晶制备中会得到多个晶粒并存的现象（图 6-62）。通常铸件截面的突变，可引起凝固界面温度梯度变化、熔体流动等，如果工艺参数控制不当，便可能出现杂晶等，严重破坏了单晶的完整性，使材料的力学性能严重下降。杂晶的出现直接导致叶片报废，严重降低叶片的成品率，使得叶片的成本极大提升。

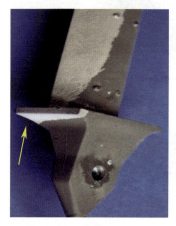

图 6-62 杂晶形貌

选晶法是制备单晶叶片的常用方法，但是如果选晶器的形状不太合适，最终可能会有多个晶粒进入铸件。通过对选晶器形状的大量研究，发现螺旋选晶段的匝数、相邻螺旋段的距离和引晶段的尺寸等均会影响选晶效果。另外，发现单晶叶片板缘是杂晶极易出现的位置。在用籽晶法制备单晶时，发现在籽晶引晶的回熔区附近，是杂晶容易形成的区域。若籽晶和母合金结合不够好，界面的过热温度太低，很容易生成杂晶。另外，籽晶和型壳的间隙过大，在籽晶回熔期间，金属液流进这些间隙中，形成偏离晶。金属液流动明显，可能会冲断已形成的枝晶，这些枝晶碎片有可能成为新的核心形成杂晶。

杂晶的取向往往和基体晶粒的取向存在一定的差别，在定向凝固过程中要不断地与基体晶粒竞争淘汰。有学者对不同取向晶粒间的竞争研究发现了一些规律，如枝晶间的阻碍作用，但是杂晶在单晶中的形成和生长淘汰是一个复杂的过程，目前大多工作只能通过金相观察其生长过程，对其淘汰机理还不是很清楚，还需做更多细致的工作。因此，在定向凝固中除了控制相与组织的竞争选择外，还必须精确调节和控制晶体的生长方向，减少与择优取向偏离的杂晶的出现，这样才能使铸件有最好的力学性能。

叶片的突变截面往往容易形成杂晶。由于叶片几何尺度较为复杂，为了研究方便，研究人员将其简化为具有正交平台结构的平板模型进行研究（图 6-63）。以往研究主要关注平台杂晶形成的影响因素和控制方法，而关于其本质的研究较少。多数研究都基于杂晶来源于异质形核的假定，从而展开后续的分析论述。M. M. T. Vehn 等[53]最先描述杂晶形成是发生在平台边角孤立过冷区域内的异质形核过程。A. D. Bussac 等[54]基于异质形核假设，推导了杂晶形成的解析模型，并就不同因素对杂晶形成的影响做了预测。其他研究人员应用杂晶来源于异质形核的论断，对不同参数条件下杂晶的形核进行分析。通过对平台组织的多尺度表征和分析，证实了杂晶起源于异质形核的论断。H. Yasuda 等[55]通过原位观察低熔点 Sn-Bi 合金在平台的分枝行为，在平台边角直接观察到了枝晶熔断现象。然而，由于高温合金的熔点较高，原位观察杂晶的形成在目前技术水平下还较为困难，因而关于平台杂晶形成的物理本质还需要进一步系统地、定量地研究，以对杂晶的各种不同来源加以区分和界定。

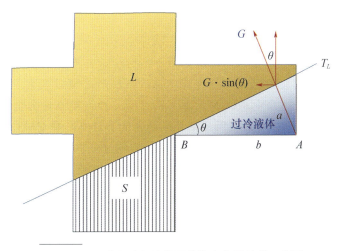

图 6-63　平台温度场演化及分枝和杂晶形成示意图

定向凝固的过程中，首先将熔融的合金液浇注到预热的型壳中，经一段时间的保温使型壳中的熔体温度趋于均匀,而后将含有金属熔体的型壳按照预设的速率抽拉进入冷区,从而建立自上而下的温度梯度,实现单晶体的定向生长。在这个过程中,引入的影响熔体形核和枝晶生长的变量可分为以下几类:①与合金有关的变量,主要有合金的凝固特性及形核过冷度;②与铸件有关的变量,主要为铸件的几何尺度;③来自工艺控制方面的变量,主要是定向凝固过程中的温度梯度和抽拉速率;④晶体的取向。

如将杂晶形成看作是枝晶分枝和形核关于时间的竞争过程,当叶身枝晶分枝不能在边角达到形核过冷度之前抵达平台边角,杂晶将形核;反之,分枝抵达台边角杂晶形成被抑制。也可将分枝与形核关于时间的竞争等效为,在降温时间内,枝晶分枝距离与平台长度的比较。如果平台边角在降温至合金形核过冷度之前,基体枝晶分枝的距离大于平台长度,则无杂晶出现;反之,杂晶将会形成。将平台附近下凹的温场简化为水平状并运用 KGT(Kurz - Giovanola - Trivedi)模型,可推导出杂晶形成的理论模型,如下式所示,左边项为分枝距离,右边项 d 为平台长度。

$$\frac{A}{(n+1) \cdot G \cdot v_L \cdot (\cos\theta + |\sin\theta|)} \cdot (\Delta T_{nucl}^{n+1} - \Delta T_0^{n+1}) > d \quad (6-32)$$

此模型包含了上述 4 个方面的变量,其中常数 A、n 及临界形核过冷度 ΔT_{nucl} 与合金有关,温度梯度 G 和生长速率 v 是控制参量,平台长度 d 与铸件几何尺度有关,偏离角 θ 与取向有关。此外,ΔT_0 为生长界面前沿推进到平台位置时平台边角的过冷度。

随着合金化程度提高,难熔元素的添加量增加,合金的凝固特性及临界形核过冷度将发生很大变化,这就使得不同合金杂晶形成的倾向不同。通过上述分析可知,随着临界形核过冷度增加,杂晶形成倾向减小。为了判定不同合金的临界形核过冷度,D. Ma 等[56]设计了一种直接测量合金异质形核过冷度的型壳(图 6-64),并使用此型壳成功测量了 IN939 和 CMSX-6 合金的形核过冷度,分别为 10.1K 和 50.4K,表明 IN939 杂晶形成的倾向比 CMSX-6 大很多,并为后续的实验所证实。张小丽等[57]设计了一种多平台模型,用杂晶首次出现的平台长度来表征不同合金的杂晶形成倾向。结果表明,相比于不含铼的一代合金 SRR99,含质量分数为 3%Re 的二代合金 DD5 的杂晶形成倾向增加,随着铼含量增加到三代合金水平,DD90 杂晶形成的倾向进一步增加。然而,不同代次合金的成分一般都涉及多个组元的变化,不能定量给出某单一变量元素对杂晶形成的影响,因此关于某一合金元素对杂晶形成的影响还需要进一步系统的研究。

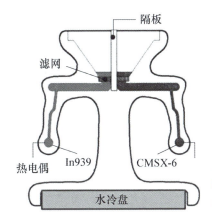

图 6-64 测量形核过冷度的方法

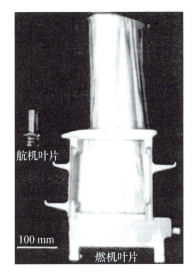

图 6-65 航机和燃机涡轮叶片尺寸对比

由于燃机叶片尺寸比航空发动机涡轮叶片尺寸大，相应的平台长度也较大（图 6-65），这就使得研究不同平台尺度条件下杂晶形成的倾向成为必要。随着平台长度 d 的增加，杂晶形成的倾向增加。有学者对平台尺度对杂晶形成的影响做了专门研究，结果也表明随着平台尺度的增加，杂晶形成的倾向增加。平台尺度增加促进杂晶形成的主要原因是，随着平台尺度的增加，基体分枝需要更长的时间到达平台边角，从而使得边角区域有充足的时间降温冷却到合金的异质形核过冷度，进而产生杂晶。此外，随着凝固速率或温度梯度的增加，杂晶出现的倾向增加。这主要是因为随着抽拉速率的增加，枝晶尖端的过冷度增加，ΔT_0 增加，从而造成枝晶到达平台位置的延迟，使得平台边角温度进一步下降，促进杂晶的形成[58]。

取向对平台杂晶的影响来自两个方面：一是由取向偏离而引起 ΔT_0 的增加将导致枝晶到达平台的时间延长，使得平台边角进一步过冷；二是由取向偏离而引起的枝晶在平台内的分枝距离增加。综合这两方面可以得到，随着取向偏离从0°增加到45°，杂晶出现的倾向增加。在枝晶与平台背离的一侧，杂晶出现的倾向大于枝晶与平台汇聚的一侧。已有研究者给出了模拟验证，然而关于取向对杂晶形成的实验验证还鲜见报道。玄伟东等[59]通过实验研究了籽晶取向对杂晶形成的影响，遗憾的是由于实验过程中叶身产生了杂晶，并长入了平台，因而不能有效反映平台杂晶与取向的关系。因此，还需进一步开展关于取向对平台杂晶形成的影响研究。

通过以上分析可知，平台杂晶形成是枝晶分枝和热过冷形核关于时间竞争的结果，这两个过程都受到平台温度场的影响。因此，控制杂晶形成可通过一些措施改变局部温度场分布，进而缩短分枝时间，延迟形核时间来实现。

如前所述，相比临界异质形核过冷度较小的合金，临界异质形核过冷度较大的合金的杂晶形成倾向大大减小，因而选用合金时，在不损失合金力学性能的情况下，尽可能选用临界形核过冷度较大的合金，或是在合金设计阶段，通过合理调整合金成分，使其拥有尽可能大的临界形核过冷度。

由于叶片平台与叶身的正交布置，交接位置的热辐射角相比平台边角大大减小，导致该区域的热辐射效率下降，因而在该区域形成一个局部高温区，俗称"热节"，限制枝晶分枝进入平台内部。相应地，由于平台边角拥有大的辐射角而迅速降温，从而形成一个过冷区域促使杂晶形核（图6-66(a)），因而通过改变局域温场来抑制杂晶形成的核心，就是通过一些措施来削弱"热节"、促进生长，或减小过冷而延长形核时间来实现。通过在平台与叶身交接区域布置高热导率的石墨块可加强导热、削弱"热节"作用，使分枝能够在边角过冷至临界形核过冷度之前，抵达平台边角位置，从而抑制杂晶的形成（图6-66(b)）。同时，通过在平台的边角处添加隔热材料来阻碍平台边角的降温，使分枝有充足的时间抵达并充满平台边角，从而限制杂晶出现的物理空间，可实现对杂晶形成的抑制。另外，还可通过短暂减小抽拉速率，使等温线以低速推进通过叶片平台，同时削弱了"热节"作用和减小边角过冷度，实现对杂晶的控制（图6-66(c)）。

辅助引晶技术常应用于如燃机叶片等大尺度叶片的定向凝固过程中。这种方法的工艺特点是，通过引入一根辅助导杆，将基体的晶粒引导至孤立过冷区，使孤立过冷区在达到临界形核过冷度之前被单晶组织所填满而限制杂晶形成(图 6-66(d))。需要注意的是，运用辅助引晶技术后，容易在引导晶粒和基体晶粒之间形成小角度晶界。如果小角度晶界在一定的角度范围内，将不会对力学性能造成很大影响。如果大于一定角度(如 15°)，将使铸件的力学性能急剧下降，导致铸件报废。

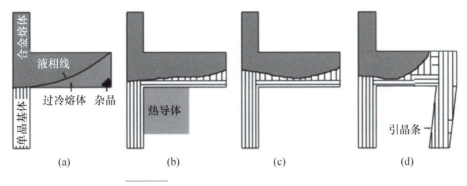

图 6-66 几种不同杂晶控制方法示意图[58]

(a)无措施；(b)添加热导体；(c)降速抽拉；(d)引晶条。

磁场作为外加物理场，通常以无接触力和能的形式作用于材料的定向凝固制备过程。由于磁场对溶质扩散、流动及凝固界面产生作用，进而对凝固组织产生影响，使得它成为改善合金及晶体性能的重要手段之一。玄伟东等[60]进行了强磁场控制杂晶的探索，发现在高温合金变截面试样定向凝固过程中，施加磁场可减轻杂晶倾向，在一定的抽拉速率下，施加一定强度的磁场后，变截面处无杂晶形成。其原因可归结为强磁场增大了固液界面能，使得合金的临界形核过冷度增加，从而抑制了变截面处杂晶的形成。

2. 雀斑

雀斑是高温合金定向凝固和单晶铸件中产生的严重铸造缺陷之一，已经引起广泛的注意。雀斑一般出现在铸件的垂直外表面上，呈平行于重力方向的细长链状，由许多取向杂乱的细碎晶粒组成。大量的研究表明，雀斑的产生是凝固过程中的元素偏析所引起。在高温合金部件的定向凝固过程中，W和 Re 这种密度很大的负偏析元素富集于凝固过程早期形成的枝晶中心部位，而 Al 和 Ti 这种密度很小的正偏析元素则被排斥到枝晶间的残余液体内

(图 6-67)。结果是，随着固相分数的增加，糊状区中的液体密度变得越来越小。在重力的作用下，这种上重下轻的密度反差使得糊状区液体难以保持稳定，从而引起隧道式的强烈对流，造成枝晶臂折断，最终形成垂直链状分布的细碎晶粒缺陷，称为雀斑[61]。

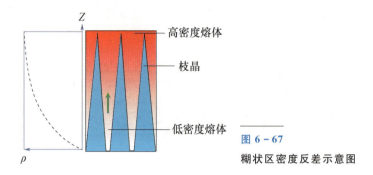

图 6-67 糊状区密度反差示意图

高温合金定向凝固中雀斑的生成受多种因素的影响，其中合金成分起着重要作用。研究表明，合金中若 W、Re、Al 和 Ti 元素含量高，其铸件易于生成雀斑。特别是难熔元素 Re，由于其对基体有明显强化作用而被越来越多地添加到了新型高温合金中。元素 Re 的特点是密度非常高（约为 $21.0\mathrm{g/cm^3}$），在高温合金凝固中呈现强烈的负偏析倾向（偏析系数约为 1.7）。由于 Re 在糊状区液体中的严重贫化，使得含 Re 合金在定向凝固过程中的密度反差问题非常突出，从而导致铸件形成严重的雀斑缺陷，铸造性能明显下降。影响雀斑生成的第二个因素是凝固条件。低的温度梯度会造成宽大的糊状区，慢的凝固速度会导致生成粗大的枝晶组织，这都利于枝晶间的液体对流和雀斑的形成。

影响雀斑生成的第三个因素是铸件的尺寸大小。在用圆棒形高温合金铸件进行的定向凝固实验中发现，直径较大的圆棒中的雀斑数量明显要多于细棒。一般认为，粗大的铸件或铸件的厚大部位散热困难，冷却缓慢，难以形成较快的凝固速率和较高的温度梯度，从而容易导致雀斑缺陷的形成。这实际上还是归因于凝固条件的影响。在过去的实验工作中，人们多是利用简单形状的铸件（如不同直径的圆棒）来检验各种合金中雀斑产生的严重程度，主要目的是研究合金元素和凝固条件对雀斑生成倾向的影响。虽然能够比较容易地得到合理的结果和结论，但由于实验条件特别是铸件形状过于简单，对雀斑形成机理的认识难免具有很大的片面性，在实际应用方面也受到很大限制。在对雀斑问题的研究中，除了大量的实验工作外，还经常通过数理建模和数值模拟的方法，来研究定向凝固过程中糊状区的液体对流，得出判定雀斑生成的判据。但这些判据都是在简单的理想化条件下推出，一般仅被表述为合金成分和凝固条件的函数，并没有考虑铸件形状等条件的影响，因此，这些关于雀斑形成的理论模型和判据很难应用到工业生产的复杂铸件中。实际上，有学者已发现铸件几何形状对雀斑形成有着不可忽略的影响。利用复杂形状的高温合金定向凝固铸件进行实验和分析，通过与简单形状铸件的对比，对雀斑的形成特征和机理得到了更全面和深入的认识。

图 6-68 显示了横截面为正方形（15mm×15mm）和长方形（30mm×5mm）的铸件边角处的表面组织。经观察发现，雀斑都出现在铸件的直角棱角上而不是平整的侧面上。与铸件的平面部位相比，棱角处型壳较薄，散热条件好，冷却速率快，有着更良好的凝固条件，不应该生成雀斑。但实验结果却清楚表明，铸件的棱角形状明显具有促进雀斑形成的作用。后面将对这种棱角效应做进一步探讨。

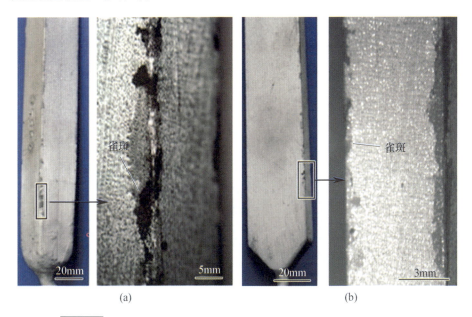

图 6-68 横截面为正方形和长方形的铸件棱角处表面产生的雀斑形貌

(a)正方形铸件边缘；(b)长方形铸件边缘。

图 6-69 和图 6-70 分别显示了利用定向和单晶凝固技术制得的小型涡轮

叶片。观察放大后的表面组织和纵截面照片可发现，雀斑产生在叶身尖锐的边缘处，而不是较平缓的叶背或叶盆面上。通常认为，雀斑应产生在铸件的厚大部分，因为那里凝固时间较长，枝晶间距大，利于糊状区的液体流动。而本实验中叶片边缘是铸件中壁最薄、散热条件最好、冷却速率最快的部位，却不合常理地产生了雀斑。结合前面的实验结果可以看出，雀斑不仅易于产生在铸件的直角边缘，甚至更容易产生在尖锐的锐角边缘，这再次证明了棱角效应对雀斑产生的促进作用。

图 6-69 定向涡轮叶片边缘上产生的雀斑形貌
(a)叶片宏观形貌；(b)叶片边缘；(c)边缘局部放大。

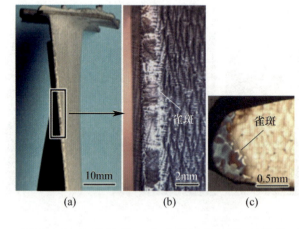

图 6-70 单晶涡轮叶片边缘上产生的雀斑
(a)叶片边缘；(b)表面；(c)横截面。

图 6-71 显示的是一个重型燃机用大型涡轮叶片铸件的局部表面组织，所用合金为 MAR-M-247 LC Low Hf。由于浇注时型壳出现裂缝，铸件中上部的金属液流出。定向凝固从底部的叶根开始，经过缘板进入叶身后不久就因金属液耗尽而结束。从这件不完整的铸件可以看出当时凝固界面的位置

和形状。从叶身的正面(图 6-71(b))来看,排气边缘 D 处由于壁最薄,散热条件最好,凝固界面向前突出,位置最高。叶身中部由于壁厚较大,冷却缓慢,凝固界面变低。叶身进气边缘 C 处也属于薄壁部位,虽然比排气边稍厚大,但仍比中部的冷却条件好得多,因而凝固界面位置也比较高。经测量,最尖最薄部位的排气边缘 D 处的凝固界面位置要比进气边 C 处高出约 5mm,比中部的最低位置高出约 15mm。这直接证明了在大型铸件的定向凝固过程中,凝固界面宏观上并不是一个平面,而是随局部凝固条件的不同呈现高低不平的形态。

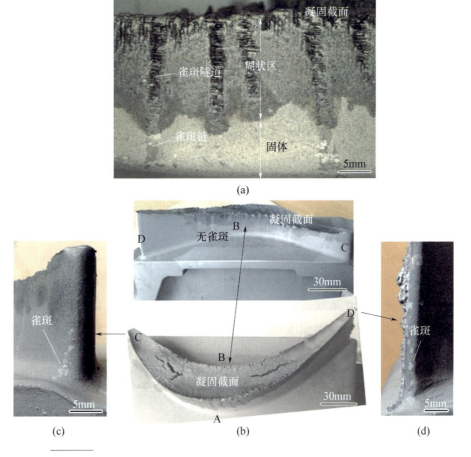

图 6-71 大型涡轮叶片定向凝固中暴露的凝固截面及其附近的表面组织

从图 6-71 显示的叶身各个侧面的表面组织,还可发现本铸件中雀斑形成的特点。在叶身的排气边缘 D 处，由于前述的棱角效应，都出现了雀斑缺陷。值得注意的是，在叶身中部壁厚较大的部位，雀斑没有出现在内凹的盆面 B 处，却大量出现在外凸的背面 A 处。按照对凝固条件的分析，内凹曲面 B 处由于型壳较厚，热辐射角度较小，散热条件要明显差于外凸的曲面 A 处。经实际观察，B 处的凝固界面也确实低于 A 处，证明了其冷却速率低于 A 处。按照常理，雀斑应该产生在凝固条件较差的 B 处而不是 A 处，但事实却完全相反。这说明铸件表面的弯曲方向对雀斑形成有着重要影响，这种曲面效应也将在后面进行分析和讨论。

在图 6-71(a) 的组织照片中，下部较明亮的区域是当时已经完全凝固的致密固相组织，其中多个雀斑链已经形成，分别由细小的等轴晶粒组成。而图 6-71(a) 的中上部较暗的区域为当时尚未完全凝固的糊状区，由于缺乏金属液的补缩造成了铸态组织的严重疏松。特别是对应每条雀斑链上方的呈沟槽状的"雀斑隧道"，贯穿整个糊状区。这些隧道的形成是由于糊状区的上重下轻的液体在重力作用下形成了强烈对流。在凝固前液体耗尽得不到补缩时，隧道中的金属液由于熔点较低，被周围正在进行凝固收缩的枝晶吸走，形成隧道式的缩孔。这些缩孔的宽度约为 1.5mm，与下部雀斑链的宽度相似，显示了糊状区中对流隧道的横向尺度。从缩孔内部的形貌可看到当时隧道周围枝晶生长状态，而且能够发现一些被熔断的破碎枝晶臂残留在其中。正是这些取向杂乱的碎晶在凝固过程中形成雀斑链保留在铸态组织中。图 6-72 不但提供了铸件中雀斑形成的部位，也能够直接观察糊状区中对流隧道的内部形貌，分析定向凝固中雀斑形成的过程和机理。虽然铸件的凝固界面宏观上不是一个平面，但在微观组织中可发现，糊状区上沿的枝晶前沿还是比较平直的，而糊状区下部与固相区的界限则呈明显弯曲状态。这是因为糊状区隧道式偏析造成了"隧道"中液体的固相线下降和凝固结束点的延迟。经测量，无雀斑部位的糊状区宽度为 10mm 左右，这与无雀斑的内凹面 B 处的糊状区宽度相似。而造成雀斑形成的隧道式偏析则使糊状区宽度增加了约 3mm，也就是使凝固间隔增加了约 30%。

图 6-72 显示了一个圆棒形铸件的表面和纵截面照片，其纵截面和外形在沿凝固方向出现台阶式的突然扩张。试棒的下部直径为 20mm，出现一条雀斑链。试棒的上端的直径增加到 25mm，却没有发现雀斑产生。图 6-72(b) 中显示的纵截面上看，开始时雀斑链沿铸件表面即型壳内壁向上生长，遇到铸件外

图 6-72 铸件外形突然扩张对雀斑生长的阻断作用

(a)表面；(b)纵向截面。

形扩张时，原来的表面雀斑在重力作用下继续垂直向上生长进入铸件内部。但这个内部雀斑链逐渐变得细小和断续，几个毫米后消失。这说明铸件的内部远没有表面那样利于雀斑的生长。而在变粗后的圆棒表面上也没有马上产生新的雀斑。通常认为，铸件越粗大越易形成雀斑。但本实验的结果却说明，铸件由细突然变粗不但不会促进新雀斑形成，反而会对原有雀斑的生长产生阻断作用。图 6-73(a)也显示了一个圆棒形铸件的表面，但外形是在沿凝固方向出现台阶式的突然收缩。在比较粗大的下部（直径为 15mm）并无雀斑出现。但当圆棒直径缩小为 10mm 时，却在变细后的部位形成了雀斑。值得注意的是，这个雀斑链只延续生长了约 10mm 的距离。这说明雀斑确实是由铸件形状的突然缩小而激发引起的，而且这种台阶效应的激发作用仅局限于很短的距离内。从前述的实验结果和后面的分析讨论可知，这个临界距离正好是糊状区的宽度。图 6-73(b)是截面收缩铸件和涡轮叶片从叶根到叶身的转接部位的局部照片。在厚大的叶根部位并无雀斑，但在进入到薄壁的叶身时却产生了。这些现象都与传统理念中铸件厚大部位比薄壁处更易产生雀斑的说法完全相反。这再次说明铸件尺寸的缩小反而能促进雀斑的产生。由于棱角效应的作用，雀斑能沿着叶片的边缘继续生长。

为了进一步确认台阶效应对雀斑产生的影响，使用了外形连续台阶式扩张的圆棒形铸件进行实验（图 6-74）。虽然直径从 15mm 增大到 20mm 再到 25mm，铸件变得越来越厚大，但并没有出现雀斑，说明铸件由细突然变粗并不利于雀斑生长，反而会对其产生抑制作用。

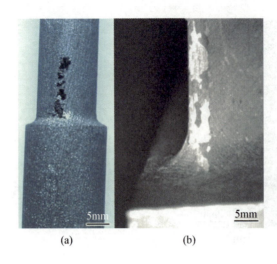

图 6-73 铸件外形突然收缩对雀斑产生的激发作用

(a)圆柱铸件；
(b)叶片叶根与叶身尾缘转接处。

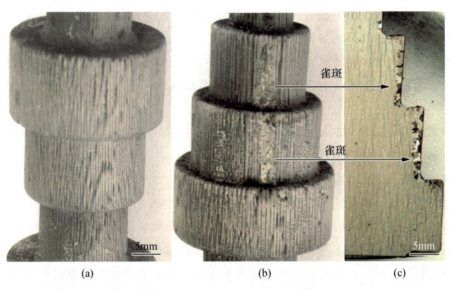

图 6-74 铸件外形接连突然扩大和缩小对雀斑产生的影响

(a)圆棒扩大；(b)圆棒收缩；(c)纵向截面。

图 6-74(a)和(b)的铸件形状完全相同，只是在垂直方向上做了上下倒置，使得铸件外形变成了连续的台阶式收缩。上述两种铸件在同一型壳中浇注和定向凝固，以保证实验条件的完全相同。但两种铸件形状特征对雀斑形成的作用却完全相反。如图 6-75 中铸件表面和纵截面所示，在铸件最粗大的下段并无雀斑产生。但当试棒每次突然变细时却都促成了雀斑的迅速产生，

因此铸件缩小对雀斑生长的强烈促进作用也再次得到了有力的证明。这再次说明铸件部位的厚大与否，并不应该成为判别雀斑是否易于形成的必要条件。

为了展示铸件形状的连续变化对雀斑形成的影响，实验中使用了图 6-75 所示的下细上粗的倒锥体铸件，锥体表面为呈 30°外倾的斜面。虽然铸件从下往上的定向凝固过程中，其外形和截面在不断扩大，但其外斜表面上丝毫没有雀斑产生的迹象。图 6-75(b)显示的是下粗上细的正锥体铸件，实际上是将图 6-75(a)形状的铸件进行了上下倒置。在高度方向上横截面连续收缩，锥体表面呈 30°向内倾斜。两种铸件的定向凝固也同炉进行。与倒锥体铸件的结果相反，正锥体铸件的斜表面上产生了严重的雀斑缺陷，这从图 6-75(c)中铸件的纵截面上也可清楚看出。图 6-74 和图 6-75 都说明，同样形状的铸件，仅仅因为放置方向的不同，就造成了有无雀斑的相反结果。所以应该充分认识形状因素对雀斑生成的影响，在工业生产中针对铸件形状进行合理的几何排列，得到合理的凝固顺序，从而简单而有效地避免雀斑产生。

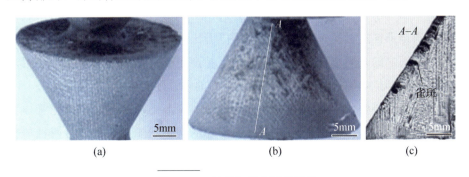

图 6-75　铸件倾斜表面的形貌

(a)向外倾斜；(b)向内倾斜；(c)纵向截面。

图 6-76 显示了一个复合锥体铸件的表面及纵截面形貌。该铸件实际上是图 6-76(a)和(b)中两种形状的结合体，包含在同一铸件中可以使实验条件更加一致，结果更具对比性。铸件下半部为倒锥体，锥体外表面向外倾斜，呈扩张型，表面上无雀斑产生。试样上半部为正锥体，锥体外表面向内倾斜，呈收缩型，结果是出现了严重的雀斑缺陷。这与两种锥体形状分别实验的结果相同，都证明了斜面的倾斜方向与雀斑生成倾向的密切关系，这就是扩张型即外倾型的斜面能有效抑制雀斑的产生，而收缩型即内倾的斜面则能起到强烈的促进作用。

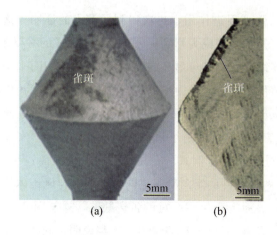

图 6-76 复合锥体铸件的表面及纵截面形貌
(a) 表面；(b) 纵截面。

另外，从锥体试样表面看，雀斑在倾斜的曲面上形成了树根形的片状分布。这说明，关于雀斑是定向凝固铸件表面上的垂直链状缺陷的传统说法是不全面的，那只是在简单形状的铸件如圆棒的实验中观察到的结果。倾斜曲面的纵截面显示，雀斑的深度仍约为 1.5mm，但其宽度却无法像对垂直表面上的雀斑链那样进行简单表征。综上可以看出，雀斑生成的台阶效应和斜面效应有着明显的共同之处，那就是雀斑极易产生于铸件的收缩部位，却很难出现在扩张部位，不管这种外形变化是突然的还是逐渐的。

为研究空心铸件中的雀斑缺陷特点，在圆棒形铸件中插入了陶瓷管作为简化的型芯。为进行对比也使用了未加型芯的同形状实心铸件。将两种铸件在同一型壳中进行定向凝固后，进行铸态组织观察。图 6-77 显示了两种铸件的横截面组织。在实心圆棒铸件中，观察到雀斑只出现在与型壳内壁接触的铸件外表面（A1 位置），试样内部并无雀斑出现，这与以前报道过的同类实验结果相同。但在插入陶瓷片作为型芯的圆棒中，除了外雀斑（A2）依然出现，也发现了型芯壁引起的铸件内表面的雀斑（A3）。这说明雀斑的产生具有明显的附壁效应，不管这种壁是处在铸件外部的壳壁还是内部的芯壁。值得注意的是，实验中发现的内雀斑只产生在作为型芯的弧形陶瓷管的内凹面（即相应铸件的外凸面，如图 6-77(b) 中的 A3 处），而在陶瓷片的外凸一侧（即相应铸件的内凹面，如图 6-77(b) 中的 B 处），则没有雀斑出现。这与 6-71 中的曲面效应相同，即雀斑易于出现在铸件外凸面而不是内凹面。

综上，定向凝固过程糊状区液体流动具有强烈的附壁特性。而铸件的几何形状决定了壳壁形状，成为最重要的附壁流动条件。它决定了雀斑形成的

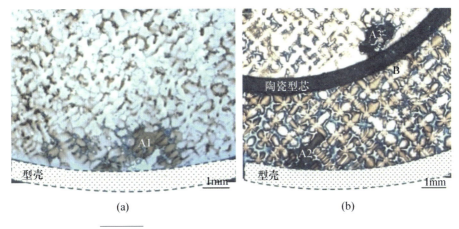

图 6-77 实心和带陶瓷芯的圆棒铸件的横截面形貌

(a)无陶瓷型芯；(b)有陶瓷型芯。

位置、程度和形态，其作用甚至远远超过了凝固条件（如温度梯度和凝固速率等）的影响。这些关于雀斑形成的新发现及新理念，不仅有助于全面和深入认识雀斑类凝固缺陷的形成机理，也有着重要的实际意义。在工业生产中可以充分利用铸件形状因素的有利作用，避免其不利影响，针对铸件形状进行合理的几何排列，造成合理的凝固顺序，从而简单而有效地避免雀斑产生。

3. 其他晶粒缺陷

由于单晶空心涡轮叶片形状极其复杂，存在壁厚突变及较大的横向缘板结构，在单晶叶片定向凝固过程中，温度场、溶质场、温度梯度不稳定，凝固过程复杂，不可避免地存在枝晶生长取向的偏离，造成条纹晶。

经过对大量单晶叶片铸件的检测发现，条纹晶多产生在叶身部位，而且多出现在外凸的背面[62]。另外，叶身上的条纹晶更倾向于出现在铸件的上部，而较少出现于中下部。而叶根（榫头）部位不管置于底部还是顶部，都极少出现条纹晶。条纹晶的一个重要特点是其走向与基体树枝晶的方向基本相同。各个条纹晶基本呈竖直方向，因为在单晶定向凝固中，经选晶器选出的单晶晶粒的<001>方向即树枝晶的主干基本为竖直方向。当叶片中树枝晶的方向不是竖直时，则条纹晶的方向也相应偏斜。条纹晶的走向并非如前人所说总是沿着铸件的凝固方向即垂直轴向。即使在垂直表面上，条纹晶也可能斜向生长。而在水平方向的平面部位如缘板和叶冠处，则会产生横向生长的条纹晶。总之，条纹晶的走向总是与当地枝晶生长方向基本一致，不论这个方向是垂直的、倾斜的还是水平的。条纹晶一般为细条形表面缺陷，有着可辨认的起点和终点，特别是起点尤为明显。条纹晶一般在生长几个厘米后消失，但也有的能够延续生长很长距离，甚至贯穿整个叶片铸件。还有的在生长过程中不断变宽，在横向上也扩展至到整个叶片。在这种情况下，条纹晶已从线性缺陷发展到三维大尺度缺陷，不再具有条纹晶的特征，而变成了杂晶缺陷，如图6-78所示。

图6-78　条带缺陷

从铸件的微观组织特点来看，条纹晶实际上是从单晶基体上断裂出来的一段枝晶。枝晶断裂发生的原因：一是因为凝固收缩在局部受阻产生较大应力，例如型壳内壁与铸件表面发生严重黏连。二是因为枝晶某些部位特别薄弱，例如嵌入了氧化夹杂。条纹晶不像一般的小角度晶界缺陷那样，逐渐与单晶基体发生了晶向偏离，也不是从液体中独立形核长大成具有杂乱和随机晶向的新晶粒。高温合金的凝固间隔比较宽，在实际铸件的定向凝固过程中由于合金元素的偏析，从凝固前沿到凝固结束会形成宽达几十毫米的糊状区。在此糊状区内柱状枝晶一方面在向前生长，另一方面会发生体积上的凝固收缩。这使得原来与陶瓷壳内壁紧密接触的合金熔体，由于收缩率上的差别，凝固过程中逐渐与壳壁分离，并产生相对运动。由于枝晶在糊状区生长时本身强度还很低，枝晶之间由于残余液体的存在互相连接也很弱，因此铸件外表面的某个枝晶会由于与壳壁的粘连导致收缩受阻而被"撕裂"。也可能这种撕裂并非是收缩阻力太大，而是因为枝晶本身的强度由于嵌入了夹杂而大大受损。被撕裂后的条纹枝晶失去了单晶母体的束缚，在各种应力的作用下会发生一定程度的偏斜和转动，与原来的单晶母体产生一定的晶向偏差。但由于不是新晶粒的自由形核，这种晶向偏差不会像杂晶那么大。如果"撕裂"的枝晶具有比原来更好的晶向条件，可能会一直生长下去，而且横向上也能够不断扩展。此外，小角度晶界、斑马晶等缺陷与条纹晶具有类似的形成原因，都是凝固过程中枝晶生长存在取向的偏离，在此不做讨论。

此外，定向和单晶铸件在热处理后还会出现再结晶缺陷。由于铸件在冷却过程、热处理过程或服役过程中会产生应力，当应力大到可以使零件产生局部塑性变形时在显微组织中会产生新晶粒，新晶粒不断长大，导致合金的性能发生显著的降低，这一过程称为再结晶。在生产过程中，单晶涡轮叶片表面局部无法避免的产生一定的塑性变形，在高温热处理时发生回复和再结晶[63]。由于再结晶晶粒破坏了单晶的连续性，在叶片中形成了新的界面，同时在再结晶晶界上沉淀相和晶界强化元素如铪、钽等相对贫乏，造成再结晶晶界很脆，承载时在再结晶区和再结晶与基体材料的晶界处萌生裂纹，因此对叶片的疲劳寿命和持久强度有很大的危害。铸件常热处理中，在高温下的相变驱动力增大，发现随着热处理温度的增高再结晶深度加大。另外，铸件在工作过程中，其动态再结晶层厚度会随着温度和应力的增高而增大。

综上，研究结晶缺陷形成机理及其控制方法，保证单晶铸件的晶粒完整性，对涡轮叶片冶金要求的提高具有重要意义。

小结

本章包括以下四部分：精密铸件的制造、铸件凝固过程模拟及实例、柱状晶和单晶定向凝固原理、技术与单晶镍基高温合金及叶片的定向凝固原理、技术及其工艺实例。

本章第一部分着重介绍精密铸造过程中蜡模、型壳的制造、组装及相关工艺方法，通过熔模铸件的浇注及工艺设计使之达到所需产品质量的要求。

本章第二部分介绍凝固成形模拟过程、工艺参数优化、产品质量控制等，从而借助计算机模拟和预测凝固成形过程中各种潜在的问题和铸造缺陷（缩松、缩孔、裹气）及其优化设计。简要介绍凝固成形过程数值模拟必需的基础理论与实用的专业知识，具体介绍液态金属充型、凝固过程、应力－应变和微观组织模拟，舍去过多的理论阐述和数学公式推导，着重于工程实例，在每一小节给出若干模拟应用案例。

本章第三部分介绍定向凝固的应用基础研究，主要涉及定向凝固过程的热场、流动场及溶质场的动态分析、定向组织及其控制以及组织与性能关系等，以及传统的定向凝固技术及新型定向凝固技术－高速凝固法（HRS 法）、液态金属冷却法（LMC 法）、气体冷却法（GCC）、复合控制引晶技术（定点冷却＋定点加热）及薄壳降升法加复合引晶技术等。介绍定向凝固的晶粒选择及取向控制工艺，包括选晶法及籽晶法、选晶原理及选晶器类型和结构等。

本章第四部分介绍单晶镍基高温合金的定向凝固及其工艺实例。阐述镍基高温合金航空涡轮叶片的发展历程、合金成分、凝固组织、铸件中结晶缺陷（杂晶、雀斑）的形成及控制方法；提出铸件形状、尺寸大小影响定向凝固单晶结晶过程的结论；介绍空心涡轮叶片型壳散热改善研究得到相关结果，具体介绍改善空心涡轮叶片型壳散热研究的理论模型、计算方法、模拟结果及实验情况。

参考文献

[1] 杨冰倩. 熔模铸造模料配方及蜡模成型工艺参数优化[D]. 合肥:合肥工业大学,2015.

[2] 姜不居. 实用熔模铸造技术[M]. 沈阳:辽宁科技出版社,2008.

[3] 姜不居. 特种铸造[M]. 北京:中国水利水电出版社,2005.

[4] 毛红奎,徐宏. 铸造过程模拟仿真及工艺设计[M]. 北京:国防工业出版社,2011.

[5] 屈银虎,王凤,梁涛,姜鑫,等.挡板槽帮铸件的工艺优化[J]. 铸造,2014,63(7):712－714.

[6] 尚润琪,成小乐,蒙青,等. 基于 ProCAST 的涡轮壳快速铸造工艺设计及优化[J]. 热加工工艺,2016,45(15):78－80,84.

[7] 傅建,肖兵. 材料成形过程数值模拟[M]. 北京:化学工业出版社,2018.

[8] 王凤. 基于增材制造的涡轮壳快速铸造工艺数值模拟及优化[D]. 西安工程大学,2015.

[9] 张敏华,屈银虎,梁涛. ProCAST 在水龙头罩铸造模拟过程中的应用[J]. 铸造技术,2015,36(04):1055-1057.

[10] 李铭文. ZL205A 低压铸造凝固过程应力应变模拟及控制[D]. 哈尔滨:哈尔滨工业大学,2018.

[11] 李露露. 基于元胞自动机法的 Fe-C 合金焊缝熔池凝固过程微观组织模拟[D]. 西安:西安理工大学,2016.

[12] 刘波祖. 合金凝固过程枝晶生长的界面前沿跟踪法模拟[D]. 济南:山东建筑大学,2016.

[13] 矫日伟. 镍基单晶叶片定向凝固过程模拟与组织控制研究[D]. 镇江:江苏大学,2017.

[14] 傅恒志,郭景杰,刘林,等. 先进材料定向凝固[M]. 北京:科学出版社,2008.

[15] ELLIOTT A J,POLLOCK T M. Thermal Analysis of the Bridgman and Liquid-Metal-Cooled Directional Solidification Investment Casting Processes[J]. Metallurgical & Materials Transactions A,2007,38(4):871-882.

[16] VERSNYDER F L,SHANK M E. Development of Columnar Grain and Single Crystal High Temperature Materials through Directional Solidification[J]. Materials Science and Engineering,1970,6(4):213-247

[17] KONTER M,KATS E,Hofmann N. A novel casting process for single crystal gas turbine components[C]. [s. l.]:Superalloys,2000.

[18] 马德新. 高温合金叶片单晶凝固技术的新发展[J]. 金属学报,2015,51(10):1179-1190.

[19] WANG F,MA D X,ZHANG J,et al. A high thermal gradient directional solidification method for growing superalloy single crystals[J]. Journal of Materials Processing Technology,2014,214(12):3112-3121.

[20] ESAKA H,SHINOZUKA K,TAMURA M. Analysis of single crystal casting process taking into account the shape of pigtail[J]. Materials Science and Engineering A,2005,413: 151-155.

[21] DAI H J,DSOUZA N,DONG H. Grain selection in spiral selectors during investment casting of single-crystal turbine blades:part I. experimental investigation[J]. Metallurgical and Materials Transactions A,2011,42 (11): 3430-

3438.

[22] GAO S F,LIU L,WANG N,et al. Grain selection during casting Ni – base,single – crystal superalloys with spiral grain selector[J]. Metallurgical and Materials Transactions A,2012,43 (10): 3767 – 3775.

[23] WANG N,LIU L,GAO S F,et al. Simulation of grain selection during single crystal casting of a Ni – base superalloy[J]. Journal of Alloys and Compounds,2014,586: 220 – 229.

[24] RAZA M H,WASIM A,HUSSAIN S,et al. Grain selection and crystal orientation in single – crystal casting: state of the art[J]. Crystal Research and Technology,2019,54 (2): 1800177.

[25] REED R C. The Superalloys Fundamentals and Applications[M]. London: Cambridge University Press,2006.

[26] YANG X L,NESS D,LEE P D,et al. Simulation of stray grain formation during single crystal seed melt – back and initial withdrawal in the Ni – base superalloy CMSX4[J]. Materials Science andEngineering A,2005,413 – 414A: 571 – 577.

[27] STANFORD N,DJAKOVIC A,SHOLLOCK B,et al. Defect grain in the melt – back region of CMSX – 4single crystal seeds[C]. Warrendale:Superalloy,2004.

[28] Rolls – Royce. The Jet Engine[M]. 4th ed,Derby: The Technical Publications Department,Rolls – Royce plc,1992.

[29] JACKSON J J,DONACHIE M J,GELL M. The Effect of Volume Fraction of Fine γ' on Creep in DSMar – M200Hf[J]. Metallugrical Transactions A,1977,8: 1615 – 1620.

[30] SHAH D M, DUHL D N. The Effect of Orientation, Temperature and Gamme Prime Size on theYield Strength of a Single Crystal Nickel Base Superalloy[C]. New York:Superalloys,1984.

[31] BLAVETTE D,CARON P,KHAN T. An Atom – probe Study of Some Fine – Scale MicrostructuralFeatures in Ni – Based Single Crystal Superalloys[C]. Hawaii:Superalloys,1988.

[32] CETEL A D,DUHL D N. Second – Generation Nickel – Base Single Crystal [C]. Hawaii:Superalloys,1988.

[33] ERICKSON G L. The Development and Application CMSX – 10[C]. Los An-

geles:Superalloys,1996.

[34] ERICKSON G L. The Development of the CMSX-11B and CMSX-11C Alloys for IndustrialGas Turbine Application[C]. Los Angeles:Superalloys, 1996.

[35] WALSTON W S,O'HARA K S,ROSS E W,et al. Rene N6: Third Generation Single CrystalSuperalloys[C]. Los Angeles:Superalloys,1996.

[36] 孔祥鑫. 第四代战斗机及其动力装置[J]. 航空科学技术,1994,5:21-23.

[37] 陈荣章,陈婉华. 我国燃气涡轮用铸造高温合金的发展[J]. 材料工程,1989, 4:2-6.

[38] 吴仲堂,钟镇纲,代修严,等. 我国第一个单晶燃气涡轮叶片DD3的研究[J]. 航空制造工程,1996,2:3-5.

[39] LIU F,GUO X F,YANG G C. Dendrite Growth in Undercooled DD3 Single Crystal Superalloy[J]. Materials Research Bulletin,2001,36:181-192.

[40] 李影,苏彬,吴学仁. 高温下取向对DD6单晶高温合金低周疲劳寿命的影响[J]. 航空材料学报,2001,21(2):22-25.

[41] 刘维维,唐定中. 抽拉速率对DD6单晶高温合金凝固组织的影响[J]. 材料工程,2006,1:16-18.

[42] 胡壮麒,刘丽荣,金涛,等. 镍基单晶高温合金的发展[J]. 航空发动机,2005, 31(3):1-7.

[43] HUNT J D. Cellular and primary dendrite spacing. B. B. Argent:International Conference on Solidification and Casting of Metal[C]. London: The Metals Society,1979.

[44] Kurz W,Fisher J D. Dendrite growth at the limit of stability:Tip radius and spacing[J]. ActaMetallurgical,1981,29:11-20.

[45] TRIVEDI R. Interdendritic spacing:Part II. A comparison of theory and experiment[J]. Metallurgical and Materials Transactions A,1984,15A(6):977-982.

[46] MA D X. Modeling of primary spacing selection in dendrite arrays during directionalsolidification[J]. Metallurgical and Materials Transactions B,2002, 33B(2):223-233.

[47] MA D X,SAHM P R. Primary spacing in directional solidification[J]. Metallurgical and Materials Transactions A,1998,29A(3):1113-1119.

[48] FLEMINGS M C. Solidification processing[M]. New York: McGraw-Hill, 1974.

[49] POIRIER D R. Permeability for flow of interdendritic liquid in columnar-dendritic alloys[J]. Metallurgical and Materials Transactions B,1987,18B(1): 245-255.

[50] WAGNER A,SHOLLOCK B A,MCLEAN M. Grain structure development in directionalsolidification of nickel-base superalloys[J]. Materials Science and Engineering A,2004,374A:270-279.

[51] WANG F. Microstructural investigation of downward directionally solidified single crystal superalloys[D]. Aachen: Aachen University,2015.

[52] 张军,黄太文,刘林,等. 单晶高温合金凝固特性与典型凝固缺陷研究[J]. 金属学报,2015,51(10):1163-1178.

[53] VEHN M M T,DEDECKE D,PAUL U,et al. Undercooling related casting defects in single crystal turbine blades [C]. [s. l.]Superalloys,1996.

[54] BUSSAC A D,GANDIN C. Prediction of a process window for the investment casting of dendritic single crystals[J]. Materials Science and Engineering A, 1997,237(1): 35-42.

[55] YASUDA H,OHNAKA I,KAWASAKI K,et al. Direct observation of stray crystal formation in unidirectional solidification of SneBi alloy by X-ray imaging[J]. Journal of Crystal Growth,2004,262(1-4): 645-652.

[56] MA D, WU Q, BÜHRIG-POLACZEK A. Undercoolability of superalloys and solidification defects in single crystal components[J]. Advanced Materials Research,2011,278:417-422.

[57] 张小丽,周亦胄,金涛,等. 镍基单晶高温合金杂晶形成倾向性的研究[J]. 金属学报,2012,48(10):1229-1236.

[58] 李亚峰,刘林,黄太文,等. 镍基单晶高温合金涡轮叶片缘板杂晶的研究进展[J]. 材料导报,2017(5):118-122.

[59] 玄伟东,任忠鸣,任维丽,等. 籽晶取向对镍基高温合金定向凝固过程中杂晶的影响[J]. 钢铁研究学报,2011,23(2):369-372.

[60] XUAN W,REN Z,LI C. Experimental evidence of the effect of a high magnetic field on the stray grains formation in cross-section change region for ni-based superalloy during directional solidification[J]. Metallurgical&Materials Trans-

actions A,2015,46(4): 1461-1466.

[61] 马德新.定向凝固的复杂形状高温合金铸件中的雀斑形成[J].金属学报,2016,52(004):426-436.

[62] 马德新,王富,孙洪元,等.高温合金单晶铸件中条纹晶缺陷的试验研究[J].铸造,2019(6):558-566.

[63] 李忠林.镍基单晶高温合金静态再结晶实验研究及数值模拟[D].北京:清华大学,2016.